U0280342

建筑装饰材料

(第三版)

主　编　张粉芹　赵志曼

副主编　马铭彬　董健苗　祝海雁

重庆大学出版社

内容提要

本书按照材料科学与工程专业教学要求编写，主要包括建筑装饰用石膏、石材、陶瓷、水泥及混凝土、金属材料、玻璃、木材、塑料、涂料、织物、辅助材料及功能材料等内容。主要介绍建筑装饰材料的组成、结构、性能特点、常用品种，以及选配应用和施工方法。为配合教学，各章均附有思考题。

本书可作为材料科学与工程专业的教材，也可供土木工程、建筑学等专业使用，并可供从事建筑装饰行业的设计人员、施工人员参考。

图书在版编目（CIP）数据

建筑装饰材料/张粉芹，赵志曼主编.—2版.—重庆：重庆大学出版社，2012.5（2021.1 重印）
（材料科学与工程专业本科系列教材）
ISBN 978-7-5624-4204-2

Ⅰ.①建… Ⅱ.①张…②赵… Ⅲ.①建筑材料—装饰材料—高等学校—教材 Ⅳ.①TU56

中国版本图书馆 CIP 数据核字（2012）第 095452 号

建筑装饰材料
（第三版）
主　编　张粉芹　赵志曼
副主编　马铭彬　董健苗　祝海雁
责任编辑：曾显跃　　版式设计：曾显跃
责任校对：邬小梅　　责任印制：张　策
*
重庆大学出版社出版发行
出版人：饶帮华
社址：重庆市沙坪坝区大学城西路 21 号
邮编：401331
电话：（023）88617190　88617185（中小学）
传真：（023）88617186　88617166
网址：http://www.cqup.com.cn
邮箱：fxk@cqup.com.cn（营销中心）
全国新华书店经销
POD：重庆新生代彩印技术有限公司
*
开本：787mm×1092mm　1/16　印张：17.75　字数：443 千
2015 年 3 月第 3 版　　2021 年 1 月第 7 次印刷
ISBN 978-7-5624-4204-2　定价：49.80 元

本书如有印刷、装订等质量问题，本社负责调换
版权所有，请勿擅自翻印和用本书
制作各类出版物及配套用书，违者必究

前言

近年来，随着科学技术的发展，部分建筑装饰材料标准及规范作了调整，第二版的部分内容已经不能适应装饰材料的发展，为满足学生对装饰材料的正确认识和应用，由重庆大学出版社组织，兰州交通大学、昆明理工大学、广西科技大学、云南大学等高校有关人员根据最新颁布的有关装饰材料标准及规范对该书内容进行了修订。其中兰州交通大学张粉芹编写了第7章及第14章的14.3节；昆明理工大学赵志曼编写了第1、2、5、8、10、13章；广西科技大学马铭彬编写了第6、9章；云南大学祝海雁编写了第11、12章及第14章的14.1、14.2节；广西科技大学董健苗编写了第3、4章。张粉芹、赵志曼为主编，马铭彬、董健苗、祝海雁为副主编。本书前期由赵志曼进行统稿工作，后期由张粉芹进行统稿及修编定稿。

本教材较为全面地介绍了各类建筑装饰材料的组成、生产工艺、性能特点、技术要求、施工工艺、检测方法等相关知识，同时考虑到材料科学与工程、土木工程、建筑学、室内设计等专业学生基础知识的差异，教材还增加了部分建筑材料的基础知识。因此，本书既可作为高等院校材料科学与工程专业的教学用书，也可作为土木工程、建筑学、室内设计等专业的教学用书。

在教材编写过程中，编写人员尽可能地做到深入浅出、言简意赅、图文并茂，便于读者理解，同时将各类新型装饰材料的成果介绍给读者。但由于编者水平有限，不妥与疏漏之处在所难免，恳请广大读者在使用过程中提出宝贵意见，以便使本书不断完善。

编　者

2014年10月

目录

第1章 绪论

1.1 概述

建筑装饰是技术与艺术相结合的产物，而建筑艺术的发挥，除建筑设计外，在很大程度上受到建筑材料的制约，尤其受到建筑装饰材料的制约。建筑装饰也是集建筑风格、结构形式，装饰材料的性能、品种，先进的施工技术和设备，人们的环境意识、美学心理、生理素质等多种因素于一体的新兴行业。

建筑装饰材料是建筑装饰工程的物质基础。装饰工程的总体效果、功能的实现，都是通过运用装饰材料及其配套产品的质感、色彩、图案、功能等体现出来的。

现代建筑，要求设计新颖、造型美观、功能合理、设备先进、装饰雅观，这就要求有品种多样、性能优良、模数协调、造型美观的装饰装修材料。

随着我国人民生活水平的不断提高，对建筑技术、建筑功能提出了更高的要求。建筑装饰工程在建筑工程中的比重逐渐增加。一般来说，建筑装饰工程占建筑总造价的1/3以上，有的甚至高达1/2，而建筑装饰材料在建筑装饰工程中处于十分重要的地位。据预测，到2020年，中国将建造数10亿 m^2 的通用厂房、公共建筑和住宅，农村建筑将近100亿 m^2，这就需要大量的中高档建筑装饰材料。不少新型装饰材料正在逐步进入普通居民住宅，以前广泛用于宾馆、酒楼的中高档建筑装饰材料如壁纸、釉面砖、大理石、木地板、地毯、各种灯饰等都已逐渐用于普通居民住宅的装饰中。在这种形势下，建筑装饰工程的设计人员和技术人员，都必须熟悉装饰材料的种类、性能、特点，掌握各类材料的使用规律，善于在不同工程和使用条件下正确运用不同的装饰材料，既能使材料的质感、色彩、功能等充分体现出来，又能达到经济合理、降低装饰成本的目的。

1.2 建筑装饰材料与建筑材料的关系

建筑材料是建造建筑物时所用的各种材料的总称，它包括结构材料、墙体材料、屋面材料、地面材料、绝热材料、吸声材料以及装饰材料等。由此可见，建筑材料品种繁多，性能各异，用途广泛，而建筑装饰材料是建筑材料中的一个类别，但这一类材料是建筑物的“外衣”，它直观性很强，因此很受重视。不过建筑装饰材料又是依附于其他建筑材料，尤其是结构材料，所以装饰材料与其他许多种类的建筑材料有着紧密的关系。显然，只有当结构材料不出问题时，依附于其上的装饰材料才能发挥其装饰作用。为此，在学习掌握建筑装饰材料知识的同时，也需要了解其他建筑材料，特别是结构材料（主要是混凝土和钢材）的性能，以适应二者关联的需要。

当代材料科学高度发展的重要特点之一，就是给古老的材料以新的生命力，使材料的用途和分类越来越交错，很难分清哪些是结构材料，哪些是装饰材料，哪些是功能材料。

1.3 建筑装饰材料的分类

1.3.1 按化学成分分

建筑装饰材料品种繁多，按化学成分划分可分为金属装饰材料、非金属装饰材料和复合型装饰材料，这种分类方法如图 1.1 所示。

- 建筑装饰材料
  - 金属材料
    - 黑色金属材料：如不锈钢等
    - 有色金属材料：如铝、铜、金、银等
  - 非金属材料
    - 无机非金属材料：如大理石、玻璃、建筑陶瓷等
    - 有机非金属材料：如木材、建筑塑料等
  - 复合材料
    - 非金属与非金属复合材料：如装饰混凝土、装饰砂浆等
    - 金属与金属复合材料：如铝合金、铜合金等
    - 金属与非金属复合材料：如涂塑钢板等
    - 无机与有机复合材料：如人造花岗岩、人造大理石等
    - 有机与有机复合材料：如各种涂料等

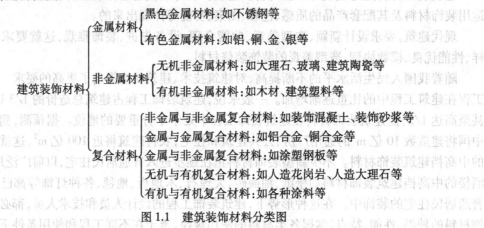

图 1.1 建筑装饰材料分类图

1.3.2 按其在建筑物不同的装饰部位分

（1）**外墙装饰材料**

外墙装饰材料包括建筑物外墙、阳台、台阶、雨篷等全部外露的外部结构装饰所用的材料。外墙装饰材料常见的类型有天然石材（大理石、花岗岩），人造石材（人造大理石、人造花岗岩），外墙面砖、大型陶瓷饰面板、陶瓷锦砖，玻璃制品（玻璃马赛克、彩色吸热玻璃、热反射玻

璃等),装饰混凝土(如彩色混凝土、露骨料混凝土),装饰砂浆(抹灰类饰面、石渣类饰面),金属装饰材料(不锈钢制品、彩色钢板制品、铝合金制品、铜合金制品等),建筑塑料装饰板材,复合装饰板材(如铝塑板、复合钢板),塑料门窗,外墙涂料等。

(2)内墙装饰材料

内墙装饰材料包括内墙墙面、墙裙、踢脚线、隔断、花架等全部内部构造装饰所用材料。内墙装饰材料常见的类型有内墙涂料,壁纸与墙布,织物类(挂毯、装饰布等),木质装饰板,大理石,玻璃制品,人造石材,装饰砂浆(如水磨石、水刷石),装饰石膏制品(装饰石膏板、纸面石膏板),釉面内墙砖,金属饰品等。

(3)地面装饰材料

地面装饰材料包括地面、楼面、楼梯等结构的全部装饰材料。地面装饰材料常见的类型有地毯类(全毛地毯、化纤地毯、混纺地毯等),塑料地板,地面涂料,陶瓷地砖,人造石材,天然石材,木地板等。

(4)吊顶装修材料

吊顶装修材料主要指室内顶棚装饰用材料。顶棚装饰材料常见类型有塑料吊顶板,铝合金吊顶板,石膏板(浮雕装饰石膏板、纸面石膏板、嵌装式装饰石膏板),壁纸装饰天花板,贴塑矿(岩)棉装饰板,矿棉装饰吸音板、膨胀珍珠岩装饰吸音板等。

(5)室内装饰用品及配套设备

室内装饰用品及配套设备包括卫生洁具、装饰灯具、家具、空调设备及厨房设备等。

(6)其他

除了以上所提到的装饰材料外,还有街心、庭院小品及雕塑等。

1.4 建筑装饰材料的功能

装饰材料用在建筑物的表面,借以美化建筑物与环境,也起着保护建筑物及改善使用效果的作用。根据建筑物的部位不同所用材料的功能也不尽一致。

1.4.1 装饰功能

建筑物的内外墙面装饰是通过装饰材料的质感、线条、色彩来表现的。质感是指材料质地的感觉,重要的是要了解材料在使用后人们对它的主观感受。一般装饰材料要经过适当的选择和加工才能满足人们视觉美感要求。花岗石如不经过加工打磨,就没有动人的质感,只有经过加工处理,才能显现出不同的质感,既可光洁细腻,又可粗犷坚硬。

色彩可以影响到建筑物的外观和城市面貌,也可影响到人们的心理。材料的本身颜色有些是很美的,所以在室内外装饰中应充分发挥材料自然美的特点,例如大理石色彩的庄重美,花岗石色彩的朴素美,壁纸的柔和美,木材质朴的色彩美和纹理美。

1.4.2 保护功能

建筑物在长期使用过程中经常会受到日晒、雨淋、风吹、冰冻等作用,也经常会受到腐蚀性气体和微生物的侵蚀。使其出现粉化、裂缝、甚至脱落等现象,影响到建筑物的耐久性。选用适当的建筑装饰材料对建筑物表面进行装饰，不仅能对建筑物起到良好的装饰作用，且能有效地提高建筑物的耐久性，降低维修费用。如在建筑物的墙面、地面贴面砖或涂刷涂料，能够保护墙面、地面免受或减轻各种侵蚀，延长建筑物的使用寿命。

1.4.3 室内环境调节功能

建筑装饰材料除了具有装饰功能和保护功能外，还有改善室内环境使用条件的功能。如内墙和顶棚使用的石膏装饰板，能起到调节室内空气的相对湿度，起到改善使用环境的作用；木地板、地毯等能起到保温、隔声、隔热的作用，使人感到温暖舒适，改善了室内的生活环境。

1.4.4 复合功能

这里所说的复合功能是指使用一定组合和构造方式，将两种或两种以上的装饰材料组合在一起，从而产生多重功能。比如，固定在龙骨上的石膏多孔装饰吊顶，内部填充了玻璃棉，不但有材料本身的阻燃防火，装饰美化功能，还利用材料组合与构造方式形成了宽频吸声功能。

1.5 建筑装饰材料的选择

建筑物的种类繁多，不同功能的建筑物对装饰的要求也不同，即使是同一类建筑物，也因设计标准的不同而使得装饰要求不相同。通常建筑物的装修有高级装修、中级装修和普通装修之分。在建筑装饰工程中，为确保工程质量——美化和耐久，应当按照不同档次的装修要求正确而合理地选用建筑装饰材料。

人们进行建筑设计的目的就是要造就环境；而造就优美环境的目的正是为了造就人们本身。否则，任何建筑艺术都毫无意义。建筑装饰也是一种艺术，它也是为了造就和改变环境。这种环境应该是自然环境与人造环境的高度统一与和谐。然而各种装饰材料的色彩、质感、触感、光泽、耐久性等性能的正确运用，将会在很大程度上影响到环境。因此，在选择装饰材料时必须考虑以下3个问题：

1.5.1 装饰效果

建筑物的艺术效果在很大程度上是通过装饰材料特有的装饰性能来表现的。这一功能的实现主要取决于装饰材料本身的形式、色彩或质感。材料的形、色、质只有与空间环境的其他装饰因素（如光线等）完美融合，协调统一，才能具有艺术感染力。从事装饰工程的有关人员应熟练地了解和掌握各种装饰材料的性能、装饰功能与效果以及获得途径，从而合理地选择和正确使用装饰材料，才能使建筑物获得美感。

(1)形式

这里所说的材料形式，是指材料本身的形状、尺寸以及使用后形成的图形效果，包括材料组合后形成的界面图形、界面边缘及材料交接处的线脚等，除少数材料的种类（如涂料）外，一般装饰材料本身由于加工等因素的影响，均有一定的形状、尺寸，有意识地利用这一点，就可以在使用材料时做到最有效且经济。还可以结合一些美学规律和手法进行排列组合，以便形成新的形式与图案，从而获得更好的装饰效果。

(2)色彩

建筑装饰效果最突出的一点是材料的色彩,它是构成人造环境的重要内容。我国古建筑总是利用材料的色彩来突出表现建筑物的美,正确吸取古代建筑色彩处理手法的精华,有助于今天丰富建筑艺术和形成新的建筑民族风格。

使用色彩是中国古代建筑形式美的突出表现。随着社会的进步和发展,建筑物外部的色彩处理日趋丰富。在这方面的卓越成就,就是建筑艺术和保护结构材料的结合。我国古建筑的色彩处理的方法和技巧是多种多样的,如根据建筑物的性质明确区分色彩,如宫殿、庙宇为了显示富丽堂皇、璀璨夺目,常采用强烈的原色,台基为白色或青色,屋身为朱红色,檐下以青绿等冷色为主,屋面是黄色或绿色的琉璃瓦;而平民住宅一般采用中和的色彩使建筑物显得素雅、宁静,与居住环境所要求的气氛相协调。

运用对比色以达到强调某种艺术气氛的目的,由色彩对比衬托质的对比。运用对比色还可以达到协调建筑物各部分,使其统一于同一风格的目的。例如北京天坛太和殿外部多种色彩的运用有简有繁、有细有粗、彼此呼应,获得浑然一体的艺术效果。

以各种色彩的和谐创造建筑的风格和环境。如园林建筑为了表现特有的风格,在色彩方面运用浅灰、棕褐、绿、浅黄、浅蓝等作原色,同时避免大面积的单色,再配以精致淡雅的装饰和家具、陈设、建筑小品等,使色彩更加协调。在现代建筑中,材料色彩的选择是十分重要的,它是构成人造环境的重要内容。

建筑物外部色彩的选择,要根据建筑物的规模、环境及功能等因素来决定。由于深浅不同的色块给人的感觉不同,浅色块给人以庞大、肥胖感,深色块使人感到瘦小和苗条。因此,在现代建筑中,庞大的高层建筑宜采用较深的色调,使之与蓝天白云相衬,更显得庄重和深远;小型民用建筑宜用淡色调,使人不致感觉矮小和零散,同时还能增加环境的幽雅感。另外,建筑物外部装饰色彩的观赏性还应与其周围的道路、园林、小品以及其他建筑物的风格和色彩相配合,力求构成一个完美的色彩协调的环境整体。

各种色彩能使人产生不同的感觉,对于建筑内部色彩的选择,不仅要从美学上来考虑,还要考虑到色彩功能的重要性,力求合理应用色彩以使生理和心理上均能产生良好的效果。红、橙、黄色使人看了联想到太阳、火焰而感觉温暖,故称为暖色;绿、蓝、紫罗兰色使人看了会联想到大海、蓝天、森林而感到凉爽故称冷色。暖色调使人感到热烈、兴奋、温暖;冷色调使人感到宁静、幽雅、清凉。所以,夏天的工作和休息环境应采用冷色调,给人以清凉感;冬天则宜用暖色调,给人以温暖感;寝室宜用浅蓝或淡绿色,以增加室内的舒适和宁静感;幼儿园的活动室应采用中黄、淡黄、橙黄、粉红等暖色调,以适应儿童天真活泼的心理;饭馆餐厅宜用淡黄、橘黄色,能增进食欲;医院病房则宜采用浅绿、淡蓝、淡黄等色调,以使人感到安静和安全。

总之,从合理而艺术地运用色彩的角度来选择装饰材料,可把建筑物点缀得丰富多彩,情趣盎然。

(3)质感

质感是人们对装饰材料外观质地的一种整体感觉,它包括装饰材料的粗细程度、自身纹理及花样、软硬程度、色彩的深浅程度、光泽度、透明度等。装饰材料的质感主要来源于材料本身的质地、结构特征,同时还取决于材料的加工方法和加工程度。

不同的材料质感会使人们产生不同的联想,产生不同的空间比例感和视觉效果。如保持天然文理及质地的木材给人以亲切淳朴之感;凿毛的花岗岩则表现出厚重、粗犷和力量;而磨光的镜面花岗岩则让人感觉轻巧和富丽堂皇。充分利用这些质感和联想,可以创造出特定视觉效果及环境氛围,从而使人们获得艺术上的良好感受。

另外,在装饰工程中,还可以选用各种质感的装饰材料进行组合搭配,从不同材料质感的协调配合或对比映衬中,又可以产生新的富于魅力的装饰效果。

1.5.2 耐久性

用于建筑装饰的材料,要求其既要美观,又要耐久。通常建筑物外部装饰材料要经受日晒、雨淋、霜雪、冰冻、风化、介质等侵袭。因此,外墙装饰材料既要美观,又要耐久,如一般有机材料在光、热等自然条件作用下,容易老化而改变其固有性能,不经抗老化处理不宜选作外墙装饰材料。而无机材料如白水泥、彩色水泥、陶瓷、玻璃及铝合金制品等,不但色彩宜人,而且耐久可靠,是理想的外墙装饰材料。而内部装饰材料需要经受摩擦、潮湿、洗刷等作用。

因此,对装饰材料的耐久性要求,应包括以下 3 个方面:

(1)力学性能

力学性能包括强度(抗压、抗拉、抗弯、冲击韧性等)、受力变形、黏结性、耐磨性以及可加工性等。

(2)物理性能

物理性能包括密度、表观密度、吸水性、耐水性、抗渗性、抗冻性、耐热性、绝热性、吸声性、隔音性、光泽度、光吸收性及光反射性等。

(3)化学性能

化学性能包括耐酸碱性、耐大气侵蚀性、耐污染性、抗风化性及阻燃性等。

各种建筑装饰材料均各具特性,建筑用装饰材料应根据其使用部位及条件不同,提出相应的性能要求。必须十分明确,只有保证了装饰材料的耐久性,才能切实保证建筑装饰工程的耐久性。

1.5.3 经济性

装饰材料的运用,还必须考虑一个不容忽视的问题,即装饰造价问题。从经济角度考虑材料的选择,应有一个总体观念,即既要考虑到工程装饰一次投资的多少,也要考虑到日后的维修费用,有时宁可适当加大一次性投资,而达到保证总体上的经济性。

优美的建筑艺术效果不在于多种材料的堆积,而要在体察材料内在构造和美的基础上精于选材,贵在使材料合理配置及质感的和谐运用。特别是对那些贵重而富有魅力感的材料,要施以“画龙点睛”的手法,才能充分发挥材料的装饰性。

随着社会的进步和人类文明的发展,建筑装饰已成为建筑艺术一个不可分割的组成部分。与此同时,建筑装饰材料也已成为建筑材料大家庭中的重要成员。人们对包括建筑装饰在内的建筑艺术的追求,将是无止境的。因此,对构成这种艺术的基础——建筑装饰材料的品种、质量、档次等的要求,也将是无止境的。人们企盼着用更新一代的建筑装饰材料,把每个家庭、每幢建筑物都装点得更加舒适和瑰丽。

1.6 本课程学习目的与方法

建筑装饰材料课程学习的目的在于配合专业课程的教学,为建筑装饰设计和施工提供合理选择和正确使用建筑装饰材料的基本知识。为了掌握和运用装饰材料,在学习时,首先要着重了解各类材料的成分(组成)、性能和用途,其中首要的是了解材料的性能和特点,其他方面的内容均应围绕这个中心来进行学习。其次要注意材料的合理搭配、组合效果。对于装饰材料和配套设备的选用,要从属于建筑总体空间艺术的构思,要在功能、内容与艺术形式的统一中求变化,做到有性格、有特色。同时,要考虑环境、气氛、功能、空间、色彩、质感、不同材料的恰当配合以及经济合理等问题。第三要注意联系实际。要多观察现有建筑物的装饰效果,哪些是由于应用材料得当,装饰效果好,哪些为用材不当,今后应予避免。这样做不但能逐渐学会如何正确地选择和使用材料,还能及时了解不同的建筑装饰风格和新材料的应用,从而达到不断丰富自己的建筑装饰材料知识。

复习思考题

1.1 装饰材料是如何分类的?

1.2 建筑装饰材料主要有哪些功能?

1.3 选择建筑装饰材料时应注意哪些问题?

第2章 材料的基本性质

建筑装饰材料在使用过程中经常受到风吹、日晒、雨淋、紫外线照射等大气因素的作用；有些部位的材料还受到声、光、电、热的影响；与土壤及水接触的材料还会受到酸、碱、盐等介质的侵蚀作用。为了保证建筑物的使用功能和耐久性，建筑装饰材料应具有抵御上述各种作用的性质。这些性质是多种多样的，又是互相影响的，归纳起来包括材料的物理性质、力学性质、热工性质、声学性质、光学性质、工艺性质和耐久性质等。

建筑装饰材料的各种性质与其化学组成成分、组织结构和构造等内部因素有密切的关系。为了保证装饰质量，必须正确选择和使用建筑装饰材料，为此就要了解和掌握建筑装饰材料的基本性质及其与材料组成、结构和构造的关系。

2.1 材料的物理性质

表征材料的质量与其体积之间相互关系的主要参数——密度、表观密度、堆积密度以及密实度、孔隙率、空隙率及填充率等，是建筑装饰材料最基本的物理性质。

2.1.1 密度、表观密度与堆积密度

(1)密度

材料在绝对密实状态下，单位体积的质量称为密度，即

$$\rho = \frac{m}{V} \tag{2.1}$$

式中 ρ——密度，g/cm^3；

m——材料在绝干状态下的质量，g；

V——材料在绝对密实状态下的体积，cm^3。

绝对密实状态下的体积是指不包括材料内部孔隙在内的体积。除钢材和玻璃等少数材料外，绝大多数建筑装饰材料都含有一定的孔隙。在密度测定中，应把含有孔隙的材料破碎并磨成细粉，烘干后用李氏比重瓶测定其密实体积。材料粉磨得越细，测得的密度值越精确。

(2)**表观密度**

材料在自然状态下,单位体积的质量称为表观密度,即

$$\rho_0 = \frac{m}{V_0} \tag{2.2}$$

式中　ρ_0——材料的表观密度,g/cm^3 或 kg/m^3;

m——材料在绝干状态下的质量,g 或 kg;

V_0——材料在自然状态下的体积(或称表观体积),cm^3 或 m^3。包括固体物质所占体积、开口孔隙体积和封闭孔隙体积,如图 2.1 所示。

材料的自然状态体积包括孔隙在内,当开口孔隙内含有水分时,材料的质量将发生变化,因而会影响材料的表观密度值。一般情况下,表观密度是指材料在气干状态(长期在空气中干燥)下的表观密度;在烘干至恒重状态下测定的表观密度称为干表观密度。一般测定表观密度时,以干表观密度为准,而对含水状态下测定的表观密度,须注明含水情况。

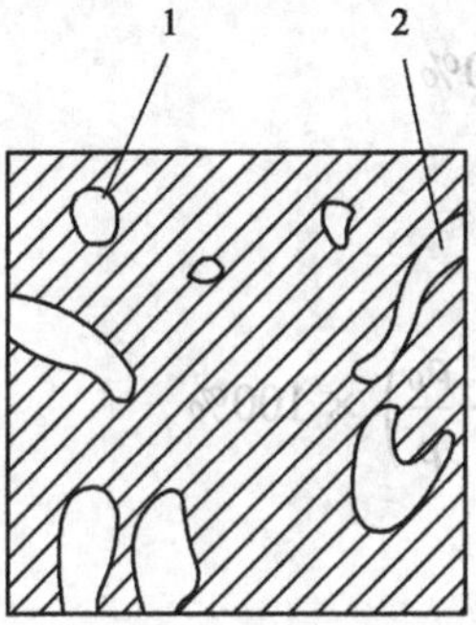

图 2.1　含孔材料体积组成示意图

1—闭口孔;2—开口孔

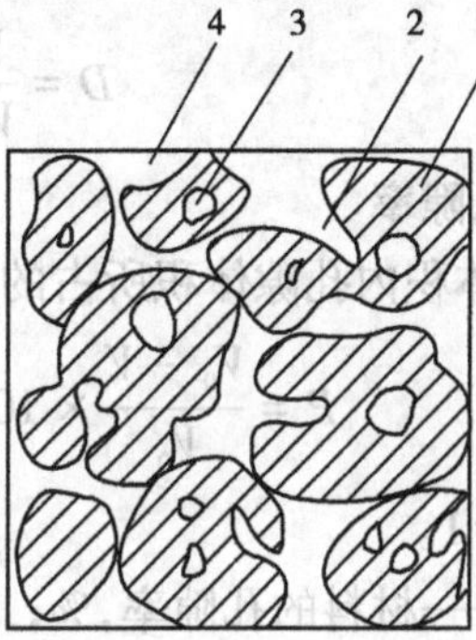

图 2.2　散粒材料堆积体积组成示意图

1—颗粒中的固体物质;2—颗粒的开口孔隙;

3—颗粒的闭口孔隙;4—颗粒之间空隙

(3)**堆积密度**

散粒材料在自然堆积状态下,单位体积的质量称为堆积密度,即

$$\rho'_0 = \frac{m}{V'_0} \tag{2.3}$$

式中　ρ'_0——散粒材料堆积密度,kg/m^3;

m——散粒材料的质量,kg;

V'_0——散粒材料的堆积体积,m^3。堆积体积包括固体物质所占体积、开口孔隙体积、封闭孔隙体积、颗粒之间的空隙体积,如图 2.2 所示。

测定材料的堆积密度时,材料的质量是指填充在一定容器内的材料质量,而堆积体积则是指堆放材料容器的容积,此容积包含固体物质所占体积、开口孔隙体积、封闭孔隙体积、颗粒之间的空隙体积。

在建筑装饰工程中,计算材料的自重,材料的用量以及计算配料、运输台班和堆放场地时,经常要用到材料的密度、表观密度以及堆积密度等数据。现将几种常用建筑装饰材料的密度、表观密度以及孔隙率列于表 2.1 中。

表 2.1 常用材料的密度、表观密度

材料名称	密度 $\rho/(g\cdot cm^{-3})$	表观密度 $\rho_0/(kg\cdot m^{-3})$	孔隙率 $P/\%$
花岗岩	2.80	2 500~2 900	0.50~3.00
木材	1.55	400~800	55~75
钢材	7.85	7 850	0
泡沫塑料	—	20~50	—

2.1.2 材料的密实度与孔隙率

(1)密实度

材料体积内被固体物质所充实的程度称为密实度,即

$$D=\frac{V}{V_0}\times 100\% \quad 或 \quad D=\frac{\rho_0}{\rho}\times 100\% \tag{2.4}$$

(2)孔隙率

材料体积内孔隙体积所占的比例,即

$$P=\frac{V_0-V}{V_0}\times 100\%=\left(1-\frac{V}{V_0}\right)\times 100\%=\left(1-\frac{\rho_0}{\rho}\right)\times 100\% \tag{2.5}$$

即 $D+P=1$。

式中 P——材料的孔隙率,%;

V,V_0,ρ,ρ_0——同前。

孔隙率的大小反映了材料的致密程度。材料的许多性能,如强度、吸水性、耐久性、导热性等均与其孔隙率有关。此外,还与材料内部孔隙的构造有关。孔隙构造包括孔隙的数量、形状、大小、分布以及连通与封闭等情况。

材料内部孔隙有连通与封闭之分,连通孔隙不仅彼此连通且与外界相通,而封闭孔隙则不仅彼此互不连通,且与外界隔绝。孔隙本身有粗细之分,粗大孔隙(孔径 $D>n$ mm)、细小孔隙($D=n\times10^{-4}\sim n$ mm)和极细微孔隙($D=n\times10^{-7}\sim n\times10^{-4}$ mm)。粗大孔隙虽易吸水,但不易保持。极细微开口孔隙吸入的水分不易流动,而封闭的不连通孔隙,水分及其他介质不易侵入。因此,孔隙构造及孔隙率对材料的表观密度、强度、吸水率、抗渗性、抗冻性及声、热、电等性能都有很大影响。

2.1.3 散粒材料的填充率与空隙率

(1)填充率

散粒材料在堆积状态下,其颗粒的填充程度称为填充率,即

$$D'=\frac{V_0}{V_0'}\times 100\% \quad 或 \quad D'=\frac{\rho_0'}{\rho_0}\times 100\% \tag{2.6}$$

(2)空隙率

散粒材料在堆积状态下,颗粒之间的空隙体积所占的比例,即

$$P' = \left(\frac{V'_0 - V_0}{V'_0}\right) \times 100\% = \left(1 - \frac{V_0}{V'_0}\right) \times 100\% = \left(1 - \frac{\rho'_0}{\rho_0}\right) \times 100\% \tag{2.7}$$

即　$D'+P'=1$。

空隙率的大小表征着散粒材料颗粒间相互填充的致密程度。空隙率可作为控制混凝土骨料级配与计算砂率的依据。

2.1.4　材料的光学性质

光是以电磁波形式传播的辐射能。电磁波辐射的波长范围很广，只有波长在 380~760 nm 的这部分辐射能才能引起光视觉，称为“可见光”。波长短于 380 nm 的光是紫外线、X 射线、γ 射线，长于 760 nm 的光是红外线和无线电波等。

光的波长不同，人眼对其产生的颜色感觉也不同，各种颜色的波长之间并没有明显的界限。即一种颜色逐渐减弱，另一种颜色则逐渐增强，慢慢变成另一种颜色，另外还关系到光通量、发光强度、照度等。

根据光学原理，颜色不是材料本身固有的，而是取决于材料的光谱反射、光线的光谱组成、观看者对光谱的敏感性，其中光线尤为重要。

材料的光泽是材料表面的特征。光线照到物体上，一部分被反射，另一部分被吸收。如果物体是透明的，则有一部分透过物体。当光线入射角和反射角对称时，为镜面反射；当反射光线分散在各个方向时称为漫反射，漫反射与颜色和亮度有关。镜面反射是产生光泽的主要原因，对物体成像的清晰程度和反射光的强弱起决定性作用。另外，材料与光的性质还关系到材料的透明度、表面组织、形状尺寸和立体造型等。

总之，一幢建筑物（或建筑群体），除了满足物理、力学等性能外，还要充分利用自然光线为室内采光，建筑的立面要充分运用自然光线形成凹凸的光影效果，强烈的明暗对比，使建筑物矗立在大地上栩栩如生，色泽鲜明、清晰，立体感强，美观耐久。

2.2　材料与水有关的性质

在建筑装饰工程中，绝大多数建筑物在不同程度上都要与水接触。水与建筑装饰材料接触后，将会出现不同的物理化学变化，所以要研究在水的作用下建筑装饰材料所表现出来的各种特性及其变化。

2.2.1　亲水性与憎水性

建筑物经常与水或大气中的水汽接触，固体材料与水接触后，出现如图 2.3 所示的两种情况。当液滴与固体在空气中接触且达到平衡时，从固、液、气三相界面的交点处，沿着液滴表面作切线，此切线与材料和水接触面的夹角 θ 称为湿润角（或接触角）。由图 2.3 可知，$\sigma_{气\text{-}固}$、$\sigma_{气\text{-}液}$和 $\sigma_{液\text{-}固}$分别表示气-固、气-液和液-固各界面间的界面张力。当三力达到平衡时具有下列关系，即

$$\sigma_{气\text{-}固} = \sigma_{液\text{-}固} + \sigma_{气\text{-}液} \times \cos\theta \quad 或 \quad \cos\theta = \frac{\rho_{气\text{-}固} - \rho_{液\text{-}固}}{\rho_{气\text{-}液}} \tag{2.8}$$

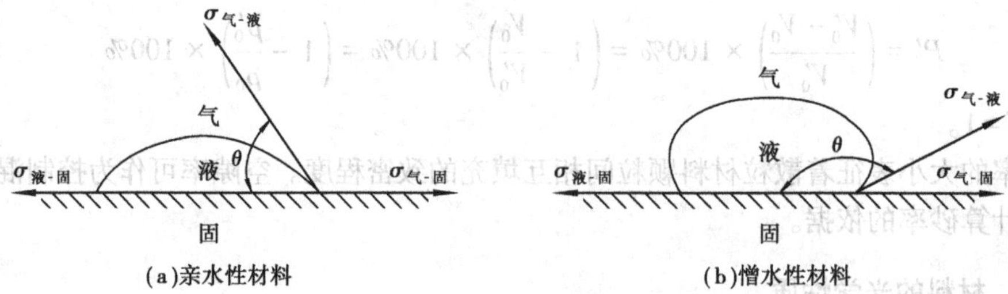

图 2.3 材料的亲水性与憎水性示意图

显然,液体能否润湿固体与接触角 θ 大小有关。当 $\sigma_{气-固}-\sigma_{液-固}\geqslant 0$ 时,$\cos\theta\geqslant 0,\theta\leqslant 90°$,液体能润湿固体。也就是说,液体与固体界面上的张力小于固体的表面张力时,固体能被润湿。当 $\sigma_{气-固}-\sigma_{液-固}<0$ 时,$\cos\theta<0,\theta>90°$,则液体不能润湿固体。或者说,液体与固体接触面上的界面张力大于固体的表面张力时,则固体不能被润湿。

一般认为:当 $\theta\leqslant 90°$时,水分子之间的内聚力小于水分子与材料分子间的相互吸引力,此种材料称为亲水性材料;当 $\theta>90°$时,水分子之间的内聚力大于水分子与材料分子间的吸引力,此种材料称为憎水性材料。这一概念可以推广到其他液体对固体的润湿情况,并分别称其为亲液性材料或憎液性材料。

亲水性材料能通过毛细管作用,将水分吸入材料内部。憎水性材料一般能阻止水分渗入毛细管中,从而降低了材料的吸水作用。所以憎水性材料不仅可用作防水材料,而且还可用于亲水性材料的表面处理,以降低其吸水性。

大多数建筑装饰材料都是亲水性材料,如石料、陶瓷砖、水泥装饰混凝土和木材等,而建筑塑料、各种涂料等则为憎水性材料。

2.2.2 吸水性与吸湿性

(1)吸水性

材料在水中吸收水分的性质称为吸水性。材料吸水能力的大小用吸水率表示,即

$$W=\frac{m_1-m}{m}\times 100\% \tag{2.9}$$

式中 W——材料的质量吸水率,%;

m——材料在绝干状态下的质量,g;

m_1——材料在吸水饱和状态下的质量,g。

W 称为质量吸水率,有时也用体积吸水率来表示材料的吸水性。材料吸入水分的体积占绝干材料自然状态下体积的百分率称为体积吸水率。

由于材料的亲水性以及开口孔隙的存在,大多数材料都具有吸水性,所以材料中通常均含有水分。

材料的吸水性不仅与其亲水性及憎水性有关,也与其孔隙率的大小及孔隙特征有关。一般孔隙率越高,其吸水性越强。封闭孔隙水分不易进入;粗大闭口孔隙,不易吸满水分;具有细微开口孔隙的材料,其吸水能力特别强。

各种材料因其化学成分和结构构造不同,其吸水能力差异极大,如致密花岗岩的吸水率只有 0.50%~0.70%,普通混凝土为 2.00%~3.00%,陶瓷砖为 17.00%~24.00%;而木材及其他多

孔轻质材料的吸水率则常超过100%。

(2)吸湿性

材料在潮湿空气中吸收水分的性质称为吸湿性。用含水率表示,即

$$W_{含} = \frac{m_{含} - m}{m} \times 100\% \tag{2.10}$$

式中　$W_{含}$——材料的含水率,%;

m——材料在绝干状态下的质量,g;

$m_{含}$——材料含水时的质量,g。

材料的吸湿性随空气湿度大小而变化。干燥材料在潮湿环境中能吸收水分,而潮湿材料在干燥环境中也能放出(又称蒸发)水分,这种性质称为还水性,最终与一定温度下的空气湿度达到平衡。多数材料在常温常压下均含有一部分水分,这部分水的质量占材料干燥质量的百分率称为材料的含水率。与空气湿度达到平衡时的含水率称为平衡含水率。木材具有较大的吸湿性,吸湿后木材制品的尺寸将发生变化,强度也将降低。保温隔热材料吸入水分后,其保温隔热性能将大大降低,承重材料吸湿后,其强度和变形亦将发生变化。因此,在选用材料时,必须考虑吸湿性对其性能的影响,并采取相应的防护措施。

2.2.3　耐水性

材料长期在饱和水的作用下不破坏,其强度也无显著降低的性质称为耐水性。材料的耐水性用软化系数K_R表示,即

$$K_R = \frac{f_{饱}}{f_{干}} \tag{2.11}$$

式中　K_R——材料的软化系数;

$f_{饱}$——材料在吸水饱和状态下的极限抗压强度, MPa;

$f_{干}$——材料在绝干状态下的极限抗压强度, MPa。

由上式可知,K_R值的大小表明材料浸水后强度降低的程度。一般材料在水的作用下,其强度均有所下降。这是由于水分进入材料内部后,削弱了材料微粒间的结合力所致。如果材料中含有某些易于被软化的物质如黏土等,这将更为严重。因此,在某些工程中,软化系数K_R的大小成为选择材料的重要依据。一般次要建筑物或受潮较轻的结构所用的材料的K_R值应为0.75~0.85;而受水浸泡或处于潮湿环境的重要建筑物的材料,其K_R值应为0.85~0.90;特殊情况下,K_R值应当更高。

2.2.4　抗渗性

材料在压力水作用下,抵抗渗透的性质称为抗渗性。材料的抗渗性用渗透系数K表示,即

$$K = \frac{Qd}{AtH} \tag{2.12}$$

式中　K——渗透系数,cm/h;

Q——渗水总量,cm^3;

d——试件厚度,cm;

A——渗水面积，cm^2；

t——渗水时间，h；

H——静水压力水头，cm。

抗渗等级 P，是以规定的试件在标准试验条件下所能承受的最大水压力（MPa）来确定，即

$$P = 10H - 1 \tag{2.13}$$

式中　P——抗渗等级；

H——试件开始渗水时的水压力，MPa。

渗透系数越小的材料其抗渗性越好。材料抗渗性的高低与材料的孔隙率和孔隙特征有关。绝对密实的材料或具有封闭孔隙的材料，水分难以透过，抗渗性较好。对于地下建筑及桥涵等建筑物，由于经常受到压力水的作用，所以要求材料应具有一定的抗渗性。对用于防水的材料，其抗渗性的要求更高。

2.2.5 抗冻性

材料在吸水饱和状态下，抵抗多次冻融循环而不破坏，同时强度也不显著降低（如混凝土质量损失不超过5%，强度损失不超过25%）的性质称为抗冻性，用抗冻等级（记为 F）表示。

冰冻的破坏作用是由于材料中含有水，水在结冰时体积膨胀约9%，从而对孔隙产生压力而使孔壁开裂。冻融循环的次数越多，对材料的破坏作用越严重。

影响材料抗冻性的因素很多，主要有：材料的孔隙率、孔隙特征、吸水率及降温速度等。一般来说含有开口毛细孔较多的材料抗冻性较差，含有细小封闭孔隙抗冻性较好。

2.3 材料的力学性质

材料的力学性质通常是指材料在外力（荷载）作用下的变形性质及抵抗外力破坏的能力。

2.3.1 弹性与塑性

（1）弹性

材料在外力作用下发生变形，当外力取消后，材料能够完全恢复原来形状和尺寸的性质称为弹性。这种可以完全恢复的变形称为弹性变形（或瞬时变形）。

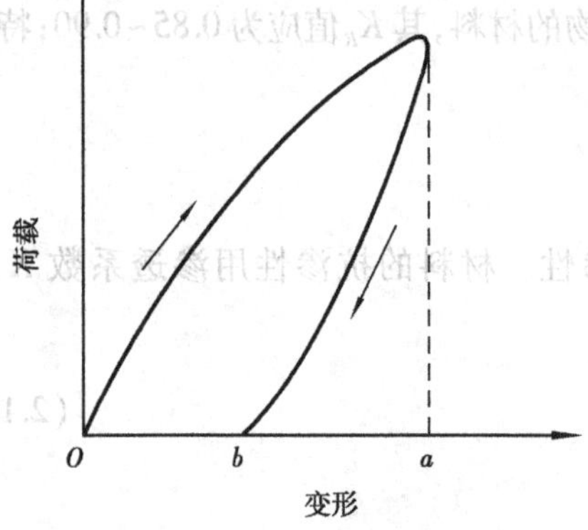

图2.4　弹、塑性材料的变形曲线

（2）塑性

材料在外力作用下发生变形，当外力取消后，材料不能恢复原来的形状和尺寸，但并不产生裂缝的性质称为塑性。这种不能恢复的变形称为塑性变形（或永久变形）。

实际上，材料受力后所产生的变形是比较复杂的。某些材料在受力不大的条件下，表现出弹性性质，但当外力达到一定值后，则失去其弹性而表现出

塑性性质,钢材就是这种材料。有的材料在外力作用下,弹性变形和塑性变形同时发生,如图 2.4 所示。当外力取消后,其弹性变形 *ba* 可以恢复,而塑性变形 *Ob* 则不能恢复,装饰混凝土受力后的变形就是这种情况。

2.3.2　强度

(1)材料的强度

材料在外力作用下,内部就产生与外力方向相反、大小相等的内力,单位面积上的内力称为应力。当外力增加时,应力也随之增大,直到质点间的应力不能再承受时,材料即破坏,此时的极限应力称为材料的强度。因此,材料在外力(荷载)作用下抵抗破坏的能力称为强度。这里指的是实际强度。

根据外力作用方式的不同,材料强度有抗压强度[图 2.5(a)]、抗拉强度[图 2.5(b)]、抗弯强度[图 2.5(c)]和抗剪强度[图 2.5(d)]等。

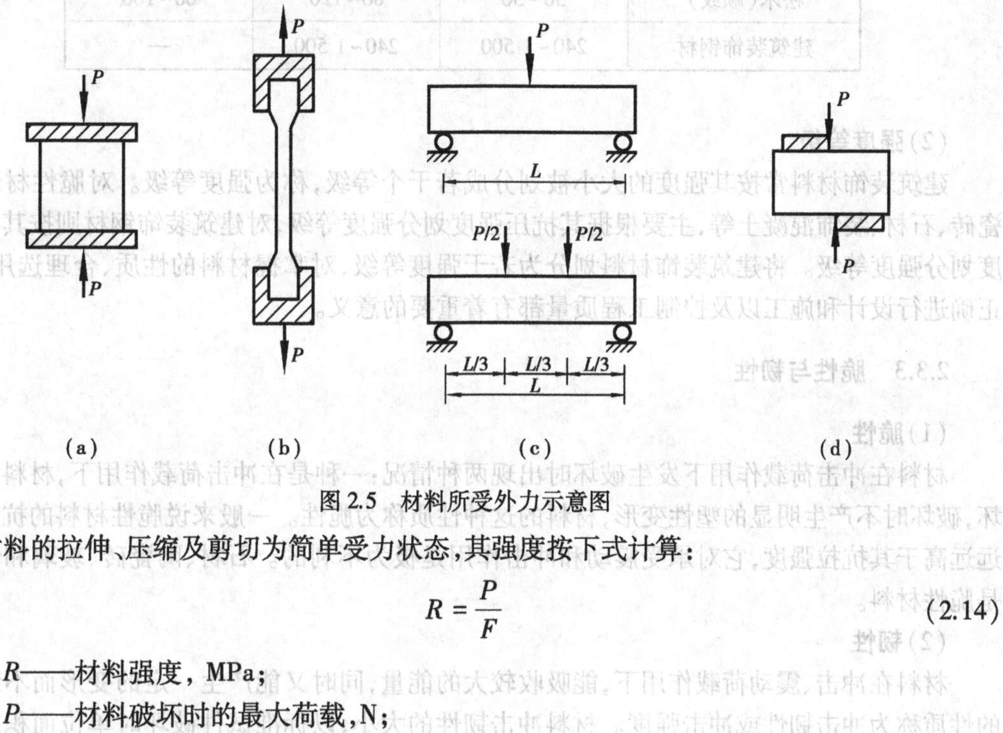

图 2.5　材料所受外力示意图

材料的拉伸、压缩及剪切为简单受力状态,其强度按下式计算:

$$R = \frac{P}{F} \tag{2.14}$$

式中　R——材料强度, MPa;

P——材料破坏时的最大荷载,N;

F——材料受力截面面积,mm^2。

材料受弯时其应力分布比较复杂,强度计算公式也不一致。一般是将条形试件放在两支点上,中间加一集中荷载。对矩形截面的试件,其抗弯强度按下式计算:

$$R_{弯} = \frac{3PL}{2bh^2} \tag{2.15}$$

有时可在跨度的三分点上加两个相等的集中荷载,此时其抗弯强度按下式计算:

$$R_{弯} = \frac{PL}{bh^2} \tag{2.16}$$

式中　$R_{弯}$——材料的抗弯强度, MPa;

P——材料弯曲破坏时的最大荷载,N;

L——两支点间的距离,mm;

b,h——试件横截面的宽及高,mm。

各种不同化学组成的材料具有不同的强度值。同一种类的材料,其强度随其孔隙率及构造特征的变化也有差异。一般孔隙率越大的材料其强度越低。几种常用材料的强度值见表2.2。

表 2.2　几种常用材料的强度

材料种类	抗压强度/MPa	抗拉强度/MPa	抗弯强度/MPa
花岗岩	100~250	5~8	10~14
墙地砖	5~20	—	1.6~4.0
装饰混凝土	5~60	1~9	4.8~6.1
松木(顺纹)	30~50	80~120	60~100
建筑装饰钢材	240~1 500	240~1 500	—

(2)**强度等级**

建筑装饰材料常按其强度的大小被划分成若干个等级,称为强度等级。对脆性材料如陶瓷砖、石材、装饰混凝土等,主要根据其抗压强度划分强度等级,对建筑装饰钢材则按其抗拉强度划分强度等级。将建筑装饰材料划分为若干强度等级,对掌握材料的性质、合理选用材料、正确进行设计和施工以及控制工程质量都有着重要的意义。

2.3.3　脆性与韧性

(1)**脆性**

材料在冲击荷载作用下发生破坏时出现两种情况:一种是在冲击荷载作用下,材料突然破坏,破坏时不产生明显的塑性变形,材料的这种性质称为脆性。一般来说脆性材料的抗压强度远远高于其抗拉强度,它对承受震动和冲击作用是极为不利的。石材、陶瓷砖、玻璃和铸铁都是脆性材料。

(2)**韧性**

材料在冲击、震动荷载作用下,能吸收较大的能量,同时又能产生一定的变形而不致破坏的性质称为冲击韧性或冲击强度。材料冲击韧性的大小,以标准试件破坏时单位面积或体积所吸收的能量来表示。如木材、装饰钢材、铝合金材料都有很好的韧性。

2.3.4　硬度和磨损

硬度是材料抵抗较硬物质刻画或压入的能力。测定硬度的方法很多,常用刻画法和压入法。

刻画法常用于测定天然矿物的硬度,即按滑石、石膏、方解石、萤石、磷灰石、正长石、石英、黄玉、刚玉、金刚石的硬度递增顺序分为10级,通过对材料的划痕按上述等级来确定所测材料的硬度,称为莫氏硬度。金属材料通常用压入法测硬度,常用布氏硬度表示,详见第8章。

硬度大的材料耐磨性较强,但不易加工。所以材料的硬度在一定程度上可以表明材料的耐磨性及加工难易程度。

材料受到摩擦作用而减小质量和体积的现象称为磨损。

2.4　材料的耐久性

建筑物在使用过程中会遭受到各种自然因素长时间的破坏，为了保持建筑物的功能，要求用于建筑物装饰中的各种材料具有良好的耐久性。材料的耐久性是指材料在各种因素作用下，经久耐用不破坏，也不失去其原有设计性能的性质。自然界中各种破坏因素包括物理的、化学的以及生物的作用等。

物理作用包括干湿交替、热胀冷缩、风吹雨淋、冻融循环等。这些作用会使材料发生形状和尺寸的改变而造成体积的胀缩，或导致材料内部裂缝的引发和扩展，久而久之终将导致材料和建筑物的完全破坏。

化学作用包括酸、碱、盐水溶液以及有害气体的侵蚀作用，光、氧、热和水蒸气的作用等。这些作用会使材料逐渐变质而失去其原有性质或被破坏。

生物作用多指虫、菌的蛀蚀作用，如木材在不良使用条件下会受到虫蛀、腐朽变质而破坏。

陶瓷砖、石材、装饰混凝土等非金属材料，受物理作用破坏的机会较多，同时也受到化学作用的破坏。金属材料主要受化学作用引起锈蚀而破坏。木、竹等有机材料常受生物作用而破坏。而塑料、涂料等高分子材料在阳光、空气和热的作用下，逐渐老化、变脆或开裂而失去其使用价值。

综上所述，材料的耐久性是一项综合性能。对具体装饰材料耐久性的要求，是随着该材料实际使用环境和条件的不同而确定。一般情况下，特别是在气温较低的北方地区，常以材料的抗冻性代表耐久性。因为材料的抗冻性与在其他多种破坏因素作用下的耐久性具有密切关系。

在实际使用条件下，经过长期的观察和测试作出的耐久性判断是最为理想的，但这需要很长的时间，因而往往是根据使用要求，在试验室进行各种模拟快速试验，借以作出判断。如干湿循环、冻融循环、湿润与紫外线干燥、碳化、盐溶液浸渍与干燥、化学介质浸渍与快速磨损等试验。

应当指出，上述快速试验是在相当严格的条件下进行的，虽然也可得到定性或定量的试验结果，但这种试验结果与实际工程使用下的结果并不一定有明确的相关性或完全符合。因此，评定建筑装饰材料的耐久性仍需根据材料的使用条件和所处的环境情况，作具体的分析和判断，才能得出正确的结论。

复习思考题

2.1　装饰材料应具备哪些基本性质？为什么？

2.2　材料的密度、表观密度和堆积密度有何区别？

2.3　材料的亲水性、憎水性、吸水性、吸湿性、耐水性、抗渗性及抗冻性的定义、表示方法及其影响因素是什么？

2.4 材料弹性与塑性、脆性与韧性、硬度和磨损、耐久性的概念是什么？

2.5 当材料的孔隙率增大时，表内其他性质如何变化？（用符号表示："↑"增大、"↓"下降、"-"不变、"？"不定）

孔隙率	密度	表观密度	强度	吸水率	抗冻性	导热性
↑						

2.6 某材料试样经烘干后其质量为 482 g，将其投入盛水的量筒中，此时水的体积由 452 cm^3增为 630 cm^3。取出试件称量，质量为 487 g。试问：①该材料的开口孔隙率为多少？②表观密度是多少？

2.7 木材的密度为 1.5 g/cm^3，其干燥表观密度为 540 kg/cm^3，试估算其孔隙率。

第3章 装饰石材

石材是建筑装饰工程中广泛使用的材料之一。天然石材被公认为是一种优良的建筑装饰材料。随着科学技术的发展，人造石材作为一种新型的饰面材料，正在广泛地应用于建筑室内外装饰，具有极其广阔的发展前途。

3.1 天然石材的特点、形成和分类

所谓天然石材是指从天然岩体中开采出来的毛料，经过加工成为板状或块状的饰面材料。天然石材是最古老的建筑装饰材料之一，世界上许多的古建筑都是由天然石材建造和装饰而成的。早在2 000多年前的古罗马时代，就开始使用白色及彩色大理石作为建筑饰面材料。意大利著名的比萨斜塔全是由大理石建成的，总质量达14.45×10^4 t。古埃及的金字塔、太阳神庙，都是最有历史代表性的石材建筑。中国在战国时代就有石基、石阶，东汉时就有全石建筑，隋唐时代石建筑更是鼎盛时期。宋代在惠安建造了全石结构的崇武古城，石砌的城墙高达7 m，长达2 455 m，异常壮观。众所周知的河北赵州桥，福建泉州的洛阳桥，其最重的石块达200 t，均为著名的古代建筑。我国明清故宫宫殿基座、栏杆都是用汉白玉建造的。在现代建筑中，北京的人民英雄纪念碑、人民大会堂、北京火车站、毛主席纪念堂等，也都是大量使用天然石材的建筑典范。

3.1.1 天然石材的特点

天然石材的主要优点是：

①原料蕴藏量丰富、分布很广，便于就地取材；

②石材结构致密，抗压强度高，大部分石材的抗压强度可达100 MPa以上；

③耐水性好；

④耐磨性好；

⑤装饰性好，石材具有纹理自然、质感稳重、庄严、雄伟的艺术效果；

⑥耐久性很好，使用年限可达百年以上；

天然石材的主要缺点是:质地坚硬,加工困难,自重大,开采和运输不方便。

3.1.2 岩石的形成及分类

岩石由造岩矿物组成,不同的造岩矿物在不同的地质条件下,形成不同性能的岩石。

(1)**造岩矿物**

矿物是具有一定化学成分和一定结构特征的天然化合物或单质体。岩石为矿物的集合体,组成岩石的矿物称为造岩矿物,各种造岩矿物各具不同颜色和特征,建筑装饰工程中常用岩石的主要造岩矿物,见表3.1。

表3.1 主要造岩矿物的颜色和特征

造岩矿物	颜 色	特 征
石英	无色透明	性能稳定
长石	白、浅灰、桃红、红、青、暗灰	风化慢
云母	无色透明至黑色	易裂成薄片
角闪石、辉绿石、橄榄石	深绿、棕、黑(暗色矿物)	开光性好,耐久性好
方解石	白色、灰色	开光性好,易溶于含CO_2的水中
白云石	白色、灰色	开光性好,易溶于含CO_2的水中
黄铁矿	金黄色(二硫化铁)	二硫化铁为有害杂质,遇水及氧后生成硫酸,污染及破坏岩石

大自然中大部分岩石都是由多种造岩矿物组成,如花岗岩,它是由长石、石英、云母及某些暗色矿物组成,颜色多样。只有少数岩石由一种矿物组成,如白色大理石,它由方解石或白云石组成。因此,岩石并无确定的化学成分和物理性能,同种岩石,产地不同,其矿物组成和结构均有差异,因而岩石的颜色、强度等性能也均不相同。

(2)**岩石的形成和分类**

各种造岩矿物在不同的地质条件下,形成不同类型的岩石,按地质分类法,可分为3大类:

1)火成岩

火成岩又称为岩浆岩,因地壳变动,熔融的岩浆由地壳内部上升后冷却而成。火成岩是组成地壳的主要岩石,占地壳总质量的89%。根据岩浆冷却条件的不同,又分为3种:深成岩、喷出岩和火山岩。

①深成岩　深成岩是地壳深处的岩浆,在很大的覆盖压力下缓慢冷却而成的岩石,其特征是:构造致密,结晶完整,晶粒粗大,抗压强度高,孔隙率和吸水率小,表观密度大,抗冻性好,耐磨性好,耐久性好。如花岗岩、闪长岩、正长岩、橄榄岩、辉长岩等。

②喷出岩　喷出岩是熔融的岩浆喷出地面后,在压力降低,迅速冷却的条件下形成的岩石。由于岩浆喷出地表时,压力和温度急剧降低,冷却较快且不均匀,因而大部分岩浆来不及完全结晶,多呈隐晶质(细小的结晶)或玻璃质(非晶质)结构。当喷出的岩浆层较厚时,形成的岩石其特征近似深成岩,若喷出的岩浆层较薄时,则形成的岩石常呈多孔结构,如玄武岩、辉绿岩、安山岩等。

③火山岩 火山岩又称火山碎屑岩。火山岩是火山爆发时，岩浆被喷到空中，经急速冷却后落下而形成的碎屑岩石。由于冷却速度过快未能结晶，形成玻璃质结构及多孔构造。有散粒状的火山岩，如火山灰、火山砂、浮石等。也有由散粒状火山岩堆积而受到覆盖层压力作用并凝聚成大块的胶结火山岩，如火山凝灰岩。火山岩都是轻质多孔结构的材料，其中火山灰被大量用作水泥的混合材，而浮石可用作轻质骨料。

2)沉积岩

沉积岩又称为水成岩，是由地表的各类岩石经自然界风化作用破坏后被水流、冰川或风力搬运至不同地方，再经逐层沉积并在覆盖层的压力作用或天然矿物胶结剂的胶结作用下重新压实胶结而成的岩石。主要存在于地表及不太深的地下。具有明显的层状构造，各层的成分、结构、颜色、厚度都有差异。与火成岩相比，其特征是：结构致密性较差，表观密度较小，孔隙率及吸水率均较大，强度较低，耐久性较差。根据沉积方式，又可以分为以下3种：

①机械沉积岩 它是各种岩石风化后，经流水、冰川或风力作用搬运，逐渐沉积而成。这类岩石的特点是矿物成分复杂，颗粒粗大。散状的有黏土、砂、砾石等，它们经自然胶结物胶结后就形成相应的页岩、砂岩、砾岩等。

②化学沉积岩 原生岩石经化学分解后，其中的易溶组分常呈溶液或胶体被水流搬运至低洼处沉淀形成。这类岩石的特点是颗粒细，矿物成分较单一，物理力学性能也较机械沉积岩均匀。化学沉积岩主要有菱镁矿、白云岩、石膏及部分石灰岩等。

③生物沉积岩 由海水或淡水中的生物死亡后的残骸沉积而成。这类岩石大都质轻松软，强度极低。主要的生物沉积岩有石灰岩、石灰贝壳岩、白垩、硅藻土等。

沉积岩虽然只占地壳总质量的5%，但在地球上分布极广，约占地壳表面积的75%，加之藏于地表不太深处，故易于开采。沉积岩用途广泛，其中最重要的是石灰岩。石灰岩是烧制石灰和水泥的主要原料，更是配制普通混凝土的重要组成材料。石灰岩也是修筑堤坝和铺筑道路的原材料。

3)变质岩

变质岩是由原生的火成岩或沉积岩，经过地壳内部高温、高压等变化作用后而形成的岩石。变质的结果，不仅可以改变岩石的结构和构造，甚至生成新的矿物。其中沉积岩变质后，性能变好，结构变得致密，坚实耐久，如石灰岩（沉积岩）变质为大理石；而火成岩经变质后，性质反而变差，如花岗岩（深成岩）变质成的片麻岩，易产生分层剥落，使耐久性变差。

3.2 各种装饰石材的技术性能、品种和应用

我国天然装饰石材资源丰富，主要为大理石和花岗石。

3.2.1 大理石

大理石是大理岩的俗称。大理石是一种变质岩，它是由石灰岩、白云岩、方解石、蛇纹石等变质而成。其主要矿物成分为方解石和白云石。大理石的主要化学成分见表3.2。

表 3.2　大理石的主要化学成分

化学成分	CaO	MgO	SiO_2	Al_2O_3	Fe_2O_3	SO_3	其他(Mn,K,Na)
含量/%	28~54	13~22	3~23	0.5~2.5	0~3	0~3	微量

(1)大理石的物理力学特性

①结构致密,抗压强度高,一般强度可达 100~150 MPa,表观密度为 2 700 kg/m^3左右。

②质地致密而硬度不大,属中硬石材。大理石较易进行锯解、雕琢和磨光等加工。

③装饰性好,大理石一般均含有多种矿物,故常呈多种色彩组成的花纹。开光性好,抛光后光洁细腻,如脂似玉,纹理自然。

④吸水率低,一般吸水率小于 1%。

⑤耐磨性较好,莫氏硬度一般为 3~4,耐磨性不如花岗石。

⑥耐久性好,一般使用年限为 40~100 年。

⑦抗风化性较差,大理石的主要化学成分为碱性物质 CaO,易被酸侵蚀,除个别品种(汉白玉、艾叶青等)外,一般不宜用作室外装饰。

⑧镜面光泽度好。光泽度是指在指定的几何条件(距离、角度)下,将试样置于标准光泽度测定仪上,用其镜面反射光通量与相同条件下标准黑玻璃镜面反射光通量的比值乘以 100 所得的值。大理石板材大部分需经抛光处理,抛光面应具有镜面光泽,能清晰地反映出景物。镜面板材的镜像光泽值应不低于 70 光泽单位,若有特殊要求,由供需双方协商确定。

根据《天然大理石建筑板材》(GB/T 19766—2005)中的规定:天然大理石的表观密度应不小于2.30 g/cm^3,吸水率不大于 0.5%,干燥压缩强度不小于 50.0 MPa,弯曲强度不小于7.0 MPa。

(2)天然大理石板材分类、等级和标记

1)分类

经矿山开采出来的天然大理石块称为大理石荒料。大理石荒料经锯切、磨光后就成为大理石板材。天然大理石板材按形状分为普型板(PX)和圆弧板(HM)。

2)等级和标记

根据《天然大理石建筑板材》(GB/T 19766—2005),天然大理石板材(普型板 PX)按板材的规格尺寸偏差、平面度公差、角度公差及外观质量分为优等品(A)、一等品(B)、合格品(C)3个等级。

大理石板材的标记顺序为:荒料产地地名、花纹色调特征名称、大理石:编号(按 GB/T 17670 的规定)、类别(普型板 PX、圆弧板 HM)、规格尺寸、等级、标准号。

例如,用房山汉白玉大理石荒料加工的 600 mm×400 mm×20 mm,普型、优等品板材表示为:

房山汉白玉大理石:M1101PX600×600×20A GB/T 19766—2005。

(3)天然大理石板材的技术性能

1)规格尺寸允许误差

规格尺寸应测量长、宽两方向相对边缘及中间各 3 个数值,厚度应测量各边中间厚度的 4 个数值,再分别取平均值。

板材规格尺寸的允许偏差应符合标准规定。普型板材厚度不大于12 mm时，同一块板材上的厚度允许级差为1 mm；板材厚度大于12 mm时，同一块板材上的厚度允许级差为2 mm。所谓厚度级差，是指同块板材上的厚度偏差的最大值和最小值之间的差值。

2)平面度允许极限公差

天然大理石板材的平面度是指板材表面用钢平尺所测得的平整程度，用与钢平尺偏差的缝隙尺寸(mm)表示。平面度允许极限公差应符合标准的规定。

3)角度允许极限公差

角度公差是指板材正面各角与直角偏差的大小。用板材角部与标准钢尺间缝隙的尺寸(mm)表示。

测量时采用内角边长为450 mm×400 mm的钢角尺，将角尺的长短边分别与板材的长短边靠紧，用塞尺测量板材与角尺短边间的间隙，当被检角大于90°时，测量点在角尺根部；当被检角小于90°时，测量点在距根部400 mm处。当角尺长边大于板材长边时，测量板材的两对角；当角尺长边小于板材长边时，测量板材的四个角。以最大间隙的塞尺片读数表示板材的角度极限公差。角度允许极限公差应符合标准的规定。

普通拼缝材正面与侧面的夹角不得大于90°。

4)外观质量

天然大理石板材外观质量包括：

①花纹色调　同一批板材的花纹色调应基本协调。测定时将所选定的协议样板与被检板材同时平放在地面上，距1.5 m处目测。

②缺陷　板材正面的外观缺陷应符合表3.3的规定。测定时将板材平放在地面上，距板材1.5 m处明显可见的缺陷视为有缺陷；距板材1.5 m处不明显，但在1 m处可见的缺陷视为无缺陷，缺棱掉角的缺陷用钢直尺测其长度和宽度。

表3.3　天然大理石板材外观缺陷质量要求(GB/T 19766—2005)

<table>
<tr><th>名　称</th><th>规定内容</th><th>优等品</th><th>一等品</th><th>合格品</th></tr>
<tr><td>裂纹</td><td>长度大于10 mm的不允许条数(条)</td><td colspan="3">0</td></tr>
<tr><td>缺棱</td><td>长度不大于8 mm，宽度不大于1.5 mm(长度不大于4 mm，宽度不大于1 mm不计)，每块板允许个数(个)</td><td rowspan="4">0</td><td rowspan="3">1</td><td rowspan="3">2</td></tr>
<tr><td>缺角</td><td>沿板材边长顺延方向，长度不大于3 mm，宽度不大于3 mm，(长度不大于2 mm，宽度不大于2 mm不计)，每块板允许个数(个)</td></tr>
<tr><td>色斑</td><td>面积不大于6 cm^2(面积小于2 cm^2 不计)，每块板允许个数(个)</td></tr>
<tr><td>砂眼</td><td>直径在2 mm以下</td><td>不明显</td><td>有，但不影响装饰效果</td></tr>
</table>

③黏结和修补　大理石饰面板材在加工和施工过程中有可能由于石材本身或外界原因发生开裂、断裂。在开裂或断裂不严重的情况下，允许黏结或修补，要采用专门的胶黏剂以保证质量。同时黏结或修补后不能影响石材的装饰效果和物理性能。

(4) **天然大理石的品种和应用**

“大理石”是以云南省大理县的大理城而命名的,大理以盛产大理石而名扬中外。云南大理县的大理石品种繁多,石质细腻,光泽柔润,多彩绚丽,享誉中外。云南大理石的品种主要有3大类:

1) 云灰大理石

因其多呈云灰色,或在云灰底色上泛起朵朵酷似天然云彩状花纹而得名。云灰大理石加工性能特别好,主要用来制作建筑饰面板材。

2) 白色大理石

白色大理石洁白如玉,晶莹纯净,熠熠生辉,故又称汉白玉、苍山白玉或白玉,它是大理石中的名贵品种,是重要建筑物的高级装修材料。

3) 彩花大理石

彩花大理石呈薄片状,产于云灰大理石层间,是大理石中的精品,经过研磨、抛光,便呈现色彩斑斓、千姿百态的天然图画,为世界所罕见,如呈现山水林木、花鸟虫鱼、云雾雨雪、珍禽异兽、奇岩怪石等。彩花大理石按其花纹、色泽的不同,又分为“绿花”“秋花”和“水墨花”3个品种,其中“水墨花”因其图案有黑色、淡黑色的花纹,酷似优美的水墨画,是大理石中最美的一种,天然石纹宛如出自丹青妙笔。

汉白玉是大理石中另一名贵品种,虽全国许多地方都有出产,但以产于北京房山的最负盛名。它是古老的碳酸盐类岩石(距今5.7亿年)与后期花岗岩侵入体接触,在高温条件下变质而成。汉白玉的矿物结晶颗粒很细,极为均匀,粒径0.1~0.25 mm的居多数。汉白玉色彩鲜艳洁白(乳白、玉白色),质地细腻而坚硬,耐风化,是大理石中可用于室外的不多品种之一。

我国大理石主要产地除云南大理县外,还有山东、四川、安徽、江苏、浙江、北京、辽宁、广东、福建、湖北等,遍布全国24个省市。国内大理石主要品种见表3.4。

表3.4 国内大理石主要品种

品 种	花色特征	产 地
莱阳绿	深绿色,带有黑斑块,花纹斑点较大	山东莱阳
栖霞绿	浅绿色,带有灰、白、黑斑块及白线	山东栖霞
条灰	灰白色,黑白直线,线条清晰均匀	山东掖县
铁岭红	玫瑰红、肉红、深红、棕红,并带有不同花纹	辽宁铁岭
纹脂奶	底色乳白,淡黄,带有红色条纹	贵州贵阳
晶墨玉	全黑,稍带白筋,以“黑桃皇后”著称	贵州贵阳
紫地满天星	咖啡色,花纹密集而均匀	重庆市
汉白玉	玉白色,微有杂点和脉	北京房山、湖北黄石
晶白	白色晶体,细致而均匀	湖北
雪花	白间有淡灰色,有均匀中晶,有较多黄杂点	山东掖县
雪云	白和灰白相间	广东云浮
墨晶白	玉白色,微晶,有黑色脉纹或斑点	河北曲阳

续表

品 种	花色特征	产 地
影晶白	乳白色,有微红至深诸色的线纹	江苏高资
风雪	灰白间有深灰色晕带	云南大理
冰浪	灰白色,均匀粗晶	河北曲阳
黄花玉	淡黄色,有较多稻黄脉络	湖北黄石
凝脂	猪油色底,稍有深黄细脉,偶带透明杂晶	江苏宜兴
碧玉	嫩绿或深绿和白色絮状相渗	辽宁连山关
彩云	浅翠绿色底,深浅绿絮状相渗,有紫斑和脉	河北获鹿

天然大理石板材为高级饰面材料,主要用于建筑装饰等级要求较高的建筑物。大理石适用于纪念性建筑、大型公共建筑如宾馆、展览馆、影剧院、商场、图书馆、机场、车站等建筑物的室内墙面、柱面、地面、楼梯踏步等的饰面材料。除少量质地纯正、杂质少、比较稳定的品种如汉白玉、艾叶青等大理石外,一般只用于室内。

用大理石边角料做成"碎拼大理石"墙面或地面,格调优美,乱中有序,别有风韵,且造价低廉。可以用于点缀高级建筑的庭园,走廊等部位,使建筑物丰富多彩。

3.2.2 花岗石

花岗石是花岗岩的俗称。花岗石为典型的火成岩(深成岩),其矿物组成主要为长石、石英及少量暗色矿物和云母。

花岗石为全晶质结构的岩石,按结晶颗粒的大小,通常分为细粒、中粒和斑状等几种。花岗石的颜色取决于其所含长石、云母及暗色矿物的种类及数量,常呈灰色、黄色、蔷薇色和红色等,以深色花岗岩比较名贵。优质花岗岩晶粒细而均匀,构造紧密,石英含量多,云母含量少,不含黄铁矿等杂质,长石光泽明亮,没有风化迹象。

花岗石的化学成分随产地不同而有所区别,但各种花岗石 SiO_2 含量均很高,一般为67%~75%,故花岗石属酸性岩石。某些花岗石含微量放射性元素,对这些花岗石应避免用于室内。花岗石主要化学成分见表3.5。

表3.5 花岗石主要化学成分

化学成分	SiO_2	Al_2O_3	CaO	MgO	Fe_2O_3
含量/%	67~75	12~17	1~2	1~2	0.5~1.5

(1)花岗石主要物理力学特性

①密度大,表观密度为2 600~2 800 kg/m^3。

②结构致密、抗压强度高,一般抗压强度可达120~250 MPa。

③孔隙率小,吸水率极低。

④材质坚硬,具有优异的耐磨性。

⑤化学稳定性好,不易风化变质,耐酸性很强。

⑥装饰性好,磨光花岗石板材表面平整光滑,色彩斑斓,质感坚实,华丽庄重。

⑦耐久性好,细粒花岗石使用年限可达 500~1 000 年之久,粗粒花岗石可达 100~200 年。

⑧花岗石不抗火,因其含大量石英,石英在 573 ℃和 870 ℃的高温下均会发生晶态转变,产生体积膨胀,故火灾时花岗石会产生严重开裂破坏。

⑨镜面光泽度较好,含云母较少的天然花岗石具有良好的开光性,但含云母(特别是黑云母)较多的花岗石,因云母较软,抛光碾磨时,云母易脱落,形成凹面,不易得到镜面光泽。JC 205—1992 规定,天然花岗石板材的镜面光泽度指标不应低于 75 光泽单位。

⑩少量具有天然放射性。国家建材局发布的《天然石材产品放射性分类控制标注》(JC 518—1993)中规定,天然石材产品(花岗石和部分大理石),根据镭当量浓度和放射性比活度限值分为三类:A 类产品不受使用限制;B 类产品不可用于居室的内饰面,但可以用于其他一切建筑物的内外饰面;C 类产品只可用于一切建筑物的外饰面。放射性水平超过此限值的花岗石和大理石产品,其中的镭、钍等放射元素衰变过程中将生成天然放射性气体氡。氡是一种无色、无味、感官不能觉察的气体,特别是易在通风不良的地方聚集,可导致肺、血液、呼吸道发生病变。

根据 GB/T 18601—2009 的规定:天然花岗石的表观密度应不小于 2.56 g/m^3,一般用途板材吸水率不大于 0.6%,干燥抗压强度不小于 100.0 MPa,弯曲强度不小于 8.0 MPa。

(2)**花岗石板材规格、等级和标记**

天然花岗石板材按形状可分为毛光板(MG)、普型板材(PX)、圆弧板(HM)、异型版(YX)。按其表面加工程度可分为细面板材(YG)、镜面板材(JM)、粗面板材(CM)3 类。

1)板材规格

天然花岗石板材规格板的尺寸系列见表 3.6,圆弧板、异型版和有特殊要求的普型板规格尺寸由供需双方协商确定。

表 3.6 天然花岗石板材规格板尺寸 (mm)

边长系列	300[a] 305[a] 400 500 600[a] 800 900 1 000 1 200 1 500 1 800
厚度系列	10[a] 12 15 18 20[a] 25 30 35 40 50

注:数字右上角的"a"为常用规格

2)等级和标记

①等级 天然花岗石板材根据国家标准《天然花岗石建筑板材》(GB/T 18601—2009),按加工质量和外观质量分为优等品(A)、一等品(B)、合格品(C)3 个等级。

②标记 根据国家标准《天然花岗石建筑板材》(GB/T 18601—2009)对天然花岗石板材进行标记。标记顺序为:名称、类别、规格尺寸、等级、标准编号。

例如,用山东济南青花岗石荒料加工的 600 mm×600 mm×20 mm,普型、镜面、优等品板材示例如下:

标记:济南青花岗石(G3701)PXJM600×600×20A GB/T 18601—2009

(3)**天然花岗石板材的技术性能**

1)规格尺寸允许偏差

普型板材规格尺寸允许偏差应符合标准规定。其规格尺寸的测定方法和偏差的取值同大理石板材。异型板规格尺寸允许偏差由供需双方商定。板材厚度小于或等于 15 mm,同一块板材上的厚度允许极差为 1.5 mm;板材厚度大于 15 mm,同一块板材上的厚度允许极差为 3.0 mm。

2)平面度允许极限公差

平面度允许极限公差应符合标准规定,测定方法同天然大理石板材。

3)角度允许极限公差

角度允许极限公差应符合标准规定,测定方法同天然大理石板材。

普通拼缝板材正面与侧面的夹角不应大于 90°。

4)外观质量

①同一批板材的色调花纹应基本调和,花纹应基本一致。

②板材正面的外观缺陷应符合表 3.7 的规定,毛光板的外观缺陷不包括缺棱和缺角。

表 3.7　天然花岗石板材的外观质量要求(GB/T 18601—2009)　(mm)

名　称	规定内容	优等品	一等品	合格品
缺棱	长度不大于 10 mm,宽度不大于 1.2 mm(长度小于 5 mm,宽度小于 1 mm 不计),周边每米长允许个数(个)	0	1	2
缺角	沿板材边长,长度不大于 3 mm,宽度不大于 3 mm(长度不大于 2 mm,宽度不大于 2 mm 不计),每块板允许个数(个)			
裂纹	长度不大于两端顺延至板边总长度的 1/10(长度小于 20 mm 不计),每块板允许条数(条)			
色斑	面积不大于 15 mm×30 mm(面积小于 10 mm×10 mm不计),每块板允许个数(个)		2	3
色线	长度不大于两端顺延至板边总长度的 1/10(长度小于 40 mm 不计),每块板允许条数(条)			

注:干挂板不允许有裂纹存在。

(4)**天然花岗石的品种和应用**

我国花岗石储量丰富,主要产地有山东的泰山和崂山(北京人民英雄纪念碑就取材于此),四川石棉县(毛主席纪念堂的台基取材于此,为红色花岗石,象征着红色江山坚如磐石),湖南衡山,江苏金山和焦山,浙江莫干山,北京西山,安徽黄山,陕西华山以及福建、广东、河南、山西、黑龙江等地也有出产。

在世界石材贸易市场中,花岗石产品所占的比例不断增长,约占世界石材总产量的 36%。在国际上,花岗石板材可分为 3 个档次:高档花岗石抛光板主要品种有巴西黑、非洲黑、印度红等,这一类产品的主要特点是色调纯正、颗粒均匀,具有高雅、端庄的深色调;中档花岗石板材主要有粉红色、浅紫罗兰色、淡绿色等,这一类产品多为粗、中粒结构,色彩均匀变化少;低档花岗石板材主要为灰色、粉红色等色泽，即一般的花岗石及灰色片麻石等，这一类的特点是色调较暗淡、结晶粒欠均匀。

花岗石自古就是优良的建筑石材，但因其坚硬，开采加工较困难，故造价较高，属于高级装饰材料，主要应用于大型公共建筑或装饰等级较高的室内外装饰工程。花岗石因不易风化，外观色泽可保持百年以上，所以粗面和细面板材常用于室外地面、墙面、柱面、勒脚、基座、台阶；镜面板材主要用于室内外地面、墙面、柱面、台面、台阶等，特别适合做大型公共建筑大厅的地面。

3.2.3 人造石材

人造石材在国外已有50多年的历史，1948年意大利就已经成功试制水泥型人造大理石，1958年美国首先采用各种树脂作胶黏剂，加入填料和各种颜料，生产出模拟天然大理石纹理的板材。到了20世纪60—70年代，人造大理石在前苏联、意大利、联邦德国、西班牙、英国和日本等国迅速发展起来，他们不仅生产装饰板材，还能生产各种异型制品，甚至制作卫生洁具。我国于20世纪70年代末，开始从国外引进人造大理石样品、技术资料及成套设备，20世纪80年代进入迅速发展时期。目前有些产品的质量，已达到国际同类产品的水平，并成功地应用于高级宾馆的装修。

人造石材是采用无机或有机胶凝材料作为胶结剂，以天然砂、碎石、石粉或工业渣等为粗、细填充料，经成型、固化、表面处理而成的一种人造石材。人造石材的特点有：

1)质量轻、强度大、厚度薄

某些种类的人造石材表观密度只有天然石材的一半，抗折强度可达30 MPa，抗压强度可达110 MPa。

2)色泽鲜艳、花色繁多、装饰性好

人造石材的色泽可根据设计而变，可仿天然花岗石、大理石或玉石，色泽花纹可达到以假乱真的程度。人造石材的表面光泽度较高，某些产品的光泽度指标可大于100，甚至超过天然石材。

3)耐腐蚀、耐污染

天然石材或耐酸或耐碱，而聚酯型人造石材，既耐酸又耐碱，同时对各种污染具有较强的耐污力。

4)便于施工、价格便宜

人造石材可钻、可锯、可黏结，加工性能良好。还可制成弧形、曲面等天然石材难以加工的几何形状。一些仿珍贵天然石材品种的人造石材价格只有天然石材的几分之一。

但人造石材也有一些缺点，如有的品种表面耐刻画能力较差，某些板材在使用过程中易发生翘曲变形等，使人造石材的使用受到一定限制。

按照生产材料和制造工艺的不同，可把人造石材分为以下几类：

(1)水泥型人造石材

水泥型人造石材是以各种水泥（硅酸盐水泥、白色或彩色硅酸盐水泥、铝酸盐水泥等）为胶凝材料，天然砂为细骨料，碎大理石、碎花岗石、工业废渣等为粗骨料，经配料、搅拌、成型、加压蒸养、磨光、抛光而制成。这种人造石材成本低，但耐酸腐蚀能力较差，若养护不好，易产生龟裂。

该类人造石材中，以铝酸盐水泥作为胶凝材料的性能最为优良。因为铝酸盐水泥（亦称矾土水泥）的主要矿物组成为 $CaO \cdot Al_2O_3$（CA），水化后生成的产物中含有氢氧化铝胶体，它与光滑的模板表面相接触，形成氢氧化铝凝胶层。同时氢氧化铝凝胶体在凝结硬化过程中，不断填充粗细骨料间的空隙，形成致密结构，因而表面光亮，呈半透明状，同时花纹耐久、抗风化，耐火性、抗冻性、防火性等性能优良。其缺点是：为克服表面返霜，需加入价格较高的辅助材料；底色较深，颜料需要量加大，成本增加。

（2）聚酯型人造石材

这种人造石材多是以不饱和聚酯为胶凝材料，配以天然大理石、花岗石、石英砂或氢氧化铝等无机粉状、粒状材料，经配料、搅拌、浇筑成型。在固化剂、催化剂作用下发生固化，再经脱模、抛光等工序制成。这种人造石材的主要优点是光泽度高、质地高雅、强度硬度较高，耐水、耐污染，花色可设计性强。缺点是填料级配若不合理，产品易出现翘曲变形。

（3）复合型人造石材

这类人造石材是采用有机和无机两类胶凝材料，先用无机胶凝材料（各类水泥或石膏）将填料黏结成型，再将所成的坯体浸入有机单体中（苯乙烯、甲基丙烯酸甲酯、醋酸乙烯、丙烯腈等），使其在一定的条件下聚合成型。

（4）烧结型人造石材

这种人造石材的生产与陶瓷等烧土材料的生产工艺类似。是将斜长石、石英、辉石、方解石粉和赤铁矿粉及部分高岭土按比例混合（一般黏土40%、石粉60%），制备坯料，用半干压法成型，经窑炉1 000 ℃左右的高温煅烧而成。由于采用高温煅烧，所以能耗大，成本高，实际应用得较少。

复习思考题

3.1　岩石按地质形成条件可分为几类？列出各类常用岩石品种的名称。

3.2　简述花岗石、大理石的矿物组成、性能特点及应用。

3.3　天然大理石板材和花岗石板材的分类、等级、标记和主要技术要求是什么？

3.4　为什么大理石饰面板材不宜用于室外？

3.5　人造饰面石材按材料和制造工艺的不同可分为几类？

第 4 章 装饰石膏

早在 2 000 年前,石膏作为一种建筑材料就已经开始使用了,我国石膏矿藏量丰富,湖北应城石膏矿已经有 600 多年的开采历史。石膏及其制品造型美观、表面光滑、细腻,且又具有轻质、吸声、保温、防火等特点,近年来随着建筑业的发展,石膏用作建筑装饰材料发展很快。

4.1 建筑石膏的成分与特性

石膏是一种气硬性胶凝材料,它只能在空气中凝结硬化,也只能在空气中保持和发展其强度。建筑装饰工程用石膏,主要有建筑石膏、模型石膏、高强石膏、粉刷石膏等。其中建筑石膏使用最为广泛,因此本章重点介绍建筑石膏。

4.1.1 建筑石膏成分及来源

建筑石膏的化学式为 $CaSO_4 \cdot \frac{1}{2}H_2O$,是将原材料二水石膏在一定条件(107~170 ℃)下进行煅烧,脱去部分结晶水所得的 β 型半水石膏。

4.1.2 建筑石膏特性

(1)**水化及凝结硬化快**

$$CaSO_4 \cdot \frac{1}{2}H_2O + 1\frac{1}{2}H_2O \rightarrow CaSO_4 \cdot 2H_2O$$

建筑石膏加水后,很快发生水化反应,生成水化产物 $CaSO_4 \cdot 2H_2O$,这种水化产物为超细颗粒的晶体,属胶体结构,颗粒间靠分子吸引力作用而很快产生凝聚,从而失去塑性,产生凝结。接着小晶体逐渐长大,并相互交错连生,形成多孔的结晶网状结构,同时变硬产生强度,即硬化。

建筑石膏初凝仅需 5 min,终凝为 20~30 min,7 d 后即完全硬化。建筑石膏凝结硬化快,给生产石膏制品带来困难。因此,生产中需掺入一定量的缓凝剂。常用的缓凝剂有骨胶、皮胶、纸浆废液、硼砂等。

(2)孔隙率较大,强度较低

建筑石膏属于β型半水石膏,半水石膏水化转变为二水石膏时,理论需水量仅为石膏质量的18.6%,但生产石膏制品时,为了满足必要的可塑性,通常需加水60%~80%,石膏硬化后,多余的水分蒸发,在石膏硬化体内留下很多孔隙,从而导致强度降低。α型半水石膏制品水量较少,只加35%~40%的水,则其硬化体较密实,强度就较高,故称高 h抗折强度分为3个等级,其物理力学性能应符合表4.1的要求。

合格证
01
专刊校验
金维通彩印

4.1 建筑石膏的物理力学性能指标(GB/T 9766—2008)

等级	细度(0.2 mm方孔筛筛余)/%	凝结时间/min		2 h强度/MPa	
		初凝	终凝	抗折	抗压
3.0				≥3.0	≥6.0
2.0	≤10	≥3	≤30	≥2.0	≥4.0
1.6				≥1.6	≥3.0

高强石膏硬化后抗压强度可达10~40 MPa。

为了提高建筑石膏制品的强度,生产中常在石膏浆内掺加石棉纤维、玻璃纤维等增强材料,石膏板制品可在其表面加贴护面厚纸,以增加其抗折强度。

(3)保温隔热和吸声性能良好

建筑石膏硬化后孔隙率大,导热系数小,故其具有良好的保温隔热性能。同时,石膏硬化体内由于有较多开口孔隙,当声音传至石膏体时,声波受到其孔隙中分子的摩阻作用,使声能转变为热能被石膏硬化体吸收,从而起到了吸声作用。当石膏板再采用穿孔等吸声结构时,吸声效果将进一步提高。

(4)硬化后体积略有膨胀

建筑石膏在硬化初期体积略有膨胀,膨胀率为0.5%~1.0%。这一特性使得石膏制品在硬化过程中不会产生裂缝,而使其棱角清晰、饱满,且表面光滑,装饰效果好,加之石膏制品色白、细腻,适宜做建筑装饰制品。

(5)有良好的防火性能

建筑石膏与水反应生成$CaSO_4 \cdot 2H_2O$,硬化后的石膏制品中含有占其质量20.93%的结晶水,这些水在常温下是稳定的,但当遇到火灾时,结晶水将变成水蒸气而蒸发,这时需要吸收大量热能,从而可延缓石膏制品的温度升高,同时在面向火源的表面形成一层水幕,可有效地阻止火势蔓延。

(6)耐水性差

石膏制品耐水性很差,建筑石膏遇水后强度将损失70%以上,主要原因是建筑石膏硬化后呈多孔状态,且二水石膏微溶于水,具有很强的吸湿性。在潮湿环境中,石膏板制品吸湿受潮后,易产生挠曲变形,因此石膏制品通常要采取防潮措施,如加入有机硅、石蜡乳液、硬脂酸等,以改善其耐水性,石膏板制品可在其表面粘贴防水护面纸等。

(7)有良好的可加工性和装饰性

建筑石膏硬化后具有可锯、可刨、可钉性,这为安装施工提供了很大的方便。石膏制品在成型时易做成各种复杂的图案花纹和造型,且颜色洁白,质感细腻,用于建筑物室内装饰显得宁静高雅,近年来,国内外建筑物普遍采用石膏装饰制品作为室内墙面和顶棚的装修和装饰材料。

4.2 石膏装饰制品

石膏装饰制品主要有装饰石膏板、纸面石膏板、装饰吸声板、装饰线角、花饰、装饰浮雕壁画、画框、挂饰以及建筑艺术造型等。随着材料科学的不断发展,人们越来越清楚地认识到,在众多的装饰材料中,石膏装饰制品具有不老化、无污染、对人体健康无害等独到的优点,采用石膏装饰制品已呈日益增多的趋势。

4.2.1 装饰石膏板

装饰石膏板是以建筑石膏为主要原料,掺入少量纤维增强材料和外加剂(聚乙烯醇),与水一起搅拌成均匀的料浆,浇注成型,再经硬化、干燥而成的无护面纸装饰板材。所用的纤维材料有玻璃纤维。为了增加板的强度,也可附加长纤维或用玻璃长纤维碾成绳,在石膏板成型过程中,呈网格方式布置在板内。有的产品在生产时,可在其板面粘贴一层聚氯乙烯装饰面层。当用作吊顶板考虑兼有吸声效果时,可将板穿以圆形或方形的盲孔或全穿孔,通常将孔呈图案布置,以增加板材的装饰效果。

(1)装饰石膏板分类、形状、规格及产品标记

①分类　装饰石膏板按正面形状和防潮性能分为普通板、防潮板两类,按其板面特征又分为平板、孔板及浮雕板3种,见表4.2。

表4.2　装饰石膏板分类及代号

分　类	普通板			防潮板		
	平板	孔板	浮雕板	平板	孔板	浮雕板
代号	P	K	D	FP	FK	FD

②形状　装饰石膏板为正方形,其棱边形状有直角形和倒角形两种。

③规格　装饰石膏板的规格有两种:500 mm×500 mm×9 mm 和 600 mm×600 mm×11 mm。其他形状和规格的板材,由供需双方商定。

④产品标记　按《装饰石膏板》(JC/T 799—2007)规定,装饰石膏板产品标记顺序为:名称、类型、规格、标准号。

例如:板材尺寸为 500 mm×500 mm×9 mm 的防潮孔板,其标记为:装饰石膏板 FK500 JC/T 799—2007。

(2)装饰石膏板主要技术性能

装饰石膏板主要技术性能见表4.3。

表 4.3　装饰石膏板主要技术性能

序号	项目		指标					
			P,K,FP,FK			D,FD		
			平均值	最大值	最小值	平均值	最大值	最小值
1	单位面积质量 /(kg · m^{-2}) ≤	厚度 9 mm	10.0	11.0	—	13.0	14.0	—
		厚度 11 mm	12.0	13.0	—	—	—	—
2	含水率/% ≤		2.5	3.0	—	2.5	3.0	—
3	吸水率/% ≤		8.0	9.0	—	8.0	9.0	—
4	断裂荷载/N ≥		147	—	132	167	—	150
5	受潮挠度/mm ≤		10	12	—	10	12	—

注:D 和 FD 的厚度系指棱边厚度。

(3)装饰石膏板的特点及应用

1)特点

装饰石膏板颜色洁白,质地细腻,图案花纹多样,浮雕造型立体感强,装饰效果好。

装饰石膏板具有轻质、强度较高、绝热、防火、阻燃、耐老化、变形小、能调节室内湿度等特点,同时可加工性能好,施工方便,工效高,可缩短施工工期。

2)应用

装饰石膏板可用于宾馆、商场、餐厅、礼堂、音乐厅、练歌房、影剧院、会议室、医院、候机室、幼儿园、住宅等建筑的墙面和吊顶装饰。对于湿度较大的环境应使用防潮板。

在采用装饰石膏板作为吊顶材料时,最大的问题是易产生较大变形。主要原因在于石膏板吸湿受潮后易产生挠曲变形;使用环境通风不良,空气湿度不散。因此,设计时应考虑使装饰石膏板处于通风干燥的室内,以防止其产生受潮变形。

4.2.2　纸面石膏板

纸面石膏板包括普通纸面石膏板(P)、耐水纸面石膏板(S)、耐火纸面石膏板(H)以及耐水耐火纸面石膏板(SH)四种。它们都是以建筑石膏为主要原料,掺入适量纤维和外加剂等,在与水搅拌后,浇注于护面纸的面纸与背纸之间,并与护面纸牢固地黏结在一起的建筑板材。这种板材由于其两面贴有特制的厚纸护面,因而其抗折强度较高,挠度变形要比无护面纸的石膏板小得多。

(1)纸面石膏板棱边形状与代号

纸面石膏板按棱边形状分为矩形(J)、倒角型(D)、楔形(C)和圆形(Y)4 种,如图 4.1 所示。

(2)规格尺寸

板材的公称长度为 1 500、1 800、2 100、2 400、2 440、2 700、3 000、3 300、3 600 和3 660 mm。

公称宽度为:600、900、1 200 和 1 220 mm。

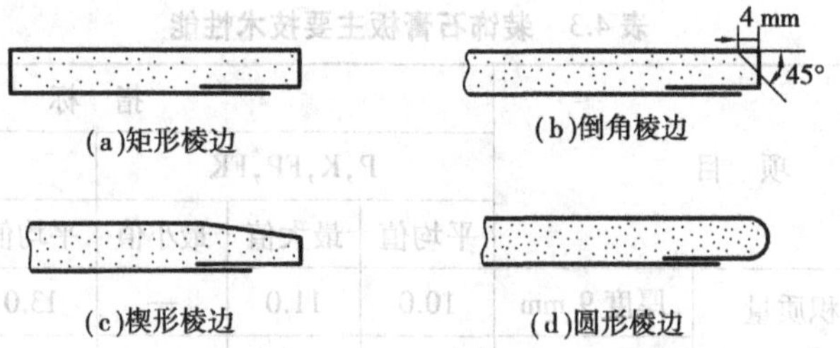

图 4.1　纸面石膏板的棱边形状

公称厚度为:9.5、12.0、15.0、18.0、21.0 和 25.0 mm。

(3)产品标记

标记的顺序为:产品名称、板材代号、棱边形状的代号、长度、宽度、厚度以及标准号。例如:长度为 3 000 mm,、宽度为 1 200 mm、厚度为 12.0 mm、具有楔形棱边形状的普通纸面石膏板,标记为:纸面石膏板 PC3000×1200×12.0　GB/T 9775—2008。

(4)技术要求

纸面石膏板的板面应平整,不应有影响使用的波纹、沟槽、亏料、漏料,以及划伤、破损、污痕等缺陷。

(5)纸面石膏板的特点和应用

1)特点

纸面石膏板具有轻质、抗弯强度高、防火、隔热、隔声、抗震性好、收缩率小、可调节室内湿度等优点,特别是将纸面石膏板配以金属龙骨用作吊顶或隔墙时,较好地解决了防火的问题,可作为 A 级不燃性装饰材料使用。

同时,普通纸面石膏板和耐火纸面石膏板因其板面幅宽平整,并具有可锯、可刨、可钉等易加工性,故易于安装施工,劳动强度小,工效高、进度快,且可在吊顶造型中,通过起伏变化构成不同艺术风格的空间顶面,以进一步创造富于变化、明朗轻快的环境美。

2)应用

纸面石膏板于 1890 年在美国首创,之后在世界各国发展很快,它适用于办公楼、影剧院、宾馆、商店、车站、住宅等建筑的室内吊顶和墙面装修。其中装饰吸声纸面石膏板可直接用作装饰面层,而普通纸面石膏板和耐火纸面石膏板用作吊顶和墙面的装修基层材料,然后在其表面再进行饰面处理,才能获得满意的装饰效果。一般可采用裱糊壁纸、涂乳胶漆、喷涂辊花及镶贴镜片,如粘贴玻璃镜片、金属抛光片、复合塑料镜片等。

4.2.3　嵌装式装饰石膏板

嵌装式装饰石膏板也是以建筑石膏为主要原料,掺入适量的纤维增强材料和外加剂,与水一起搅拌成均匀的料浆,经浇注成型、硬化、干燥而成的不带护面纸的板材。板材背面中部凹入而四周边加厚,并制有嵌装企口,板材正面为平面或带有一定深度的浮雕花纹图案,也可穿以盲孔,这种板称为穿孔嵌装式装饰石膏板。当采用具有一定数量穿透孔的嵌装式装饰石膏板作面板,在其背面叠合吸声材料,使板具有一定吸声特性的板材,则称为嵌装式装饰吸声石膏板。

(1)嵌装式装饰石膏板的形状、类型和规格

嵌装式石膏板为正方形,棱边断面形状有直角型和倒角型两种。产品分为普通嵌装式装饰石膏板（QP）和吸声用嵌装式装饰石膏板（QS）。主要规格有两种：边长 600 mm×600 mm、边厚不小于 28 mm 和边长 500 mm×500 mm、边厚不小于 25 mm。其他形状和规格的板材，可由供需双方商定，按设计者的意图和要求进行加工生产。嵌装式石膏板的形状构造如图 4.2 所示。

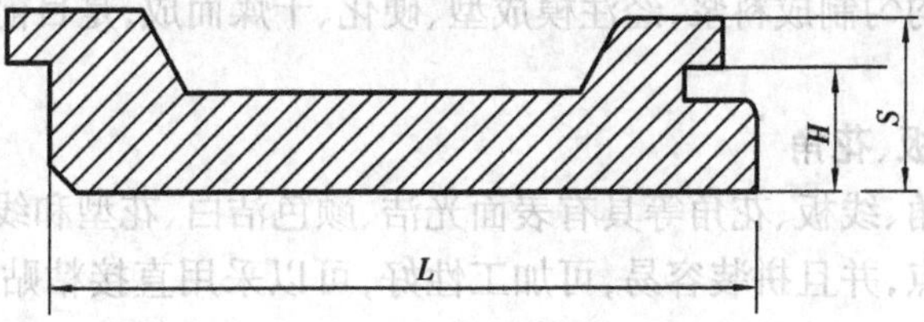

图 4.2　嵌装式石膏板构造示意图

（2）**产品标记**

标记顺序为：产品名称、代号、边长和标准号。例如：边长尺寸为 600 mm×600 mm 的普通嵌装式装饰石膏板，标记为：嵌装式装饰石膏板 QP600 JC/T 800—2007。

（3）**技术要求**

嵌装式装饰石膏板正面不得有影响装饰效果的气孔、污痕、裂纹、缺角、色彩不均匀和图案不完整等缺陷。板材的单位面积质量、含水率、断裂荷载应满足表 4.4 的要求。

表 4.4　嵌装式装饰石膏板的物理力学要求

项　目		技术要求
单位面积质量/（kg · m^{-3}）	平均值	≤16.0
	最大值	≤18.0
含水率/%	平均值	≤3.0
	最大值	≤4.0
断裂荷载/N	平均值	≥157
	最大值	≥127

嵌装式吸声石膏板必须有一定的吸声性能要求，125、250、500、1 000、2 000 和 4 000 Hz 六频率混响室平均吸声系数 $\alpha_s \geqslant 0.3$。

（4）**特点与应用**

嵌装式装饰石膏板的性能与装饰石膏板的性能相同。它既有较好的装饰效果，又有较好的吸声效果，可广泛应用于剧院、宾馆、礼堂、饭店、展厅等公共建筑及纪念性建筑物的室内顶棚装修以及某些部位的墙面装饰。

嵌装式装饰石膏板的装饰功能主要是由其表面具有各种不同的凹凸图案和一定深度的浮雕花纹产生，加之各种绚丽的色彩，不论从其立面造型或平面布置欣赏，都会获得良好的装饰效果。其吸声性能是由其板面穿孔或采用具有一定深度的浮雕花纹来产生吸声效果的，设计时应根据不同的吸声要求，选用盲孔板或穿孔板，或者采用具有一定深度的浮雕板与带孔板叠合安装，以期达到更好的吸声效果。

4.2.4 艺术装饰石膏制品

艺术装饰石膏制品主要包括浮雕艺术石膏线角、线板、花角、灯圈、壁炉、罗马柱、圆柱、方柱、麻花柱、灯座、花瓶座、花饰等。这些制品均是采用优质建筑石膏为基料，配以纤维增强材料、胶黏剂等，与水拌均匀制成料浆，经注模成型、硬化、干燥而成，是目前国内十分流行的一种室内装饰材料。

(1)石膏线角、线板、花角

浮雕艺术石膏线角、线板、花角等具有表面光洁、颜色洁白、花型和线条清晰、尺寸稳定、强度高、无毒、阻燃等特点，并且拼装容易，可加工性好，可以采用直接粘贴或螺钉固定的方式进行安装，施工快，工效高，可代替木线角用作民用住宅和公共建筑物室内墙面与顶棚交接处的装饰，它不仅可以用于新建工程，还大量用于老式建筑物的维修、翻新和改建工程。

浮雕艺术石膏线角断面形状一般呈钝角形，也可不制成角状而制成平面板状，则称为浮雕艺术石膏线板或直角。石膏线角两边（翼宽）宽度有相等和不等的两种，翼宽尺寸多种，一般为120~300 mm，翼厚为10~30 mm，通常制成条状，每条长约2 300 mm。石膏线板的花纹图案一般较线角简单，其宽度一般为50~150 mm，厚度为15~25 mm，每条长约1 500 mm。除直线型外，浮雕艺术石膏线板还有弧形石膏线板，其圆弧直径有ϕ900、ϕ1 200、ϕ1 500、ϕ 2 400、ϕ3 000、ϕ3 600 mm等多种。为室内顶棚装修、装饰工程设计增加了新的选择。浮雕艺术石膏线角和线板式样如图4.3所示。

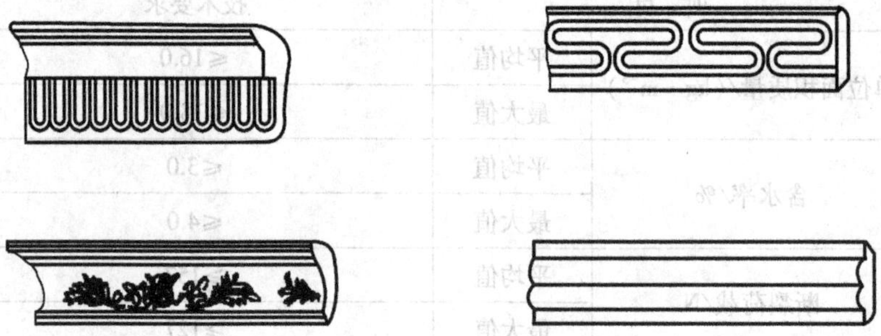

图4.3 浮雕艺术石膏线角和线板

石膏花角的图案花型更多，它可制成浮雕的，也可制成镂空式的，其图案花型的选择应与所采用的石膏线角或线板的图案花纹相配套。石膏花角是用于室内顶棚四角处的装饰，其外形呈直角三角形，板的直角边长有250~400 mm等，板厚一般为15~30 mm。石膏花角的式样如图4.4所示。

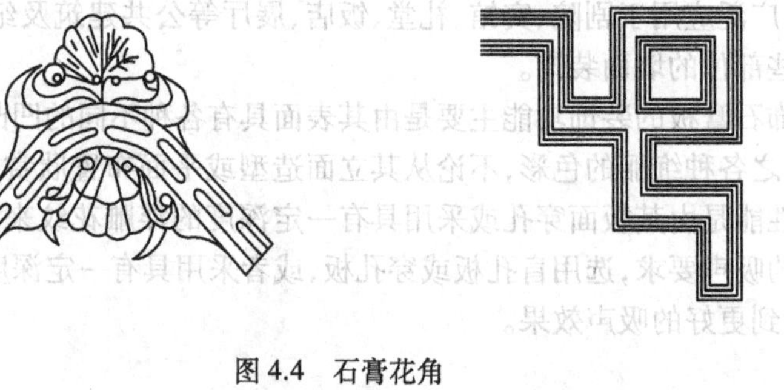

图4.4 石膏花角

(2)**浮雕艺术石膏灯圈、石膏花饰**

石膏灯圈外形一般为圆形板材,也可制成椭圆形或花瓣形状。室内天棚各种吊灯或吸顶灯,配以浮雕艺术石膏灯圈,顿生高雅之感。

石膏花饰是按设计图案先制作阴模(软膜),然后浇入石膏麻丝料浆成型,再经硬化、脱模、干燥而成的板材,板厚一般为 15~30 mm。对于质量轻的小型花饰,可以采用直接粘贴的安装方法,尺寸和质量较大的花饰,在安装时,应采用螺栓固定的方法。

石膏灯圈和石膏花饰式样如图 4.5 和图 4.6 所示。

图 4.5　石膏灯圈

图 4.6　石膏花饰

(3)**装饰石膏柱、石膏壁炉**

装饰石膏柱有罗马柱、麻花柱、圆柱、方柱等多种,柱上下端分别配以浮雕艺术石膏柱头和柱基,柱头有盆状、漏斗状或花篮状等,中间为方柱体或空心圆。柱高和周边尺寸由室内层高和面积大小决定。多用于营业厅门面、厅堂及门窗洞口处。

装饰石膏柱是运用西方现代装饰技术,把东方传统建筑风格与罗马雕刻、德国新古典主义及法国复古制作融为一体,将高雅而豪华的气派带入居室和厅堂。

石膏装饰罗马柱外形如图 4.7 所示。

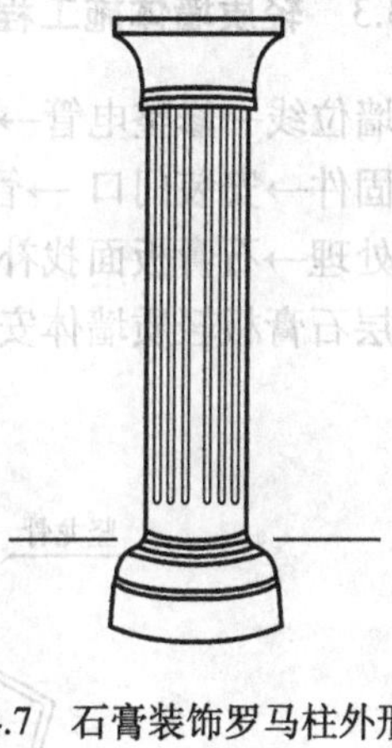

图 4.7　石膏装饰罗马柱外形图

4.3　轻质墙体石膏板罩面体系简介

石膏板通常与金属龙骨组成轻质墙体,有两层板隔墙和四层板隔墙两种,一般用作多层或高层工业与民用建筑、公共建筑的分室墙或分户墙。

4.3.1　轻质墙体石膏板罩面体系特点

①质轻,强度较高。

②尺寸稳定。

③装饰方便。在石膏板上可直接裱糊各种壁纸或进行涂装等饰面,而且墙上可随意钉挂镜框等饰物。

④隔音效果好。由两层厚 12 mm 的石膏板组成的墙体,相当于半砖墙的隔音效果。

⑤抗震性好。由于石膏板质轻,且具有一定弹性,故地震时惯性力小,不易震倒。

⑥自动调湿性好。

⑦占地面积小。由于该轻质墙体厚度小,占地面积小,有利于增加房间的有效使用面积。

⑧便于管道及电器线路埋设。轻质墙体空腔内可用以设置各种管道及电器设施。

⑨施工简便。施工进度快、工效高,且为干法作业,不受季节天气影响。

⑩减轻工人劳动强度。

4.3.2 主要材料

①石膏板。包括装饰石膏板、纸面石膏板、嵌装式装饰石膏板、纤维石膏板等。

②轻钢龙骨。

③膨胀螺栓。

④107 胶,为裱糊墙纸的胶黏剂。

⑤玻璃纤维接缝带或穿孔纸带。

⑥KF80 嵌缝腻子或石膏腻子。

⑦自攻螺丝。

4.3.3 轻质墙体施工程序

放墙位线→修整电管→墙基施工→安装沿地、沿顶、沿侧墙龙骨→安装竖向龙骨、横向龙骨及紧固件→安装门口 →管线安装→检查、修理龙骨→安装石膏板→石膏板接缝处理→石膏板防潮处理→石膏板面找补腻子→贴饰面层(或涂刷饰面层)

单层石膏板轻质墙体安装示意图如图 4.8 所示。

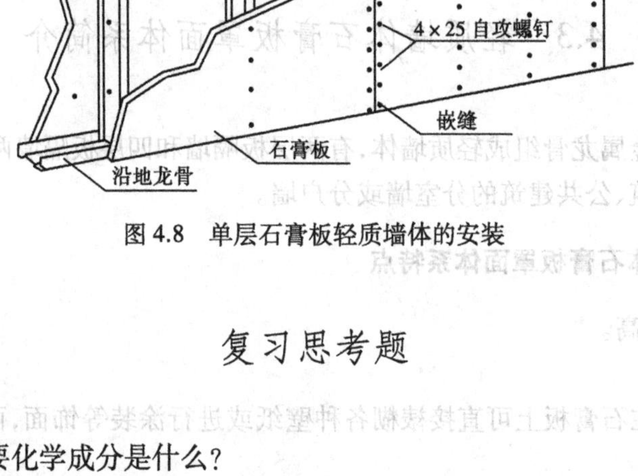

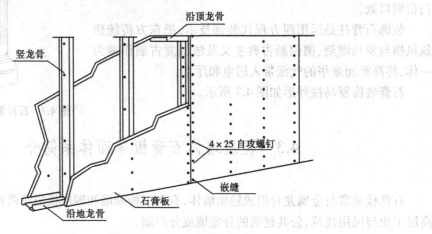

图 4.8 单层石膏板轻质墙体的安装

复习思考题

4.1 石膏的主要化学成分是什么?

4.2 简述石膏的技术性能及特点。

4.3 简述装饰石膏的种类及用途。

第5章 建筑陶瓷

5.1 陶瓷的分类与原料

陶瓷是建筑中常用装饰材料之一,其生产和应用有着悠久的历史。随着建筑技术的快速发展及人民生活水平的不断提高,建筑陶瓷的生产更加科学化、现代化,品种、花色多样,性能也更加优良。尤其是随着我国房地产业的迅速发展,为适应市场的需求,我国引进了国外的先进生产技术及设备,使我国陶瓷生产有了根本的改变,产品质量达到了国际先进水平。

陶瓷饰面材料具有易清洁、耐蚀、坚固耐用,色彩鲜艳、装饰效果好等特点,因此建筑陶瓷在建筑装饰中得到广泛的应用。

5.1.1 陶瓷原材料

陶瓷生产使用的原料品种很多,从来源讲,一种是天然矿物原料,一种是通过化学方法加工处理的化工原料。天然矿物原料主要为黏土,它是由多种矿物组合而成,是生产陶瓷的主要原料。黏土中的成分决定着陶瓷制品的质量和性能。

(1)黏土成分

黏土是由天然岩石经过长期风化而成,是多种微细矿物的混合体。黏土有白、灰、黄、黑、红等各种颜色。常见的黏土矿物有高岭石、蒙脱石、水云母等,其主要化学成分是层状结构的含水铝硅酸盐。黏土还含有石英、长石、铁矿物、碳酸盐、碱、有机物等多种杂质。黏土中所含杂质的种类及含量的多少对黏土性能影响较大。含石英较多时,会降低黏土的可塑性;黏土中铁的氧化物和钛的氧化物是影响烧结坯体颜色的主要原因;钙和镁的化合物会降低黏土的耐火温度,缩小烧结范围,过量时会起泡;含有有机杂质多时,吸水性强,黏土可塑性较高,干燥后强度较高,收缩性较小。

黏土中有害物质为云母和铁的化合物。白云母能使陶瓷制品产生气泡、突起;黑云母能使陶瓷制品产生圆形熔融结核,或产生大量黑色和棕色斑点。铁的化合物能使陶瓷制品产生气孔、熔洞、斑点等缺陷。

(2)**黏土的种类**

根据黏土中杂质的含量、耐火度及用途的不同,可将黏土分为以下4种:

1)高岭土

高岭土不含氧化铁等染色杂质,是高纯度的黏土,煅烧后呈白色,其颗粒较粗,塑性差,煅烧温度高,是制造瓷器的主要原料,所以有瓷土之称。

2)易熔黏土

这种黏土含有大量的细砂、尘土、有机物和铁矿物等杂质,煅烧后呈红色,是生产砖瓦及粗陶制品的原料,因此有砖土之称。

3)难熔黏土

难熔黏土也称微晶高岭土,其杂质含量较少,比较纯净,煅烧后呈淡灰色、淡黄色或红色,是生产陶质制品的主要原料,因此有陶土之称。

4)耐火黏土

这种黏土含杂质较少,耐火温度高,可达1 580 ℃,煅烧后呈淡黄至黄色,是生产耐火、耐酸陶瓷制品的主要原料,有火泥之称。

(3)**黏土的特性**

1)可塑性与结合性

黏土的可塑性是指在黏土中加入适量水搅拌后,在外力作用下制成各种形状和尺寸的坯体,而不发生裂纹和破坏,当外力停止后仍能保持原有形状的性能。可塑性是黏土制品所必须具有的一项重要技术指标。

与可塑性相似的性质是黏土的黏结性。黏土的黏结性是指黏土可以与非可塑性原料黏结成泥团,在干燥后有一定的强度,这种性能就称为黏土的黏结性。黏土的可塑性越强,结合力也越大。

黏土之所以有可塑性和黏结性,是因为黏土的颗粒很细,一般小于2 μm,所以有很大的比表面积,加水调和后会发生较为复杂的物理化学作用,使黏土颗粒成为带电质点,能与极性水分子相吸附,从而形成了具有特殊性质的胶体系统。

黏土的可塑性大小取决于矿物成分的含量、颗粒形状、细度与级配,以及用水量的多少。

2)收缩性

塑制成型的黏土坯体在干燥和煅烧过程中体积收缩的性能称为收缩性。黏土在干燥过程中体积收缩称为干缩。干缩是由于黏土在干燥过程中水分蒸发,微小的黏土粒子相互靠拢而产生体积收缩,黏土的干缩值通常为3%~12%。黏土在煅烧过程中的体积收缩称为烧缩。烧缩是由于在煅烧过程中,黏土的化合水被排除,易熔物质熔化填充于未熔颗粒空隙间,使黏土体积进一步缩小所致。黏土的烧缩值一般为1%~2%。

3)烧结性

黏土坯体在煅烧过程中将发生一系列的物理、化学反应。随着煅烧温度的不断提高,黏土中的游离水不断蒸发,黏土中的孔隙率增大。当温度升高到一定值时,黏土中的某些易熔矿物熔化形成液相熔融物流入黏土不熔的颗粒孔隙中而黏结,这时坯体孔隙率下降,强度提高,这一过程称为烧结。若温度继续升高,坯体会软化变形。因此,黏土坯体在煅烧时要严格控制煅烧温度,以保证制品的质量。

黏土烧结程度随煅烧温度升高而增加,温度越高形成的熔融物越多,制品的密实性越好,强度越高,吸水率越小。能使黏土中未熔化颗粒的空隙基本上被熔融物填满时的温度作为黏土的烧结极限温度,这时黏土达到了完全烧结的程度。黏土从开始烧结至烧结极限时的温度,称为烧结范围。烧结温度范围越宽,煅烧的制品越不易变形,并且可以获得烧结程度高、密实性好的陶瓷制品。

5.1.2　陶瓷的分类

根据生产时所用原材料的不同,陶瓷可以分为陶质制品、炻质制品和瓷质制品 3 大类。

(1)陶质制品

陶质制品又根据原材料所含杂质的多少分为粗陶和精陶两种产品。粗陶是由一种或两种以上含杂质较多的黏土组成,为了减少产品在烧制时的收缩,可以加入少量的石英粉或烧结黏土。粗陶不施釉,建筑上常用的烧结黏土砖、瓦及日常用的瓦罐、瓦缸等就是最普通的粗陶制品。精陶是以黏土、少量高岭土及石英组成,坯体为白色或象牙色的多孔性制品。精陶一般经过素烧和釉烧两次烧成,也就是说精陶通常都上釉。精陶按用途不同又可以分为建筑精陶、日用精陶和美术精陶。

陶质制品具有断面粗糙无光、敲击时声音粗哑、不透明等特点。因为是多孔结构,所以吸水率较大,按照《陶瓷砖》(GB/T 4100—2006)规定:陶质砖吸水率为 $E>10\%$。由于含有较多的孔隙,故陶质制品机械性能较差,强度较低。精陶由于有釉面层,可使制品不透水,表面光润,不易玷污,并且提高了产品的机械强度和化学稳定性,增强了装饰效果,扩大了使用范围。

(2)炻质制品

炻质制品是介于陶质和瓷质之间的一种陶瓷制品,也称为半瓷。我国俗称石胎瓷。炻质制品与陶质制品的区别是陶质制品为多孔性,而炻质制品孔隙率低,比较致密,吸水率较低。炻质制品坯体大多数带有颜色,无半透明性。根据坯体的细度和密实程度的不同,炻质制品又可以分为粗炻器和细炻器两种,建筑装饰中用的墙砖、地砖和锦砖等均属于粗炻质制品。按照《陶瓷砖》(GB/T 4100—2006)规定:炻质砖吸水率为 $6\%<E\leqslant10\%$。日用器皿、化工及电器工业用陶瓷等均属于细炻质制品,其吸水率为 $3\%<E\leqslant6\%$。炻质制品的机械强度和热稳定性均优于陶质制品,并且炻质制品原料可采用质量较差的黏土,成本也较低。

(3)瓷质制品

瓷质制品是以含杂质较少的高岭土为主要原料。经制坯煅烧而成。根据原料中所含化学成分及制作工艺不同分为粗瓷和细瓷两种制品。瓷质制品多用于日用产品如餐茶具、工艺美术品及电瓷产品。由于瓷质制品结构致密,所以吸水率低、强度高、脆性大。通常为洁白色,有一定的半透明性,表面一般都施釉。

建筑装饰工程中所用的陶瓷制品是精陶与粗炻制品之间的产品。陶瓷产品的种类很多,为了掌握不同产品的特征,可以从不同角度进行分类。如按物理性能分类,按用途分类,按所用原材料或产品的组成分类等。

5.1.3　典型建筑陶瓷制作工艺

陶瓷的生产工艺发展经历了由简到繁、由粗到细、由无釉到施釉的过程,每个阶段陶瓷产品都发生着不同的变化。

随着陶瓷生产技术的进步与生产条件的改善,陶瓷原材料的物理性质与化学性质得到充分的利用，生产了许多新的品种，如氧化物陶瓷、金属陶瓷等。这些新的陶瓷品种虽沿用了原料处理、成型、煅烧的传统生产工艺，但是原材料已扩展到化工原料和合成矿物，其组成成分也伸展到无机非金属范畴，其生产规模也由原来的小作坊发展到机械化大生产。

陶瓷的生产工艺是以无机硅酸盐材料为主，经准确配料、混合加工后，按一定的工艺方法成型并经烧制而成。其生产工艺流程如图 5.1 所示。

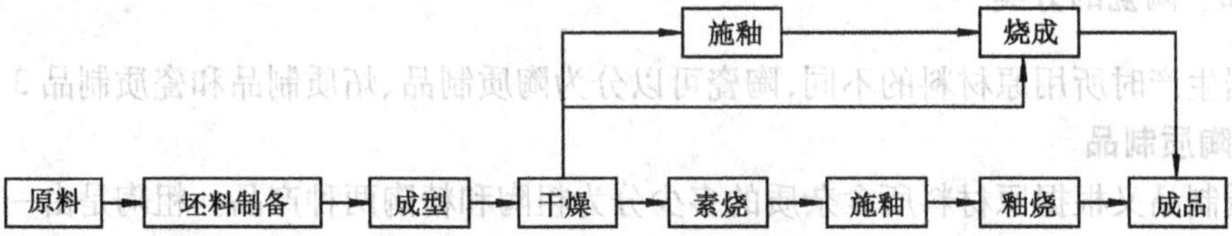

图 5.1　陶瓷生产工艺流程图

5.2　陶瓷制品的表面装饰

5.2.1　施釉

(1)釉的作用

一般情况下，烧结的陶瓷坯体表面都较粗糙无光，这不仅影响美观和力学性能，也容易玷污和吸湿。如果坯体表面施釉经高温煅烧后，釉与坯体表面之间发生相互反应，在坯体表面形成一层玻璃质，它具有玻璃般的光泽和透明性，从而使坯体表面变得平整、光亮、不吸水、不透气，提高了制品的艺术性和机械强度。同时对釉层下的图案画面有透视及保护作用，并有防止彩料中有毒元素溶出的作用，还可以掩盖坯体的不良颜色和某些缺陷，从而可以扩大陶瓷的应用范围。

(2)釉的种类及特性

1)长石釉

长石釉由石英、长石、石灰石、高岭土、黏土及废瓷粉等配制而成。长石釉烧结温度较高，属高温透明釉，是瓷器、炻质陶瓷及硬质精陶广为使用的一种釉层原料。其特点是硬度大、透明、光泽强、有柔和感、烧结温度范围宽。

2)滑石釉

滑石釉是在长石釉基础上加入滑石粉配制而成。此种釉的白度高，透明度好，不易发生裂纹、烟熏现象。其缺点是附着力差，烧结后光亮度差。

3)混合釉

混合釉是在长石、石英、高岭土中加入滑石、白云石、方解石、氧化锌等多种助熔剂组成并根据各种助熔剂的特性进行配制而成。现代釉料都是趋于这种混合釉，因为这种混合釉可以充分利用各种助熔剂及各种釉料的优点，较大限度地克服釉料的缺点，可以获得满意的使用性能。

4)色釉

色釉是在釉料中加入着色氧化物或某些盐类化合物配制而成。色釉按烧结温度不同，分为高温色釉和低温色釉两种，其界限为 1 250 ℃，陶制品通常采用低温色釉，而炻器和瓷器则用高温色釉。色釉具有一定的装饰效果，操作方便，价廉，可以遮盖有瑕疵的坯体，广泛用于陶瓷工业中。

5）食盐釉

食盐釉不是在陶瓷生坯上直接施釉，而是当制品煅烧到一定温度时，把食盐投入到燃烧窑中。在高温及水蒸气的作用下，食盐分解为 Na_2O 和 HCl，以气态均匀分布于窑内，这两种物质与坯体表面的黏土及 SiO_2 作用在坯体表面形成一种玻璃质的釉层。它具有坚固不脱落、不开裂、耐酸性强的特点。

5.2.2 彩绘

在陶瓷制品表面绘以彩色图案花纹，可极大地提高陶瓷制品的装饰性。陶瓷表面彩绘可分为釉下彩绘和釉上彩绘两种：

（1）釉下彩绘

釉下彩绘是在陶瓷生坯或经素烧过的坯体上进行彩绘，然后施一层透明釉料，再经釉烧而成。

釉下彩绘的优点在于陶瓷制品表面的画面受到釉层的保护，在使用中不会被磨损。而且画面显得清秀光亮。青花瓷器、釉里红以及釉下五彩是我国名贵的釉下彩制品。然而，釉下彩绘的画面与色调远不如釉上彩绘那么丰富多彩，且其多为手工彩画，难以实现机械化生产，因此生产效率低，制品价格较贵。

（2）釉上彩绘

釉上彩绘是在已经釉烧的陶瓷釉面上，采用低温彩料进行彩绘，然后再在较低温度（600~900 ℃）下经彩烧而成。

由于釉上彩绘的彩烧温度低，许多陶瓷颜料均可采用，故釉上彩绘的色彩极其丰富。同时，釉上彩绘是在强度相当高的陶瓷坯体上进行的，故可采用半机械化生产，生产效率高，劳动强度低，成本低，因而价格便宜。但釉上彩绘画面易被磨损，表面光滑性差，另外容易发生彩料中的铅被酸所溶出，从而引起铅中毒。我国釉上彩绘中手工彩绘的技术有釉上古彩、粉彩与新彩 3 种：

1）古彩

釉上古彩因其彩烧温度较高，故彩烧后彩图坚硬耐磨，色彩经久不变，特别是矾红彩料，使用年代越久，则越红亮可爱。古彩的技艺特点是用不同粗细线条来构成图案，线条刚劲有力，且用色较浓，具有强烈的对比性。但古彩的彩料品种少，色调变化不多，这在艺术表现上有一定局限性。

2）粉彩

粉彩由古彩发展而来，所不同的是粉彩在填色前须将图案中要求凸起的部分先涂上一层玻璃白粉，然后在白粉上再渲染各种彩料，使之显示出深浅与阴阳状，给人以立体感。粉彩可用的颜料种类很多。

3）新彩

新彩来自国外，故又有"洋彩"之称。新彩采用的是人工合成的颜料，它易于配色，且烧成温度范围较宽，故色彩极为丰富，成本亦低，是一般日用陶瓷普遍采用的釉上彩绘方法。另外，目前广泛采用的釉上贴花、刷花、喷花以及堆金等,可认为是新彩的发展。其中贴花是釉上彩绘中应用最广泛的一种方法。现代贴花技术是采用塑料薄膜贴花纸,用清水就可把彩料移至釉面上,操作简便,质量可靠。

5.2.3 其他釉面装饰

(1)贵金属装饰

对于高级细陶瓷制品,通常采用金、铂、钯、银等贵重金属在陶瓷釉上进行装饰,其中最常见的是饰金,如金边、图画描金等。

金装饰陶瓷有亮金、磨光金及腐蚀金等方法,其中亮金在陶瓷装饰中最为广泛。无论用哪种金饰方法,使用的金材料基本上只有两种,即金水(液态金)与粉末金。

亮金为采用金水作着色材料,在适当温度下彩烧后,直接获得发光金属层的装饰。金水的含金量必须控制在10%~12%以内,含金量不足的金水,金层易脱落且耐热性降低。磨光金层中的含金量较亮金高得多,故经久耐用。采用贵金属腐蚀技术,其特点是能造成发亮金面与无光金面互相衬托的艺术效果。

(2)结晶釉与砂金釉装饰

结晶釉是在含 Al_2O_3低的釉料中加入 ZnO,MnO_2,TiO_2等结晶形成剂,并使它们达到饱和程度,在严格控制的烧成过程中,形成明显粗大结晶的釉层。煅烧时要对结晶的大小、形状及出现部位进行控制,故烧制过程比较复杂。在一定程度上会带有偶然性。

砂金釉是釉内氧化铁微晶呈现金子光泽的一种特殊釉,因其形似自然界中的砂金石而得名。微晶的颜色因其粒度大小而异,最细的发黄色,最粗的发红色,结晶越多,透明性越差。

(3)光泽彩饰

光泽彩是在经釉烧过的陶瓷釉面上,喷涂一薄层金属或金属氧化物彩料,经600~900 ℃彩烧后形成一层能映现出光亮的彩虹颜色的装饰层,其装饰工艺与釉上彩相似。

光泽彩形成的光泽彩虹,是由于入射光与光亮的光泽彩料薄层的反射光产生相互干扰的结果。

(4)裂纹釉饰

陶瓷表面选用比其坯体热膨胀系数大的釉,可在烧后迅速冷却的过程中使釉面产生裂纹,以此获得装饰效果。

按釉面裂纹的形态,可分为鱼子纹、百圾碎、冰裂纹、蟹爪纹、牛毛纹及鳝鱼纹等多种。按釉面裂纹颜色显现技法的不同,又有夹层裂纹釉与镶嵌裂纹釉之分。

5.3 常用建筑陶瓷制品

5.3.1 釉面砖

釉面砖又称内墙面砖,釉面砖是用于内墙装饰的薄片精陶建筑装饰材料。将磨细的泥浆脱水干燥并进行半干法压型、素烧后施釉入窑釉烧,或生坯施釉一次烧成。也有采用注浆法成型的。其化学成分为:SiO_2,60%~70%;Al_2O_3,15%~22%;CaO,1.0%~10%;MgO,1.0%~

3.0%;R_2O,<1.0%。按其组成区分有:石灰石质、长石质、滑石质、硅灰石质、叶蜡石质等。按形状可分为正方形、矩形、异形配件砖等。

釉面砖分为白色、彩色、图案、无光、有光等多种色彩。多用于厨房、卫生间、浴室、理发室、内墙裙等装饰。

(1)釉面砖的特点

用釉面砖装饰的内墙,可使装饰面具有卫生、易清洗和清新美观的效果。主要物理性能为吸水率在 18%以下,拉折强度 2~4 MPa,热稳定性 140 ℃反复 3 次不裂。

(2)釉面砖的用途

釉面砖是多孔的釉陶坯体,在长期与空气的接触过程中,特别是在潮湿的环境中使用,会吸收大量的水分而产生吸湿膨胀的现象。由于釉的吸湿膨胀非常小,当坯体膨胀的程度增长到使釉面处于张应力状态,且超过釉的抗拉强度时,釉面发生开裂。如果用于室外,经长期冻融,更易出现剥落掉皮现象。所以釉面砖只能用于室内,而不应用于室外。

釉面砖多用于浴室、厨房和厕所的墙面、台面以及实验室桌面等处。

(3)釉面砖的种类、特点

釉面砖的种类、特点见表 5.1。

表 5.1　釉面砖的种类、特点

种　类		特　点	代　号
白色釉面砖		色纯白,釉面光亮,镶于墙面,清洁大方	FJ
彩色釉面砖	有光彩色釉面砖	釉面光亮晶莹,色彩丰富雅致	YG
	无光彩色釉面砖	釉面半无光,不晃眼,色泽一致,色调柔和	SHG
装饰釉面砖	花釉砖	花纹千姿百态,有良好的装饰效果	HY
	结晶釉砖	晶花辉映,纹理多姿	JJ
	斑纹釉砖	斑纹釉面,丰富多彩	BW
	理石釉砖	具有天然大理石花纹,颜色丰富,美观大方	LSH
图案砖	白色图案砖	纹样清晰,色彩明朗,清洁优美	BT
	色地图案砖	产生浮雕、缎光、绒毛、彩漆等效果	YGT D-YGT SHGT
瓷砖画及色釉陶瓷字	瓷砖画	用各种釉面砖拼成各种瓷砖画,或根据图画烧成釉面砖,清洁优美,永不褪色	—
	色釉陶瓷字	以各种色釉、瓷土烧制而成,色彩丰富,光亮美观,永不褪色	—

釉面砖的技术性能见表 5.2。

表 5.2 釉面砖的技术性能

项 目	说 明	单 位	指 标	备 注
密度	—	g/cm^2	2.3~2.4	—
吸水率	—	%	<18	—
抗折强度	—	MPa	2.0~4.0	—
冲击强度	用 30 g 钢球从 30 cm 高处落下 3 次	—	不碎	—
热稳定性	由 140 ℃至常温剧变次数	次	≥3	—
硬度	—	度	85~87	指白色釉面砖
白度	—	%	>78	指白色釉面砖

(4)**釉面砖的质量标准**

1)品种、形状、规格尺寸

①品种　按釉面颜色分为单色(含白色)、花色和图案砖。

②形状　按正面形状分为正方形、长方形和异形配件砖;按釉面砖的侧面形状可分为小圆边、平边、大圆边、带凸缘边。

2)技术要求

①尺寸允许偏差　釉面砖的尺寸允许偏差应符合国家标准规定。

②外观质量　根据外观质量分为优等品、一级品、合格品 3 个等级;表面缺陷允许范围、色差、平整度、边直度、直角度和白度均应符合国家标准规定。

③物理性能　吸水率小于 21%;耐急冷急热性试验,釉面无裂纹;弯曲强度平均值大于 16 MPa,当厚度不小于 7.5 mm 时,弯曲强度平均值大于 13 MPa;抗龟裂性试验,釉面无裂纹。

④釉面抗化学腐蚀性

釉面抗化学腐蚀性,需要时由供需双方商定级别。

5.3.2　墙地砖

墙地砖是用于建筑物外墙面和地面装饰的板状陶瓷建筑装饰材料,分为有釉、无釉两种。有方形、长方形、八角形等式样。砖面可制成单色或饰以彩色花纹图案。陶瓷原料经粉碎筛分后,进行半干法压型,入窑煅烧成无釉墙地砖。带釉制品可在干坯或素坯上施以釉料再经釉烧而成。坯料中常有含铁矿物可自然着色,也可加入金属氧化物进行人工着色。制品具有吸水率低(4%~10%)、耐磨性强(1.0~2.0 g/cm^2)、耐酸度高(>98%)、耐碱度高(>85%)等特点。

墙地砖根据其物理性能、色彩、形状,可装饰餐厅、影剧院、候车候机厅、商业售货厅、实验室、理发室等外墙或地面。它具有保护建筑物和美化建筑物的双层功能。

(1)**外墙贴面砖**

外墙贴面砖是作建筑物外墙装饰的板状陶瓷建筑装饰材料,一般是属于陶质材料,也有一些属于炻质的。坯料的颜色较多,如米黄、紫红色、白色等。

1)外墙贴面砖的特点

外墙贴面砖饰面与其他材料饰面相比,具有很多优点。如坚固耐用、色彩鲜艳、易清洗、防火、防水、耐磨、耐腐蚀和维修费用低等。由于具有这些优点，所以外墙贴面砖得到了广泛的应用。

2）外墙贴面砖的用途

外墙贴面砖是高档饰面材料，一般用于装饰等级要求较高的工程。它不仅可以防止建筑物表面被大气侵蚀，而且可使立面美观。但其不足之处是造价偏高、工效低、自重大。

(2）地砖及梯沿砖

地砖又称防潮砖或缸砖，是不上釉的，用作铺筑地面的板状陶瓷建筑装饰材料，易于清洗和耐磨。是用挤压法和干压法成型的。

1）地砖特点

地砖和外墙贴面砖性能各不相同。地砖一般比外墙贴面砖厚，强度较高，耐磨性能好，吸水率较低。

2）地砖及梯沿砖用途

地砖适用于交通频繁的地面、楼梯、室外地面。也可用于工作台面，不易被设备碰坏。梯沿砖主要用于楼梯、站台等处边缘。由于它坚固耐用，表面有凸起条纹，防滑性能好，所以也称为防滑条。

(3）彩色釉面陶瓷墙地砖的标准

1）产品等级、规格尺寸

产品按表面质量和变形允许偏差分为优等品、一级品、合格品三级；规格应符合国家标准。

2）技术要求

尺寸允许偏差、变形、分层等应符合国家标准要求。

3）理化性能

吸水率小于10%；经3次急冷急热循环不出现炸裂或裂纹；抗冻性能经20次冻融循环不出现破裂、剥落或裂纹；弯曲强度平均值大于24.5 MPa；耐酸、耐碱性能各分为AA、A、B、C、D 5个等级。

(4）新型墙地砖

1）劈离砖

劈离砖是将一定配比的原料，经粉碎、炼泥、真空挤压成型、干燥、高温烧结而成。由于成型时为双砖背联胚体，烧成后再劈离成两块砖，故称劈离砖。

劈离砖胚体密实、强度高，其抗折强度大于20 MPa；吸水率小，低于6%，表面硬度大，耐磨、防滑，耐腐蚀、抗冻、耐急冷急热性能好，耐酸碱能力强。背面凹槽纹与黏结砂浆形成楔形结合，可保证铺贴时黏结牢固，如图5.2所示。

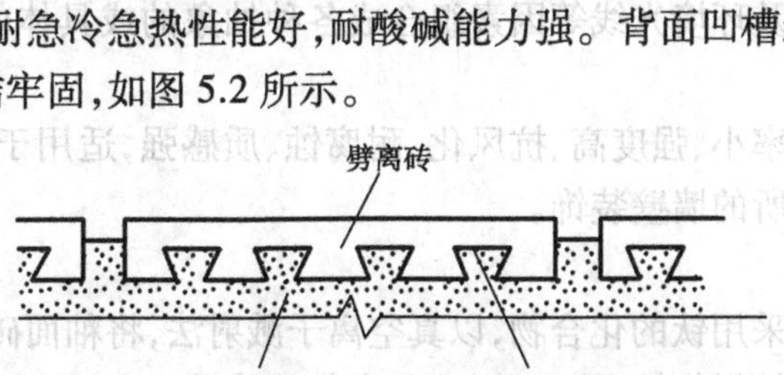

图5.2　劈离砖与砂浆的楔形结合

劈离砖种类很多、色彩丰富、颜色自然柔和、表面质感变化多样，细质的清秀，粗质的浑厚；

表面上釉的光泽晶莹、富丽堂皇；表面无釉的质朴、典雅大方，无反射强光。

劈离砖适用于各类建筑物的外墙装饰，也适合用作楼堂馆所、车站、候车室、餐厅等室内地面的铺设。厚砖适用于广场、公园、停车场走廊，人行道等露天地面铺设，也可用作游泳池、浴池池底和池岸的贴面材料。

2）彩胎砖

彩胎砖是一种本色无釉瓷质饰面砖，又称同质砖。彩胎砖是采用彩色颗粒土原料混合配料，压制成多彩胚体后，经一次烧成即呈多彩细花纹的表面，具有天然花岗岩的纹理，颜色有红、绿、黄、蓝、灰、棕等多种基色，多为浅色调，纹理细腻，色调柔和，质朴高雅。

彩胎砖表面有平面型和浮雕型两种，又有无光与磨光、抛光之分。吸水率小于1%，抗折强度大于27 MPa，表面硬度为7~9（莫氏硬度），耐酸碱侵蚀，抗冻、耐磨性好，图案质感好。特别适合于铺设于人流量大的商场、影剧院、宾馆等公共场所的地面，也可用于镶贴住宅厅堂的墙面和地面，既美观又耐用。

3）玻化砖

玻化砖是坯料在1 230 ℃以上的高温下，使砖中的熔融成分成玻璃态后制成的砖，该砖具有玻璃般的亮丽质感，是一种新型高级铺地砖，也有人称为瓷质玻化砖。根据欧洲EN—176的标准，其吸水率不大于0.50%，抗折强度大于27 MPa，莫氏硬度大于6，线性热膨胀系数小于9×10^{-6}/K，因此，具有低吸水率、高耐磨性、高强度、耐酸碱且尺寸准确、表面平整、色泽均匀等优点。

4）麻面砖

麻面砖是采用仿天然岩石色彩的配料，压制成表面凹凸不平的麻面坯体后，经一次烧成的炻质面砖。砖的表面酷似人工修凿过的天然岩石面，纹理自然，有白、黄、红、灰、黑等多种颜色。麻面砖吸水率小于1%，抗折强度大于20 MPa，防滑耐磨。薄型砖适用于装饰建筑物外墙，厚型砖适用于铺设广场、停车场、码头、人行道等地面。

5）陶瓷艺术砖

陶瓷艺术砖的坯体采用优质黏土、石英、无机矿物等为原料，生产方法与普通瓷砖相似。所不同的是要进行图案的设计，最后按设计的图案要求压制成不同形状和尺寸的单块瓷砖。为取得立面凹凸变化及艺术造型，瓷砖的色彩及厚薄尺寸等都可能不同，一幅完整的立面图案一般由许多类型的单块瓷砖组成。所以陶瓷艺术砖的制作工艺较复杂，造价也较高。

陶瓷艺术砖主要用于建筑物内外墙面的装饰，具有夸张性，空间组合自由性大。它充分利用砖的高低、色彩、粗细及环境光线等因素组合成各种抽象的或具体的图案壁画，给人以强烈的艺术感受。

陶瓷艺术砖的吸水率小、强度高、抗风化、耐腐蚀、质感强，适用于宾馆、会议厅、艺术展览馆、酒楼、公园及公共场所的墙壁装饰。

6）金属光泽釉面砖

金属光泽釉面砖是采用钛的化合物，以真空离子溅射法，将釉面砖表面处理成金黄、银白、蓝、黑等多种颜色，光泽灿烂辉煌，给人以坚固、豪华的感觉。金属光泽釉面砖抗风化、耐腐蚀、经久耐用，适用于商店柱面和门面的装饰。

5.3.3　建筑琉璃制品

建筑琉璃制品是以黏土为主要原料，经原料处理加工、成型、干燥、素烧、施釉、釉烧等工序制成，为表面或使用面附着彩色铅釉的陶质建筑外装修材料。色釉有黄、绿、蓝、白等颜色。

建筑琉璃制品具有中国民族风格与特色。传统规格形式的琉璃瓦及配套的兽、脊等构件，可用于中国古典建筑或具有中国古典建筑屋顶结构形式的现代建筑的屋面装修。根据设计意图与要求，加工成特定形状。经过各种艺术处理的琉璃制品，可用于建筑物的檐口、墙壁、柱头以及设计者欲加美化的各个部位的外部装修。

建筑琉璃制品理化性能标准为：

①光泽度　测平面处不低于 60 度。

②吸水率　吸水率为 8%~15%。

③抗折强度　抗折强度大于 7.5 MPa。

④热稳定性　热稳定性要求为(100~200)±1 ℃水冷 3 次坯体不炸裂，釉面无剥落。

⑤抗冻性能　抗冻性能要求为(-30~20)±1 ℃冻融循环 10 次，坯体无缺棱角、炸裂，釉面无剥落现象。

5.3.4　陶瓷锦砖

陶瓷锦砖旧称“马赛克”(又称纸皮砖)，是以优质瓷土为主要原料，按技术要求对瓷土颗粒进行配料，以半干法压制成型。为使制品着色，在泥料中引入着色剂，经 1 250 ℃高温烧制成产品。其边长小于 40 mm，又因其有多种颜色和多种形状的花色品种故称锦砖(什锦砖的简称)。锦砖按一定图案反贴在牛皮纸上，以 0.092 m^2组成为一联。具有抗腐蚀、耐磨、耐火、吸水率小、抗压能力强、易清洗和永不褪色等特点。陶瓷锦砖可用于工业与民用建筑的清洁车间、厅门、走廊、卫生间、餐厅、厨房、浴室、化验室等内墙和地面，并可用于装饰外墙面或横竖线条等处。施工时可以不同花纹和不同色彩排成多种美丽图案。

(1)陶瓷锦砖特点

陶瓷锦砖是以优质瓷土烧制而成的小块瓷砖，有施釉和不施釉两种。目前各地产品多是不挂釉的。具有美观、耐磨、不吸水、易清洗又不太滑等优点。

(2)陶瓷锦砖用途

陶瓷锦砖主要用于室内地面铺装。为使其不易踩碎，又不太厚，其规格均较小。常用的有 18.5 mm×18.5 mm，39 mm×39 mm，39 mm×18.8 mm，25 mm 六角形等形状规格。其厚度一般为 5 mm。由于可以做成各种颜色，而且色泽又稳定、耐污染，所以大量用于外墙饰面，并取得了坚固耐用、装饰质量好的效果。与外墙贴面砖相比，有造价略低、面层薄、自重较轻的优点。目前，陶瓷锦砖更多地用于公共浴室、厕所地面。

(3)陶瓷锦砖性能和规格

陶瓷锦砖一般出厂前都已按各种图案粘贴在牛皮纸上。每张约 30 cm×30 cm，其面积约为 0.092 m^2，质量约为 0.65 kg，每 40 张为一箱，每箱约为 3.7 m^2。陶瓷锦砖的几种基本形状和规格如图 5.3 所示。

(4)陶瓷锦砖的质量标准

陶瓷锦砖的吸水率小于 0.2%；

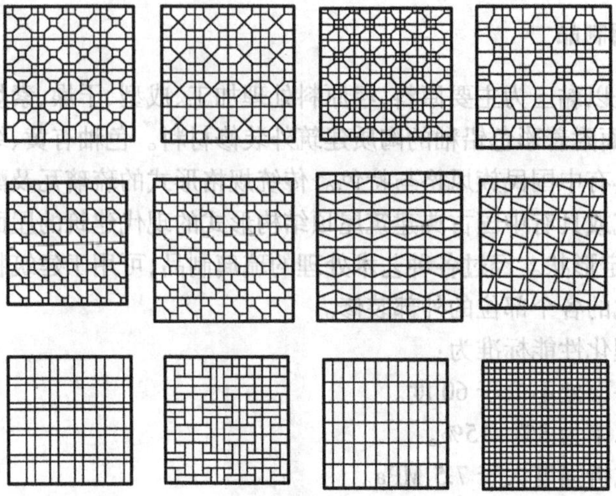

图 5.3 陶瓷锦砖基本形状图

陶瓷锦砖铺贴后的四周边缘与锦砖贴纸四周边缘的距离大于 2 mm;

锦砖与铺贴纸结合牢固,不允许脱落;

锦砖的脱纸时间小于 40 min。

5.3.5 陶瓷壁画

陶瓷壁画是以陶瓷面砖、陶板、锦砖等为材料而制作的具有较高艺术价值的现代建筑装饰材料。它既可镶嵌在高层建筑上,也可陈设在公共活动场所,如候机室、候车室、大型会议室、会客室、园林旅游区等地,给人们以美的享受。

陶瓷壁画不是原画稿的简单复制,而是艺术的再创造。它巧妙地运用绘画技法和陶瓷装饰艺术于一体,经过放样、制版、刻画、配釉、施釉、烧成等一系列工序,采用浸、点、涂、喷、填等多种施釉技法及丰富多彩的窑变技术而产生出神形兼备、巧夺天工的艺术效果。

5.4 建筑陶瓷制品的施工方法

本节主要叙述釉面砖、外墙面砖和陶瓷锦砖铺贴的主要技术要求和方法。

5.4.1 铺贴准备工作

(1)技术准备和作业条件

铺贴施工开始前,首先应搭好脚手架,清除作业面上的障碍物,准备好所用材料和机具,确认门窗框与墙体间的缝隙已处理完毕,同时堵好脚手架孔洞。对待铺贴的面砖应按厂牌型号、规格和颜色分类选配,对有歪斜、缺棱掉角等缺陷者应视程度或剔除或用于不显眼的次要部位,少块的锦砖应补贴完整。卫生间的卫生洁具应事先安装就位或预留位置(如手纸盒洞等)。

(2)基层处理

陶瓷墙地砖应铺贴于湿润、干净的基层上,灰尘、污垢等应清理干净。对于不同材料的基层,可按下述方法处理。

1)混凝土基层

混凝土基层常用的处理方法有以下3种:

①对大模板混凝土和预制墙板等较为光滑的基层,应进行凿毛处理。凿毛深度为0.5~1.5 cm,间距为3 cm,毛面均布,用钢丝刷刷净后洒水湿润。然后刷一道聚合物水泥浆(水泥∶107胶∶水=1∶0.1~0.2∶4~6),再抹1∶3水泥砂浆打底。宜用铁抹子用力满刮、薄抹,不宜来回多次揉抹,并随墙抹成毛糙面,抹完24 h后浇水养护。

②将1∶1的水泥细砂浆(内掺10%~20%107胶),采用甩、弹、喷的方法,均匀地甩在基层上(甩浆厚度0.5 cm左右),形成小拉毛状的毛面,待其凝固后用1∶3水泥砂浆打底,木抹子搓平,隔天浇水养护。

③用界面处理剂处理基层表面,待干燥后,用1∶3水泥砂浆打底,木抹子搓平,隔天浇水养护。

2)砖墙基层

将基层用水湿透后,用1∶3水泥砂浆打底,木抹子搓平,浇水湿润。

3)加气混凝土基层

加气混凝土基层的处理,常用以下两种方法:

①用水湿润加气混凝土表面,刷一道聚合物水泥浆(配比同前),修补缺棱掉角处,然后用1∶3∶9混合砂浆分层补平,隔天再刷一道聚合物水泥浆,并抹1∶1∶6混合砂浆打底,木抹子搓平,隔天浇水养护。

②用水湿润加气混凝土表面,在缺棱掉角处刷聚合物水泥浆一道,用1∶3∶9混合砂浆分层补平,待干燥后,用$\phi 6$扒钉满钉金属网一层并绷紧,金属网常用孔径32 mm×32 mm、丝径0.7 mm的镀锌机织铁丝网。在金属网上分层抹1∶1∶6混合砂浆打底,砂浆与金属网应结合牢固,最后用木抹子轻轻搓平,隔天浇水养护。

4)纸面石膏板基层

将板缝用嵌缝腻子嵌填密实,对在其上粘贴玻璃丝网格布(或穿孔纸带)使之形成整体。

(3)材料准备

1)陶瓷饰面砖

陶瓷饰面砖应根据设计要求的品种、规格、花色备料。运输、存放过程中必须装箱,不得散放或受潮。

2)水泥

水泥应用强度等级不低于32.5的普通硅酸盐水泥或白水泥,有条件的地方也可使用彩色水泥和白水泥掺用的颜料。

3)107胶

所用107胶(聚乙烯醇缩甲醛)的含固量为10%~12%,游离甲醛含量小于或等于2.5%,缩甲醛含量为9%~11%,pH值为7~8。107胶应用塑料或陶瓷容器储运,受冻或变质的不得使用。

4)石灰膏

石灰膏应用块状生石灰淋制,用孔径不大于3 mm×3 mm的筛过滤,常温下陈化14 d才能使用。也允许使用细度通过4 900孔筛网的磨细生石灰。

(4)**测量放线,贴灰饼,做标筋**

在处理好的基层上拉线、吊线锤,以确定找平层的抹灰厚度。然后按水平同距离 1.2~1.5 m,由上而下贴灰饼,灰饼大小宜为 4 cm×4 cm。灰饼应在上下连通后做成标筋,作为抹找平层砂浆垂直度和水平度的标准。大面积外墙铺贴,必要时还可使用经纬仪等测量仪器,严格控制垂直度等。

(5)**抹找平层**

1)抹灰要求

抹找平层可用水泥砂浆或水泥混合砂浆(水泥:石灰膏:砂=1:0.1:2.5)。抹灰前洒水湿润基层,抹灰时使用刮尺以标筋为准赶平。如局部厚度超过 15 mm,可分层填抹找平,阴阳角处使用靠尺通直,然后用木抹子搓平表面,做到表面毛、墙面平、棱角直。抹灰后应进行 1~2 d养护。

2)抹灰质量要求

当采用水泥砂浆或聚合物水泥浆铺贴釉面砖时,应分别按中级和高级抹灰标准检查验收墙面平整度、垂直度和角度方正。

(6)**弹线分格、预排**

在找平层上用粉线弹分格线。铺贴前进行预排,其目的是保证拼缝均匀。在同一墙面上的横竖排列,不宜有一行以上的非整砖。

5.4.2 釉面砖铺贴

釉面砖铺贴前应将砖的背面清理干净,浸水 2 h 以上(冬期施工应在掺有 2%盐的温水中浸泡 2 h),以保证铺贴后不至于因吸走灰浆中的水分而产生空鼓、脱落等现象。浸水后的釉面砖应晾干后铺贴。

铺贴釉面砖常采用 1:2 水泥砂浆或掺入不大于水泥质量 15%的石灰膏,以改善和易性。砂浆厚度为 6~10 mm。这种方法的缺点是灰浆层厚且软,因釉面砖铺贴的平整度不易掌握,施工效率也低。

用掺 107 胶的水泥浆或水泥砂浆铺贴时,由于掺 107 胶后,灰浆的和易性得到改善,保水性提高,凝结时间变慢,使得铺贴釉面砖时有充足的时间对釉面砖拨缝调整而不致引起脱壳现象,这不仅有利于提高装饰效果,也可以缩短工期。

釉面砖铺贴后,应即时将缝中多余灰浆清理干净,用湿布擦去面砖上的灰浆污迹,不可等灰浆干硬后再清洗,那样容易留下痕迹。

待粘贴灰浆凝固后,可用白水泥或色浆或石膏灰浆刷涂接缝并用棉纱等将灰浆擦匀、填满。

最后视表面污染情况,用清水或掺入 10%稀盐酸(或草酸)的清水,擦洗表面。如用掺盐酸(或草酸)的清水擦洗,最后尚应用清水冲洗干净。

5.4.3 外墙面砖的铺贴

铺贴外墙面砖,其主要工序(如浸水 2 h 以上、贴饼挂线等)和技术要求(如同一墙面不得有一行以上的非整砖,非整砖铺贴到次要位置等)与铺贴釉面砖相同,现仅不同之处加以简述。

外墙面砖多为尺寸不等的矩形块，有长边水平铺贴和长边垂直铺贴两种方式。

按接缝宽度可分为密缝（接缝宽度 1~3 mm）和离缝（接缝宽度 4 mm 以上）。密缝和离缝在同一墙面上又可同时使用，如水平离缝竖向密缝或竖向离缝而横向密缝。

按接缝排列方式又有错缝和通缝之分。

外墙面砖的常见排列方式如图 5.4 至图 5.6 所示。

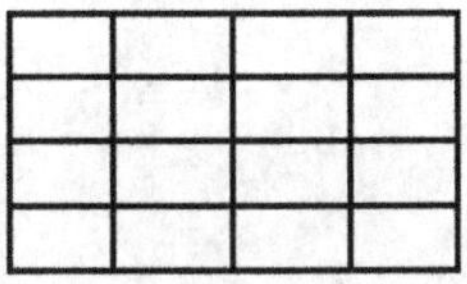

长边垂直铺贴

长边水平铺贴

图 5.4　矩形外墙面砖排列

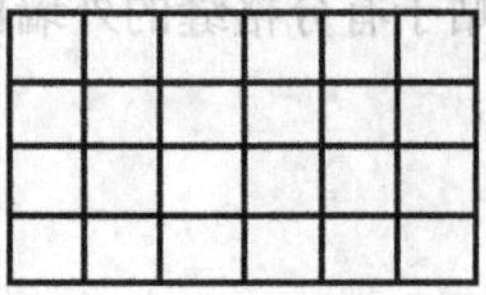

齐缝

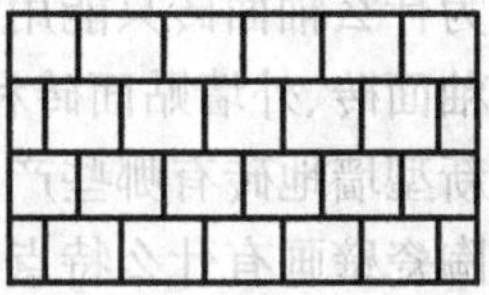

错缝

图 5.5　密缝排列

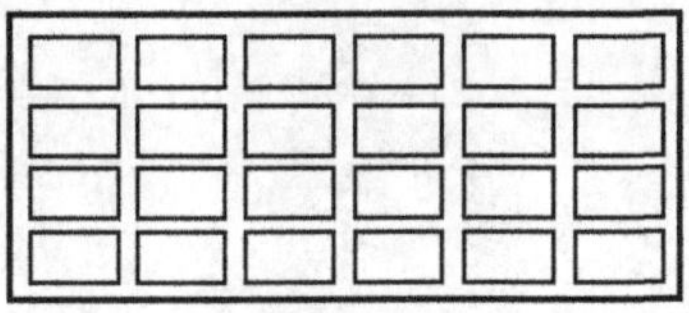

通缝

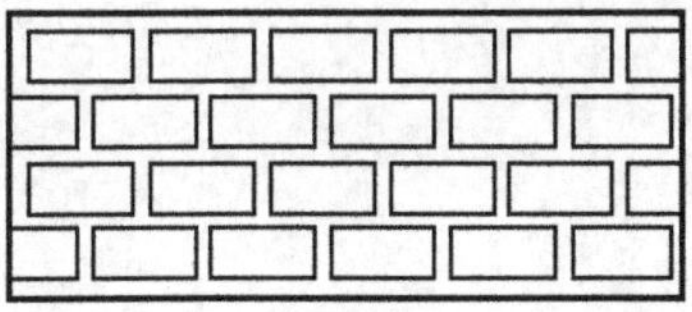

错缝

图 5.6　离缝排列

离缝铺贴与密缝铺贴相比，具有以下优点：

①面砖的外形尺寸常常存在偏差，欲使饰面层平整、线条横平竖直，离缝铺贴的伸缩余地大，容易实现以上要求；

②面砖常常存在不同程度的色差，采用离缝做法，接缝较宽（可达 8~12 mm），使色差得到缓冲，任其深浅自然搭配，从而可以省去面砖铺贴前的选配试排；

③对于面积较小的墙面，采用密缝紧排面砖时，边角处往往要用非整砖，增加了裁切工作量，既费时又费工；而采用离缝作法，则易于调整间距，做到边角部位全铺贴整砖，既节省面砖，又省时省工；

④采用离缝铺贴，接缝宽度以 10 mm 计，可节约 10%左右的面砖；

⑤接缝为宽的凹缝，尚能产生阴影效果，增强立面的立体感；

⑥当使用过程中发生个别面砖破裂或脱落时，易于修补而不至于影响周围面砖的牢固程度。

5.4.4　陶瓷锦砖的铺贴

铺贴陶瓷锦砖的施工准备工作，如基层处理、找平层抹灰、弹线分格等与铺贴釉面砖、外墙面砖相同，现仅区别之处加以简述。

铺贴陶瓷锦砖宜用水泥浆或聚合物水泥浆。也有使用聚合物水泥砂浆铺贴的，如在 1∶1

水泥砂浆(所用砂子应用窗纱筛过)中掺入占水泥质量2%的聚醋酸乙烯乳液等。

按锦砖联的尺寸和接缝宽度在找平层上弹出水平和垂直控制线。垂直控制线应与角垛等处的中心线平行,水平控制线应与楼层或阳台等平行。水平线每联弹一道,垂直线可2~5联弹一道,不足整联的应贴在次要部位,并应在同一水平或垂直面上。分排时应避免非整块锦砖出现。

当铺贴于有分格缝的外墙面时,应先弹出分格线,再弹分联线。

复习思考题

5.1　为什么釉面砖只能用于室内,而不能用于室外?

5.2　釉面砖、外墙贴面砖和地砖有何不同?

5.3　新型墙地砖有哪些产品,各有何特点?

5.4　陶瓷壁画有什么特点,用于什么样的场所?

第6章 装饰水泥

水泥是一种水硬性胶凝材料，呈粉末状，它与适量的水混合后形成可塑性浆体，经过一系列物理化学变化由可塑性的浆体变成坚硬的石状体，并能将散粒状材料胶结为整体。水泥浆体不仅能在空气中硬化，而且能更好地在水中硬化，保持并发展其强度。

水泥是现代建筑工程中最重要的建筑材料之一，用以制造各种形状的素混凝土、钢筋混凝土、预应力混凝土结构、构件和拌制砂浆。现代装饰工程同样也离不开水泥，一方面，水泥用于各种装饰的基底处理和材料胶结，另一方面，它还可以制成丰富多彩的装饰砂浆和水泥基装饰制品。

水泥的品种很多，根据其矿物组成可分为硅酸盐水泥、铝酸盐水泥、硫铝酸盐水泥等。目前在建筑工程中使用的水泥品种主要为硅酸盐类水泥，包括硅酸盐水泥、普通硅酸盐水泥、矿渣硅酸盐水泥、火山灰硅酸盐水泥、粉煤灰硅酸盐水泥和复合硅酸盐水泥。由于这几种水泥在一般工业与民用建筑工程中广泛应用，所以称为通用水泥，其产量占我国水泥总产量的90%以上。此外，还有适应专门用途的水泥，称为专用水泥，如油井水泥、大坝水泥、砌筑水泥等。具有某种比较突出特性的水泥，称为特种水泥，如白色硅酸盐水泥、彩色硅酸盐水泥、快凝快硬硅酸盐水泥等。

本章主要介绍硅酸盐类水泥、白色硅酸盐水泥及彩色硅酸盐水泥。

6.1 硅酸盐水泥

凡由硅酸盐水泥熟料、0%~5%石灰石或粒化高炉矿渣、适量石膏共同磨细制成的水硬性胶凝材料，称为硅酸盐水泥。硅酸盐水泥分为两种类型，不掺混合材料的为Ⅰ型硅酸盐水泥，代号P·Ⅰ。在硅酸盐水泥熟料粉磨时掺入不超过水泥质量5%的石灰石或粒化高炉矿渣混合材料的称为Ⅱ型硅酸盐水泥，代号P·Ⅱ。

6.1.1 硅酸盐水泥的生产

生产硅酸盐水泥的主要原料有石灰质原料（如石灰石、贝壳等，提供CaO），黏土质原料（如黏土、页岩等，主要提供SiO_2、Al_2O_3、Fe_2O_3），校正原料（如铁矿粉、砂岩，用以补充原料中

不足的 Fe_2O_3 和 SiO_2）。将这几种原材料按适当的比例混合磨细得到生料，生料经入窑煅烧，得到以硅酸钙为主要成分的水泥熟料，再在水泥熟料中掺入适量的石膏和所需的混合材料共同磨细，所得到的水硬性胶凝材料即为硅酸盐水泥。水泥的生产过程可概括为“两磨一烧”，其生产流程如图 6.1 所示。

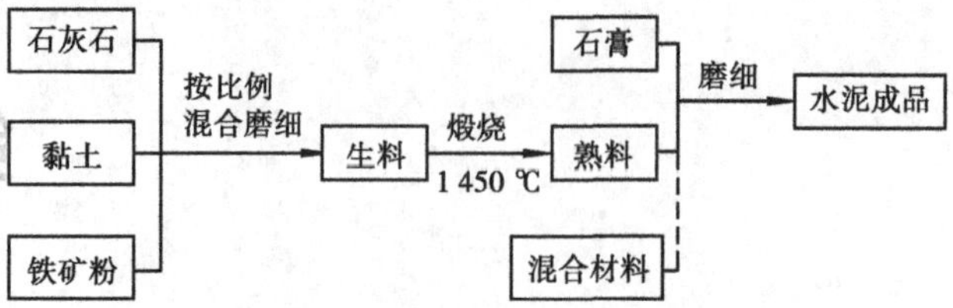

图 6.1　水泥生产流程图

6.1.2　硅酸盐水泥熟料的矿物组成及特性

(1)熟料的矿物组成

生料在煅烧过程中，经过一系列的物理化学变化生成熟料，硅酸盐水泥的熟料主要由 4 种矿物组成，其名称、化学成分、缩写符号及含量见表 6.1。

表 6.1　硅酸盐水泥熟料的主要矿物

矿物名称	化学成分	缩写符号	含　量
硅酸三钙	$3CaO \cdot SiO_2$	C_3S	36%～60%
硅酸二钙	$2CaO \cdot SiO_2$	C_2S	15%～36%
铝酸三钙	$3CaO \cdot Al_2O_3$	C_3A	7%～15%
铁铝酸四钙	$4CaO \cdot Al_2O_3 \cdot Fe_2O_3$	C_4AF	10%～18%

此外，硅酸盐水泥熟料中还含有少量的游离氧化钙（*f*-CaO）、游离氧化镁（*f*-MgO）和碱（Na_2O，K_2O）等。

(2)水泥熟料矿物的特性

硅酸盐水泥具有水硬性的基础就是熟料矿物能够与水发生反应，生成相应的水化产物，硬化后具有一定的强度。但不同的熟料矿物与水作用时所表现出的性能是不同的。4 种主要熟料矿物单独与水作用时的特性见表 6.2。

表 6.2　水泥熟料矿物的特性

矿物组成	硅酸三钙	硅酸二钙	铝酸三钙	铁铝酸四钙
反应速度	快	慢	最快	中
28 d 水化热	多	少	最多	中
早期强度	高	低	低	低
后期强度	高	高	低	低
耐腐蚀性	中	好	差	好
干缩性	中	小	大	小

水泥是几种熟料矿物的混合物,改变熟料矿物成分间的比例时,水泥的性质即发生相应的变化。例如提高硅酸三钙的含量,可以制得高强度水泥;降低铝酸三钙和硅酸三钙的含量,提高硅酸二钙的含量,可制得水化热低的水泥,如大坝水泥。

6.1.3 硅酸盐水泥的凝结与硬化

(1)硅酸盐水泥的水化

水泥加水后,其颗粒表面的熟料矿物立即与水发生化学反应,即水化反应,生成一系列的水化产物,并放出一定的热量。常温下,各水泥熟料矿物的水化反应式如下:

$$2(3CaO \cdot SiO_2)+6H_2O \rightarrow 3CaO \cdot 2SiO_2 \cdot 3H_2O+3Ca(OH)_2$$

$$2(2CaO \cdot SiO_2)+4H_2O \rightarrow 3CaO \cdot 2SiO_2 \cdot 3H_2O+Ca(OH)_2$$

$$3CaO \cdot Al_2O_3+6H_2O \rightarrow 3CaO \cdot Al_2O_3 \cdot 6H_2O$$

$$4CaO \cdot Al_2O_3 \cdot Fe_2O_3+7H_2O \rightarrow 3CaO \cdot Al_2O_3 \cdot 6H_2O+CaO \cdot Fe_2O_3 \cdot H_2O$$

在上述反应中,硅酸三钙的反应速度较快,生成的水化硅酸钙胶体,以凝胶的形态析出,构成具有很高强度的空间网状结构;生成的 $Ca(OH)_2$ 以晶体的形态析出。同时放出大量的热。

硅酸二钙的水化产物与硅酸三钙相同,但反应速度较慢,放出的热量也较少。因此,早期强度较低,但当有硅酸三钙存在时,可以提高硅酸二钙的水化反应速度,一般一年以后硅酸二钙的强度可以达到硅酸三钙 28 d 的强度。

铝酸三钙的反应速度最快,放出的热量最多,它很快就生成水化铝酸三钙晶体,并与掺入水泥中的石膏反应,生成高硫型水化硫铝酸钙,俗称钙钒石。

$$3CaO \cdot Al_2O_3 \cdot 6H_2O+3(CaSO_4 \cdot 2H_2O)+19H_2O \rightarrow 3CaO \cdot Al_2O_3 \cdot 3CaSO_4 \cdot 31H_2O$$

钙钒石是难溶于水的针状晶体,它包裹在 C_3A 的表面,阻止水分的进入,延缓了水泥的水化,起到了缓凝的作用。但石膏的掺量不能过多,过多时不仅缓凝作用不大,还会引起水泥体积安定性不良。合理的石膏掺量主要取决于水泥中 C_3A 的含量和石膏的品种及质量,同时也与水泥细度和熟料中的 SO_3 含量有关。一般生产水泥时石膏掺量占水泥质量的3%~5%,实际掺量通过试验确定。

铁铝酸四钙的水化与铝酸三钙极为相似,与水反应生成水化铝酸三钙晶体与水化铁酸一钙凝胶,只是水化反应速度较慢,水化热较低。

如果不考虑硅酸盐水泥水化后的一些少量生成物,那么硅酸盐水泥水化后的主要成分有:水化硅酸钙凝胶、水化铁酸钙凝胶、氢氧化钙晶体、水化铝酸钙晶体、水化硫铝酸钙晶体。在充分水化的水泥中,水化硅酸钙的含量占 70%,$Ca(OH)_2$ 的含量约占 20%,水化硫铝酸钙约占 7%,其他占 3%。

(2)硅酸盐水泥的凝结与硬化

硅酸盐水泥加水拌和后,成为可塑性的浆体,随着时间的推移,其塑性逐渐降低,最后失去塑性,这个过程称为水泥的凝结。随着水化的不断进行,水化产物不断增多,形成密实的空间网状结构,水泥浆体就产生了强度,即达到了硬化。水泥的凝结硬化是一个连续不断的过程,如图 6.2 所示。

水泥加水拌和后,水泥颗粒分散在水中,成为水泥浆体。

水泥颗粒的水化从其表面开始,水和水泥一接触,水泥颗粒表面的熟料矿物立即与水发生

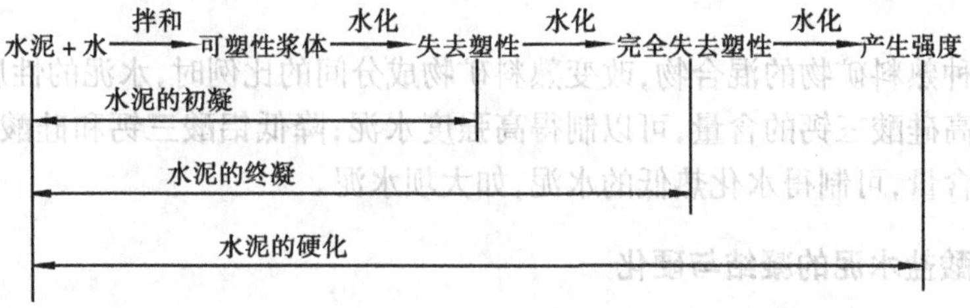

图 6.2　水泥的凝结硬化过程图

水化反应,生成相应的水化产物,水化产物溶解于水。由于各种水化产物的溶解度很小,水化产物的生成速度大于水化产物向溶液中扩散的速度,一般在几分钟内,水泥颗粒表面即被水化物膜层包裹。在水化初期,水化物不多,包裹着水化物膜层的水泥颗粒之间还是分离着的,水泥浆具有可塑性。这一过程称为反应的初始期,需要 5~10 min。

包裹着水化物膜层的水泥颗粒不能与水直接接触,此时反应速度降低,反应靠扩散控制,此过程称为反应的潜伏期,这一时期为 1~2 h,这也是硅酸盐水泥能保持塑性的原因。

随着水化物膜层的增厚,在其内外产生渗透压,导致膜层破裂,水泥颗粒又与水直接接触,反应速度重新加快,生成较多的水化产物,并使水泥颗粒逐渐靠近、接触,形成空间网状结构,使水泥浆开始失去塑性,也就是水泥的初凝。随着水化的不断进行,水化产物不断增多,使结晶网状结构不断加强,结构逐渐紧密,水泥浆完全失去可塑性,水泥表现为终凝,并开始产生强度。这一过程称为凝结期,约持续 6 h。接着水泥浆进入硬化阶段。

水泥进入硬化期后,水化速度逐渐减慢,水化物随时间的增长而逐渐增加,扩散到毛细孔中,使结构更趋致密,强度相应提高。

水泥凝结硬化大致可分为以上 4 个时期,各时期水泥的水化反应速度和物理化学变化见表 6.3。

表 6.3　水泥凝结硬化过程的几个主要阶段

凝结硬化阶段	一般的放热反应速度	一般的持续时间	主要的物理化学变化
初始反应期	168 J/(g·h)	5~10 min	初始溶解和水化
潜伏期	4.2 J/(g·h)	1 ~2 h	凝胶体膜层围绕水泥颗粒成长
凝结期	在 6 h 内逐渐增加到 21 J/(g·h)	6 h	膜层增厚,水泥颗粒进一步水化
硬化期	在 24 h 内逐渐降低到 4.2 J/(g·h)	6 h 至若干年	凝胶体填充毛细孔

水泥的水化和凝结硬化是从水泥颗粒表面开始,逐渐往水泥颗粒的内核深入进行。开始时水化速度较快,水泥的强度增长快,但由于水化不断进行,堆积在水泥颗粒周围的水化物不断增多,阻碍水和水泥未水化部分的接触,水化减慢,强度增长也逐渐减慢,但无论时间多久,水泥颗粒的内核很难完全水化。因此,水泥石是由水化产物(凝胶体和晶体)、未水化的水泥颗粒内核、毛细孔(水)组成,它们在不同时期相对数量的变化,使水泥的性质随之改变。

(3)影响水泥凝结硬化的主要因素

水泥的凝结硬化过程,也是水泥强度发展的过程,为了正确使用水泥,并能在生产中采取有效措施,调节水泥的性能,必须了解影响水泥凝结硬化的主要因素。

1)熟料的矿物组成

由表 6.2 可知,硅酸盐水泥的熟料矿物组成是影响水泥的水化速度、凝结硬化过程和强度的主要因素,熟料矿物组成不同,水泥的性质也不同。

2)水泥的细度

水泥颗粒的粗细直接影响水泥的水化、凝结硬化、水化热、强度、干缩等性质。水泥颗粒越细,其与水的接触面积就越大,水化反应就越快,水化热也越大,早期强度也较高。但水泥颗粒太细,在相同的稀稠程度下,单位需水量增多,硬化过程中干缩增大,硬化后水泥石中的毛细孔增多,反而会影响后期强度。同时,水泥颗粒太细,易与空气中的水分及 CO_2 反应,使水泥不易久存,而且磨制过细的水泥能耗大,成本高。

3)石膏掺量

水泥中掺入石膏,可调节水泥的凝结硬化速度。在水泥粉磨时,若不掺石膏或石膏掺量不足,水泥会发生瞬凝现象,这是由于铝酸三钙在溶液中电离出三价铝离子(Al^{3+}),它与硅酸钙凝胶的电荷相反,促使胶体凝聚。加入石膏后,石膏与水化铝酸钙作用,生成难溶于水的钙钒石,沉淀在水泥颗粒表面上形成保护膜,降低了溶液中 Al^{3+} 的浓度,并阻碍了铝酸三钙的水化,延缓了水泥的凝结。但如果石膏掺量过多,则会出现假凝现象,还会在后期引起水泥石的膨胀而开裂破坏。

4)水灰比

水灰比是水泥拌和时水与水泥的用量之比。拌和水泥浆体时,为了使水泥浆体具有一定的可塑性和流动性,加入的水量通常要大于水泥水化时所需要的水量,多余的水蒸发后,在硬化的水泥石内形成毛细孔。水灰比越大,凝结硬化后水泥石中的毛细孔越多,强度也就越低。

5)温度和湿度

温度对水泥的凝结硬化有明显影响。当温度升高时,水化反应加快,水泥强度增长也较快,但反应太快所形成的结构不致密,反而会导致后期强度下降(当温度达到 70 ℃以上时,28 d强度将下降 10%~20%)。当温度降低时,水化作用则减缓,强度增长缓慢,当温度低于 5 ℃时,水化硬化大为减慢,当温度低于 0 ℃时,水化反应基本停止。而且当水结冰时体积膨胀,还会破坏水泥石结构。因此冬季施工时,要采取一定的保温措施。

水是水泥水化的必要条件,潮湿环境下的水泥石,能保持有足够的水分进行水化和硬化,生成的水化产物进一步填充毛细孔,促进水泥石的强度发展。若环境干燥,水泥浆体的水分会很快蒸发,水泥浆体由于缺水,水化不能正常进行,甚至使水化停止,强度不再增长,严重的会导致水泥石或混凝土表面产生干缩裂缝。因此施工完毕后应采取一定的保湿措施。

保持环境的温度和湿度,使水泥石强度不断增长的措施,称为养护。通常水泥的养护温度在 5~20 ℃,有利于水泥强度的增长。

6)养护时间

水泥的水化是从表面开始向内部逐渐深入进行的,随着时间的延长,水泥的水化程度不断提高,水化产物也不断地增加并填充毛细孔,使毛细孔越来越少,强度不断提高。加水拌和后的前 4 周水化速度较快,强度发展也较快,4 周后显著减慢。但只要维持适当的温度与湿度,水泥的水化将不断进行,其强度在几个月、几年,甚至几十年后还会继续增长。

6.1.4 硅酸盐水泥的技术性质

国家标准《通用硅酸盐水泥》(GB 175—2007)对硅酸盐水泥品质要求主要有细度、标准稠度用水量、凝结时间、体积安定性、强度等,实际工程中有时还需了解水化热、碱含量等。

(1)细度

细度是指水泥颗粒的粗细程度。水泥颗粒的粗细对水泥的性质有很大影响,水泥颗粒越细,与水反应的表面积就越大,因而水泥颗粒越细,水化就较快而且较完全,早期强度和后期强度都较高,但在空气中的硬化收缩较大,成本也较高。如水泥颗粒过粗则不利于水泥活性的发挥。一般认为水泥颗粒小于 40 μm 时才具有较高的活性,大于 100 μm 活性就很小了。通常水泥颗粒的粒径在 7~200 μm 范围内。

根据国家标准《通用硅酸盐水泥》(GB 175—2007)的规定,硅酸盐水泥的细度用比表面积表示,比表面积应大于 300 m^2/kg。

(2)标准稠度用水量

标准稠度是国家标准规定的水泥净浆的稀稠程度,标准稠度用水量则为拌制水泥净浆时为达到标准稠度所用的水量。用水与水泥质量之比的百分率表示。

测定水泥的凝结时间、体积安定性等性能指标时,为使测定结果具有准确的可比性,必须采用标准稠度的水泥净浆进行测定。

(3)凝结时间

凝结时间分为初凝时间和终凝时间。初凝时间是指从水泥加水拌和开始到水泥浆开始失去可塑性所需的时间,终凝时间是指从水泥加水拌和开始到水泥浆完全失去可塑性并开始产生强度所需的时间。

为使混凝土和砂浆有充分的时间进行搅拌、运输、浇注、振捣和砌筑,水泥的初凝时间不能过短。当施工完毕,则要求尽快硬化,具有强度,故终凝时间不宜太长。

水泥的凝结时间是以标准稠度的水泥净浆,在规定温度及湿度环境下用水泥净浆凝结时间测定仪测定。国家标准规定:硅酸盐水泥初凝时间不得早于 45 min,终凝时间不得迟于 390 min。

(4)体积安定性

体积安定性是指水泥浆体硬化后体积变化的稳定性。体积安定性不合格的水泥在净浆硬化过程中或硬化后产生不均匀的体积膨胀,并引起开裂,降低建筑物质量,甚至引起严重事故。

体积安定性不合格的原因主要有 3 个:一是熟料中所含的 f-CaO 过多,二是熟料中所含的 f-MgO 过多,三是生产水泥时掺入的石膏过多。熟料中所含的 f-CaO 和 f-MgO 都是过烧的,熟化很慢,在水泥硬化后才进行熟化,造成水泥石膨胀开裂;生产水泥时掺入过多的石膏,在水泥硬化前未能反应完,在水泥硬化后继续反应生成体积膨胀的水化硫铝酸钙,造成水泥石开裂。

国家标准规定,水泥的体积安定性用沸煮法检验必须合格,同时水泥熟料中游离氧化镁的含量不得超过 5.0%,水泥中 SO_3 的含量不得超过 3.5%。

(5)强度等级

强度是表征水泥力学性能的重要指标,它与水泥的矿物组成、水泥细度、水灰比大小、养护温湿度和水化龄期等密切相关,对混凝土、砂浆等水泥制品的性能以及工程质量有着重要意义。按国家标准的规定,硅酸盐水泥根据标准试验方法测得的强度大小分为 42.5、42.5R、52.5、52.5R、62.5、62.5R 共 6 个强度等级。各强度等级水泥的强度要求不得低于表 6.4 的规定。

表 6.4　硅酸盐水泥的强度要求(GB175—2007)

强度等级	抗压强度/MPa		抗折强度/MPa	
	3d	28d	3d	28d
42.5	≥17.0	≥42.5	≥3.5	≥6.5
42.5R	≥22.0		≥4.0	
52.5	≥23.0	≥52.5	≥4.0	≥7.0
52.5R	≥27.0		≥5.0	
62.5	≥28.0	≥62.5	≥5.0	≥8.0
62.5R	≥32.0		≥5.5	

注:R 为早强型。

(6)水化热

水化热是指水泥水化过程中放出的热量。

水泥水化放出的热量以及放热的速度,主要取决于水泥熟料的矿物组成和水泥的细度,熟料矿物中铝酸三钙和硅酸三钙的含量越高,水泥颗粒越细,水化热越大,放热速度也越快。较大的水化热对一般建筑的冬季施工是有利的,可促进水泥的凝结与硬化。但对于大体积混凝土工程则是有害的,由于混凝土是热的不良导体,水化热集聚在混凝土内部不易散发,内部温度常上升到 50~60 ℃以上,内外温差所引起的应力,可使混凝土产生裂缝。因此,在大体积混凝土工程中,不宜采用硅酸盐水泥。

水化热的数值可根据国家标准规定的方法测定。

(7)碱含量

水泥中的碱含量主要指 Na_2O、K_2O 的含量。

当水泥中的碱含量较高,配制混凝土的骨料里又有活性骨料时,就会发生碱-骨料反应,对工程造成危害。国家标准规定:水泥中的碱含量以 $Na_2O+0.658K_2O$ 计算值表示。若使用活性骨料,用户要求提供低碱水泥时,水泥中的碱含量不得大于 0.6%,或由供需双方商定。

此外,国家标准还对硅酸盐水泥的不溶物、烧失量等作出了规定。

6.1.5　硅酸盐水泥的腐蚀与防止

硅酸盐水泥硬化后,在通常使用条件下具有较好的耐久性。但在某些腐蚀性介质的作用下,水泥石的结构会逐渐遭到破坏,强度下降以致溃裂,这种现象称为水泥石的腐蚀。

造成水泥石结构破坏的腐蚀性介质主要有软水、盐类溶液、酸性溶液和强碱溶液。腐蚀的类型主要有溶出性腐蚀、膨胀性化学腐蚀、溶解性化学腐蚀等。溶出性腐蚀是指水泥石中的固相组分不断地溶解到环境水中,造成水泥石结构的破坏;膨胀性化学腐蚀是指环境水中的腐蚀性介质与水泥石中的组分发生化学反应,生成膨胀性的产物,造成水泥石膨胀破坏;溶解性化学腐蚀是指环境水中的腐蚀性介质与水泥石中的组分发生化学反应,生成无胶结力的产物或溶解于水的产物并被流水带走,造成水泥石结构的破坏。下面简述几种常见介质造成的典型腐蚀。

（1）**软水腐蚀**

工业冷凝水、蒸馏水、雨水、雪水以及含重碳酸盐很少的河水及湖水，均属软水。当水泥石长期与这些水分接触时，水泥石中的 $Ca(OH)_2$ 首先会溶于水中。在静水及无水压的情况下，由于周围的水易为溶出的 $Ca(OH)_2$ 所饱和，使溶解作用中止，所以溶出仅限于表层，影响不大，但在流水及压力水作用下，$Ca(OH)_2$ 会不断溶解流失，而且，由于水泥石碱度的降低，还会引起其他水化产物的分解溶蚀，腐蚀作用不断深入内部，造成水泥石结构的破坏。软水造成的腐蚀属于溶出性腐蚀。

当环境水中含有重碳酸盐时，重碳酸盐可与水泥石中的 $Ca(OH)_2$ 反应，生成几乎不溶于水的碳酸钙，反应式为：

$$Ca(OH)_2+Ca(HCO_3)_2 \rightarrow 2CaCO_3+2H_2O$$

所形成的碳酸钙积聚在水泥石的孔隙内，形成密实的保护层，阻止外界水的浸入和内部 $Ca(OH)_2$ 的析出，阻止腐蚀作用继续深入。因此，如环境水中含有一定数量的重碳酸盐，或将与软水接触的混凝土事先在空气中硬化，形成碳酸钙外壳，则可对溶出性腐蚀起到一定的防护作用。

（2）**盐类腐蚀**

1）硫酸盐腐蚀

硫酸盐腐蚀实质上是膨胀性化学腐蚀。在海水、湖水、盐沼水、地下水、某些工业污水中常含有钠、钾、铵的硫酸盐，它们与水泥石中的 $Ca(OH)_2$ 发生反应生成 $CaSO_4$，$CaSO_4$ 继续与水泥石中的水化铝酸钙作用，生成比原体积增加 1.5 倍以上的高硫型水化硫铝酸钙，由于体积膨胀而使已硬化的水泥石开裂破坏。其反应式为：

$$3(CaSO_4 \cdot 2H_2O)+3CaO \cdot Al_2O_3 \cdot 6H_2O+19H_2O \rightarrow 3CaO \cdot Al_2O_3 \cdot 3CaSO_4 \cdot 31H_2O$$

2）镁盐腐蚀

在海水和地下水中常含有大量镁盐，主要是 $MgSO_4$ 和 $MgCl_2$，它们与水泥石中的 $Ca(OH)_2$ 反应。其反应式为：

$$MgSO_4+Ca(OH)_2+2H_2O \rightarrow CaSO_4 \cdot 2H_2O+Mg(OH)_2$$

$$MgCl_2+Ca(OH)_2 \rightarrow CaCl_2+Mg(OH)_2$$

生成的 $Mg(OH)_2$ 松软而无胶凝能力，$CaCl_2$ 易溶于水，$CaSO_4 \cdot 2H_2O$ 则引起硫酸盐腐蚀，均能使水泥石强度降低或破坏。因此，$MgSO_4$ 对水泥石起着镁盐和硫酸盐的双重腐蚀作用。

（3）**酸类腐蚀**

1）碳酸腐蚀

工业污水、地下水中常溶解有较多的 CO_2。水中的 CO_2 与水泥石中的 $Ca(OH)_2$ 反应，所生成的 $CaCO_3$ 继续与含碳酸的水作用，生成易溶于水的 $Ca(HCO_3)_2$，因此，水泥石中的 $Ca(OH)_2$，通过转变为易溶的 $Ca(HCO_3)_2$ 而溶失，并导致水泥石中其他产物的分解，使腐蚀作用进一步加剧。其化学反应如下：

$$Ca(OH)_2+CO_2+H_2O \rightarrow CaCO_3+2H_2O$$

$$CaCO_3+CO_2+H_2O \rightarrow Ca(HCO_3)_2$$

由 $CaCO_3$ 转变为 $Ca(HCO_3)_2$ 的反应是可逆的，只有当水中所含的 H_2CO_3 超过平衡浓度时，则上式反应向右进行，形成碳酸腐蚀。

2)一般酸的腐蚀

工业废水、地下水中常含无机酸和有机酸;工业窑炉中烟气常含有 SO_2,遇水后即生成亚硫酸。各种酸类对水泥石都有不同程度的腐蚀作用。它们与水泥石中的 $Ca(OH)_2$作用后生成的化合物,或者易溶于水,或者体积膨胀而导致水泥石破坏。对水泥石腐蚀作用最快的是无机酸中的盐酸、氢氟酸、硫酸和有机酸中的醋酸、蚁酸和乳酸。

例如,盐酸与水泥石中的 $Ca(OH)_2$作用,反应式为:

$$2HCl+Ca(OH)_2 \rightarrow CaCl_2+2H_2O$$

生成的 $CaCl_2$易溶于水而导致溶解性化学腐蚀而破坏。

H_2SO_4与水泥石中的 $Ca(OH)_2$作用,反应式为:

$$H_2SO_4+Ca(OH)_2 \rightarrow CaSO_4 \cdot 2H_2O$$

生成的 $CaSO_4 \cdot 2H_2O$ 或者直接在水泥石孔隙中结晶产生膨胀,或者再与水泥石中的水化硫铝酸钙作用,生成体积膨胀更大的高硫型水化硫铝酸钙而导致膨胀性化学腐蚀而破坏。

(4)强碱腐蚀

碱类溶液如浓度不大时一般是无害的,但铝酸盐含量较高的硅酸盐水泥遇到强碱作用后也会破坏。如 NaOH 可与水泥石中未水化的铝酸钙作用,生成易溶的铝酸钠,反应式为:

$$3CaO \cdot Al_2O_3+6NaOH \rightarrow 3Na_2O \cdot Al_2O_3+3Ca(OH)_2$$

当水泥石被 NaOH 溶液浸透后又在空气中干燥,与空气中的 CO_2作用生成 Na_2CO_3,反应式为:

$$2NaOH+CO_2 \rightarrow Na_2CO_3+H_2O$$

Na_2CO_3在水泥石毛细孔中结晶沉积,而使水泥石胀裂。

除上述常见的腐蚀性介质外,对水泥石有腐蚀作用的还有一些其他物质,如糖、氨盐、动物脂肪、含环烷酸的石油产品等。

实际上水泥石的腐蚀是一个极为复杂的物理化学作用过程,在遭受腐蚀时,很少为单一的腐蚀作用,常常是几种作用同时存在,互相影响。但水泥石遭受腐蚀的基本原因主要有以下几个方面:

①环境水中存在有腐蚀性介质。

②水泥石中存在着易受腐蚀的成分,如 $Ca(OH)_2$和水化铝酸钙。

③水泥石本身不密实,存在有透水通路,而使腐蚀性介质易于进入其内部,加剧腐蚀作用。

(5)腐蚀的防止

根据以上对腐蚀原因的分析,可采取下列措施防止或减轻腐蚀的作用:

1)根据侵蚀环境特点,合理选用水泥品种

选用水化产物中 $Ca(OH)_2$含量少的水泥,可以提高对软水等腐蚀作用的抵抗能力;为了抵抗硫酸盐腐蚀,可选用铝酸三钙含量低于 5%的抗硫酸盐水泥等。

2)提高水泥石的密实度

为了使有害物质不易渗入水泥石内部,水泥石的孔隙应越少越好。为了提高水泥混凝土的密实度,应该合理设计混凝土的配合比,尽可能采用低水灰比和选择最优施工方法。此外,在水泥石表面进行碳化或氟硅酸处理,使之生成难溶的碳酸钙外壳或氟化钙及硅胶薄膜,以提高表面的密实度,也可减少腐蚀性介质的渗入。

3)加作保护层

当腐蚀作用较强时,可用耐腐蚀的石料、陶瓷、塑料、沥青等覆盖于水泥石的表面,以防止腐蚀性介质与水泥石直接接触。

6.1.6 硅酸盐水泥的特性与应用

与其他水泥相比,硅酸盐水泥具有如下特性:

(1)强度高

硅酸盐水泥凝结硬化快,早期强度和后期强度都高。

(2)抗冻性好

硅酸盐水泥石结构密实,抗冻性好。特别适用于冬季施工及严寒地区遭受反复冻融的工程和抗冻性要求较高的工程。

(3)水化热大

由于硅酸盐水泥中熟料含量高,水化反应速度快,故水化热较大,有利于冬季施工。

(4)耐腐蚀性差

硅酸盐水泥水化后含有较多的 $Ca(OH)_2$和水化铝酸钙,因此,其抵抗软水腐蚀和抗化学腐蚀的能力差,故不宜用于有耐腐蚀性能要求的工程。

(5)抗碳化性较好

水泥石中的 $Ca(OH)_2$与空气中的 CO_2和水作用生成 $CaCO_3$的过程称为碳化。碳化会引起水泥石内部的碱度降低,导致钢筋混凝土中的钢筋失去钝化保护膜而生锈,使混凝土产生顺筋裂缝。

硅酸盐水泥在水化后,水泥石中含有较多的 $Ca(OH)_2$,碳化时水泥石的碱度下降少,对钢筋的保护作用强。

(6)干缩小,耐磨性较好

硅酸盐水泥硬化时干缩小,不易产生干缩裂缝。可用于干燥环境工程。由于干缩小,表面不易起粉,因此耐磨性较好。

6.1.7 硅酸盐水泥的储存和运输

水泥在储存和运输过程中不得受潮和混入杂质。水泥受潮后会吸收空气中的水分和 CO_2,在逐步水化和碳化过程中,降低水泥的有效成分,使强度下降。

水泥存放期不宜过长。一般储存 3 个月的水泥,强度下降 10%~30%,6 个月水泥强度下降 15%~30%,1 年后下降 25%~40%。因此,水泥存放期一般不应超过 3 个月,超过 3 个月的水泥使用时必须重新检验,以实测强度为准。

不同品种和等级的水泥应分别储存和运输,不得混杂。袋装水泥堆放高度一般不超过 10 袋,遵循先来先用的原则。散装水泥应由专用运输车直接卸入现场特制的储仓,分别存放。

6.2 掺混合材料的硅酸盐水泥

在硅酸盐水泥熟料中,掺入一定量的混合材料和适量石膏,共同磨细而成的水硬性胶凝材料,称为掺混合材料的硅酸盐水泥。掺混合材料的意义在于经济上提高了产量,节约了熟料,降低了成本;技术上增加了水泥的品种,改善了水泥的某些性能,扩大了水泥的应用范围。按所掺混合材料的品种和数量的不同,掺混合材料的硅酸盐水泥可分为普通硅酸盐水泥、矿渣硅酸盐水泥、火山灰质硅酸盐水泥、粉煤灰硅酸盐水泥、复合硅酸盐水泥等5种,它们与硅酸盐水泥都属于通用水泥。

6.2.1 混合材料

在水泥生产过程中,为改善水泥性能,调节水泥强度等级而加入到水泥中的矿物材料,称为混合材料。按其水化活性可分为活性混合材料和非活性混合材料两大类。

(1)活性混合材料

在常温下,与水反应很慢,当加入碱性激发剂 $Ca(OH)_2$ 或硫酸盐激发剂 $CaSO_4 \cdot 0.5H_2O$ 时,能生成具有胶凝性的水化物,这样的矿物材料,称为活性混合材料。

活性混合材料的主要成分是玻璃体结构的 SiO_2 和 Al_2O_3,常称为活性 SiO_2 和 Al_2O_3,它们单独时不具有水硬性,但在硅酸盐水泥熟料水化生成的 $Ca(OH)_2$ 和水泥生产中掺入的石膏的激发下,会发生水化反应:

$$xCa(OH)_2+SiO_2+(m-x)H_2O \rightarrow xCaO \cdot SiO_2 \cdot mH_2O$$

$$xCa(OH)_2+Al_2O_3+(n-y)H_2O \rightarrow yCaO \cdot Al_2O_3 \cdot nH_2O$$

当液相中有石膏存在时,生成的水化铝酸钙还能与石膏发生反应,生成水化硫铝酸钙。这些水化产物凝结硬化后,具有一定的强度,对水泥的强度产生贡献。

可以看出,活性混合材料的活性是在 $Ca(OH)_2$ 和石膏的作用下才激发出来的,故常将 $Ca(OH)_2$ 和石膏称为活性混合材料的激发剂。

常用的活性混合材料有粒化高炉矿渣、火山灰质混合材料和粉煤灰等。

1)粒化高炉矿渣

粒化高炉矿渣是高炉炼铁的熔融矿渣,经水或水蒸气急速冷却处理所得到的质地疏松、多孔的粒状物,也称水淬矿渣。水淬矿渣的化学成分主要为 CaO、Al_2O_3、SiO_2,水淬矿渣的活性不仅取决于化学成分,而且在很大程度上取决于内部结构。粒化高炉矿渣在急冷过程中,熔融矿渣的黏度增加很快,来不及结晶,大部分呈玻璃体结构,储存有潜在的化学能,在少量激发剂的作用下,能与水发生反应,生成具有水硬性的产物。

2)火山灰质混合材料

火山灰质混合材料是泛指以活性 SiO_2 及活性 Al_2O_3 为主要成分的活性混合材料。它的应用是从火山灰开始的,故而得名。有天然的或人工的火山灰质混合材料,天然的如火山灰、凝灰岩、浮石、硅藻土等,人工的如烧黏土、煤矸石灰渣、硅灰等。

3)粉煤灰

粉煤灰是火力发电厂以煤粉为燃料燃烧后用收尘器从烟道中收集的灰粉。由于它是急冷而成,多呈1~50 μm玻璃体的球形颗粒。就其活性来源,也属于火山灰质混合材料,但它是大宗的工业废料。因此,我国标准将其单独列出。

(2)非活性混合材料

在常温下不能与 $Ca(OH)_2$ 和水发生水化反应或反应甚微,也不能产生凝结硬化的混合材料称为非活性混合材料。它掺在水泥中主要起填充作用,可扩大水泥强度等级范围、降低水化热、增加产量，降低成本等。

常用的非活性混合材料主要有石灰石粉、磨细石英砂、黏土及慢冷矿渣等。

6.2.2 掺混合材料的硅酸盐水泥品种

目前，我国生产的掺混合材料的硅酸盐水泥品种主要有：普通硅酸盐水泥、矿渣硅酸盐水泥、火山灰硅酸盐水泥、粉煤灰硅酸盐水泥、复合硅酸盐水泥。

(1)普通硅酸盐水泥

凡由硅酸盐水泥熟料、6%~20%混合材料、适量石膏共同磨细制成的水硬性胶凝材料，称为普通硅酸盐水泥，简称普通水泥，代号 P·O。

国家标准对普通水泥的技术要求有：

1)细度

比表面积不小于 300 m^2/kg。

2)凝结时间

初凝不得早于 45 min，终凝不得迟于 10 h。

3)强度等级

根据 3 d 和 28 d 的抗折强度、抗压强度分为 42.5，42.5R，52.5，52.5R 4 个强度等级，其中 R 为早强型水泥。各龄期的强度要求见表 6.5。

表 6.5 普通硅酸盐水泥的强度要求(GB175—2007)

强度等级	抗压强度/MPa		抗折强度/MPa	
	3 d	28 d	3 d	28 d
42.5	≥17.0	≥42.5	≥3.5	≥6.5
42.5R	≥22.0		≥4.0	
52.5	≥23.0	≥52.5	≥4.0	≥7.0
52.5R	≥27.0		≥5.0	

普通水泥的体积安定性、MgO 含量、SO_3含量等其他技术要求与硅酸盐水泥相同。

(2)矿渣硅酸盐水泥、火山灰硅酸盐水泥、粉煤灰硅酸盐水泥、复合硅酸盐水泥

凡由硅酸盐水泥熟料、粒化高炉矿渣及适量石膏共同磨细制成的水硬性胶凝材料，称为矿渣硅酸盐水泥(简称矿渣水泥)，代号 P·S。

凡由硅酸盐水泥熟料、火山灰质混合材料及适量石膏共同磨细制成的水硬性胶凝材料，称为火山灰硅酸盐水泥(简称火山灰水泥)，代号 P·P。

凡由硅酸盐水泥熟料、粉煤灰及适量石膏共同磨细制成的水硬性胶凝材料，称为粉煤灰硅酸盐水泥(简称粉煤灰水泥)，代号 P·F。

凡由硅酸盐水泥熟料、两种或两种以上规定的混合材料、适量石膏共同磨细制成的水硬性胶凝材料，称为复合硅酸盐水泥(简称复合水泥)，代号 P·C。

矿渣水泥、火山灰水泥、粉煤灰水泥、复合水泥的细度以筛余百分率表示，其 80 μm 方孔筛筛余不大于 10%。

矿渣水泥、火山灰水泥、粉煤灰水泥、复合水泥分为 32.5、32.5R 、42.5、42.5R、52.5、52.5R 6 个强度等级，各龄期的强度要求见表 6.6。

凝结时间、体积安定性等其他技术要求与普通水泥相同。

表6.6 矿渣水泥、火山灰水泥、粉煤灰水泥、复合水泥的强度要求(GB175—2007)

强度等级	抗压强度/MPa		抗折强度/MPa	
	3 d	28 d	3 d	28 d
32.5	≥10.0	≥32.5	≥2.5	≥5.5
32.5R	≥15.0		≥3.5	
42.5	≥15.0	≥42.5	≥3.5	≥6.5
42.5R	≥19.0		≥4.0	
52.5	≥21.0	≥52.5	≥4.0	≥7.0
52.5R	≥23.0		≥4.5	

6.2.3 掺混合材料硅酸盐水泥的特性

普通硅酸盐水泥由于掺入的混合材料较少,因此,其水化特点、水泥特性与硅酸盐水泥基本相近,用途也与硅酸盐水泥相同,广泛用于各种混凝土及钢筋混凝土工程。

矿渣水泥、火山灰水泥、粉煤灰水泥与硅酸盐水泥和普通水泥相比,具有如下特性:

1)凝结硬化速度慢

早期强度低,但后期强度高,甚至可以超过同强度等级的硅酸盐水泥。因此,这种水泥不宜用于有早期强度要求的工程,如现浇混凝土梁、板、柱等。

2)湿热敏感性强

温度低时凝结硬化慢,但在湿热条件下(温度60~70 ℃以上)有利于激发混合材料的活性,加快凝结硬化速度,促进强度增长,28 d强度可以提高10%~20%。特别适用于蒸汽养护的混凝土预制构件。

3)耐腐蚀性好

由于混合材料的掺入,水泥中熟料含量相对较少,水化生成的氢氧化钙和水化铝酸钙也较少,而且一部分$Ca(OH)_2$被作为激发剂在混合材料水化时消耗掉了,所以水泥石中易被腐蚀的成分减少,耐腐蚀能力增强。因此对于有耐腐蚀性能要求的工程应优先选用这类水泥。

4)水化热小

由于水泥中掺入了大量的混合材料,水泥熟料较少,因此水化热也较小。可优先用于大体积混凝土工程。

5)抗冻性和抗碳化能力较差

当然,由于所掺混合材料的种类不同及掺量的区别,矿渣水泥、火山灰水泥、粉煤灰水泥也各有特点,如矿渣水泥耐热性较好,但干缩较大,保水性较差。火山灰水泥保水性较好,抗渗性较高,但干缩大。粉煤灰水泥干缩较小,抗裂性好但早期强度低等。

复合水泥由于在熟料中掺入了两种或两种以上规定的混合材料,因而较掺单一混合材料的水泥具有更好的综合性质,其早期强度大于同强度等级的矿渣水泥、火山灰水泥、粉煤灰水泥,同时耐腐蚀性也较好,水化热小,抗渗性好。因此,复合水泥的用途较硅酸盐水泥、矿渣水泥等更为广泛,是一种很有发展前途的新型水泥。

6.3 装饰水泥

装饰水泥属特种水泥，具有良好的装饰性能，主要指白色硅酸盐水泥和彩色硅酸盐水泥，其水硬性物质也以硅酸盐为主。在建筑装饰工程中，常采用白色水泥和彩色水泥配制成水泥色浆或水泥砂浆，用于饰面刷浆或陶瓷砖铺贴的勾缝；以白色水泥和彩色水泥为胶凝材料，加入各种大理石、花岗石碎屑作骨料，可制成水刷石、水磨石、人造大理石等丰富多彩的建筑物饰面或制品；城市雕塑艺术家们也把白水泥和彩色水泥当作理想材料，创造出众多的引人入胜的雕塑制品。可见，白色水泥和彩色水泥以其良好的装饰性能已被广泛应用于各种装饰装修工程，故常称其为装饰水泥。白色水泥和彩色水泥由于生成原料和工艺的特殊，价格较一般水泥高，所以通常不用在结构工程中，而是主要用于装饰装修工程。

6.3.1 白色硅酸盐水泥

凡以适当成分的生料烧至部分熔融，所得以硅酸钙为主要成分、氧化铁含量少的白色硅酸盐水泥熟料，再加入适量石膏，磨细制成的水硬性胶凝材料称为白色硅酸盐水泥，简称白水泥。

白水泥与普通水泥生产方法基本相同，主要区别在于白水泥含氧化铁较少，只有普通水泥的1/10左右，因而色白。氧化铁是普通水泥呈灰色的主要原因，氧化铁含量越低，水泥的颜色越浅，水泥中氧化铁含量与水泥颜色的关系见表6.7。因此，白水泥与普通水泥在生产制造上的主要区别在于对原材料的要求及生产工艺的要求较为严格。即严格控制水泥原料中的铁含量，并严防在生产工艺过程中混入铁质。此外，其他着色氧化物（氧化锰、氧化铬和氧化钛等）也会导致水泥白度的降低，故也须控制其含量。

表6.7 水泥中氧化铁含量与水泥颜色的关系

氧化铁含量/%	3~4	0.45~0.7	0.35~0.4
水泥颜色	暗灰色	淡绿色	接近白色

(1)白水泥的原材料要求

生产白水泥用的石灰石及黏土原料中的氧化铁含量应分别低于0.1%和0.7%，也不宜采用铁矿粉作为辅助原料。常用的黏土质原料有高岭土、瓷石、白泥、石英砂等。

(2)白水泥的生产工艺要求

1)燃料

应选用无灰分的气体燃料（天然气）或液体燃料（煤油、重油）。

2)研磨体

在粉磨生料和熟料时，不得使用普通球磨机。因为其中的钢衬板和钢球在研磨物料时，会混入铁质而严重降低白度。球磨机内壁一般镶贴白色花岗岩或高强陶瓷衬板，并采用烧结刚玉、瓷球、卵石等作研磨体。

3)水泥熟料的漂白处理

水泥熟料的漂白处理是指采取一定的工艺手段，提高水泥白度。其方法与原理通常有以

下几种:

给刚出窑的红热熟料喷水、喷油或浸水,使熟料处于少氧而多 CO 的还原气氛状态,从而使高价的 Fe_2O_3 还原成低价的 FeO 或 Fe_3O_4 而提高白度。

适当提高白水泥煅烧时的石灰饱和比(即 KH 值),增加 f-CaO 的含量,当水泥熟料喷水漂白处理时,f-CaO 可吸收水分消解为氢氧化钙,这样既保证了水泥的体积安定性,又借助 $Ca(OH)_2$ 提高了水泥的白度。

在一定范围内提高水泥细度可提高其白度。试验表明,当水泥细度在 300~4 000 cm^2/g 范围时,细度每提高 500 cm^2/g,白度可提高 0.4~0.8 度。但表面积超过 4 000 cm^2/g 后,细度对白度影响甚微。

在白水泥熟料粉磨时,掺入适量洁白而纯净的石膏,如雪花石膏,可提高水泥白度,同时也起缓凝作用。该石膏粉碎后的白度应比水泥白度高出 3~4 度。

此外,白水泥熟料研磨时掺入适当的助磨剂,减少研磨体对白度的影响。生产过程中掺用降低煅烧温度的熔剂矿物(如萤石)等均有助于提高白度。

(3)白水泥的技术性质

1)细度、凝结时间及体积安定性

白色硅酸盐水泥的细度要求为 0.080 mm 方孔筛筛余量不得超过 10%;凝结时间要求为初凝不得早于 45 min,终凝不得迟于 10 h;体积安定性要求为用沸煮法检验必须合格,同时熟料中 MgO 的含量不得超过 5.0%。水泥中 SO_3 的含量不得超过 3.5%。

2)强度

根据国家标准《白色硅酸盐水泥》(GBT2015—2005)的规定,白色硅酸盐水泥分为 32.5、42.5、52.5 3 个强度等级,各强度等级水泥的各龄期强度不得低于表 6.8 的数值。

表 6.8　白色硅酸盐水泥强度要求(GBT2015—2005)

标　号	抗压强度/MPa		抗折强度/MPa	
	3 d	28 d	3 d	28 d
325	12.0	32.5	3.0	5.5
425	17.0	42.5	3.5	6.5
525	22.0	52.5	4.0	7.0

3)白度

白水泥的白度是称取白水泥试样适量放入压样器中,压制成表面平整的试样板,不得有裂缝和污点,置于白度仪中测定,以其表面对红、黄、绿三原色的反射率与 MgO 标准白板表面的反射率比较,用相对反射百分率表示。白水泥的白度值应不低于 87。

6.3.2　彩色硅酸盐水泥

凡由硅酸盐水泥熟料及适量石膏(或白色硅酸盐水泥)、混合材及着色剂混合或磨细制成的带有色彩的水硬性胶凝材料称为彩色硅酸盐水泥。

彩色硅酸盐水泥的生产与普通水泥的区别主要在于着色剂的掺入,从而使水泥带上装饰性色彩。彩色硅酸盐水泥的基本色有红色、黄色、蓝色、绿色、棕色和黑色等,其他颜色的彩色硅酸盐水泥生产可由供需双方协商。

(1)彩色硅酸盐水泥的着色剂

根据水泥的性质及应用特点,生产彩色硅酸盐水泥所用的着色剂应满足以下基本要求:

①不溶于水,分散性好。

②耐大气稳定性好,耐光性应在7级以上。

③抗碱性强,应具有一级耐碱性。

④着色力强、颜色浓。所谓着色力,指着色剂与水泥胶凝材料混合后呈现颜色深浅的能力。

⑤不含杂质。

⑥不会使水泥强度显著降低,也不能影响水泥正常凝结硬化。

⑦价格较便宜。

采用无机矿物颜料能较好地满足以上要求,表6.9为常用的颜料品种,其中尤以氧化铁基颜料使用最多。

表6.9 彩色硅酸盐水泥常用的颜料

颜　色	品种及成分
白	氧化钛(TiO_2)
红	合成氧化铁、铁丹(Fe_2O_3)
黄	合成氧化铁($Fe_2O_3 \cdot H_2O$)
绿	氧化铬(Cr_2O_3)
青	群青[$2(Al_2Na_2Si_3O_{10})Na_2SO_4$],钴青($CoO \cdot nAl_2O_3$)
紫	钴[$Co_3(PO_4)_2$],紫氧化铁(Fe_2O_3的高温烧成物)
黑	炭黑(C),合成氧化铁($Fe_2O_3 \cdot FeO$)

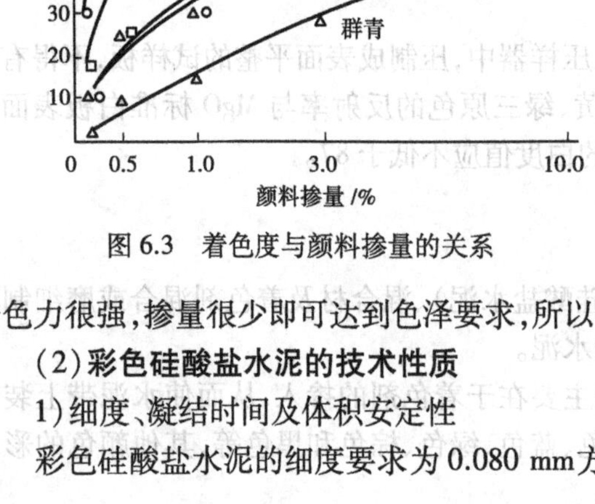

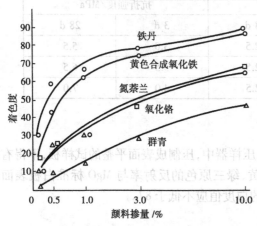

图6.3　着色度与颜料掺量的关系

影响水泥着色度的因素很多,首先是颜料的掺量,当然掺量越多,颜色越浓;但这种影响又因颜料种类不同而异,如图6.3所示。另外,在相同的混合条件下,粒径较细的颜料着色能力较强,如铁丹。试验证明:一般颜料的着色能力与其粒径的平方成反比。

水泥中颜料的掺入对其物理力学性能将产生一定的影响,彩色硅酸盐水泥的凝结时间一般比白水泥快,其程度随颜料的品种和掺量而异。水泥强度一般因颜料掺入而降低,当掺炭黑时尤为明显。但因优质炭黑着色力很强,掺量很少即可达到色泽要求,所以一般问题不大。

(2)彩色硅酸盐水泥的技术性质

1)细度、凝结时间及体积安定性

彩色硅酸盐水泥的细度要求为0.080 mm方孔筛筛余量不得超过6.0%;凝结时间要求为

初凝不得早于1 h，终凝不得迟于10 h；体积安定性要求为用沸煮法检验必须合格，同时水泥中SO_3的含量不得超过4.0%。

2）强度

根据行业标准《彩色硅酸盐水泥》（JC/T 870—2000）的规定，彩色硅酸盐水泥分为27.5、32.5、42.5共3个强度等级，各等级水泥的各龄期强度不得低于表6.10的数值。

表6.10　彩色硅酸盐水泥强度要求（JC/T 870—2000）

强度等级	抗压强度/MPa		抗折强度/MPa	
	3 d	28 d	3 d	28 d
27.5	7.5	27.5	2.0	5.0
32.5	10.0	32.5	2.5	5.5
42.5	15.0	42.5	3.5	6.5

3）色差

同一颜色每一编号彩色硅酸盐水泥每一分割样或每磨取样与该水泥颜色对比样的色差不得超过3.0CIEL.AB色差单位。用目视比对方法作为参考时，颜色不得有明显差异。

同一颜色各编号彩色硅酸盐水泥的混合样与该水泥颜色对比样之间的色差不得超过4.0 CIEL.AB色差单位。

4）颜色耐久性

500 h人工加速老化试验，老化前后的色差不得超过6.0CIEL.AB色差单位。

6.3.3　装饰水泥的应用

白色水泥和彩色水泥在装饰工程中的应用主要有以下几个方面：

（1）**配制彩色水泥砂浆**

以白水泥或彩色水泥为胶凝材料，白色、浅色或彩色的砂，以及石屑、陶瓷碎粒等为骨料配制的彩色砂浆用于装饰工程，可以增加建筑物的美观。尤其是表面进行各种艺术处理，制作的水磨石、水刷石、斧剁石、人造大理石等更具有特殊的表面效果。

（2）**配制装饰混凝土**

以白水泥或彩色水泥为胶凝材料，加入适当品种的骨料制得白水泥或彩色水泥混凝土，既能满足结构要求的物理力学性能，又克服了普通水泥混凝土颜色灰暗、单调的缺点，从而获得良好的装饰效果。

（3）**配制彩色水泥浆**

彩色水泥浆是以各种彩色水泥为基料，同时掺入适量$CaCl_2$促凝早强剂和皮胶水胶料配制而成的刷浆材料。彩色水泥浆主要用于建筑物内外墙面及天棚、柱子的表面装饰等，可涂刷在混凝土、砖石、水泥砂浆、混合砂浆、纸筋灰等基层材料面上。

复习思考题

6.1　硅酸盐水泥的主要矿物成分是什么？这些矿物的特性如何？

6.2 腐蚀水泥石的介质有哪些？水泥石遭受腐蚀的基本原因是什么？

6.3 水泥的技术性质有哪些？

6.4 什么是活性混合材料？分为几类？何谓活性混合材料激发剂？

6.5 矿渣水泥、火山灰水泥、粉煤灰水泥的组成如何？这3种水泥性质与应用的共同点以及各自的特点(与硅酸盐水泥比较)有哪些？

6.6 与硅酸盐水泥相比，白水泥在原料及生产工艺上有何特殊要求？

6.7 试述白水泥与彩色水泥的特性及用途。

第 7 章 装饰混凝土

7.1 混凝土的概述

7.1.1 混凝土的概况

(1)定义

混凝土一般是以水泥为主要胶结材料,砂、石为主要集料(也称骨料),必要时加入外加剂,将这些材料与水按比例配料、拌和成型,经水化、硬化而成一种具有堆聚结构的人造石材。

(2)发展

混凝土的生产及应用有数千年的历史,但在19世纪以前,混凝土的胶结材料主要以黏土、石灰、石膏等气硬性材料为主。到了1796年,英国Parker.J用黏土质石灰石煅烧而制得水硬性水泥,即天然水泥。随后,1824年,英国里兹的Aspin.J取得了波特兰水泥专利,很快在一些国家出现了水泥混凝土。1850年前后,法国人取得了钢筋混凝土的专利权。随后,欧美几个国家通过试验建立了钢筋混凝土的计算公式,弥补了混凝土抗拉强度、抗折强度低的缺陷。与此同时,1886年,美国首先用旋窑煅烧熟料,使波特兰水泥进入了大规模工业化生产阶段,这些都大大促进了混凝土的应用范围。1896年,法国Feret最早提出了以孔隙含量为主要因素的强度公式。1914年,美国Abrams.D通过大量试验提出了著名的水灰比定则。1928年,法国的Freyssinert.E发明了预应力锚具,创造了预应力钢筋混凝土。1930年左右,美国发明了松脂类引气剂和纸浆废液减水剂,使混凝土流动性、耐久性得到极大程度提高。1962年,日本研制了萘磺酸盐甲醛缩合物的减水剂。随后,发明了三聚氰胺、氨基磺酸、聚羧酸等系列减水剂。为配制流动性混凝土、高强混凝土、高性能混凝土等奠定了基础。1940年,意大利列维(L.WerV)提出了钢丝网水泥,这种配筋材料进一步促使人们提出纤维配筋的概念,降低了混凝土脆性,提高了延性,出现了大跨度的钢筋混凝土建筑物和薄壳结构。

总之,随着经济和科技的不断发展,混凝土技术也随之发展,特种及新型混凝土不断地研制成功。如高强混凝土、纤维增强混凝土、流态混凝土、耐海水混凝土、防水混凝土、水下不分散混凝土、导电混凝土、绿化混凝土、发光混凝土、金属混凝土、装饰混凝土等。极大推动了经济的发展。

随着现代建筑向轻型、大跨度、高耸结构和智能方向发展,工程结构向地下空间和海洋扩展,以及人类可持续发展的需要,可以预计混凝土今后的发展方向是轻质、高强、高耐久、多功能、节省能源和资源、环保型、智能化。

(3)**特点**

1)优点

①成本低。占混凝土体积60%~80%的砂、石材料来源丰富,易就地取材,价格低廉。

②可塑性好。新拌混凝土具有良好的可塑性,可根据工程结构要求浇筑成不同形状和尺寸的整体结构或预制构件。

③配制灵活,适应性好。通过改变混凝土组成材料品种、比例,可制得不同物理力学性能的混凝土,满足工程的要求。

④抗压强度较高。一般混凝土硬化后强度在7.5~60 MPa,高强混凝土强度大于60 MPa,是土木工程的主要结构材料。

⑤复合性能好。如与钢筋黏结力,线膨胀系数接近,能保证共同工作,大大扩展了混凝土应用范围。

⑥耐久性好。一般的环境条件,混凝土不需要特别的维护保养,故维护费用低。

⑦耐火性好。混凝土耐火性远比木材、钢材、塑料要好。可耐数小时的高温作用而仍保持其力学性能,有利于火灾的扑救。

⑧生产能耗低。混凝土生产能耗远低于金属材料。

2)缺点

①自重大、比强度小。混凝土比强度比木材、钢材小。

②抗拉强度低、变形能力小。呈脆性、易开裂,抗拉强度为抗压强度的1/20~1/10。

7.1.2 混凝土的组成材料

混凝土的组成材料主要有水泥、水、粗骨料(碎石、卵石)、细骨料(砂)。有时,为了改善某方面的性能,需加入化学外加剂或矿物外加剂。在混凝土拌和物中,用外加剂、水泥、水组成的浆体来填充砂子空隙并包裹砂粒,形成砂浆。砂浆又填充石子空隙并包裹石子颗粒,形成混凝土结构。

对于新拌混凝土,浆体起润滑作用,使拌和物具有流动性。硬化后由胶凝材料将砂、石材料胶结成为一个整体。粗细集料占混凝土总体积3/4以上,在混凝土中比浆体具有更好的体积稳定性和耐久性。同时,砂、石材料比水泥便宜,作为填充材料,使混凝土成本较低。混凝土的性能主要取决于组成材料的性质、比例、施工工艺。因此,首先必须针对工程特点、环境特点、施工条件合理选用原材料。要做到合理选择原材料,首先必须了解组成材料的性质、作用原理和质量要求。

(1)**水泥**

1)水泥品种的选择

水泥品种的选择,需在分析工程特点、环境特点、施工条件的基础上,结合水泥的性能特点来选择,详见第6章。

2）水泥强度等级的选择

水泥强度等级要与混凝土强度等级相适应。一般来讲，混凝土强度等级在 C40～C60 等级的混凝土，水泥的强度等级选择 42.5 级较为适宜；强度等级高于 C60 时，宜选用 42.5 级或更高强度等级的水泥。强度等级低于 C40 时，宜选用 32.5 级水泥。如用低强度等级水泥配制高强度等级混凝土，水泥用量较多，一方面成本增加，另一方面混凝土收缩增大，对耐久性不利，可使用减水剂来解决矛盾。如用高强度等级的水泥配制低强度等级混凝土，水泥用量过少，混凝土和易性变差，不易施工，对耐久性不利，可使用矿物外加剂来解决矛盾。

3）水泥的技术性质

对于所选水泥品种，应检验技术性质，满足相关要求，详见第 6 章。

（2）细骨料

公称粒径为 0.15～4.75 mm 的骨料称为细骨料，也称为砂。砂按来源分为天然砂、机制砂和混合砂 3 类。天然砂由自然风化、水流搬运和分选、堆积形成。包括河砂、湖砂、山砂、淡化海砂。机制砂是经除土处理，由机械破碎、筛分制成，俗称“人工砂”。混合砂是指由天然砂、机制砂，按一定比例混合而成的砂。

砂按技术要求分为Ⅰ类、Ⅱ类、Ⅲ类。Ⅰ类宜用于强度等级大于 C60 的混凝土；Ⅱ类宜用于强度等级 C30～C60 及抗冻、抗渗或其他要求的混凝土；Ⅲ类宜用于强度等级小于 C30 的混凝土和建筑砂浆。下面重点讨论砂的颗粒级配、粗细程度等内容，其他技术要求详见（GB/T 14684—2011）。

1）砂的颗粒级配和粗细程度

砂的颗粒级配是指砂子大小不同的颗粒搭配的比例情况。如果粗颗粒的空隙被中等颗粒填充，中等颗粒的空隙被小颗粒填充，则一级一级填充后，砂子的空隙率就可以减小，如图 7.1 所示。用来填充砂子空隙的水泥浆就可以减少，形成的混凝土和易性、强度、耐久性也较好。

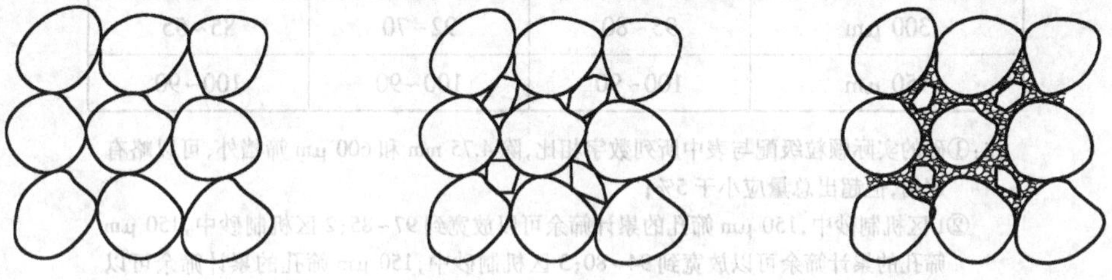

（a）　　（b）　　（c）

图 7.1　骨料的颗粒级配示意图

砂的粗细程度，是指砂子总体的粗细程度，在质量相同的条件下，粗粒砂越多，砂的总表面积越小，用来包裹砂子表面的水泥浆就可以减小，但需考虑不同颗粒搭配的比例。

因此，为满足混凝土性能及节约水泥，应选用级配良好较粗的砂。

砂子的颗粒级配和粗细程度，可通过筛分析的方法来确定。根据《建筑用砂》（GB/T 14684—2011）筛分的方法，是用一套标准筛将砂子试样依次进行筛分。标准筛的尺寸依次为 9.5、4.75、2.36、1.18、0.60、0.30 和 0.15 mm。将 500 克烘干的砂由粗到细依次过筛。然后，称出余留在各个筛上的砂子质量。最后，按表 7.1 计算各个筛上的分计筛余率及累计筛余率。

表 7.1　累计筛余与分计筛余计算关系

筛孔尺寸/ mm	筛余量/g	分计筛余率/%	累计筛余/%
4.75	m_1	$a_1=m_1/m$	$A_1=a_1$
2.36	m_2	$a_2=m_2/m$	$A_2=A_1+a_2$
1.18	m_3	$a_3=m_3/m$	$A_3=A_2+a_3$
0.60	m_4	$a_4=m_4/m$	$A_4=A_3+a_4$
0.30	m_5	$a_5=m_5/m$	$A_5=A_4+a_5$
0.15	m_6	$a_6=m_6/m$	$A_6=A_5+a_6$
底	$m_{底}$	$m=m_1+m_2+m_3+m_4+m_5+m_6+m_{底}$	

计算出的累计筛余应符合表 7.2 的规定。

表 7.2　颗粒级配

级配区 / 累计筛余/% / 方筛孔	1	2	3
9.50 mm	0	0	0
4.75 mm	10~0	10~0	10~0
2.36 mm	35~5	25~0	15~0
1.18 mm	65~35	50~10	25~0
600 μm	85~71	70~41	40~16
300 μm	95~80	92~70	85~55
150 μm	100~90	100~90	100~90

注:①砂的实际颗粒级配与表中所列数字相比,除 4.75 mm 和 600 μm 筛档外,可以略有超出,但超出总量应小于 5%;

②1 区机制砂中,150 μm 筛孔的累计筛余可以放宽到 97~85;2 区机制砂中,150 μm 筛孔的累计筛余可以放宽到 94~80;3 区机制砂中,150 μm 筛孔的累计筛余可以放宽到 94~75。

砂的颗粒级配分为 3 个区,1 区砂为较粗的砂,2 区砂粗细程度适中,3 区砂为细砂,这只能对砂的粗细程度作出大致的区分,具体的粗细程度可通过计算细度模数确定。细度模数根据下式计算(精确至 0.01)。

$$M_x=\frac{(A_2+A_3+A_4+A_5+A_6)-5A_1}{100-A_1} \tag{7.1}$$

式中　M_x——细度模数;

A_1,A_2,A_3,A_4,A_5,A_6——分别为 4.75、2.36、1.18、0.6、0.3 和 0.15 筛的累计筛余百分率。

砂按细度模数分为粗、中、细 3 种规格,其细度模数分别为:

粗砂:3.7~3.1　　中砂:3.0~2.3　　细砂:2.2~1.6

2)表观密度、堆积密度、空隙率

砂表观密度、堆积密度、空隙率应符合如下规定;表观密度不小于2 500 kg/m^3,松散堆积密度不小于1 400 kg/m^3,空隙率不大于47%。

3)砂的含水状态

砂有4种含水状态:

①绝干状态:砂粒内外不含自由水,通常在(105±5)℃条件下烘干而得。

②气干状态:砂粒表面干燥,内部孔隙中部分含水,通常指在室内或室外(天晴)与空气湿度、温度达平衡时的含水率。

③饱和面干状态:砂粒表面干燥,内部孔隙全部吸水饱和。

④湿润状态:砂粒内部吸水饱和,表面还含有部分吸附水,雨后常出现此种情况。

在进行混凝土施工配合比设计时,要扣除砂中的含水量。同样,计算水用量时,要扣除砂中带入的水量。

4)砂的其他技术性质

含泥量指天然砂中粒径小于75 μm的颗粒含量;石粉含量指人工砂中粒径小于75 μm的颗粒含量;泥块含量指砂中原粒径大于1.18 mm,经水浸洗,手捏后小于600 μm的颗粒含量。

泥土及石粉附着在砂表面,会妨碍硬化水泥与砂的黏结,影响强度、耐久性。另外,会使混凝土需水量增加,增大混凝土收缩。

砂中有害物质指云母、轻物质、有机物、硫化物及硫酸盐、氯盐等。云母呈薄片状,表面光滑,与硬化水泥石黏结不牢,会降低混凝土的强度。有机物、硫化物、硫酸盐、氯盐对水泥石有腐蚀作用。表观密度小于2 000 kg/m^{3}的轻物质,如煤和褐煤会降低混凝土的强度和耐久性。

坚固性是砂在自然风化和其他外界物理化学因素作用下,抵抗破裂的能力。对于某些重要工程或特殊环境下的混凝土工程,对耐久性有较多要求时,用砂要进行坚固性试验。

天然砂的含泥量和泥块含量、人工砂的石粉含量,砂中有害物质含量及坚固性应符合有关的规定。

碱集料反应指水泥、外加剂等混凝土组成物及环境中的碱与集料中活性矿物在潮湿环境下缓慢发生并导致混凝土开裂破坏的膨胀反应。经碱集料反应试验后,由砂制备的试件应无裂缝、酥裂、胶体外流等现象。在规定的试验龄期,膨胀率应小于0.10%。

(3)粗骨料

粒径大于4.75 mm的岩石颗粒,分为卵石和碎石两大类。卵石是由自然风化、水流搬运和分选形成的。碎石由天然岩石或卵石经机械破碎、分选制成。碎石表面比卵石粗糙,且多棱角。因此,拌制的混凝土拌和物流动性较差,但与水泥黏结强度较高,配合比相同时,混凝土强度相对较高,高强混凝土一般用碎石。卵石表面较光滑,少棱角。因此,拌和物的流动性较好,但黏结性能较差,强度相对较低。对于强度等级不高的混凝土,若保持流动性相同,由于卵石可比碎石适量地少用水,因此,卵石混凝土强度不一定低。

按卵石、碎石技术要求分为Ⅰ类、Ⅱ类、Ⅲ类。Ⅰ类宜用于强度等级大于C60的混凝土;

Ⅱ类宜用于强度等级 C30~C60 及抗冻、抗渗或其他要求的混凝土；Ⅲ类宜用于强度等级小于 C30 混凝土。为了满足混凝土的性能，对粗骨料最大粒径、颗粒级配、含泥量和泥块含量、针片状颗粒含量、坚固性、强度等有技术要求。下面重点讨论粗骨料最大粒径、颗粒级配、强度。其他详见 GB/T 14685—2011 的要求。

1）粗骨料最大粒径

粗骨料公称粒径的上限为最大粒径。从水泥用量方面考虑，粗骨料级配良好，最大粒径越大，集料总表面积越小，用来填充和包裹的水泥浆可以减小。但超过 60 mm 已不太明显。从强度方面考虑，当最大粒径不超过40 mm时，随最大粒径增加，混凝土拌和物流动性可以增大，达到设计和易性时，可降低水用量，混凝土强度可以提高。当最大粒径超过 40 mm时，由于混凝土的不均匀性及粗骨料与水泥砂浆黏结面较小，强度反而难以提高。因此，高强混凝土的粒径较小。同时，最大粒径的选择还需考虑结构物的构件断面，钢筋净距及施工机械。

根据钢筋混凝土施工规范规定，粗骨料最大粒径不得超过结构断面最小边长的 1/4，同时，不得超过钢筋间最小净距的 3/4；对于混凝土实心板，粗骨料最大粒径不宜大于 1/2 板厚，但最大粒径不得超过 50 mm。

对于泵送混凝土，粗骨料最大粒径不宜超过 40 mm；泵送高度超过 50 mm 时，碎石最大粒径不宜超过 25 mm；卵石最大粒径不宜超过 30 mm，骨料最大粒径与输送管内径之比，碎石不宜大于混凝土输送管内径的 1/3；卵石不宜大于混凝土输送管内径的 2/5。

2）粗骨料的颗粒级配

粗骨料和细骨料一样，也要求具有良好的颗粒级配，使骨料颗粒之间的空隙率尽可能地小。可以在保证混凝土和易性、强度、耐久性的条件下，节约水泥。

石子的颗粒级配也是通过筛分试验来作检验。石子的标准筛孔径有 2.36、4.75、9.50、16.0、19.0、26.5、31.5、37.5、53.0、63.0、75.0 和90 mm。根据 GB/T 14685—2011，普通混凝土用的碎石或卵石级配应符合表 7.3 的要求，试样筛分所需筛号，也按表 7.3 规定的级配选用，累计筛余计算均与砂相同。

3）强度

卵石、碎石的强度，一般用压碎指标来反映，对于碎石也可以测定岩石的抗压强度来反映。压碎指标是将 3 kg 的 9.5~19 mm 石子 G_1 装入压碎值测定仪的圆模中，施加 200 kN 的荷载，卸载后用孔径 2.36 mm 的筛子筛分被压碎的细粒。称量筛余量 G_2，则压碎指标 ϕ_e 按式（7.2）计算：

$$\phi_e = \frac{G_1 - G_2}{G_1} \times 100 \tag{7.2}$$

压碎指标越高，表示石子抵抗碎裂的能力越软弱，压碎指标值应小于表 7.4 的规定。测定碎石抗压强度时，还可使用母岩制成 50 mm×50 mm×50 mm 的立方体试件，在水中浸泡 48 h 后测试件抗压强度作为岩石抗压强度，火成岩抗压强度应不小于 80 MPa，变质岩应不小于 60 MPa，水成岩应不小于 30 MPa。

表 7.3　颗粒级配

公称粒径/mm ＼ 累计筛余/% ＼ 方孔筛/mm		2.36	4.75	9.50	16.0	19.0	26.5	31.5	37.5	53.0	63.0	75.0	90
连续粒级	5~16	95~100	85~100	30~60	0~10	0	—	—	—	—	—	—	—
	5~20	95~100	90~100	40~80	—	0~10	0	—	—	—	—	—	—
	5~25	95~100	90~100	—	30~70	—	0~5	0	—	—	—	—	—
	5~31.5	95~100	90~100	70~90	—	15~45	—	0~5	0	—	—	—	—
	5~40	—	95~100	70~90	—	30~65	—	—	0~5	0	—	—	—
单粒粒级	5~10	95~100	80~100	0~15	—	—	—	—	—	—	—	—	—
	10~16	—	95~100	80~100	0~15	—	0	—	—	—	—	—	—
	10~20	—	95~100	85~100	—	0~15	0	—	—	—	—	—	—
	16~31.5	—	95~100	—	85~100	—	—	0~10	0	—	—	—	—
	20~40	—	—	95~100	—	80~100	—	—	0~10	0	—	—	—
	40~80	—	—	—	—	95~100	—	—	70~100	—	30~60	0~10	0

表 7.4　压碎指标及空隙率

项　目	指　标		
	Ⅰ类	Ⅱ类	Ⅲ类
碎石压碎指标/%，≤	10	20	30
卵石压碎指标/%，≤	12	14	16
空隙率/%，≤	43	45	47

4）表观密度、堆积密度、空隙率

表观密度、堆积密度、空隙率应符合如下规定：表观密度不小于 2 500 kg/m^3，连续级配松散堆积密度空隙率应符合表 7.4 的规定。

5)其他技术要求

含泥量指卵石、碎石中粒径小于0.075 mm的颗粒含量。泥块含量指卵石、碎石中原粒径大于4.75 mm,经水浸泡,手捏后小于2.36 mm的颗粒含量,对混凝土性能的危害作用与砂相似,故对其含量有所限制。

卵石和碎石中不应混有草根、树叶、树枝、塑料、煤块、炉渣等杂物。其有害物质主要有有机物、硫化物及硫酸盐,对混凝土的危害与砂相似。

卵石和碎石颗粒的长度大于该颗粒所属相应粒级的平均粒径2.4倍者为针状颗粒;厚度小于平均粒径0.4倍者为片状颗粒(平均粒径指该粒级上、下限粒径的平均值)。这些颗粒与接近立方体或球体的粒径相比,影响混凝土拌和物的和易性,且由于应力集中的程度越高,混凝土强度越低。因此,其含量应符合有关的规定。

坚固性指卵石、碎石在自然风化和其他外界物理、化学因素作用下抵抗破裂的能力,采用饱和硫酸钠溶液浸泡、烘干的循环试验5次干湿循环后,质量损失要符合有关规定。

卵石和碎石经碱集料反应试验后,由卵石、碎石制备的试件应无裂缝、酥裂、胶体外溢等现象。在规定的试验龄期的膨胀率应小于0.1%。

(4)水

用来拌制和养护混凝土的水,不应含有能够影响水泥正常凝结与硬化的有害杂质、油脂和糖类等。凡可供饮用的自来水或清洁的天然水,一般都可用来拌制和养护混凝土。遇到为工业废水或生活废水所污染或含有矿物质较多的泉水时,应该进行水质分析,符合要求的使用(详见JGJ 63—2006)。海水中含有硫酸盐、镁盐和氯化物,对硬化水泥石有腐蚀作用,并且会锈蚀钢筋。故海水可拌制素混凝土。但不宜拌制有饰面要求的素混凝土,更不得拌制钢筋混凝土和预应力钢筋混凝土。

(5)**化学外加剂**

混凝土的化学外加剂按其主要功能分为4类:改善混凝土拌和物流变性能的外加剂;调节其凝结时间、硬化性能的外加剂;改善其耐久性的外加剂;改善其他性能的外加剂。

混凝土外加剂按化学成分分为有机外加剂、无机外加剂和有机无机复合外加剂。

混凝土外加剂按使用效果分为减水剂、调凝剂(缓凝剂、早强剂、速凝剂)、引气剂、防水剂、阻锈剂、膨胀剂、防冻剂、着色剂、泵送剂以及复合外加剂(如早强减水剂、缓凝减水剂、缓凝高效减水剂等)。

混凝土的化学外加剂主要是表面活性剂,表面活性剂是能显著改变(一般为降低)液体表面张力或两相间界面张力的物质,其分子结构由极性基团(亲水基团)和非极性基团(憎水基团)组成。分为离子型表面活性剂和非离子型表面活性剂。其中离子型表面活性剂又分为阴离子型表面活性剂、阳离子型表面活性剂、两性表面活性剂。

常用外加剂的品种有减水剂、引气剂、缓凝剂。

(6)**矿物外加剂**

当前广泛使用的矿物外加剂有磨细矿渣(S)、磨细粉煤灰(F)、硅灰(SF)等,复合矿物外加剂是指这些矿物外加剂的复合物。

混凝土外加剂对改善新拌混凝土和硬化混凝土性能具有重要作用。化学外加剂的减水剂由于大幅度减少了混凝土用水量,使低水灰比的实现成为可能,推动了高强混凝土的发展;化学外加剂的引气剂可在混凝土中引入细小、闭口的孔,提高混凝土的耐久性。矿物外加剂增加了混凝土的物理密实作用,并具有后期反应活性,可提高混凝土耐久性和长期性能。化学外加剂和矿物外加剂共同作用,促进了高性能混凝土的发展。也正是由于有了混凝土外加剂以及外加剂的研究和应用技术,混凝土施工技术和新品种混凝土也得到了长足发展。

7.1.3　混凝土的技术性质

对于混凝土,首先要通过搅拌、运输、浇注、振捣、抹面等工艺来制作构件或建筑物,就需要满足施工要求的和易性,以便制成均匀密实的混凝土;对于硬化混凝土要保证建筑物安全的承受荷载,要求具有一定强度;要保证结构物在所处的环境中经久耐用,要求有一定耐久性;同时,由各种原因引起的变形也不宜太大。

(1)混凝土拌和物的和易性

1)和易性的概念

和易性是指在一定施工条件下,便于各种施工操作并能获得均匀、密实混凝土的一种综合性能,一般用流动性、黏聚性、保水性三方面的含义来描述。

流动性:是指混凝土拌和物在自重及外力作用下流动的性质。能保证混凝土充满模型的各个部分,与用水量、水泥浆用量、减水剂等因素有关。

黏聚性:是反映混凝土拌和物抗离析的性能。混凝土拌和物是由密度不同、颗粒大小不一样的多种材料组成,里面还有液体水。因此,如果混凝土黏聚性不好,在施工过程中,骨料有从水泥砂浆中分离出来的倾向。为了保证混凝土的整体均匀性,应从材料选择,配合比设计方面保证拌和物的黏聚性。

保水性:是指混凝土拌和物保持水分不易析出的能力。泌水是离析的一种形式,混凝土拌和物中的水如果不能很好地吸附在固体颗粒表面,在浇注捣实过程中就易于形成泌水通道,硬化后成为混凝土的毛细管通道,影响混凝土的耐久性。另外,水分的上浮,还会影响硬化混凝土的界面结构及黏结强度。

因此,为了保证混凝土的均匀性,混凝土拌和物要具有满足易于浇注成型的流动性。同时,也要有良好的黏聚性、保水性,保证浇注、振捣时不分层离析。

2)和易性的测定方法

根据《普通混凝土拌和物性能试验方法标准》(GB/T 50080—2002)的稠度试验,混凝土拌和物和易性的试验方法,有坍落度与坍落扩展度法、维勃稠度法、增实因数法等。下面对常用的坍落度法作简单介绍:

坍落度法测定时是先将拌和好的混凝土按规定分三层装入坍落度筒,经过插捣及最后的抹平后,垂直提起坍落度筒,测量筒高与坍落后混凝土试体最高点之间的高度差,即为该混凝土拌和物的坍落度值,如图7.2所示。黏聚性的检查方法是用捣棒在已坍落的混凝土锥体侧面轻轻敲打,此时,如果锥体逐渐下沉,则表示黏聚性良好,如果锥体倒塌,部分崩裂或出现离析现象,则表示黏聚性不好。保水性以混凝土拌和物稀浆析出程度来评定,坍落度筒提起后如有较多的稀浆从底部析出,锥体部分的混凝土也因失浆而骨料外露,则表明此混凝土拌和物保水性能不好,如坍落度筒提起后无稀浆或仅有少量稀浆自底部析出,则表示此混凝土拌和物保水性良好。

本方法适用于骨料最大粒径不大于40 mm,坍落度不少于10 mm的混凝土拌和物稠度测定。

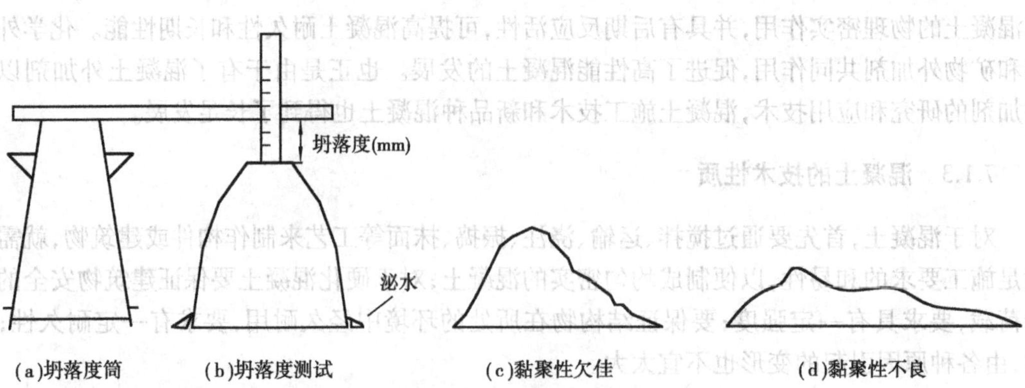

图 7.2　混凝土拌和物和易性示意图

根据坍落度值大小将混凝土分为 4 类：

大流动性混凝土	坍落度不小于 160 mm
流动性混凝土	坍落度 100~150 mm
塑性混凝土	坍落度 50~90 mm
低塑性混凝土	坍落度 10~40 mm

3)影响和易性的因素分析

①水泥浆用量

对于新拌混凝土,水泥浆吸附在骨料表面,可以减少骨料颗粒间摩阻力,使拌和物具有流动性,在一定范围内,水泥浆用量越多,吸附层越厚,拌和物流动性越大,且黏聚性、保水性也较好。但水泥浆用量太多,超过最大吸附层厚度后就会出现淌浆、泌水现象,且不经济。

水泥浆用量对流动性的影响主要取决于用水量大小。当所用粗、细骨料的种类比例一定,水泥用量在 50~100 kg 变动时,要使混凝土拌和物获得一定值的坍落度,其所需用水量为一定值,这就为混凝土配合比设计带来方便。即根据所需坍落度可以确定混凝土单方用水量,为保证强度、耐久性,水灰比不变情况下,可以调整水泥浆用量达到混凝土拌和物和易性。

②砂率

砂率是砂子占砂、石用量的比率。对于一定的混凝土拌和物,通过试验可以找到合理砂率,使之在水泥用量、水灰比和用水量一定时,坍落度达到最大,或在坍落度一定时,水泥浆用量达最小值(如图 7.3 所示),且能保证良好的黏聚性和保水性。其原理如下,当砂率很小时,即石子的相对含量增多时,虽然砂粒之间有足够的水泥浆层。但是,由于砂子少、石子多,砂与水泥浆所组成的砂浆将不够填满石子颗粒之间的空隙,更不能在石子颗粒周围形成起润滑作用的间层。因而,混凝土拌和物的坍落度必然很小。而且,由于砂子少,引起石子的离析和水泥浆的流失,混凝土的黏聚性和保水性也就会显得很差。随着砂率的增大,组成的砂浆将会逐渐增多,以至可以填满石子颗粒之间的空隙而有余,这样富余的砂浆就会形成为粗骨料颗粒之间的间层。随着这个间层的加厚,坍落度也就会越来越大。当砂率继续增大到某一数值时,坍落度将达到一个最大值。此后,砂率如果再增大,骨料的总表面积和空隙率也将随之增大,使得水泥量由富余而变为不足,拌和物将显得很干稠,致使坍落度变小,要达到一定坍落度就需增加水泥浆用量。

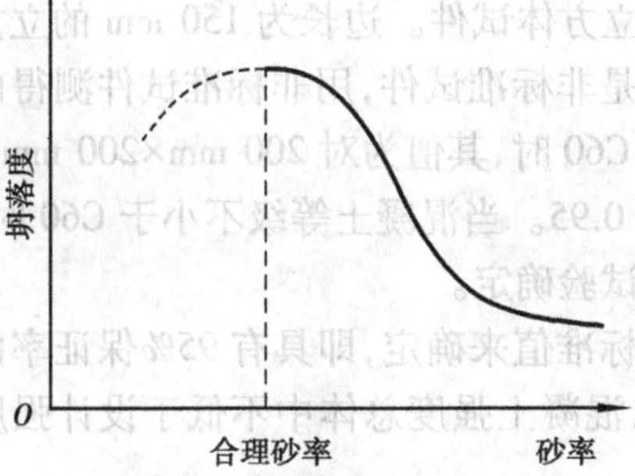

(a)砂率与坍落度的关系

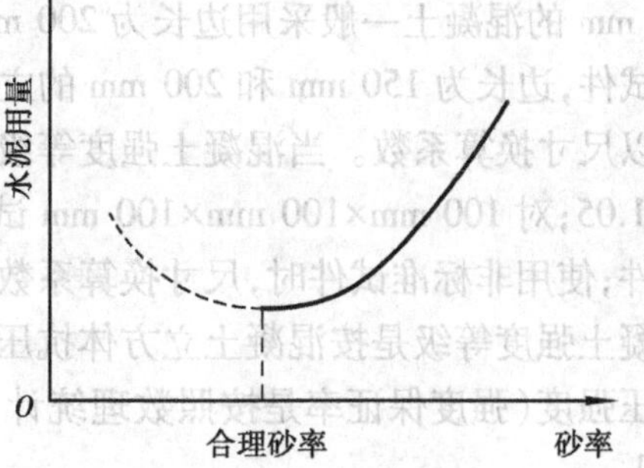

(b)砂率与水泥用量的关系

图 7.3　砂率与混凝土流动性和水泥用量的关系

③化学外加剂

拌制混凝土时，加入减水剂，可以适当增加拌和物的流动性，加入引气剂，可以改善拌和物的黏聚性、保水性。

④矿物外加剂

磨细矿渣、硅灰、沸石粉等掺合料在拌制混凝土时加入可以改善混凝土黏聚性、保水性，但同时影响流动性。需水量小的磨细矿渣、粉煤灰可增加拌和物流动性。

⑤温度与时间

提高温度会使混凝土拌和物坍落度减小。随着时间的延长，混凝土拌和物的坍落度也会逐渐降低，特别是在夏季施工时，经过长途运输或者掺用外加剂的混凝土此现象会更加显著。

另外，水泥品种、骨料种类、骨料粒形、级配也影响和易性，具体见相关章节。

4)坍落度选择

混凝土拌和物的坍落度应根据施工方法（运送和捣实方法）和结构条件（构件截面尺寸、钢筋分布情况等）并参考有关经验资料加以选择。原则上，在便于施工操作和捣固密实的条件下，应尽可能选用较小的坍落度，以节约水泥并得到质量合格的混凝土。

(2)混凝土的强度

混凝土的强度包括抗压、抗拉、抗弯、抗剪和握裹强度等。在各种强度中，以抗压强度为最大，抗拉强度为最小，一般抗拉强度只有抗压强度的 1/20~1/10。强度是硬化混凝土最重要的性质，混凝土的其他性能与强度均有密切关系，混凝土的强度也是配合比设计、施工控制和质量检验评定的主要技术指标。

混凝土强度是混凝土抵抗外力破坏的能力，混凝土受力破坏过程实际上是混凝土内部裂缝发生、扩展以至连通的过程。

1)混凝土立方体抗压强度及强度等级

混凝土立方体抗压强度及强度等级按照《普通混凝土力学性能试验方法标准》(GB/T 50081—2002)确定。混凝土立方体抗压强度指按照规定成型立方体试件，在温度为(20±5)℃的环境中静置一至两昼夜，然后编号、拆模，拆模后应立即放入温度为(20±2)℃，相对湿度为 95%以上的标准养护室中养护或在温度为(20±2)℃不流动的 $Ca(OH)_2$ 饱和溶液中养护，养护 28 d 龄期测定的抗压强度值 f_{cc}。混凝土立方体抗压强度试件尺寸根据粗骨料最大粒径来选定。粗骨料最大粒径为 40 mm 的混凝土一般采用边长为 150 mm 的立方体试件；粗骨料最大粒径小于 40 mm 的混凝土一般采用边长为 100 mm 的立方体试件;粗骨料最大粒径大于 40 mm 的混凝土一般采用边长为 200 mm 的立方体试件。边长为 150 mm 的立方体试件是标准试件,边长为 150 mm 和 200 mm 的立方体是非标准试件,用非标准试件测得的强度值均应乘以尺寸换算系数。当混凝土强度等级小于 C60 时,其值为对 200 mm×200 mm×200 mm 试件为 1.05;对 100 mm×100 mm×100 mm 试件为 0.95。当混凝土等级不小于 C60 时,宜采用标准试件;使用非标准试件时,尺寸换算系数应由试验确定。

混凝土强度等级是按混凝土立方体抗压强度标准值来确定,即具有 95%保证率的立方体试件抗压强度(强度保证率是按照数理统计方法,混凝土强度总体中不低于设计强度等级的概率)即

$$f_{cu,k} = f_{cu,m} + t\sigma \tag{7.3}$$

式中 $f_{cu,k}$——混凝土立方体抗压强度标准值,MPa;

$f_{cu,m}$——混凝土立方体试件抗压强度总体的平均值;

t——混凝土强度的保证率,当保证率为 95%时,t 取-1.645;

σ——混凝土强度标准差。

根据《混凝土质量控制标准》(GB 50164—1992)的规定;强度等级采用符号 C 及混凝土立方体抗压强度标准值来表示,普通混凝土强度等级有 C7.5、C10、C15、C20、C25、C30、C35、C40、C45、C50、C55 及 C60 12 个等级。根据《混凝土结构设计规范》(GB 50020—2002),钢筋混凝土结构用混凝土分为 C15、C20、C25、C30、C35、C40、C45、C50、C55、C60、C65、C70、C75、C80 14 个等级。

2)轴心抗压强度

在结构设计中常以棱柱体抗压强度作为设计依据。棱柱体抗压强度指按照规定成型棱柱试件标养 28 d 后所得的抗压强度,通常用 f_{cp} 表示。

棱柱体试件边长为 150 mm×150 mm×300 mm 为标准试件。边长为 100 mm×100 mm×300 mm和 200 mm×200 mm×400 mm 为非标准试件,用非标准试件测得的强度值均应乘以尺寸换算系数。轴心抗压强度值为立方体抗压强度的 70%~80%。

3)劈裂抗拉强度试验

混凝土的抗拉强度很小,只有抗压强度的 1/20~1/10,混凝土强度等级越高,其比值越小。因此,在钢筋混凝土结构设计中,一般不考虑承受拉力,而是通过配置钢筋,由钢筋来承担结构拉力。但抗拉强度对混凝土的抗裂性具有重要作用。它是结构设计中裂缝宽度和裂缝间距计算控制的主要指标,也是抵抗由于收缩和温度变形而导致开裂的主要指标。

劈裂抗拉强度是按照规定成型试件,标养 28 d 后,测强度,采用半径为 75 mm 的钢制弧形垫块并加三层胶合板制成的垫条进行加荷,按下式计算强度,即

$$f_{ts} = \frac{2F}{\pi A} = 0.637\frac{F}{A} \tag{7.4}$$

式中 f_{ts}——混凝土劈裂抗拉强度,MPa;

F——试件破坏荷载,N;

A——试件破裂面面积,mm^2。

采用 100 mm×100 mm×100 mm 非标准试件测得的劈裂抗拉强度值,应乘以尺寸换算系数 0.85。

4）影响混凝土强度的因素

影响混凝土强度的因素很多，归纳起来，主要有水泥强度、水灰比、水泥品种、骨料品种、化学外加剂、矿物外加剂、施工质量、养护温度、湿度、龄期、试验条件等。通过对影响混凝土强度的因素的分析，为设计和施工混凝土，保证混凝土强度提供技术措施。

①水灰比、水泥强度、骨料品种

通过大量试验资料的数理统计分析，建立了混凝土强度与水灰比、水泥强度、骨料品种的经验公式（又称鲍罗米公式），即

$$f_{cu,m} = a_a f_{ce}(C/W - a_b) \tag{7.5}$$

式中　$f_{cu,m}$——混凝土立方体试件抗压强度总体分布平均值。

C/W——混凝土的灰水比，水泥用量与用水量的比值，其倒数即是水灰比。

a_a, a_b——与原材料有关的经验系数。

从这个关系式可看出，水泥强度越高，所制成的混凝土强度也越高。当水泥强度一定时，混凝土强度主要取决于水灰比大小。在一定范围内强度随水灰比的减小而有规律地提高，如图7.4所示。当采用碎石作粗集料时，因其表面粗糙富有棱角，与水泥浆体的黏结力强，所以拌制出的混凝土强度较卵石高（W/C 一定时）。水灰比越小，碎石混凝土的强度与卵石混凝土的强度差值越大，高强混凝土 W/C 较小，因此，一般采用碎石作为骨料。

对于掺加矿物掺和料的混凝土、水泥和矿物掺合料都为混凝土的胶凝材料，此处的水灰比 W/C 变为水胶比 W/B，水泥强度 f_{ce} 对应为胶凝材料强度 f_B。

混凝土材料是一种多相复合体。主要由水泥石、骨料及水泥石与骨料界面过渡区三相组成，其强度也主要取决于三相的强度，对于强度等级低于 C60 的混凝土，主要取决于水泥石强度及界面强度。较低 W/C，水泥石与界面的毛细孔隙含量降低，能够提高水泥石强度及界面强度，混凝土强度就能提高，使用碎石，主要能提高界面强度，混凝土强度也得以提高，使用强度等级高的水泥，对提高水泥石强度及界面强度均有利。

②施工质量

主要指搅拌与振捣的方法对混凝土性能的影响。一般而言，机械搅拌比人工搅拌不但效率高得多，而且可以把混凝土拌得更加均匀，混凝土强度相对较高。搅拌时间一般控制在 2~3 min。利用振捣器来捣实，在满足施工和易性的要求下，其所需用水量比采用人工捣实时小得多，而必要时刻可采用较小的水灰比，如图 7.4 所示。如采用高频式或多频式振动器来振

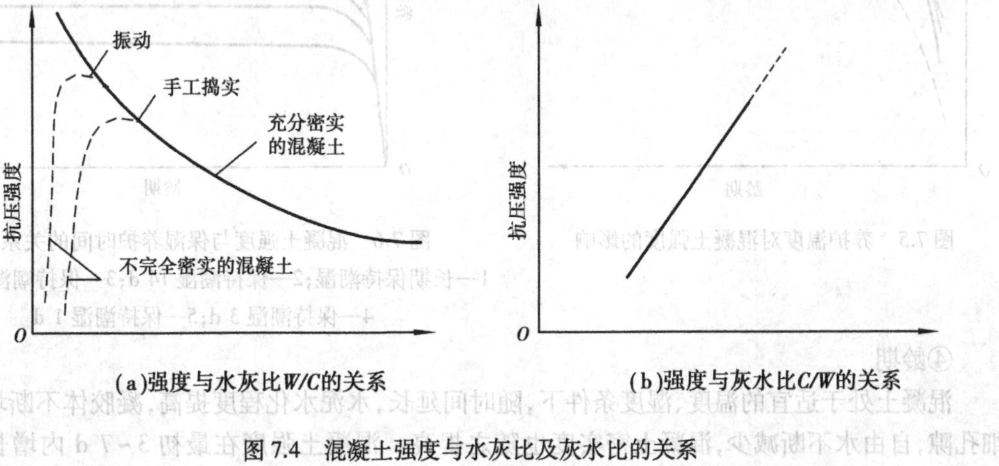

（a）强度与水灰比 W/C 的关系　　（b）强度与灰水比 C/W 的关系

图 7.4　混凝土强度与水灰比及灰水比的关系

捣,则可进一步排除混凝土拌合物中的气泡,使之更密实,从而就得更高的强度。另外,振捣时要保证整个截面混凝土全部振捣,防止漏捣,振捣到混凝土表面出现水泥浆即可,防止过度振捣引起混凝土分层离析,影响混凝土的均匀性。

③养护条件

养护指混凝土成型后处于一定的温度、湿度条件下进行凝结、硬化,养护条件通常有 4 种类型。

自然养护:混凝土处于自然环境中,但一般要采取控制温度和调节湿度的措施。大多数现浇混凝土均采用此种养护条件。

蒸汽养护:混凝土表面通入热的蒸汽进行养护,养护温度低于 100 ℃。

蒸压养护:混凝土处于饱和水蒸气中进行养护,养护温度高于 100 ℃,一般在蒸压釜中进行。蒸汽养护、蒸压养护适宜构件及制品。

标准养护:养护温度(20±2)℃,湿度大于 95%,一般在试验室采用此种养护制度。

温度对混凝土的硬化有显著影响。温度升高,水泥的水化作用加快,混凝土的强度增长较快;温度降低,则水化作用延缓,混凝土强度增长较慢。当温度降低到 0 ℃以下,不但水泥水化停止,而且有可能因冰冻导致混凝土结构疏松,强度严重降低,影响程度与水泥品种、水泥强度等级有关。如硅酸盐水泥、普通硅酸盐水泥,13 ℃左右的温度对早期、后期强度较为有利,温度太高,后期强度较低,主要是形成的水化产物不均匀所致,如图 7.5 所示。对于矿渣水泥、火山灰水泥、粉煤灰水泥,温度提高,有利于强度发展,且对后期强度的影响较少,较为适宜于蒸汽、蒸压养护。

湿度通常指空气的相对湿度。相对湿度低,空气干燥,混凝土的水分挥发加快,致使混凝土缺水而停止水化,混凝土后期强度发展受到很大限制。因此,应特别加强混凝土早期洒水养护,确保混凝土有足够的水分使水泥水化,如图 7.6 所示。

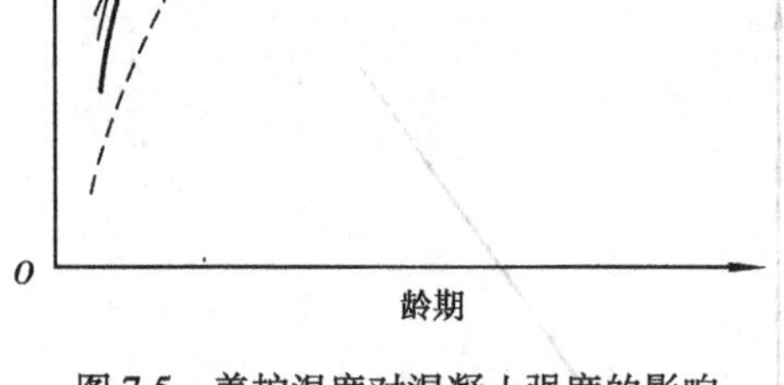

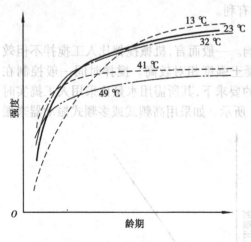

图 7.5 养护温度对混凝土强度的影响

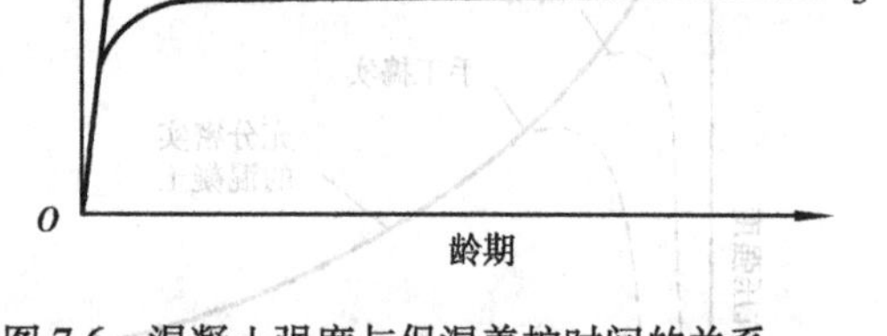

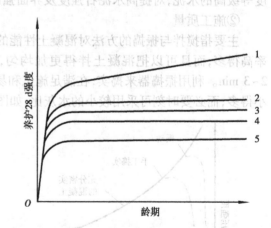

图 7.6 混凝土强度与保湿养护时间的关系

1—长期保持潮湿;2—保持潮湿 14 d;3—保持潮湿 7 d;4—保持潮湿 3 d;5—保持潮湿 1 d

④龄期

混凝土处于适宜的温度、湿度条件下,随时间延长,水泥水化程度提高,凝胶体不断填充毛细孔隙,自由水不断减少,混凝土密实度也随之提高。混凝土强度在最初 3~7 d 内增长得较快,以后强度增长缓慢。但增长过程却可延缓到数十年之久。

标准条件下养护的普通硅酸盐水泥配制的混凝土,当龄期大于等于 3 d 时,混凝土强度发展大致与龄期(天)的对数成正比关系。因此,可根据早龄期强度推算 28 d 龄期强度,可用下式估算:

$$f_{cc,28} = \lg 28/\lg n \cdot f_{cc,n} \tag{7.6}$$

式中　$f_{cc,n}$——第 n 天时混凝土的立方体抗压强度。

$f_{cc,28}$——28 d 龄期时混凝土的立方体抗压强度。

⑤化学外加剂

混凝土掺入减水剂,在流动性不变的条件下,用水量可以减小,混凝土密实度提高,从而强度得以提高。掺入引气剂,当引入气泡较多时,会降低混凝土的强度。

⑥矿物外加剂

混凝土中掺入磨细矿渣、粉煤灰,混凝土后期强度可以提高,掺入硅灰、沸石粉等,早期、后期强度均可以提高,由于这些矿物掺合料颗粒细,填充效应强,同时,又存在二次水化反应,改善了孔的结构及水化产物类型,使混凝土强度得以提高。

另外,试件尺寸、形状、表面状态和加载速度等试验条件在一定程度上也影响混凝土强度的测试结果。因此,试验时必须严格按有关标准进行。

(3)混凝土的变形

混凝土有两种变形:一种是荷载作用下的变形,如弹塑性变形、徐变等;另一种是非荷载作用下的变形,如干湿变形、温度变形、自身体积变形、自收缩等。

1)弹塑性变形

混凝土在短期荷载作用下的变形包括弹性变形和塑性变形,如图 7.7 所示,可以看出,混凝土的应力 σ 与应变 ε 的比值随着应力的增加而减小,从加荷开始,弹性变形、塑性变形同时出现,但在应力处于 Ⅰ 阶段时,应力与应变的曲线接近于直线,变形以弹性变形为主,混凝土界面裂缝无明显变化。在应力处于Ⅱ阶段时,曲线向水平方向弯曲,变形速度逐渐加快,界面裂缝增长。应力处于Ⅲ阶段时,变形速度急剧加快,出现砂浆裂缝和界面裂缝,

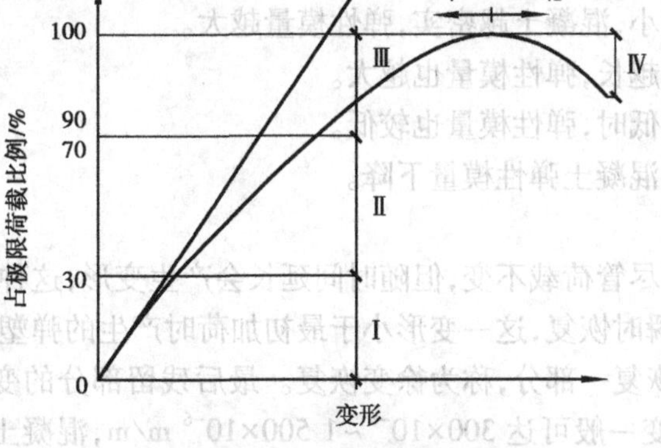

图 7.7　混凝土受压变形曲线

Ⅰ—界面裂缝无明显变化;Ⅱ—界面裂缝增长;

Ⅲ—出现砂浆裂缝和连续裂缝;Ⅳ—连续裂缝迅速发展;

Ⅴ—裂缝缓慢发展;Ⅵ—裂缝迅速发展

最高点的应力为混凝土所能承受的极限荷载,应力处于Ⅳ阶段时,混凝土连续裂缝迅速发展,进入破坏阶段。

2)弹性模量

混凝土是一种弹-塑-黏性材料,在短期荷载作用时产生弹性变形、塑性变形,在长期荷载作用时产生徐变,并不完全遵循虎克定律($E=\sigma/\varepsilon$),工程上为了应用弹性理论进行计算,常对该曲线的初始阶段作近似处理,得到混凝土弹性模量。

按照《普通混凝土力学性能试验方法标准》(GB/T 50080—2002),混凝土静力受压弹性模量测定如下:按规定成型6个试件,标养至28 d龄期,3个试件测出轴心抗压强度f_{cp},3个试件用来测弹性模量,测弹性模量时,先调整仪器,然后加荷至基准应力0.5 MPa的初始荷载值F_0,保持一段时间后测量变形值ε_0后加荷至应力为轴心抗压强度f_{cp}的1/3的荷载值F_a,F_a保持一段时间后测变形值ε_a,变形符合要求时,反复两次以上后测ε_0、ε_a,按规定进行完试验后用下式计算混凝土弹性模量,即

$$E_c=\frac{F_a-F_0}{A}\times\frac{l}{\Delta n} \tag{7.7}$$

式中 E_c——混凝土弹性模量,MPa;

F_a——应力为1/3轴心抗压强度时的荷载,N;

F_0——应力为0.5 MPa时的初始荷载,N;

A——试件承压面积,mm^2;

l——测量标距,mm;

Δn——最后一次从F_0加荷至F_a时试件两侧变形的平均值,mm;

ε_a——F_a时试件两侧变形的平均值,mm;

ε_0——F_0时试件两侧变形的平均值,mm。

影响混凝土弹性模量的主要因素有:

①混凝土强度高,弹性模量越大。C10~C60混凝土的弹性模量为$1.75\times10^4\sim3.60\times10^4$ MPa。

②骨料含量越高,骨料自身的弹性模量越大,则混凝土的弹性模量越大。

③混凝土水灰比越小,混凝土越密实,弹性模量越大。

④混凝土养护龄期越长,弹性模量也越大。

⑤早期养护温度越低时,弹性模量也较低。

⑥掺入引气剂将使混凝土弹性模量下降。

3)徐变

在长期荷载作用下尽管荷载不变,但随时间延长会产生变形,这种变形即为徐变。混凝土在卸荷后,一部分变形瞬时恢复,这一变形小于最初加荷时产生的弹塑性变形。在卸荷后一定时间内,变形还会缓慢恢复一部分,称为徐变恢复。最后残留部分的变形称为残余变形,如图7.8所示。混凝土的徐变一般可达$300\times10^{-6}\sim1\ 500\times10^{-6}$ m/m,混凝土在受载初期,徐变增长较快,2~3年后趋于稳定。

一般认为徐变是由于胶凝材料中的凝胶体及吸附水在外力作用下产生黏性流动而引起的变形。

徐变可以使建筑物内部的应力重新分布,对于各种变形引起的应力导致的开裂有减缓作

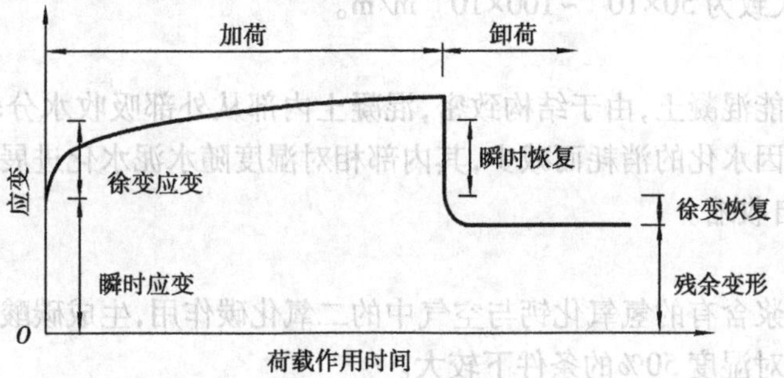

图 7.8　混凝土应变与持荷时间的关系

用,但同时也造成预应力钢筋混凝土预应力损失的增加。

影响徐变的主要因素:

①水泥用量越大,徐变越大。

②W/C 越大,徐变越大。

③混凝土密实度大,强度高,徐变值小。

④骨料用量大,粒径大,弹性模量大,徐变小。

⑤荷载越大,持续时间越长,徐变值越大。

4) 干湿变形

干湿变化引起混凝土体积变化,表现为干缩湿胀,混凝土凝结后,如果处于水中,变形为膨胀,但如果处于干燥空气中,会出现干缩,干缩主要是由于毛细孔及凝胶孔中水分的失去引起,毛细孔失水引起的收缩当再次吸湿后,可以恢复,但凝胶孔失水后,引起的干缩不可恢复,如图 7.9 所示。

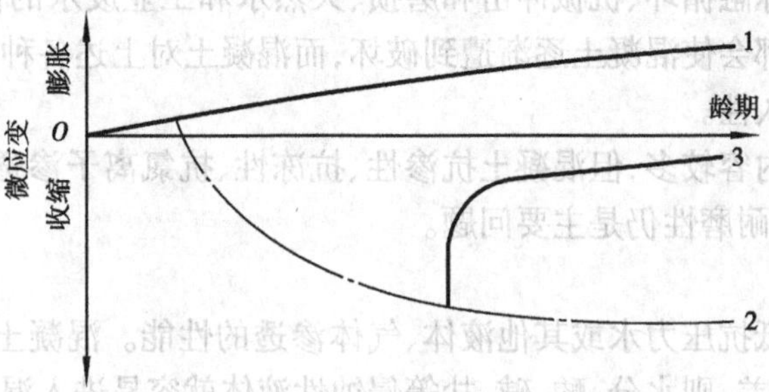

图 7.9　混凝土的湿胀干缩变形

1—处于水中的混凝土　2—处于干燥环境的混凝土　3—干燥一段时间以后处于水中的混凝土

在混凝土凝结硬化初期,如果养护不好,由于干缩会引起塑性裂缝,如早期裸露面没能及时覆盖或拆模后没能及时覆盖,受风吹日晒引起开裂。在凝结硬化后期,如干缩过大,当产生的收缩应力超过混凝土极限抗拉强度时,可导致混凝土干缩裂缝,如由于水灰比大,模板干燥,或水泥用量过大,施工养护不当,水分散失过快,内外收缩不一致均会产生干缩裂缝。另外,混凝土振捣过度,表面形成水泥浆较多,则收缩量大,也容易出现裂缝,采用含泥量大的粉砂配制的混凝土,也会加大收缩,容易产生收缩裂缝。干缩变形值大概为 200×10^{-6} ~ $1\,000\times10^{-6}$ m/m。

5) 自身体积变形

混凝土胶凝材料自身水化引起的体积变形,水泥混凝土的自身体积变形大多为收缩,少数为膨胀，收缩变形大致为 $50\times10^{-6}\sim100\times10^{-6}$ m/m。

6）自收缩

对于高强高性能混凝土，由于结构致密，混凝土内部从外部吸收水分较为困难，同时混凝土内部的水分也会因水化的消耗而减少，其内部相对湿度随水泥水化进展而降低，这种自干燥将引起收缩，称为自收缩。

7）碳化收缩

混凝土的水泥浆含有的氢氧化钙与空气中的二氧化碳作用，生成碳酸钙，引起表面体积收缩。碳化收缩在相对湿度 50%的条件下较大。

8）温度变形

混凝土也具有热胀冷缩的性质，混凝土的温度膨胀系数大约为 10×10^{-6} m/m·K。混凝土温度变形对大体积纵向结构混凝土及大面积混凝土工程等极为不利。对于这些混凝土，在混凝土硬化初期，由水化热导致的内外温差可高达 50～70 ℃，内部混凝土处于体积膨胀状态，外部混凝土处于体积收缩状态，由此产生的拉应力会导致混凝土开裂，通常要从原材料、配合比、工艺等方面采取措施，提高抗裂性。如果用降低水泥用量、预冷拌合物原材料、使用粉煤灰、使用缓凝剂、限制浇筑层高度和管道冷却等措施，可以降低水化温峰、抑制温度裂缝的产生。另外，还需在结构一定部位设置伸缩缝、后浇带，提高配筋率，来降低变形量。

硬化混凝土收缩测定按《普通混凝土长期性能及耐久性测定》（GB/T 50082—2009）中混凝土收缩试验进行。成型 100 mm×100 mm×515 mm 的棱柱体标准试件，每组 3 个。放入恒温恒湿室，用混凝土收缩仪测定 1、3、7、14、28、45、60、90、120、150、180 和 360 d 的长度变化。

（4）混凝土的耐久性

暴露在自然环境中的混凝土结构物，经常会受到各种物理和化学因素的破坏作用。例如，温度变化、干湿变化、冻融循环、机械冲击和磨损、天然水和工业废水的侵蚀，有害气体和土壤的侵蚀等作用。这些都会使混凝土逐渐遭到破坏，而混凝土对上述各种破坏作用的抵抗能力，则统称为混凝土的耐久性。

耐久性所包含的内容较多，但混凝土抗渗性、抗冻性、抗氯离子渗透性、碱骨料反应、胶结材料抗腐蚀性、混凝土耐磨性仍是主要问题。

1）混凝土抗渗性

抗渗性是混凝土抵抗压力水或其他液体、气体渗透的性能。混凝土抗渗性是混凝土耐久性的综合指标、抗渗性差，则水分、酸、碱、盐等侵蚀性液体就容易进入混凝土中产生腐蚀，混凝土也容易被水饱和发生冻胀破坏。

混凝土抗渗性一般用抗渗标号来表示，抗渗标号是按标准规定方法搅拌、振捣后成型为标准试件。标养至规定龄期将试件装在抗渗仪上进行试验，试验机从水压力为 0.1 MPa 开始，以后每隔 8 h 增加水压力 0.1 MPa，并且随时注意观察试件端面渗水情况，当 6 个试件中有 3 个试件端面呈现渗水现象时，即可记录试验机下当时的水压。混凝土的抗渗等级以每组 6 个试件中的 3 个未出现渗水时的最大水压力计算，其计算式为：

$$P = 10H - 1 \tag{7.8}$$

式中 P——抗渗等级；

H——6 个试件中 3 个渗水时的水压力，MPa。

混凝土抗渗等级分为 P4、P6、P8、P10、P12 共 5 个等级，提高混凝土抗渗性的主要措施：

①设计合理的混凝土配合比，严格控制混凝土的水灰比。

②在混凝土中掺入化学外加剂及矿物外加剂，提高密实度或改善孔的特征。

③对砂石材料的级配、清洁度提出严格要求。

④采用机械搅拌、机械振捣，保证混凝土的质量。

⑤加强混凝土的养护。

⑥采用表面涂层或覆盖层。

2）混凝土抗冻性

混凝土抗冻性是指混凝土在吸水饱和状态下，能经受多次冻融循环而不破坏，同时也不严重降低强度的性能。

混凝土抗冻性是混凝土抵抗反复冻融循环的能力。对于严寒地区的混凝土，混凝土抗冻性不足是造成耐久性破坏的主要原因。

混凝土冻融破坏的机理主要是由于毛细孔中水结冰产生膨胀应力，当这种膨胀应力超过混凝土局部抗拉强度时，就可能产生裂缝，在反复冻融作用下，混凝土内部的微细裂缝逐渐增多和扩大，导致混凝土产生疏松剥落，直至破坏。

混凝土抗冻性以抗冻标号或抗冻等级表示。根据《普通混凝土长期性能和耐久性能试验方法标准》（GB/T 50082—2009）的规定，慢冻法用抗冻标号表示，快冻法用抗冻等级表示。慢冻法是将吸水饱和的混凝土试件在-18 ℃条件下冰冻4 h，再在20 ℃水中融化4 h作为一个循环。抗冻标号以抗压强度下降不超过25%或质量损失不超过5%时，混凝土所能承受的最大冻融循环次数来表示。慢冻法存在试验周期长、试验误差大、试验工作量大等较多不足之处。

快冻法是按标准规定方法搅拌、振捣后成型为100 mm×100 mm×400 mm的标准试件后，养护至规定龄期前4 d，放入水中浸泡4 d后用自动冻融循环试验机在2~4 h完成一次冻融循环。以质量损失不超过5%或相对动弹性模量下降达40%时的冻融循环次数来表示抗冻等级。

混凝土的抗冻等级分为F10、F15、F25、F50、F100、F150、F200、F250、F300共9个等级。其中数字表示混凝土能经受得最大冻融循环次数。

提高混凝土抗冻性的措施：

①严格控制水灰比，提高混凝土密实度。

②掺用引气剂、减水剂或引气减水剂，改善孔的特征。

③加强早期养护或掺入防冻剂，防止混凝土受冻。

3）混凝土的碱集料反应

碱集料反应是指混凝土中的碱与集料中的活性组成之间发生的破坏性膨胀反应，是影响混凝土耐久性最主要的因素之一。该反应不同于其他混凝土病害，其开裂破坏是整体性的，且目前尚未有有效措施，由于碱集料造成混凝土开裂破坏难以被阻止，因而被称为混凝土的“癌症”。

碱集料反应分为碱-硅酸反应及碱-碳酸盐反应。碱-硅酸反应发生在碱与微晶氧化硅（如蛋白石、黑硅石、燧石、鳞石英、方石英、玻璃质火山岩、玉髓、微晶或变质石英，黏土质岩石及千板岩）之间。反应式为：

$$2Na_2O+SiO_2 \rightarrow Na_2O \cdot SiO_2+H_2O$$

其反应产物为硅胶体。这种硅胶体遇水膨胀,会产生很大的膨胀压力,能引起混凝土开裂,水分充足时,体积增大3倍。

碱-碳酸盐反应是白云石质石灰岩集料与混凝土中的碱性化合物发生反应引起的体积膨胀。反应如下:

$$CaMg(CO_3)_2+2NaOH \rightarrow Mg(OH)_2+CaCO_3+Na_2CO_3$$

式中,钠离子 Na^+也可换作钾离子 K^+。

必须同时具备如下 3 种条件才能发生碱集料反应,对混凝土结构造成破坏。

①配制混凝土时由水泥、集料(海砂)、外加剂和拌和水中带进混凝土中一定数量碱,或者混凝土处于有利于碱渗入的环境。

②有一定数量的碱活性集料。

③潮湿环境,能够提供反应吸水膨胀所需要的水分。

按《普通混凝土长期性能和耐久性能试验方法标准》(GB/T 50082—2009)的规定,将砂与规定碱含量的水泥制成混凝土(混凝土中水泥用量应为(420±10)kg/m^3,水胶比为0.42~0.45,粗骨料与细骨料的质量比为6∶4),装入有膨胀测头的试模(75 mm×75 mm×275 mm),成型后标养1 d测基准长度,然后装入养护盒放入(38±2)℃的养护箱,分别在1、2、4、8、13、18、26、39和52周测长,计算膨胀率。每次测量时,应观察试件有无裂缝、变形、渗出物及反应物等。当52周膨胀率小于0.04%时,判定为无潜在碱-集料反应危害;反之,则判定为有潜在碱-集料反应。

防止碱集料反应的措施:

①使用非活性集料。

②采用低碱水泥,限制混凝土的含碱量。

③使用磨细矿渣、粉煤灰、硅灰等掺合料。

④使用引气剂。

⑤混凝土表面采用防水或隔离措施。

4)混凝土碳化

混凝土碳化是指水泥水化产物 $Ca(OH)_2$与空气中 CO_2在一定湿度条件下发生化学反应,产生 $CaCO_3$和水的过程,反应式如下:

$$Ca(OH)_2+CO_2+H_2O = CaCO_3+2H_2O$$

碳化过程是由表及里逐步向混凝土内部发展的,碳化深度大致与碳化时间的平方根成正比,可用下式表示:

$$D = a\sqrt{t} \tag{7.9}$$

式中 D——碳化深度,mm;

t——碳化时间,d;

a——碳化速度系数。

碳化作用使混凝土收缩增大,导致混凝土表面产生拉应力,严重时导致开裂,开裂后进一步加剧了 CO_2与水分的进入,碳化进一步加剧。另一方面,碳化作用使混凝土碱度降低,失去混凝土强碱环境对钢筋的保护作用。导致钢筋锈蚀膨胀,严重时,使混凝土保护层沿钢筋纵向开裂,直至剥落,进一步加速碳化和腐蚀,严重影响钢筋混凝土结构的力学性能和耐久性能。

提高抗碳化的措施:

①尽可能降低混凝土的水灰比,提高密实度。

②加强施工养护、保持混凝土均匀密实,水泥水化充分。

③根据环境条件合理选择水泥品种。

④用减水剂、引气剂等外加剂降低水灰比或引入封闭气孔改善孔结构。

⑤必要时还可以采用表面涂刷石灰水等加以保护。

混凝土碳化试验按照《普通混凝土长期性能和耐久性能试验方法》(GB/T 50082—2009)碳化试验规定进行。具体为按规定成型试件,试件在标准条件下养护 28 d 后,在温度60 ℃的烘箱中烘干 48 h,保留成型时两侧面,其余各面均用石蜡密封。然后将试件放置于温度为(20±3)℃。相对湿度为(70±5)%,二氧化碳浓度为(20±3)%的碳化箱中进行碳化,碳化到 3、7、14 及 28 d 时取出试件,破裂后测其碳化深度来对比各种混凝土抗碳化能力及对钢筋的保护作用。

5)混凝土抗腐蚀性

从材料本身来说,混凝土的抗腐蚀性主要取决于水泥石的抗腐蚀能力。水泥石腐蚀的原因主要是水泥的组成中存在引起腐蚀的组成成分,如 $Ca(OH)_2$和水化铝酸钙;水泥石周围存在着能使水泥石发生腐蚀的软水、盐类、酸类等介质;水泥石本身不密实,有很多毛细孔通道,侵蚀性介质易于进入其内部。腐蚀与通道的联合作用,使水泥石遭到腐蚀。

腐蚀中最常见的是硫酸盐的腐蚀,硫酸盐侵蚀主要是水泥石中的铝酸钙与硫酸盐反应生成的硫铝酸钙引起原水化产物体积膨胀,而周围固体材料限制其膨胀,当产生的应力超过混凝土抗拉强度时,就会引起材料的破坏。

混凝土抗硫酸盐侵蚀试验应根据(GB/T 50082—2009)《普通混凝土长期性能和耐久性能试验方法标准》的规定进行。制作尺寸为 100 mm×100 mm×100 mm 的立方体试件,标准养护 28 d 后在(80±5)℃下烘干 48 h,将试件装入盛有 5%$NaSO_4$溶液的试件盒中,浸泡(15±0.5)h,在此期间,溶液的 pH 值应为 6~8,温度应控制在(25~30)℃。浸泡结束迅速排液并升温至(80±5)℃进行烘干 6 h,烘干后立即降温至(24±2)℃进行冷却 2 h。每个干湿循环的总时间应为(24±2)h。当达到标准规定的干湿循环次数后,应及时进行混凝土的抗压强度试验,并计算抗压强度耐蚀系数。抗硫酸盐等级应以混凝土抗压强度耐蚀系数下降不低于 75%时的最大干湿循环次数来确定,以符号“KS”表示。

可采用以下措施来提高水泥石耐腐蚀性:

①选用耐腐蚀的水泥。如 C_3A 含量低的水泥品种,抗硫硅酸盐水泥、掺混合材料硅酸盐水泥等。

②提高混凝土的密实度。如使用减水剂降低 W/C 提高密实度,使用矿物外加剂填充毛细孔、降低孔隙率,选择品质好、级配良好的骨料拌制混凝土,加强施工管理提高混凝土质量等。

③加做保护层。隔离介质可用防腐涂料或沥青、塑料卷材覆盖混凝土表面,防止与侵蚀介质接触。

6)抗氯离子渗透性

我国海域辽阔,海岸线很长,大规模的基本建设集中于沿海地区,而海边的混凝土工程由于长期受氯离子侵蚀,混凝土中钢筋锈蚀现象非常严重。我国北方地区为保证冬季交通畅行,向道路、桥梁及城市立交桥等撒除冰盐大量使用的氯化钠和氯化钙,使得氯离子渗入混凝土引起钢筋锈蚀破坏。我国有一定数量的盐湖和大面积的盐碱地。大体可分为沿海和内陆两种类型。沿海地区的盐碱地多以氯离子为主;内陆盐碱地有的以含氯离子为主,有的则以含硫酸盐为主,多数情况是含混合盐,这些区域的混凝土结构会受到很强的腐蚀。工业环境十分复杂,就腐蚀介质而言有酸、碱、盐等,并伴有液、气、固态等不同形式,其中以氯离子、氯气和氯化氢等为主的腐蚀环境不在少数,处在此类环境中的混凝土结构腐蚀破坏往往是迅速而又十分严重的。

氯离子是极强的去钝化剂,进入混凝土到达钢筋表面吸附于局部钝化膜处,可使该处的pH值迅速降低,致使钢筋表面pH值降低到4以下,从而破坏钢筋表面钝化膜,露出铁基体,然后铁基体作为阳极受到腐蚀,大面积钝化膜区域作为阴极,腐蚀电池的作用在钢筋表面产生蚀坑。Cl^-与阳极反应产物Fe^{2+}结合生成$FeCl_2$,将阳极产物及时地搬运走,使阳极过程顺利进行甚至加速进行。但$FeCl_2$是可溶的,在向混凝土内扩散时遇到OH^-就能生成$Fe(OH)_2$沉淀,再进一步氧化成铁的氧化物,就是通常说的铁锈,由此可见Cl^-起到了搬运的作用,却并不被消耗,也就是说凡是进入混凝土中的Cl^-会周而复始地起到破坏作用,这也是氯离子危害特点之一。

混凝土氯离子渗透性的测定方法可按照(GB/T 50082—2009)直流电量法的试验进行,即将直径100 mm、高50 mm的圆柱体混凝土试件在真空浸水饱和后,侧面密封安装到试验箱中,两端安制铜网电极,一端侵入0.3 mol的NaOH溶液(正极),另一端浸入3%的NaCl溶液(负极),测两侧在60 V电压下通过6 h的电量,用以评价混凝土的渗透性。

对氯离子的腐蚀采取如下防护措施:

①限制原材料及混凝土中氯离子含量。

②提高保护层厚度及质量。

③混凝土表面做涂层。

④采用耐腐蚀钢筋。

⑤混凝土中掺入阻锈剂。

7)混凝土的耐磨性

混凝土表面会受到各种磨耗作用,如水工混凝土,挟砂的水流作用使混凝土受到冲刷,路面混凝土会受到车辆轮胎反复的摩擦及冲击作用。风力较大地区混凝土还受到风砂的磨蚀作用。在磨耗的过程中,首先砂部分被磨损,露出粗骨料,接着由于冲击力,粗骨料破坏或者被拔出来,形成孔穴,进一步砂浆被磨耗掉,粗骨料进一步露出来。如此反复进行,混凝土不断遭到破坏产生孔洞、裂缝等病害。

提高混凝土耐磨性的措施:

①采用较低用水量、较高水泥用量的高强度混凝土。

②选择级配良好、清洁而坚硬的粗细集料,最大粒径25 mm左右较好。

③注意修饰抹面方法及质量,用钢制抹刀抹面光滑,也可磨平表面。

④采用良好的养护条件。

⑤可掺用减水剂、硅灰等外加材料。

7.1.4 混凝土配合比设计

(1)混凝土配合比设计的基本要求

混凝土的配合比就是混凝土组成材料相互间的配合比例。混凝土配合比设计的实质就是要在满足混凝土和易性、强度、耐久性以及尽可能经济的条件下,比较合理地确定水泥、水、砂、石子四者的用量比例关系。因此,配合比设计的基本要求为:①满足结构物设计的强度等级要求;②满足混凝土施工的和易性要求;③满足耐久性要求;④满足经济性要求。

混凝土配合比通过设计确定后,一般有两种表示方法,一种是以每立方米混凝土各组成材料的质量表示。一种是以各组成材料的质量比表示,即

前者如:$m_C = 400\ kg, m_W = 180\ kg, m_S = 700\ kg, m_G = 1\ 220\ kg$

后者如:$m_C : m_S : m_G = 1 : 2.33 : 4.07, W/C = 0.60$

m_C、m_W、m_S、m_G分别表示 1 m^3混凝土材料中水泥、水、砂、石用量。W/C 是水与水泥用量的比值。

(2)配合比设计的步骤

混凝土配合比设计可分如下几个步骤进行:

①初步配合比计算　根据混凝土的性能要求,针对具体原材料试验数据,根据标准给出的公式、经验图表,初步确定各材料的关系;

②基准配合比设计　基准配合比主要是满足和易性,即按照设计混凝土所用原材料进行小批量的试拌,通过和易性的调整进行必要的校正;

③实验室配合比设计　实验室配合比主要是满足强度、耐久性、经济性的要求,一般要采用三组以上的配合比进行试验,通过实测强度、耐久性后,选择强度、耐久性满足要求而 W/C 较大的一组配合比作为实验室配合比;

④施工配合比换算　由于工地堆放的砂、石含水情况常有变化,所以在施工过程中应经常测定砂、石含水率,并按含水率变化情况作必要的修正。

混凝土配合比设计具体的计算见 GB 50010—2010。

7.2　装饰混凝土

7.2.1　装饰混凝土概况

水泥混凝土是主要的建筑材料,但美中不足的是外观颜色单调、灰暗、呆板,给观者以沉闷与压抑的感觉。为了增加混凝土墙面的视觉美感,建筑师采用各种艺术处理,使其呈现装饰效果,故被称为装饰混凝土。对混凝土装饰的技术方法很多,如在混凝土表面做些线型、纹饰、图案、色彩等,以满足建筑立面、地面或屋面不同的装饰美化效果。当前装饰混凝土出现许多种类。一般根据施工方法不同,可以分为如下 3 类:

(1)白色、彩色装饰混凝土

这种混凝土有以白色或彩色水泥为胶凝材料的混凝土,有以着色料使混凝土着色的彩色混凝土。白色混凝土是以白色水泥为胶凝材料,或掺入一定数量的白色颜料与白色或浅色矿石为集料,配制而成的基色为白色的装饰混凝土。而彩色混凝土则是以彩色水泥为胶凝材料或掺入一定数量的彩色颜料配制成彩色基料后和白色或浅色集料按一定比例配制而成的各种色彩的装饰混凝土。白色混凝土和彩色混凝土的成型工艺基本相同,按着色方式又可分为整体着色混凝土和表面着色混凝土。彩色混凝土适用于装饰室外、室内水泥基等多种材质的地面、墙面、景点,如园林、广场、酒店、写字楼、居家、人行道、车道、停车场、车库、建筑外墙、屋面、

地面以及各种公用场所或旧房装饰改造工程。同时可根据业主需要，通过设计师的创作构思开发出独特而适用的彩色艺术混凝土制品及浮雕。

(2)**清水装饰混凝土**

清水装饰混凝土是经过成型模制等塑性处理后，使混凝土外表面产生具有设计要求的线型、图案、凸凹层次，并保持混凝土原有外观质地的一种装饰混凝土。其基层与装饰层使用相同材料，采用一次成型的加工方法，具有装饰工效高、饰面牢固、造价低等优点。一般浇筑的是高质量的混凝土，拆除浇筑模板后，不再作任何外部抹灰等工程。它不同于普通混凝土，表面非常光滑，棱角分明，无任何外墙装饰，只是在表面涂一层或两层透明的保护剂，显得十分天然、庄重。

(3)**露集料装饰混凝土**

露集料装饰混凝土即外表面暴露集料的混凝土，其基本做法是将混凝土表面除去少量水泥浆，使粗细集料适当外露，以天然集料的色泽、粒形、排列、质感等达到外饰面的美感要求。其施工工艺有两种，一种工艺是在浇筑的混凝土尚未完全硬化前通过水洗、酸洗或缓凝等方法，使混凝土集料外露，达到一定的装饰效果，另一种工艺是在浇筑的混凝土硬化后用水磨、喷砂、抛丸、凿剁、火焰喷射或劈裂等手段使混凝土集料外露，以满足表面装饰的需要。

7.2.2 装饰混凝土所用原材料

(1)**水泥**

水泥的品种较多，在建筑工程中应用比较广泛的除硅酸盐水泥、普通硅酸盐水泥外，主要有白色硅酸盐水泥和彩色硅酸盐水泥。水泥的具体内部详见装饰水泥章节。

(2)**骨料**

装饰混凝土对骨料有一定的要求。为了给人以愉悦的色彩感觉，一般采用天然彩色岩石作为混凝土或砂浆的骨料。天然彩色岩石品种繁多、色彩丰富，纯白色石英作细骨料(石英砂)效果特别好。破碎大理石提供的颜色甚为广泛，花岗岩颜色范围为粉红色、灰色、黑色和白色，是彩色混凝土极好的骨料，表 7.5 是由天然大理石及其他天然石材破碎加工而成的彩色石渣，有各种色泽可供生产人造大理石、水磨石、水刷石、斩假石、干粘石及其他装饰混凝土用。

表 7.5 常用彩色石渣的品种和规格

常用品种		规格与粒径的关系	
用于水磨石	用于斩假石、水刷石	规格俗称	粒径/mm
汉白玉、东北绿	松香石(棕黄色)	大二分	约 20
东北红、曲阳红	白石子(白色)	一分半	约 15
盖平红、银河	煤矸石(黑色)	大八厘	约 8
东北灰、晚霞	羊肝石(紫褐色)	中八厘	约 6
湖北黄、东北黑		小八厘	约 4
墨玉		米粒石	2~4

采用彩色玻璃、陶瓷碎粒、塑料色粒等可以扩大天然骨料的颜色范围，有时为了使表面获

得闪光效果,可以加入少量云母片、玻璃碎片或长石等,在沿海地区,也有在饰面砂浆中加入少量小贝壳,使表面发生银色闪光。

配制装饰混凝土用的骨料,不允许含有尘土、有机物和可溶盐。因此,施工前须将骨料清洗干净后晾干使用。

(3)**颜料**

彩色混凝土中所用颜料一般是由其中的惰性组成,将其掺于混凝土(或砂浆)中能得到一定的色彩。混凝土用颜料应具有如下基本性质:

①不影响混凝土正常的凝结硬化,不明显降低混凝土强度;

②不溶于水,在水中分散性好,易与水泥混合;

③遮盖力强,色彩浓。在混凝土中掺量少而着色效果好;

④耐碱性强。水泥水化时产生的大量氢氧化钙,使混凝土呈强碱性,颜料应能抵抗水泥碱的作用而不分解褪色;

⑤耐大气稳定性好。混凝土多用于户外工作,所用颜料应长期在紫外线、风、雨、雪作用下不褪色;

⑥不含杂质、价格便宜。

《混凝土和砂浆用颜料及其试验方法》(JC/T 539—1994)规定了混凝土中用颜料的技术要求。

混凝土用颜料一般以氧化铁系列颜料最为稳定,耐碱性好,耐大气稳定性好,遮盖力强,长期用于户外不褪色,且价格便宜,因而得到广泛使用,氧化铁系列颜料的缺点是色彩不鲜艳,混凝土及砂浆中常用颜料、掺量见表7.6和表7.7。

表7.6 混凝土及砂浆中常用颜料

颜 色	颜料名称	发色成分
红	氧化铁红	三氧化二铁
	铁丹	三氧化二铁
橙	橙色合成氧化铁	三氧化二铁
黄	氧化铁黄	氧化铁
绿	铬绿	氧化铬
	铁绿	氧化铁和酞菁蓝的混合物
蓝	酞菁蓝	有机颜料
	钴蓝	$CoO \cdot nAl_2O_3$
紫	氧化铁紫	三氧化二铁的高温煅烧物
棕	氧化铁棕	氧化铁红和氧化铁黑的机械混合物
黑	氧化铁黑	四氧化三铁
	炭黑	碳

表 7.7　颜料在混凝土中的掺入量

颜　色	颜　料	掺入量(占水泥用量)/%
红色	氧化铁红	5
黄色	氧化铁黄	5
绿色	氧化铬	6
黑色	氧化铁黑 炭黑	5 2
褐色	氧化铁	5

目前除了粉状的普通颜料外,国外还生产各种混凝土和砂浆专用的颜料。它们有粉状、片状和浆状等。这些颜料都用表面活性物质对其颗粒经过了特殊的处理,使颜料的分散性得到大大的改善。同时掺加了各种助剂,成为一种复合型的材料,即能对混凝土着色又能改善混凝土的性能,是混凝土及砂浆用颜料的发展方向。

7.2.3　装饰混凝土的制作方法

(1)彩色装饰混凝土制作方法

除用白色、彩色水泥配制白色、彩色混凝土外,彩色装饰混凝土是将粗骨料、细骨料、水泥和颜料均匀地混合成一体制成,混凝土的彩色效果主要是由颜料颗粒和水泥浆的固有颜色混合的结果,但粗、细骨料并不被着色,而在一定条件下保持其固有颜色。当彩色混凝土被日光或灯光照射时,部分光线被吸收(即颜色颗粒从光谱中吸收某些波长的光线),另一部分被反射,反射的部分即显示出颜色,即为人们所看到的一种色彩。

混凝土的着色,一般可采用下列6种方法之一。即:白色水泥和彩色水泥、无机颜料着色法、彩色化学外加剂、染色剂染色法、干撒着硬化色剂、浸渍着色法。

1)白色水泥和彩色水泥

可以用来制作整体着色混凝土的彩色水泥,包括一切色彩不同于标准灰色硅酸盐水泥的彩色水泥。首先是白色硅酸盐水泥。第二种是带有浅色调的标准硅酸盐水泥。第三种是专门生产的彩色水泥称为特种彩色水泥。第四种是普通彩色水泥即在生产中将颜料与硅酸盐水泥(通常是白水泥)混合在一起,所形成的彩色水泥。

通过将彩色水泥和彩色外加剂结合使用可达到最佳效果。这种方法造价高,但是采用其他方法通常无法达到所要求的准确的颜色效果。

2)彩色化学外加剂

彩色化学外加剂着色法是将颜料和其他改善混凝土性能的外加剂一起充分混合磨制而成。由于这种色浆是专门生产的,控制严格、质量均匀,甚至几年也不会有什么变化。它不同于其他混凝土着色料,除使混凝土着色外,还能提高混凝土各龄期强度,改善拌合物的和易性,对颜料和水泥有扩散作用,减少浮浆、盐析现象,能在混凝土中均匀分布以使颜色均匀。

3)无机颜料着色法

在混凝土中直接加入无机矿物氧化物颜料,也能使混凝土着色。有关颜料的要求见前述的有关内容,同彩色化学外加剂比较,使用颜料的优点是比较廉价。用颜料着色的方法通常有混合法和粉饰法两种，混合法即把矿物晶体颜料掺入混凝土拌合料中，使其成为混凝土的组分之一，使混凝土整体着色。这种方法的缺点是将混凝土完全着色，不仅费用大，有些颜料还可能损害混凝土的强度。粉饰法即在混凝土抹平、压实，表面水分蒸发后撒上颜料，待颜料从混凝土中吸收水分后，再抹平压光一次。粉饰时，应该撒两次颜料，共进行3次抹光，以获得均匀的彩色表面。适用于这种方法的色彩是褐红色、酒红色、绿色、棕色、黑色、米色等。这类颜色适于铺设轻便交通道或人行道的路面。另外，也可以在混凝土基体外涂饰一层彩色砂浆或彩色混凝土，一般用于外墙装饰。

4）染色剂染色法

混凝土着色的另一种方法是将化学染色剂施加于已养护的混凝土上。使用的化学染色剂是一种金属盐的水溶液，它侵入混凝土并与之反应，从而在混凝土孔隙中生成难溶的、抗磨的颜色沉淀物。染色剂含有稀释的酸，可以缓慢地侵蚀混凝土表面，使染色剂成分渗透得更深，反应更加均匀。染色剂应施加在其龄期至少为一个月的已养护的混凝土上，并且要清除掉阻碍染色剂溶液浸透和与混凝土起反应的一切杂质。该法着色以黑、绿、红褐及黄褐色为主，其中褐、黑二色适于耐磨的混凝土。由于染色剂对混凝土表面有一定的侵蚀、损坏，着色后的混凝土表面应以彩色的石蜡打磨养护，缺陷处应以同色料浆修补。

5）干撒着色硬化剂

干撒着色剂是由细颜料、表面调节剂、分散剂等拌制而成的，可以对新浇混凝土楼地板、庭院、水池底、人行道、汽车道及其他水平表面进行着色、促凝和饰面。对于工业或其他商业用楼板、坡道和装载码头等要求高抗磨和防滑的地方，在干撒着色硬化剂制品的制造中还应掺入金刚砂或金属集料。这种着色方法只适于水平表面，而不适用于大面积的垂直表面。

6）浸渍着色法

将初凝混凝土表面粗略加工或是集料表面暴露，养护至一定龄期（1~3 d）时用颜料液体浸渍混凝土的表面。由于混凝土或砂浆中水泥尚未完全水化，水泥具有吸收作用，这时浇到表面的颜料液体被吸入混凝土或砂浆内部一定深度，在表层形成一定的色彩。

（2）清水装饰混凝土制作方法

清水装饰混凝土是依靠混凝土自身的质感和花纹获得装饰效果，其制作工艺有反打和正打两种。

1）反打成型工艺

是指采用凹凸的线型底模或模底铺加专用的衬模来浇筑混凝土，利用模具或衬模线型、花饰的不同，形成凸凹、纹理浮雕花饰或粗糙面等主体装饰效果。

预制反打工艺的模具一般采用钢模，衬模采用硬制木材、钢材、玻璃钢和硬塑料板等。也可用软质橡胶或软塑料等。如用竹片拼花作为模板，可取得仿竹纹的效果，也可加工成各种浮雕花饰、仿蘑菇石、各种动物、木纹、石纹、粗细线条等，获得不同的艺术效果。

近年来，现浇清水装饰混凝土工程使用日益增多，这种清水混凝土系直接利用混凝土成型后的自然质感作为饰面效果，不做其他外饰面的混凝土工程。这种清水混凝土根据混凝土表面的装饰效果和施工质量验收标准分为3类：普通清水混凝土、饰面清水混凝土、装饰清水混凝土。普通清水混凝土工程是混凝土硬化后表面的颜色均匀、且其平整度及光洁度均高于国家验收规范的建筑或构筑物。饰面清水混凝土工程是以混凝土本身的自然质感和精心设计、精心施工的对拉螺栓孔眼、明缝、蝉缝组合形成的自然状态作为饰面效果的混凝土工程。装饰清水混凝土工程是利用混凝土的拓印特性在混凝土表面形成装饰图案或预留预埋装饰物的清水混凝土工程。施工工艺如下：

模板加工制作→钢筋绑扎→模板安装→混凝土浇筑→模板拆除→混凝土养护→对拉螺栓孔封堵→涂料施工→混凝土保护。

2）正打成型工艺

正打是指浇筑混凝土后制作饰面层，在其上于水泥初凝前后用带一定花饰图案的模具或手工工具加工成型。属于预制成型工艺的一种，根据其表面的加工工艺方法的差异，主要可分为“印花”工艺、“压花”工艺、“滚压花”工艺和“挠刮”工艺4种方法。

①印花工艺

将印刷技术中的漏印方法用于建筑饰面的技术。它是利用刻有漏花图案的模具在刚浇筑成型的表面印出凸纹。模板采用柔软，有一定弹性，能反复使用的材料，如橡胶板或软塑料板等，按设计刻出漏花图案，模具底面最好为布纹麻面。可使墙板表面凸出花纹之前的底面上形成质感均匀的“水纹”，并防止揭花模时破坏表面。虽然这样在新浇混凝土墙板上经拍打、抹压能印出花纹，但混凝土的粗集料成分多，做起来较费事。一般先在浇筑完的墙板上表面铺一层水泥：砂=1：(2~3)的水泥砂浆，再印花，或者将模具先铺放在已找平，表面无泌水的新浇混凝土上，再用砂浆将漏花处，填满抹平，形成凸出的图案。印花工艺的优点是材料、设备简单、操作方便，技术容易掌握，但线型、花饰凹凸程度较小，透视效果不够理想。

②压花工艺

压花工艺是将钢筋或角铁焊成具有一定线型、花饰的模具，在新浇筑、未找平的混凝土或砂浆表面压出凹纹。模具也可用硬塑料、玻璃钢等材料制成。压花工艺与印花工艺相比，线型、花饰凹凸差较大，装饰效果较好，但压花深浅等操作技术不如印花工艺容易掌握。

③滚花工艺

滚压工艺是在成型预制混凝土壁板时，在浇注混凝土以后在其上抹一层1~1.5 cm的砂浆面层，在此面层上用滚压工具，滚压出具有一定装饰效果的线型、花饰图案。

目前滚压工艺是比较先进的工艺之一，该工艺简单、易于施工、花饰图案品种多样化、装饰效果显著。

④挠刮工艺

挠刮工艺就是在新浇筑、找平的墙板上，用硬毛刷等工具在表面挠刮成一定毛面质感。

(3)露骨料混凝土制作方法

露骨料混凝土是在混凝土硬化前或硬化后，通过一定工艺手段使混凝土骨料适当外露，以骨料的天然色泽和不同排列组合造型达到一定装饰效果。

混凝土硬化前露骨料的制作方法有：水洗法、酸洗法、缓凝法、砂垫法。混凝土硬化后露骨料的制作方法有：水磨法、喷砂法、抛丸法、凿剁法、火焰喷射法、劈裂法。

①水洗法

水洗法类似水刷石的做法。在混凝土浇筑1~2 h后，水泥浆即将凝固前，把面层水泥浆用水冲洗掉3~5 mm，使集料外露。预制正打工艺可直接用水冲洗，采用整体模板时，在混凝土墙板浇筑后迅速抬起一端，使之与地面倾斜成45°角，以便用水冲洗时，让水泥浆流淌下来，刷洗完毕后要用毛巾将板面下侧多余的水吸掉，避免干燥后该处的集料表面不干净。

②酸洗法

酸洗法是利用化学作用去掉外层水泥浆使集料外露。一般是在浇筑混凝土 24 h 后进行酸洗。使用一定浓度的盐酸进行酸洗,故要求集料耐酸。这种方法有侵蚀作用,且成本较高,一般不予使用。

③缓凝法

缓凝法既适用于反打法,也适用于正打法工艺。其原理是当混凝土已达到拆模强度时,在缓凝剂的作用下,混凝土表层水泥浆尚未硬化可用水冲刷去掉水泥浆皮露出集料。

采用反打工艺时,浇筑混凝土前在底模上涂刷缓凝剂或铺放预先涂布缓凝剂的纸。采用正打工艺时,可采用上贴缓凝剂纸的方法。

④砂垫法

这是一种类似于反打成型与露集料装饰相结合的施工方法,即在模板底铺设一层湿砂,并将大颗粒集料部分埋入砂中,然后在集料上浇筑混凝土,起模后把砂冲去,集料部分外露,达到露集料装饰混凝土的效果。这种方法能使集料露出的深度很大,达 12~90 mm,大于缓凝剂可能达到的深度。

⑤水磨法

水磨法类似于水磨石生产工艺。基本做法是:在浇筑混凝土并抹平后铺放塑料模片或塑料网格,再铺抹厚度为 1~1.5 cm 水泥石渣浆,其石渣的颜色、粒径、配合比按设计要求确定。待水泥石渣浆达到一定强度时,去掉塑料模片或分格网,再进行磨石,磨至全部露出石渣,冲洗干净即可。采用这种方法也可不铺抹水泥石渣浆,而是在抹平的混凝土表面磨至集料露出也能获得同样的效果,一般要求混凝土强度达到 12~20 MPa 时方可进行水磨。

⑥喷砂法

喷砂法是将铸造行业铸件清砂除锈的设备和方法用于制作混凝土饰面的技术。利用自动化程度很高的设备加工,因此效率很高。把预制墙板用辊式输送机依次送到喷丸直射区,接受喷丸的冲击磨琢。使用后的喷丸在分级室内同被喷琢下来的物料分选开后循环使用,这种喷砂法一般在混凝土强度达到设计强度等级的 40%~50%时即可进行。

⑦抛丸法

抛丸法原理同喷砂法,使用的主要设备是抛丸机,其工艺过程是将混凝土制品以 1.5~2 mm/min的速度通过抛丸室,抛丸机以 65~80 mm/s 的线速度抛出铁丸,借冲击力将混凝土表面的水泥浆皮除掉,露出集料或石渣。

⑧凿剁法

凿剁法是利用手工或电动工具剁除混凝土表面的水泥浆皮,使其集料外露,也称凿毛法,显示出如花岗石的质感,所以也称“斩假石”。凿毛机利用风动的錾子的轮换工作冲击斩毛混凝土表面。

⑨火焰喷射法

火焰喷射法是用乙炔和氧气等混合气体的火焰处理混凝土表面,使其集料外露。其原理是利用集料高温炸裂和致密集料因骤热而破坏的特点形成良好的仿石饰面。其喷射温度据日本资料介绍为 3 000~2 200 ℃,瑞典资料介绍为 3 943 ℃。作这种处理的混凝土,应采用特殊的配比和成型方法。

⑩劈裂法

劈裂法是当混凝土达到一定强度时,对混凝土进行劈裂处理,形成露集料的断面。该断面也有石质装饰效果。劈裂时混凝土的强度应为设计强度的50%。

7.2.4 装饰混凝土质量控制

(1)原材料、模板、辅助材料质量要求

1)原材料

为了保持制品表面颜色均匀一致,所用原材料要保持稳定供应,水泥必须是同一工厂,同一强度等级的产品,砂石、石渣也必须是取自同一产地的同一规格材料,骨料使用前将有害杂质清洗干净。

2)钢模

成型装饰混凝土的钢模板,应满足以下要求:

①要求钢模尺寸准确,整体刚性好。

②模板拼缝、焊缝饱满,打磨平整光洁,成型时制品上不留痕迹。

③模板的组装与拆除灵活方便,侧旁开启时应能先平移再翻转。

④外形尺寸、施工误差应控制在完成装修面的质量要求与允许偏差幅度以内。

3)衬模

对衬模的基本要求:

①要求衬模与混凝土间的黏附力不大,便于脱膜,最好有一定弹性,以便形成条纹质感时,可采用较小的脱模锥度,不致损伤线型,使设计更加灵活。

②衬模本身要有良好的质感,或易于加工成所需的纹理。

③衬模要便于与钢模临时固定,周转时所需的维修工作量小,撤换方便。

④要能经受旋转钢筋网片、浇筑和振捣时的机械磨损,用于冬季施工或蒸汽养护时能耐温度变化;要求衬模的耐碱性要好,尺寸稳定,变形小,可多次反复使用,且成本不可太高。

要达到上述要求,不仅在模板设计上要创造条件,例如在关键部位设防止漏浆的弹性嵌条,适当加厚钢板厚度等,而且要从制作工艺上创造条件,例如为防止焊接变形要有本身规矩的工作台座,将零件就位卡固后再点焊、溜焊等。

衬模用材分软质与硬质两类:软质的为各种橡胶、聚氨酯及其他软质塑料等,硬质的有经加工使木纹凸出的木板、玻璃钢、各种硬质塑料等。

4)脱模剂

对脱模剂的要求:

①脱模性能好。

②在涂布量合理的前提下,脱模剂不会残留在制品表面上。如出现残迹能很快消失、脱落。

③不影响混凝土强度,不引起面层粉化、疏松等,不污染制品表面的颜色,不形成隔离层,不腐蚀钢模。

④配制使用均方便、价格合理,可保证供应。

⑤不能用废机油直接作脱模剂。

5)缓凝剂

对露骨料装饰混凝土面层水泥浆中的缓凝剂有下列要求:

①根据养护条件,能使制品表层水泥的硬化推迟到制品达到脱模强度时,加有缓凝剂的表层水泥浆仍能用水冲洗。

②不污染或改变制品表面的颜色。

③便于涂刷,并能迅速干燥形成厚薄均匀的涂层。涂层能经受浇灌混凝土时水分摩擦作用,而不破坏其连续性,不腐蚀钢模板。

④配制方便、价格合理、原料供应有保证。

(2)装饰混凝土施工质量的控制

①准确计量各材料用量,尤其是颜料的计量在同一批产品中,每次搅拌混凝土掺入的颜料量要准确,否则同一产品颜色将会产生差异。

②搅拌时应先加入骨料再加入水泥和颜料,并搅拌一段时间,待干料搅拌均匀后才能加入水拌和,否则制品表面将形成深浅不一的花斑。

③选择适宜的振捣工艺,平板式振动器不能消除制品底面(反打工艺)上的气泡,插入式振捣器振捣适度,可做到基本没有或很少含有气泡。流水工艺生产时,采用振动台振动成型效果最好,因为振源在下方,振波由下而上有利于排除混凝土内部的气泡。

④混凝土成型完毕后,应加强养护,严禁在冬季低温条件下施工,雨天施工应采取必要措施,以防止改变水灰比,致使制品表面疏松。不应采用喷雾或用水养护,因会促使水泥浆沫上浮和流白,对颜色的均匀性造成有害影响,用麻袋或其他湿覆盖物养护效果更差,使用通常喷到混凝土上的养护剂,效果也不太理想,最好是根据规模采用彩色石蜡养护,它可以增加平面的美观性和改进结构的完整性,在内墙表面也可使用装饰涂料。

(3)装饰混凝土的耐久性

1)泛霜作用

普通混凝土和装饰混凝土表面常会泛起一些“白霜”,即所谓泛霜现象,有初次和二次泛霜之分。初次泛白是指混凝土在硬化过程中被拌和水溶解的盐霜成分,随着混凝土的干燥逐渐在混凝土表面析出的现象。二次泛白是指硬化后的混凝土,由于雨水、地下水等外部水分侵入其内部,将溶解的盐霜成分带至混凝土表面的现象。泛霜对于装饰性的混凝土来说严重损害其装饰效果,盐霜的主要成分为 $CaCO_3$, Na_2SO_4。

白霜不均匀就形成花斑、条纹且长久不落,严重影响混凝土表面着色效果和美观,严重的白霜还会破坏混凝土表层,缩短使用寿命。

防止白霜的有效措施如下:

①使用级配良好的骨料;

②减少拌合用水量,但要保证和易性;

③掺加能与“白霜”成分发生化学反应的物质(如碳酸铵、丙烯酸钙、矿物外加剂);或者能形成防水层的物质(如石蜡乳液)等外加剂;

④使用表面处理剂(如聚烃硅氧系憎水剂、丙烯系树脂等);

⑤尽量避免使用深色的彩色混凝土。因为只要出现少量“白霜”,就会明显污染深色混凝土表面;

⑥蒸汽养护可有效防止初期“白霜”的形成。

2)风化作用

空气中的含硫物质及雨水中的酸性成分能腐蚀表层水泥石,使经常有雨水流淌部位的细骨料逐渐显露出来。如果所用的细骨料为普通砂,那么该处本色清水混凝土的颜色会因污染及砂暴露而变成灰黄色,使整个立面颜色不匀。这一点,对于带色清水混凝土的影响更为明显。由于混凝土的强度相对较高,这个过程一般需 10 年左右或更长些。用喷砂或轻度酸洗去掉其表层水泥浆膜,或者采取更彻底的露骨料做法,都能减轻或完全防止这种现象。

3)污染现象

清水混凝土墙面有不均匀污染现象,如混凝土析出的氢氧化钙与空气中含硫杂质化合,生成硫酸钙即石膏能黏附更多的尘污。墙面上有水流动时,石膏会连同它所黏附的尘土一起被水流带走,并在下部受雨较少的墙面处被吸干,重新滞留形成明显的不均匀污染。

表面涂刷吸水性低,耐污染性能好的涂料有助于减轻清水装饰混凝土墙面的不均匀污染。

露骨料装饰混凝土表面析出的氢氧化钙少,墙面吸水率也偏低,雨水冲洗作用较大,其不均匀污染的程度也较轻。

4)变色

白水泥饰面在大气条件下经过几年之后,就会变暗泛黄。变暗为污染所致,而泛黄则是材料本身内在原因引起的。因为生产水泥时,为了降低矿物的熔融温度,原材料配比中仍需保留一定的氧化铁含量,所形成的含铁矿物在白水泥水化过程中生成铁铝酸钙和氢氧化铁凝胶,这种凝胶是黄色的,可随着水分的反复迁移,而被运动至制品的表面处,造成白水泥的泛黄。

某些骨料在大气作用下会失去原有色泽,特别是经人工破碎、凿毛或经喷砂酸蚀处理的石渣,易于失去其光泽。

7.2.5 装饰混凝土的应用

(1)混凝土路面砖

混凝土路面砖是以水泥、砂、石、颜料等为主要原料,经搅拌压制成型或浇筑成型,然后养护制成,如图 7.10 所示。

图 7.10 混凝土路面砖

路面砖按用途分为人行道砖和车行道砖,按砖型分为普型砖和异型砖。普型铺地砖有方形、六角形等多种形式,它们的表面可做成各种图案花纹,故又称花阶砖。异型路面砖铺设后,砖和砖之间相互产生联锁作用,故又称联锁砖。联锁砖的排列方式有多种,不同排列则形成不同图案的路面。

普型砖的规格分为 250 mm×250 mm、300 mm×300 mm,厚度为 50 mm 以及 500 mm×500 mm,厚度分为 60 mm 和 100 mm;异型砖的厚度分为 50 mm 和 60 mm 两种。联锁型路面砖常用块形尺寸如图 7.11 所示。形状与尺寸由供需双方商定,车行道砖的厚度分为 60、80、100 和 120 mm。尺寸与形状不作规定。

块形尺寸/mm	每平方米内的数量/块	块形尺寸/mm	每平方米内的数量/块
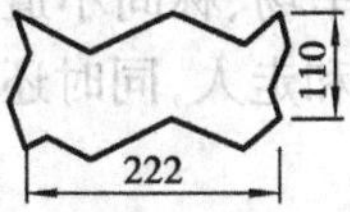 222 / 110	39.6	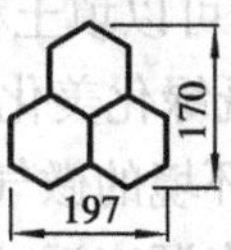 197 / 170	38.0
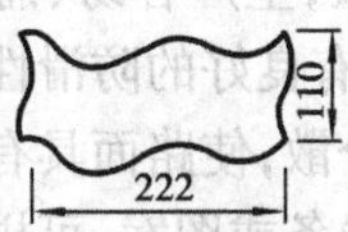 222 / 110	39.6	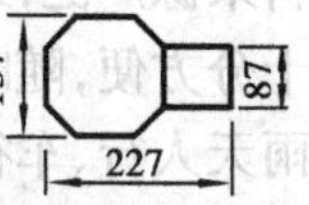 227 / 137 / 87	37.8
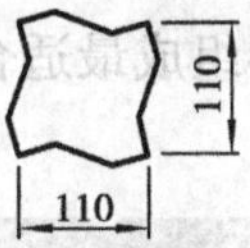 110 / 110	79.0	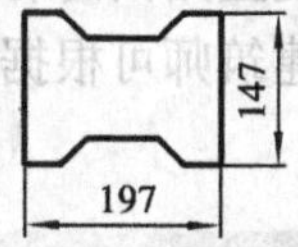 197 / 147	40.0
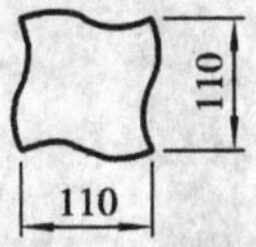 110 / 110	79.0	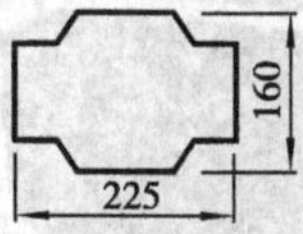 225 / 160	31.7
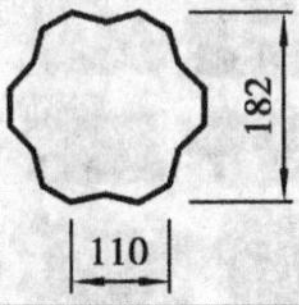 110 / 182	30.5	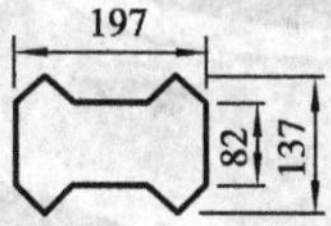 197 / 82 / 137	44.6
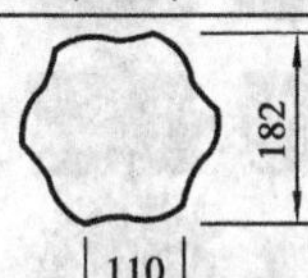 110 / 182	30.5	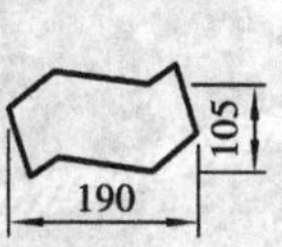 190 / 105	33.6
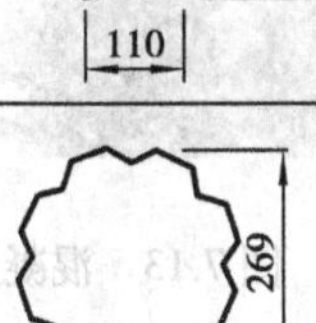 110 / 269	17.1	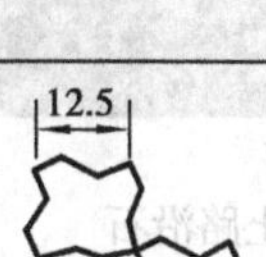 12.5 / 225	25.5
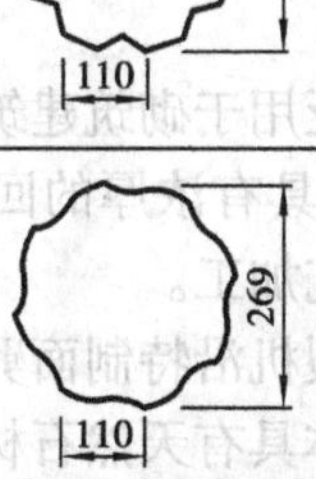 110 / 269	17.1	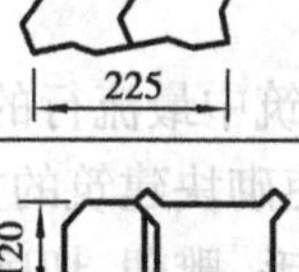 227 / 120	35.6

图 7.11　联锁型路面砖块形尺寸

彩色混凝土路面砖还有其他形式,如透水型路面砖、防滑型路面砖、导盲砖、植草型路面砖、路沿石(图 7.12)、护坡砖等。

透水路面砖是一种高透水性的路面装饰材料,下雨时,雨水能及时渗入地下,或储存于路面砖的空隙中,减少路面积水,补充地下水源,改善地面植物生长条件。主要用于公园、广场、人行道、停车场、植物园、花房等处地面铺砌。

防滑和导盲砖由于其表面裸露出硬质橡胶防滑块、条、圆头。因此,具有良好的防滑作用及导盲作用,而且在磨光表面以不同图案散布着硬橡胶防滑块,使其显得别致美观。这种地面砖特别适用于医院人行天桥、地下街道、甲板和作导盲标志。

植草路面砖的中间有孔洞,可以填土种草,用于绿化停车场、林间小道、道路分隔带、人行道和河岸等,如图 7.13 所示。既绿化美化了环境,又可停车和走人,同时还可减少太阳的辐射热,防止地面水的流失,对改善环境的微气候有良好的效果。

彩色混凝土路面砖原材料来源广泛,还可利用工业废渣,生产容易、铺设简单、施工期短,对埋有地下管道的路面维修十分方便,随时可翻修重铺,具有良好的防滑性能。采用透水型路面砖,雨水可自然排入地下,雨天人行、车行均安全。荷重分散,使路面具有良好的负荷性能以及耐磨性和抗冻性。彩色混凝土路面砖有多种色彩、凹凸线条或图案,可拼出多彩美丽的图案和永久性的交通管理标志。建筑师可根据环境氛围选择色彩组成最适合的图案,达到美化和改善城市环境的目的。

图 7.12　彩色混凝土路沿石

图 7.13　混凝土植草砖

(2)**混凝土装饰砌块**

装饰砌块是现代砌块建筑中最流行的一种砌块,它广泛用于砌筑建筑的室内、外墙体。可产生极好的装饰艺术效果,使砌块建筑的立面装饰多样化,具有浓厚的回归自然的气息,装饰砌块可以采用劈裂、釉面、琢毛、雕塑、切削、磨面等多种工艺加工。

劈裂砌块是把已成型并经一段时间养护的砌块,用劈裂机沿特制面劈开,劈离的断面因组成材料的内聚力不同而成为凹凸不平的外貌,使砌筑的墙体具有天然石材粗犷、古朴的装饰效果。除壁面劈裂砌块外,还有表面呈沟条状的劈裂砌块。劈裂砌块有一面劈裂、两面劈裂和四面劈裂 3 种。一面劈裂的主要装饰外墙面。两面劈裂的主要用于围墙,使墙的内外两面同时装饰，也有相邻两面装饰的用于墙的转角处。四面劈裂砌块主要用作门柱。

琢毛砌块是用高速喷出的砂料或者用机械的方法冲击砌块的表面，使外壁的水泥浆或砂浆脱落，露出新的集料表面，并密布一个个小坑，类似天然石火焰拉毛的装饰。

釉面砌块是将低温的陶瓷釉料或其他矿物釉料，或喷或涂在已经硬结的砌块表面，然后加热养护，使釉料固结在砌块上。釉料的颜色千变万化，因此，国外的釉面砌块的花色很多。

雕塑砌块是将金属箱加工成带沟槽、肋、块、弧形和角形等，成型后便可制成各种雕塑砌块。这些砌块及其组合将构成各种不同的花纹与外形，在墙面上产生明暗浓淡的光线效果。它们对建筑的装饰有无限美妙的效果。

切削砌块是把成型养护好的砌块，用专门的机械在砌块表面切削出竖的、横的、斜的、交叉的细纹，切削深度约 1.5 mm，砌块面切削的细纹可以是单面的、两面的和四面的。这种装饰砌块类似剁斧石，但加工精细，石材的质感强。日本将它称为豪华型砌块。

磨面砌块是用研磨机将砌块外壁的一面或两面连续研磨，磨去混凝土面层，使之呈光滑的表面，露出各种颜色的骨料。骨料的尺寸、类型和颜色的变化，使砌块表面呈现纹理和色彩，增添美感。此种砌块的装饰面类似水磨石和表面光滑的花岗石。

图 7.14 装饰混凝土砌块的应用

穿孔的花格砌块主要是为了美观，但它既能作为分隔墙以保持幽静的环境又能加大室内外的视野，既能遮阳挡雨又能通风。

塌陷砌块所用的混凝土拌合料要比普通砌块细，含水量也较高。刚成型好的这种砌块，在输送过程中经适当的垂直压力，呈膨胀形状。塌陷砌块成型时就做成陶制品的颜色，经养护后，表面再喷上一层防水涂料，具有类似烧结制品的风格。

建筑师通过变换混凝土的原材料种类、设计图案等式样，选择色调以及在砌筑时使用不同种类砌块进行组合，可以使砌块建筑千姿百态，具有较高的建筑艺术风格。图 7.14 为某装饰混凝土砌块应用效果图，表 7.8 为某装饰混凝土砌块性能表。

表 7.8 标准砌块性能表

序 号	项 目	单 位	数 据
1	砌块规格	mm	390×190×190
2	抗压强度	MPa	10.0
3	抗折强度	MPa	1.60
4	砌块质量	kg/块	17.5
5	砌块容重	kg/m^3	1 190
6	砌块抗渗性	mm	<10

续表

序　号	项　目	单　位	数　据
7	软化系数		0.85
8	抗冻强度损失	%	16
9	传热阻	$(m^2k)/W$	0.25
10	传热系数	$W(m^2k)$	2.8
11	空气隔声系数	dB	≥45

(3)彩色水泥瓦

图 7.15　彩色水泥瓦的应用

彩色水泥瓦分为混凝土彩瓦和石棉水泥彩瓦两种,混凝土彩瓦的主要原材料为水泥、砂子、无机颜料、纤维、防水剂等。利用混凝土拌合物的可塑性,通过托板和成型压头将混凝土挤压或振动成产品。改变托板和压头形状,又可生产不同形状的产品。屋面瓦的形状有筒瓦、S 形瓦、平瓦、槽瓦等。此外还有屋脊瓦、屋檐瓦。混凝土彩瓦的颜色可以是整体着色,也可在硬化后的普通混凝土上采用涂料着色。石棉水泥彩瓦的主要原料为水泥和石棉,利用抄取机生产。石棉水泥彩瓦主要为波瓦。波瓦一般采用喷涂着色。彩色水泥瓦色彩绚丽,从纯土色到色彩明快甚至闪光的颜色(包括琉璃瓦的色彩效果)一应俱全。瓦的造型与颜色是屋面显得十分秀丽。彩色混凝土瓦不仅有很好的装饰效果,而且抗风暴雨雪甚至满足抗台风的规范要求,在潮湿地区能防止发霉、腐烂、虫蛀;在干燥地区可防火;在寒冷地区可经受冻融的考验,彩色水泥瓦目前在英国、西欧、日本和南非等国都被列为主要屋面材料。在美国已成为目前使用量增长最快的混凝土制品之一。我国彩色石棉水泥瓦采用普通石棉水泥波瓦标准。混凝土彩瓦目前尚无国家标准,主要采用引进设备国家的标准,瓦形也是欧洲风格,国产设备生产的彩色混凝土平瓦采用国标。我国已引进彩色水泥瓦自动生产线多条,产品正在各类建筑中推广应用。图 7.15 为彩色水泥瓦应用效果图。

(4)园艺及仿真混凝土制品

混凝土凭借其自身的可染性、可塑性和可加工性,还可塑造出形态各异的园艺制品和仿真制品等。

仿真混凝土制品是模仿天然材料的外形和纹理的一种装饰混凝土制品。它可以仿制各种毛石、卵石、树的粗糙外皮和锯断面纹理、竹子的节等,配上与原来材料同样的颜色,似石、似竹、似木,达到逼真的效果。仿真混凝土制品的制造工艺主要分为拓制仿真模型和成型仿真制品两部分。用人造橡胶或塑料将欲仿造的天然材料的外形和纹理拓成隔模,这种模型多为可弯折的轻质模型。制作制品时将其依附在刚性模板上,以备待用。这种轻质模型脱模非常方便，不致损伤成型好的仿真表面，可以不用或少用脱模剂，并可重复使用。成型方法可以采用振动成型或离心成型。成型时，混凝土拌合物要有好的可塑性，可以是整体着色或表面着色，浇筑成型后，养护、脱模等工序同普通混凝土一样。

仿真混凝土制品多用于小别墅、仿古建筑、园林的建筑小品、桅杆以及墙壁的立面，增添田园气氛。仿真混凝土制品如图 7.16 至图 7.19 所示。

图 7.16 仿木屋

图 7.17 仿木桥

图 7.18 仿木亭

图 7.19 假山制品（仿真太行石）

(5)再造石装饰制品

再造石制品是以水泥为胶凝材料、天然石渣为骨料通过模具成型的新型装饰制品，它具有较强的石材质感和艺术效果。再造石装饰制品在发挥水泥制品经济耐久的特点下，从设计到制作都进行了改革，形成了一套全新的工艺和设计风格，使制品工艺简洁实用、艺术风格自然随意、粗犷大方、造价合理。

再造石装饰制品是以模具成型的装饰材料，它与其他模具成型的制品相同的是需要一个从设计制模到成型、脱模、整形的过程。它区别于一般的以模具成型的水泥制品的两个显著特点是：

1)简化制模程序

传统制模程序是制作泥质阳模、石膏阴模、石膏阳模、成型阴模(如金属模具、玻璃钢模具、橡胶模具)共4道工序。再造石装饰制品的模具制作为一道工序,即用特殊的道具在聚苯板上切割、雕琢、烧烫等方法制成成型阴模,它比其他的方法效率提高许多倍,成本下降,并可以表现丰富的自然效果。

2)实现水泥制品石材化、艺术化

水泥制品表现石材质感的方法很多,有的采取面层处理技术,如喷射工艺漆等。再造石装饰制品主要采用暴露骨料的工艺,将不同的石材粉碎成粒状,在制品的面层一般以1∶2.5比例配合并加适当的河沙,制作过程中稍许延长振捣时间,脱模后进行打磨,剁毛处理,力求自然粒度及疏密适宜。

再造成装饰制品自1998年在北京亚运会工程中首次使用以来,已先后在国内外几百项工程中推广应用,如北京钓鱼台国宾馆、中国历史博物馆、北京新东安市场、马达加斯加国家体育场等建筑。其中有室内外的浮雕壁画、假山、毛石、柱头、圆雕、套色艺术磨石、漏窗等。大的有近百平方米,小的有居室内陈列收藏品。再造石装饰效果如图7.20所示。

图7.20　再造石装饰制品

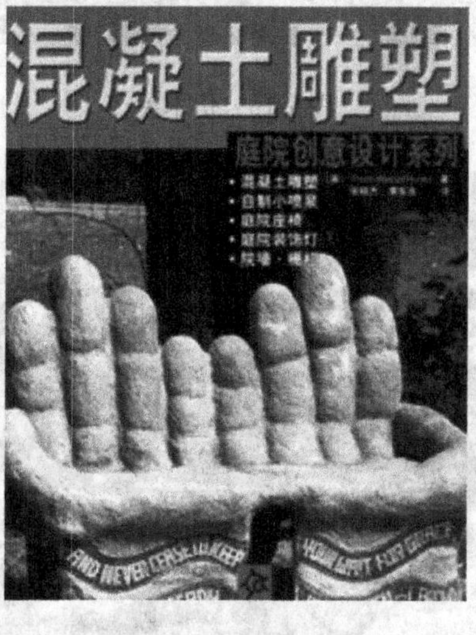

图7.21　混凝土雕塑

(6)**混凝土雕塑制品**

混凝土雕塑制品是用混凝土塑造名人塑像、童话世界中的人物、鸟、兽、园林景观以及浮雕壁挂等。德国贝多芬纪念馆的贝多芬塑像由25 t混凝土塑造而成。美国马里兰州杰曼顿一所小学校园的大型童话世界图案"爱丽思漫游奇境记"是由预制的彩色混凝土块拼成,有主人公爱丽思和小白兔,观赏效果好。英国伦敦一层住区的儿童游戏场塑造的童话人物都是用彩色混凝土制作。美国一预制构件厂把64种装饰混凝土制品巧妙地布置于喷泉、微型湖泊和数百种花草树木之间,精心建造成一个室外花园,成为一个用混凝土美化环境的试验基地和产品展销场所,颇受顾客赞赏。另一家公司用钢丝网水泥塑造人物与兽类,用丙烯纤维增强喷射混凝土制作人工湖壁和湖底,既美观又耐久。外国许多公司的假山池塘、长椅等也多采用装饰混凝土。用彩色混凝土压印或浇筑的浮雕壁挂制品质感古朴、大方。图7.21为某混凝土雕塑制品。

(7)**彩色混凝土艺术地坪**

彩色混凝土艺术地坪是一种防水、防滑、防腐的绿色环保地面装饰材料，是在未干的水泥地面上加上一层彩色混凝土（装饰混凝土），然后用专用的模具在水泥地面上压制而成。彩色混凝土艺术地坪（又称水泥压花彩色地坪）能使水泥地面永久地呈现各种色泽、图案、质感，逼真地模拟自然的材质和纹理，随心所欲地勾画各类图案，使人们轻松地实现建筑物与人文环境，自然环境和谐相处，融为一体的理想。彩色混凝土艺术地坪分为压模系列、纸模系列、喷涂系列。

压模系列是指在铺设现浇混凝土的同时，采用彩色强化剂、脱模粉、保护剂来装饰混凝土表面，以混凝土表面的色彩和凹凸质感表现天然石材、青石板、花岗岩甚至木材的视觉效果。压模系列艺术地坪如图7.22所示。

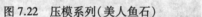

图7.22　压模系列（美人鱼石）

图7.23　纸模系列效果图

纸模系列指选好纸模模板式样，排列在新灌的水泥面上，喷洒彩色强化剂到铺好模板的区域，并铲平，干燥成形后，拉掉模板，清洗表面，然后上保护剂，便可历久弥新。纸模系列艺术地坪如图7.23所示。

喷涂系列是采用喷涂方法将喷涂材料均匀地涂布到水泥表面，把灰暗的水泥表面变成光洁的，色彩明快的，有特殊纹理或图案的效果。该系列标准色可组合调制出无数种颜色，且价格低廉，施工方便，适用于大面积使用。喷涂地面具有耐磨、耐久、防水、防滑等特性，其使用寿命很长，地面至少保用20年，墙面的寿命更长，而且，在日晒雨淋的情况下不会脱落、褪色，还可以为水泥墙面增添防水性能，并能解决游泳池的渗水问题。

(8)**清水混凝土**

清水混凝土建筑作为一种建筑表现形式，最早出现于20世纪60年代的日本，成功应用始于20世纪80年代后期，以后逐渐出现在德国、美国等欧美国家，从而成为了一种新的建筑流派。日本是世界上最早采用这一建筑形式的国家，采用这种设计方案的第一个建筑是日本奥林匹克体育场，引起了建筑界的轰动。但是，由于当时尚未出现防止混凝土潮湿变色的工艺和相对应的耐久性很好的涂料，而且当时的施工工艺是将涂料的成分掺入混凝土内，混凝土表面像被雨淋湿一样的变黑，并且当时市面上只有丙烯酸树脂及聚氨酯树脂涂料，其耐久性有限，经过几年后混凝土表面变黄，因此这种设计的流行时间很短。20世纪80年代中后期，日本建筑师安藤忠雄在东京的一座建筑上率先挑战和创造这一新的建筑形式，并一举获得成功，成为世界知名的建筑大师(安藤先生的许多作品多以崇尚自然,追求质朴无华、返朴归真的理念,清水混凝土是其作品中较为突出的一种追求自然与人和谐的形式)。之后,日本许多建筑师纷纷效仿,从而引发了素混凝土设计和应用的第二次高潮,清水混凝土风格在日本乃至世界上许多国家越来越被人们推崇、接受。为什么20世纪80年代后期的应用获得成功,主要原因是开发了防止潮湿变色的AC涂料新品种,并且采用了常温固化型氟碳树脂涂料,从而使清水混凝土建筑可以维持10~20年不被破坏。

混凝土饰面的色彩大致可以分为两大类:彩色和灰色。彩色类是在混凝土中加颜色添加剂,根据颜料色彩的不同可形成黄、绿、紫等各种彩色混凝土。水泥则一般使用白水泥。灰色类根据水泥的种类、骨料的种类和色调可调配出从浅到深的不同层次的灰色调。层次丰富的灰色正是混凝土饰面的魅力所在。从近似铝合金的银灰色到近似砖瓦的深灰色,加上丰富多彩的纹理和质感,使混凝土饰面能与其他材料相协调。清水混凝土装饰效果如图7.24所示。

图7.24　清水混凝土

7.3　砂浆的概述

砂浆是由胶结材料、细骨料和水,有时也掺入某些外掺材料,按一定比例配合调制而成,与混凝土相比,无粗骨料,所以它又可以看作是一种细骨料混凝土。

建筑砂浆按照所用的胶凝材料分为:水泥砂浆、石灰砂浆、石膏砂浆、混合砂浆、聚合物砂浆等。常用的混合砂浆有水泥石灰砂浆、水泥黏土砂浆和石灰黏土砂浆。

根据砂浆的主要功能分为:砌筑砂浆、抹面砂浆以及具有特殊功能的保温砂浆、吸声砂浆、防水砂浆、防腐蚀砂浆、耐酸砂浆、装饰砂浆等。

砂浆在建筑工程中用途广泛,用量也大,其主要用途是:将砖、石及砌块等建材制品黏结成整体;用作管道、大板等接头或接缝材料;用于室内外的基础、墙壁、梁柱、地板和天棚等的表面抹灰;作为粘贴大理石、瓷砖、贴面砖、水磨石、马赛克等饰面层的黏结材料;配制成具有特殊功能(保温、吸声、防水、防腐、装饰等)的特殊砂浆。

建筑砂浆主要分为砌筑砂浆、抹面砂浆。砌筑砂浆是将砖、石、砌体等黏结成为砌体的砂浆;抹面砂浆是涂抹在建筑物或建筑构件表面,兼有保护基层,满足使用要求和增加美观的作用。装饰砂浆也属于抹面砂浆。本节主要对砌筑砂浆和普通抹面砂浆作简单介绍,装饰砂浆在下节中讨论。

7.3.1　砂浆组成材料

砂浆主要由胶结材料、细集料、水及必要时加入的外加剂、掺合料等组成。

(1)胶凝材料

常用的胶凝材料有水泥、石灰、有机聚合物等。胶凝材料的品种应根据砂浆的使用环境和用途来选择,对于干燥环境下的结构物,可以选用气硬性胶凝材料,如石灰、石膏等;处于潮湿环境或水中的砂浆,则必须选用水硬性胶凝材料,即水泥。为了提高砂浆与基层材料黏结力,还可以在水泥砂浆中掺入有机聚合物。

1)水泥

常用的水泥品种都可用来配制砂浆,水泥品种选择与混凝土相同。通常对砂浆的强度要求并不很高,一般采用中等强度等级的水泥就能够满足要求。配制砌筑砂浆用水泥的强度等级应根据设计要求进行选择。水泥砂浆采用的水泥,其强度等级不宜大于 32.5 级;水泥混合砂浆采用水泥的强度等级不宜大于 42.5 级。如果水泥强度等级过高,可适当掺入掺合料。

2)石灰

为了改善砂浆的和易性和节约水泥,常在砂浆中掺入适量的石灰。配制石灰砂浆和水泥石灰混合砂浆时,所用石灰都需要经过熟化后使用。生石灰熟化成石灰膏时,应用孔径不大于 3 mm×3 mm 的网过滤。熟化时间不得少于 7 d,用于抹灰砂浆不得少于 30 d;磨细生石灰粉的熟化时间不得小于 2 d。沉淀池中的贮存的石灰膏,应采取防止干燥、冻结和污染的措施,严禁使用脱水硬化的石灰膏,消石灰粉不得直接用于砌筑砂浆中。

3)石膏

石膏可以掺入石灰砂浆中,以改善石灰砂浆的性质,以石膏配制的石膏砂浆可以用作高级抹灰层。石膏砂浆具有调温调湿作用(因为石膏热容量大,吸湿性大),且粉刷后的表面光滑、细腻、洁白美观。

4)聚合物

由于聚合物为链型或体型高分子化合物,且黏性好,在砂浆中可呈膜状大面积分布,因此可提高砂浆的黏结性、韧性和抗冲击性。同时也有利于提高砂浆的抗渗、抗碳化等耐久性能,但是可能会使砂浆的抗压强度下降,常用的聚合物有聚乙烯醇缩甲醛(107 胶)、聚醋酸乙烯乳液、甲基纤维素醚、聚酯树脂、环氧树脂等。

(2)掺合料

在施工现场为改善砂浆的和易性,节约胶凝材料用量,降低砂浆成本,在配制砂浆时可掺入石灰膏、电石膏、粉煤灰、黏土膏等掺加料。石灰的要求同前。采用黏土或亚黏土制备黏土膏时,宜采用搅拌机加水搅拌,通过孔径不大于 3 mm×3 mm 的网过筛。用比色法鉴定黏土中的有机物含量时应浅于标准色。制作电石膏的电石渣应用孔径不大于 3 mm×3 mm 的网过滤,检验时应加热至 70 ℃并保持 20 min,没有乙炔气味后,方可使用。粉煤灰的品质指标和磨细生石灰的品质指标应符合国家标准《用于水泥和混凝土中的粉煤灰》(GB 1596—2005)及行业标准《建筑生石粉》(JC/T 479—2013)的要求。石灰膏、黏土膏和电石膏试配时的稠度,应为

(120±5) mm。

(3)细骨料

配制建筑砂浆的细骨料常用的是天然砂,砂浆用砂除应符合混凝土用砂的技术要求外,还要注意下面两点:

1)砂的最大粒径的限制

理论上不应超过砂浆层厚度的1/5~1/4。例如砖砌体用砂宜选用中砂,最大粒径不大于2.36 mm为宜;石砌体用砂宜选用粗砂,砂的最大粒径以不大于4.75 mm为宜;光滑的抹面及勾缝的砂浆宜采用细砂,其最大粒径不大于1.18 mm为宜。

2)砂的含泥量的规定

砌筑砂浆的砂含泥量不应超过5%,强度等级为M2.5的水泥混合砂浆用砂的含泥量不应超过10%,配制高强度砂浆时,为保证砂浆质量应选用洁净的砂。

(4)水

拌制砂浆用水与混凝土拌和用水的要求相同,均需满足《混凝土拌和用水标准》(JGJ 63—2006)的规定。

(5)外加剂及其他材料

为改善砂浆的和易性、保温性、防水性、抗裂性等性能,或改善装饰效果,常在砂浆中掺入外加剂。水泥黏土砂浆中不得掺入有机塑化剂。

若掺入塑化剂(微沫剂、减水剂、泡沫剂等)可以提高砂浆的和易性、抗裂性、抗冻性及保温性,减少用水量,还可以代替大量石灰。塑化剂有皂化松香、纸浆废液、硫酸盐酒精废液等。掺量由试验确定。

若掺入石棉纤维、玻璃纤维等材料可以提高砂浆的抗拉强度、抗裂性。

若掺入膨胀珍珠岩砂或引气剂等可以提高砂浆保温性。

若掺入防水剂,可以提高砂浆的防水性和抗渗性等,若掺入氯化钠、氯化钙可以提高冬季施工砂浆的抗冻性。

7.3.2 砂浆的主要技术性质

砂浆与混凝土相比,只是在组成上没有粗骨料,因此,有关混凝土性质的规律,如和易性和强度理论等,大都适用于砂浆,但必须注意到,砂浆在使用中常为一薄层,并且在建筑中大多是涂铺在多孔而吸水的基底上,由于这些应用上的特点,对砂浆性质的要求及影响因素与混凝土不尽相同。

建筑砂浆的主要技术性质包括新拌砂浆的和易性、硬化后砂浆的强度、黏结性和收缩等。

(1)新拌砂浆的性质

新拌砂浆与新拌混凝土一样,必须具有良好的和易性。和易性良好的砂浆,不仅在运输和施工过程中不易产生分层、离析现象,而且容易在砖石基底上铺成均匀的薄层,并能与基底紧密黏结,砂浆和易性的好坏,主要取决于它的流动性和保水性。

1)流动性

砂浆的流动性也称稠度,是指在自重或外力作用下是否易于流动的性能。

施工时,砌筑砂浆铺设在粗糙不平的砖、石砌块表面上,需要能很好地铺成均匀密实的砂浆层;抹面砂浆要能很好地抹成均匀薄层,采用喷涂施工还需要泵送砂浆,这些都需要砂浆具有一定流动性。

砂浆的流动性一般可由施工操作经验来掌握,也可在实验室中,用砂浆稠度仪测定其稠度值(即沉入量)来表示砂浆的流动性。

影响砂浆流动性的因素与混凝土相同,即胶凝材料种类和用量,用水量,细骨料种类、颗粒粗细、形状、级配、用量,塑化剂种类、用量,掺合料用量以及搅拌时间等。

砂浆流动性的选择与砌体材料种类、施工方法以及天气情况有关,砌筑多孔吸水的砌体材料,要求砂浆的流动性比砌筑密实不吸水砌体材料的大些,天气潮湿或寒冷时施工则可采用较小值,一般情况可参考表7.9和表7.10选择。

表7.9　砌筑砂浆的流动性要求

砌体种类	砂浆稠度/mm
烧结普通砖砌体	70~90
石砌体	30~50
轻骨料混凝土小型空心砌块砌体	60~90
烧结多孔砖、空心砖砌体	60~80
烧结多孔砖平拱式过梁 空心墙,筒拱	50~70
普通混凝土小型空心砌块砌体	
加气混凝土砌块砌体	

表7.10　抹面砂浆流动性要求(稠度/mm)

抹灰工程	机械施工	手工操作
准备层	80~90	110~120
底层	70~90	70~80
面层	70~90	90~100
石膏浆面层	—	90~120

2)保水性

砂浆保水性是指砂浆保存水分的能力,也表示砂浆中各组成材料不易分离的性质。保水性不好的砂浆,在运输过程中容易泌水离析,砌筑时水分易被表面所吸收,砂浆变得干涩,难于铺摊均匀,也影响胶凝材料的正常硬化,而且与底面黏结不牢,致使砌体质量不良。同时,为了保证砌体质量,要求砂浆具有良好的保水性。

砂浆的保水性用分层度表示,测定时将搅拌均匀的砂浆测其沉入度后,装入分层度桶内,静置30 min,去掉上节20 mm砂浆,剩余的10 mm砂浆取出放在拌和桶内拌2 min,再按规定的稠度试验方法测其稠度,两次结果的差值即为分层度值。保水性良好的砂浆分层度较小,一般分层度为10~20 mm的砂浆,砌筑与抹面均可使用,砌筑砂浆的分层度不得大于30 mm。

若分层度太小,说明保水性很强,上下无分层现象,但这种情况往往是胶凝材料用量过多或者砂过细，致使砂浆干缩值大，尤其不宜作抹灰砂浆；若分层度太大，说明保水性不良，水分上升，砂及水泥颗粒等重质成分沉降较多，易产生离析，不便施工。

砂浆保水性的优劣与材料组成有关，如果砂浆中砂和水用量过大，胶凝材料不足，则砂浆保水性就不好，若掺入适量的保水性良好的无机掺合料，如石灰膏、黏土膏或粉状工业废料等，则砂浆保水性可得到显著改善，如果砂子过粗，易于下沉，使水分上浮，也容易分层离析。在砂浆中掺入塑化剂或引气剂，可以有效地改善砂浆的流动性、保水性，与混凝土相似。

(2)硬化砂浆的性质

1)抗压强度与强度等级

砂浆强度等级是以 70.7 mm×70.7 mm×70.7 mm 的 3 个立方体试块。按标准条件养护至 28 d 的抗压强度代表值确定。根据《砌筑砂浆配合比设计规程》(JGJ/T 98—2010)的规定，砂浆的强度等级分为 M2.5、M5、M7.5、M10、M15、M20 等 6 个等级。

实际工作中，多根据具体的组成材料，采用试配的办法，经过试验确定其抗压强度，因为影响砂浆抗压强度的因素较多，其组成材料的种类也较多。因此，很难用简单的公式准确地计算出其抗压强度，但一般可按下面两种情况考虑。

①当基底为不吸水材料(如致密的石材)时，则砂浆的强度与混凝土相似，主要取决于水泥强度和水灰比，即砂浆的强度与水泥强度和灰水比成正比关系。

②当基底为吸水材料(如砖、砌块等多孔材料)由于基体的吸水性较强，即使砂浆用水量不同但因砂浆具有一定保水性能，经过吸水后保留在砂浆中的水分几乎是相同的。因此，砂浆的强度主要取决于水泥强度及水泥用量，而与水灰比无关，其强度计算公式如下：

$$f_{m,0} = \frac{\alpha Q_c f_{ce}}{1\,000} + \beta \tag{7.10}$$

式中 $f_{m,0}$——砂浆 28 d 抗压强度，MPa；

f_{ce}——水泥的实测强度，MPa；

Q_c——每立方体砂浆中水泥用量，kg/m^3；

α、β——砂浆特征系数，其中 $\alpha = 3.03$，$\beta = -15.09$。

2)黏结性

由于砖、石、砌块等材料是靠砂浆黏结成一个坚固整体并传递荷载的。因此，要求砂浆与基材之间应有一定的黏结强度。黏结力的大小直接影响整个砌体的强度、耐久性、稳定性和抗震能力。

一般来说，砂浆的黏结力，随着抗压强度的增大而提高。此外，也与砌体材料的表面状态、清洁程度、润湿情况以及施工养护条件有关，如砖表面不沾黏土，先喷水湿润，就可以提高砂浆与砖之间的黏结力，加入聚合物也可使砂浆的黏结力大为提高。

3)变形

砂浆在承受荷载或温度、湿度条件变化时，容易变形。如果变形过大或变形不均匀，就会降低砌体及抹面层的质量，引起沉陷或开裂。若使用轻骨料(如炉渣)拌制砂浆或是混合材料掺量太多也会造成砂浆的收缩变形过大，为了防止抹面砂浆因收缩变形不均匀而开裂，可在砂浆中掺入麻刀、纸筋等纤维材料。

7.3.3　砌筑砂浆

(1)砌筑砂浆强度等级的选择

砌筑砂浆在砌体中,主要起传递外力的作用,砌体强度主要取决于砖、石或砌块等建材制品本身的强度,但砂浆层所处的状态不同,对砌体强度影响的大小也不一样,一般砂浆强度降低 30%~35%时,砌体强度将降低 5%~7%,选择砂浆强度等级,主要考虑砌体受力大小,所处环境及工程的重要性,一般由设计决定。

(2)砌筑砂浆种类选择

根据砂浆使用环境和强度指标来确定砂浆的种类。目前常用的砌筑砂浆,主要有水泥混合砂浆和水泥砂浆两类。水泥砂浆适用于潮湿环境、水中以及要求砂浆强度等级较高的工程,当砂浆强度等级不高,水泥用量少时,砂浆和易性差,为保证和易性,往往浪费水泥。因此,采用掺入掺合料制成水泥混合砂浆满足使用要求。

常用水泥砂浆配合比可参考有关手册选择后通过试验确定,常用混合砂浆配合比按照规范计算后通过试验确定。

7.3.4　普通抹面砂浆

普通抹面砂浆对建筑物和墙体起到保护作用。它可以抵抗风、雨、雪等自然环境的侵蚀,并提高建筑物的耐久性,同时经过抹面的建筑物表面或墙面又可以达到平整、光滑、美观的效果。

常用的普通抹面砂浆有水泥砂浆、石灰砂浆、水泥混合砂浆、麻刀石灰砂浆(简称麻刀灰)、纸筋砂浆(简称纸筋灰)等。

普通抹面砂浆通常分为两层或三层进行施工。底层抹灰的作用是使砂浆与基底能牢固地黏结,因此要求底层砂浆具有良好的和易性、保水性和较好的黏结强度。中层抹灰主要是找平,有时可省略。面层抹灰是为了获得平整,光滑的表面效果。各层抹灰面的作用和要求不同,因此,每层所选用的砂浆也不一样,同时不同的基底材料和工程部位,对砂浆技术性能要求也不同,这也是选择砂浆种类的主要依据。

水泥砂浆宜用于潮湿或强度要求较高的部位,混合砂浆多用于室内底层或中层或面层抹灰,石灰砂浆、麻刀灰、纸筋灰多用于室内中层或面层抹灰,水泥砂浆不得涂抹在石灰砂浆层上。

常用抹面砂浆配合比可参考有关手册选择。

7.4　装饰砂浆

7.4.1　装饰砂浆概况

装饰砂浆是通过选用材料及操作工艺等方面的改进,使抹面砂浆具有不同的质感、纹理及色泽效果,用于室内、外墙面及地面的饰面装饰工程中。

根据所用材料和处理方法的不同,一般分为水泥砂浆类饰面及石粒类饰面。水泥砂浆类饰面是通过着色或表面形态的艺术加工获得装饰效果。这种以水泥、石灰及其砂浆为主,形成的饰面装饰做法主要优点是:材料来源广泛、施工操作方便、造价比较低廉,而且通过适当的工艺方法,可以形成许多不同的饰面装饰效果。但也存在工效低、湿作业量大、易开裂、易变色等问题。近年来,随着材料及工艺发展有所改善。

石粒类饰面(或称石渣类)饰面是以水泥为胶结材料,以石粒为集料的水泥石粒浆涂抹于装饰面,然后采用水洗、斧剁或湿磨等工艺除去表面水泥浆皮,露出以石粒的颜色、质感为主的一种饰面效果。石粒类装饰饰面与砂浆类装饰饰面不同,它是靠石渣的颗粒形态及其自然色彩来取得装饰的效果,色泽较为明亮,质感相对丰富,耐久性和耐污染性都较为优异,其不足之处是操作技术较为复杂、湿作业量大,但随着机喷石屑的出现,传统做法的缺点基本上得以克服。

7.4.2 装饰砂浆组成材料

(1)胶凝材料

装饰材料所用胶结材料与普通砂浆基本相同,在此不再赘述。

(2)砂、石骨料

1)砂

①普通砂:要求颗粒坚硬洁净,使用前应过筛,不得含有杂物、碱质或其他有机物。

②石英砂:石英砂分天然石英砂、人造石英砂和机制石英砂3种。人造石英砂和机制石英砂是将石英砂加以焙烧,经人工或机械破碎筛分而成,它们比天然石英砂质量好,纯净且二氧化硅含量高。除用于装饰工程外,石英砂可用于配制耐腐蚀砂浆。

③彩釉砂:它是由各种不同粒径的石英砂或白云石粒加颜料焙烧后,再经化学处理而制得的,在高温80 ℃、零下20 ℃下不变色,且具有防酸耐碱性能。

④着色砂:它是石英砂或白云石细粒表面进行人工着色而制得,着色多采用矿物颜料。

2)石料

①石粒(或称石子、石米、色石渣),由天然大理石、白云石、方解石和花岗岩等石材经破碎加工而成,具有各种色泽,可用于水磨石和水刷石、干粘石等装饰抹灰的骨料。规格有:大二分(粒径约20 mm)、一分半(粒径约15 mm)、大八厘(粒径约8 mm)、中八厘(粒径约6 mm)、小八厘(粒径约4 mm)、米粒石(粒径约2 mm)。

②砾石(或称豆石):特细卵石,是自然风化形成的石子、粒径为5~12 mm,主要用于水刷石面层及楼地面、细石混凝土面层等。

③石屑:是粒径比石粒和砾石更小的细骨料,主要用于配制外墙喷涂饰面的聚合物水泥砂浆,常用的有松香石屑、白云石屑等。

3)彩色瓷粒

以石英、长石和瓷土为主要原料烧制而成,粒径为1.2~3.0 mm,色泽多样。用彩色瓷粒代替石粒做外墙饰面,即用水泥砂浆彩色瓷粒后表面再施以罩面涂料,可取得色彩艳丽的外观效果,并具有大气稳定性好、颗粒小和表面均匀等优点。

(3)纤维材料

麻刀、纸筋、玻璃丝和草秸等纤维材料,在抹灰工程中起黏结和骨架作用,提高抹灰层的抗拉强度,增加抹灰层的弹性和耐久性,使抹灰层不易产生裂缝和剥落。其中麻刀即为细碎麻丝，要求坚韧、干燥、不含杂质，使用时剪成 20~30 mm 长并敲打松散，纸筋常以粗草纸泡制，分干纸筋和湿纸筋两种，使用方法有所区别，玻璃丝是制作合成纤维的下脚料，抹灰用的玻璃丝要剪成 10 mm 左右，草秸一般是将稻草或麦秸断成 50 mm 左右长段，经石灰水浸泡处理15 d 后使用。

7.4.3　水泥砂浆类装饰饰面

(1)拉毛灰

拉毛装饰抹灰是在水泥砂浆或水泥混合砂浆的底、中层抹灰完成后，在其上面涂抹水泥混合砂浆或纸筋石灰浆等，用抹子或硬毛鬃刷等工具将砂浆拉出波纹或突起的毛头面做成装饰面层，拉毛灰饰面较适用于有音响要求的礼堂、影剧院等室内墙面，也常用于外墙面，阳光栏板或围墙等外饰面。

拉毛灰的基体处理与一般抹灰相同，其底层与中层抹灰要根据基体的不同及罩面拉毛灰的不同而采用不同的砂浆。如纸筋石灰罩面拉毛，其底、中层抹灰使用 1∶0.5∶4 的水泥石灰砂浆，各层厚度均 7 mm 左右；其纸筋石灰面层厚度由拉毛长度决定，一般为 4~20 mm。水泥石灰砂浆拉毛的底、中层抹灰一般采用 1∶3 水泥砂浆或 1∶1∶6 水泥石灰砂浆。条筋形拉毛的底、中层抹灰，采用 1∶1∶6 水泥石灰砂浆，面层使用 1∶0.5∶1 的水泥石灰砂浆。条筋形拉毛需采用特制的刷具进行拉条操作，条筋突出拉毛面 2~3 mm，宽 20 mm，间距 30 mm，拉出的条筋在稍干时，要用钢皮抹子略作压平处理。

(2)洒毛灰

洒毛灰饰面与拉毛工艺相近，是用毛柴帚蘸罩面砂浆洒在抹灰中层上，形成大小不一但又具有一定规律的毛面。洒毛面层通常用 1∶1 水泥砂浆洒在带色的中层上，操作时应一次成活，不能补洒，在一个平面上不留接搓。基本做法是用 1∶3 水泥砂浆抹底层和中层，共厚 15 mm。浇水养护，用毛柴帚将 1∶0.5∶0.5 水泥石灰砂浆或 1∶1 水泥砂浆洒出云头状毛面，浆块大小要适中（直径为 10~20 mm），厚度 6~8 mm。面层洒毛稍干时用铁抹子轻轻压平毛尖。洒毛粉刷饰面分层做法如图 7.25 所示。

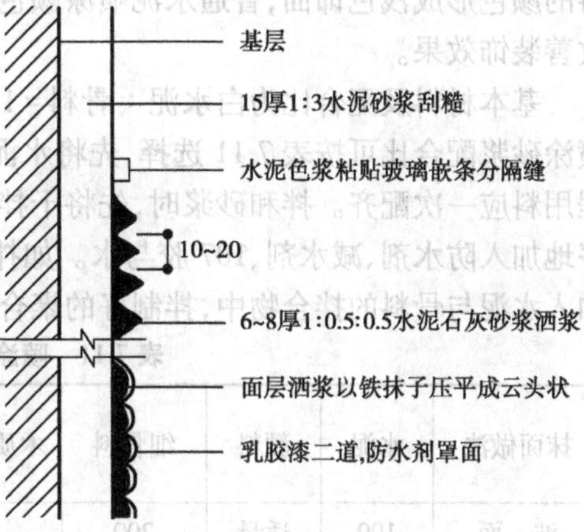

图 7.25　洒毛粉刷饰面分层做法

(3)扫毛(仿石)灰

扫毛仿石工艺是把建筑物表面进行水泥砂浆抹灰后，在其面层砂浆凝固前，用毛柴帚扫毛，追求天然石材的细琢面效果。底、中层砂浆配合比，室外用 1∶3 水泥砂浆；室内用1∶1∶6 水泥石灰砂浆，共厚 15 mm。面层用 1∶0.3∶4 水泥石灰膏砂浆，厚 10 mm。用铁抹子或木抹子按分格条抹面层。面层灰浆稍收水后，按设计图案逐格扫出仿石纹理。扫毛时，面层砂浆干湿程度应适当。用短直尺作为毛柴帚的引条，扫毛方向按分格变化，形成较自然的效果，扫好条纹后，立即取出分格条，随之将分格缝飞边砂粒清除干净，并用素水泥浆勾好缝，面层砂浆凝固后扫去浮砂。待面层干燥，可用浅色乳胶涂刷两遍，相邻分格可分别采用不同颜色，也可选用其他油漆涂料涂刷。

(4)拉条装饰抹灰

根据设计要求,利用滚压模具在墙面抹灰的面层砂浆上进行竖向拉动操作,使抹灰表面呈规则的细条、粗条、半圆条、波形条和梯形条等图案效果。具有一定的吸声和装饰作用,较传统的拉毛抹灰成本低并不易积尘。

拉条抹灰的底层抹灰做法与一般抹灰相同,黏结层和面层则需根据条型面采用不同的砂浆。如拉细条时,黏结层和罩面可采用同一种 1 : 2 : 0.5(水泥 : 细砂 : 细纸筋石灰)混合砂浆。拉粗条时,黏结层用 1 : 2.5 : 0.55(水泥 : 中粗砂 : 细纸筋石灰)混合砂浆,罩面层用 1 : 0.5(水泥 : 细纸筋石灰)水泥石灰浆进行拉条。

在底灰达到 6~7 成干时洒水润湿,抹黏结层砂浆,用模具沿导轨(事先粘稳靠尺板作拉条导轨)拉出线条,然后薄抹一层罩面灰浆,再重复拉线条,应保证线条的垂直、平正、深浅一致、密实光滑。

为改善砂浆性能,防止因砂子太少易造成开裂的质量通病,可在砂浆中掺入适量的 107 胶。

(5)聚合物水泥砂浆喷涂

采用挤压灰浆泵或喷斗,将聚合物水泥彩色砂浆喷涂于墙面,形成装饰抹灰的效果,此种做法按材料分,有白水泥喷涂与普通水泥掺石灰膏喷涂;按质感分,有表面灰浆饱满并呈波纹状的波面喷涂及表面布满点状颗粒的粒状喷涂。白水泥喷涂,可以掺加适量着色颜料或靠骨料的颜色形成浅色饰面,普通水泥喷涂颜色较暗而装饰效果差,故宜掺入石灰膏作浅色饰面以改善装饰效果。

基本材料及配合比为白水泥 : 骨料 = 1 : 2 或普通水泥 : 石灰膏 : 骨料 = 1 : 1 : 4。外墙喷涂砂浆配合比可按表 7.11 选择,先将水泥与颜料按配合比干拌均匀,装入纸袋备用,整个工程用料应一次配齐。拌和砂浆时,先将干拌均匀的水泥颜料与骨料干拌均匀后,再边搅拌边顺序地加入防水剂、减水剂、107 胶与水。如拌制水泥混合砂浆,应先将石灰膏用少量水消解,再加入水泥与骨料的拌合物中,拌制好的聚合物砂浆应在半日内用完。

表 7.11　喷涂砂浆配合比(质量比)

抹面做法	水泥	颜料	细骨料	木质素磺酸钙	聚乙烯醇缩甲醛胶	石灰膏	砂浆稠度 /mm
波　面	100	适量	200	0.3	10~15	—	130~140
波　面	100	适量	200	0.3	20	100	130~140
粒　状	100	适量	200	0.3	10	—	100~110
粒　状	100	适量	200	0.3	20	100	100~110

基层处理及底、中层做法与一般抹灰相同。面层喷涂前按设计要求分格,并在分格线位置用 107 胶水溶液粘贴胶布条,再喷面层或刷一遍 1 : 2~3 的 107 胶水溶液。

粒状喷涂时,喷枪嘴距墙面 30~50 cm。喷枪头与墙面垂直。波面喷涂时,喷枪嘴距墙面 50~100 cm,必须喷至全部出浆不流为止,连续喷涂不中断,在一个分隔内一气呵成。继续喷涂另一分格时,应遮挡已完成的饰面。粒状喷涂应三遍成活,以表面布满砂浆颗粒颜色均匀为准,采用喷斗可做粒状喷涂,但由于其出灰量较小,故不宜用于波面喷涂。

喷涂层的总厚度宜为3 mm左右。在各遍喷涂过程中如出现局部流淌,注意及时用木抹子抹平或刮掉重喷。施工中如间断停歇超过水泥凝结时间或是在喷涂完成后,应注意将输送系统的砂浆排净,并用加压水洗净。

喷涂完成24 h后,再喷一道防水剂(有机硅∶水=1∶9),以利于保持饰面色泽的耐久。

7.4.4 石粒类装饰饰面

(1)水刷石

1)基层处理及底、中层抹灰

水刷石饰面总厚度比一般抹灰要厚,若基层处理不好,装饰层易产生空鼓或坠裂,需认真清除基体表面的所有污垢,油渍及疏松部分,充分浇水湿润。底、中层砂浆用1∶3水泥砂浆,两遍成活,总厚度约为12 mm。

2)水刷石面层施工

①抹水泥石粒浆

待中层砂浆6~7成干时,按设计要求弹线分格,并粘贴分格条,然后根据中层抹灰的干燥程度浇水湿润。用铁抹子满刮水灰比为0.37~0.40(内掺水泥质量5%的107胶)的聚合物水泥浆一道,随即抹面层水泥石粒浆。

面层水泥石粒浆的批抹厚度通常是根据所用石粒确定,一般为石粒粒径的2.5倍。水泥石粒浆(或水泥石膏石粒浆)的稠度应为5~7 cm。要用铁抹子一次抹平,随拌随压紧、揉平,但也不宜把石粒压得过于紧固。每一个分格内均应从下边抹起,每抹完一格即用直尺检查其平整度,凹凸处及时修理并将露出平面的石粒轻轻拍平。

②修整

罩面层稍干无水点时,先用铁抹子抹压一遍,将小孔洞压实、挤严。然后用软毛刷蘸水刷去表面灰浆,并用抹子轻轻拍压。水刷石罩面分遍拍平压实,使石粒紧密并均匀分布。

③喷水冲刷

当罩面层凝结后,即可开始喷水冲刷第一遍,先用软毛刷蘸水刷水泥浆露出石粒;第二遍随即用手压喷浆机或喷雾器将四周相邻部位喷湿,然后由上往下顺序喷水。喷射要均匀,喷头距墙面10~20 cm。将面层表面及石粒间的水泥浆冲出,使石粒露出表面1/3~1/2粒径,达到清晰可见。冲刷时要做好排水工作,可分段抹上阻水的水泥浆挡水(水泥浆处粘贴油毡将水外排),使水不直接顺墙面下淌。

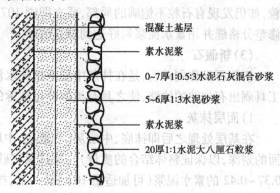

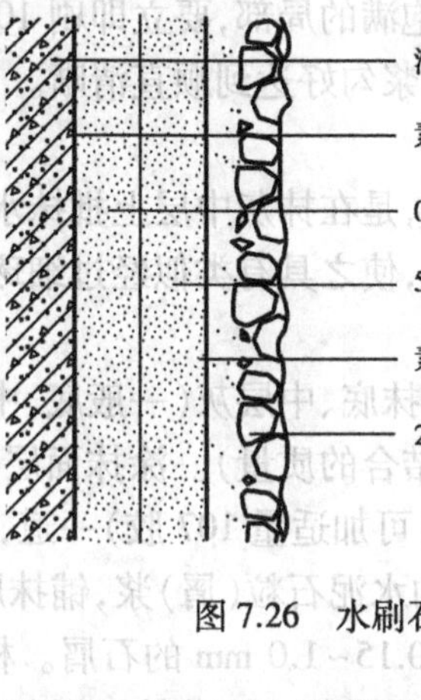

图7.26 水刷石分层做法

喷刷后即可起出分格条,刷光清理分格缝角,并用水泥浆勾缝。水刷石分层做法如图7.26所示。

(2)干粘石

干粘石是将彩色石粒直接粘在砂浆层上的一种装饰抹灰做法,随着107胶在建筑抹灰饰面中的应用,在传统的干粘石粒径砂浆中掺入适量的107胶,使黏结层砂浆厚度减薄,并提高了黏结质量。干粘石通常采用淡绿、橘红和黑白石粒或几种颜色石粒掺合作骨料,具有天然石料质地朴实、色彩丰富的特点,而且操作简便,造价低廉,适宜于建筑外墙面及各种局部饰面。

干粘石的基层处理及底、中层抹灰要求与水刷石相同;其分格缝宽度一般不小于20 mm,只起线型作用可适当略减。

1)抹黏结层砂浆

先根据中层砂浆的干湿程度洒水湿润,然后刷水泥浆一道,接着涂抹黏结层砂浆,其稠度不大于8 cm。黏结层砂浆配合比,可用水泥∶砂∶107胶=100∶150∶10~15,厚度根据石粒的粒径而定,一般为4~6 mm。要求涂抹平整,不显抹痕,按分格大小,一次抹一块或数块,避免在格内甩搓。

2)甩粘石粒与拍平

抹完黏结层三遍后,待其干湿适宜时即用手甩石粒,一手拿盛料盘,内盛洗净晾干的石粒(干粘石多采用小八厘石渣,过4 mm筛去掉粉末杂质),一手拿木拍,用拍铲起石粒反手往黏结层上甩。甩射面要大,平稳有力。先甩四周易干部位,后甩中部。要使石粒均匀地嵌入黏结层砂浆中。如发现有不匀或过干稀疏的现象,应用抹子和手直接补贴。

在黏结砂浆表面均匀地粘上一层石粒后,用抹子或橡胶滚轻压一遍,使石粒嵌入砂浆的深度不小于1/2粒径,拍压后石粒应平整坚实。等候10~15 min,待灰浆稍干时,再作第二次拍平,用力稍强,但仍以轻拍和不挤出灰浆为宜。如有石粒下坠、不均匀、外露尖角太多或面层不平等不合格之处,应再一次补贴和拍压,但时间不要超过45 min,即在水泥开始凝结前结束操作。

3)起分格条与修整

干粘石饰面达到表面平整,石渣饱满时,即可起出分格条。起分格条时需注意不要碰掉石粒,如仍发现有石粒不饱满的局部,要立即刷107胶水溶液再补齐石粒。起出分格条后,随手修整分格缝并用素水泥浆勾好达到顺直清晰。

(3)斩假石

斩假石又称剁斧石,是在抹灰中层上批抹水泥石粒浆,待其硬化后用剁斧、齿斧及钢凿等工具剁出有规律的纹路,使之具有类似经过细琢的天然石材的表面形态,即为斩(錾)假石。

1)面层抹灰

在基层处理之后即抹底、中层灰(一般底、中层多采用1∶2~3水泥砂浆,注意各抹灰层表面的划深,以保证整体结合的质量)。涂抹面层砂浆前要洒水湿润中层抹灰,并满刮水灰比为0.37~0.42的素水泥浆(可加适量107胶)一道,按设计要求分格弹线,粘贴分格条。

面层采用1∶2.5的水泥石粒(屑)浆,铺抹厚度为10~11 mm,石粒为2 mm左右粒径的半粒石,内掺30%粒径为0.15~1.0 mm的石屑。材料应统一制备,干拌均匀后待用。

罩面操作一般分两次进行。先薄抹一层灰浆,稍收水后再抹一遍灰浆与分格条齐平,用刮尺赶平,然后再用木抹子横竖反复压实,达到表面平整,阴阳角方正。最后用软质扫帚顺剁纹清扫一遍。面层抹灰完成后,不能受到烈日暴晒或遭冰冻,且须进行养护,养护时间根据环境气温而定,常温下(15~30 ℃)养护2~3 d,气温较低时(5~15 ℃)宜养护4~5 d,其强度控制在5 MPa,即水泥强度还不大,容易斩剁而石粒又剁不掉的程度为宜。

2)面层斩剁

应先试剁,以石粒不脱落为准,斩剁前要先弹顺线,线距约100 mm,以防止操作中剁纹跑斜，斩剁应保持表面湿润，以免石屑爆裂。斩假石的质感效果分点纹剁斧和花锤剁斧，由设计决定。为便于操作及增加装饰性。棱角和分格缝周边宜留 15~20 mm 的镜边，镜边也可以与天然石材的处理方式相同，改为横向剁纹。

斩假石操作应自上而下进行，先斩转角和四周边缘，后斩中部饰面。转角和四周边缘应与其边棱呈垂直方向。中间饰面斩成垂直纹。斩剁时动作要快并轻重均匀，剁纹深浅要一致。每一行随时取出分格条，同时检查分格缝内灰浆是否饱满、严实。如有缝隙和小孔，应及时用素水泥浆修补平整，一般的台口、方圆柱和简单的局部线角，操作时大多是先用斩斧将块体四周斩成平行纹圈，再将中间部分斩成棱点或垂直纹。斩假石做法如图 7.27 所示。

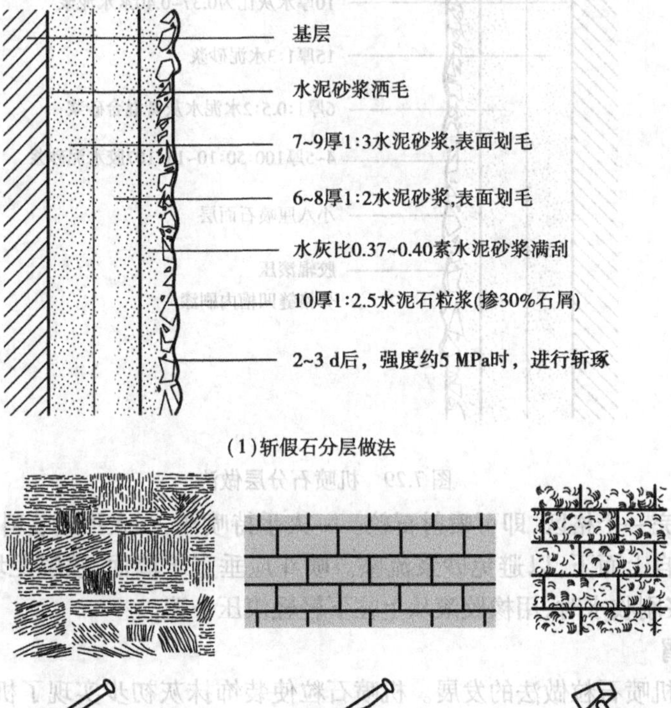

(1)斩假石分层做法

(2)斩假石的几种效果

图 7.27　斩假石示意图

斩假石装饰抹灰的另一种做法称为“拉假石”，面层采用水泥石英砂(白云石屑)浆(1∶2.5)。抹厚 8~10 mm，收水后用木抹子搓平，然后压实、压光。水泥终凝后，用抓耙依着靠尺按同一方向抓拉，划出清晰的纹理效果。拉假石做法如图 7.28 所示。

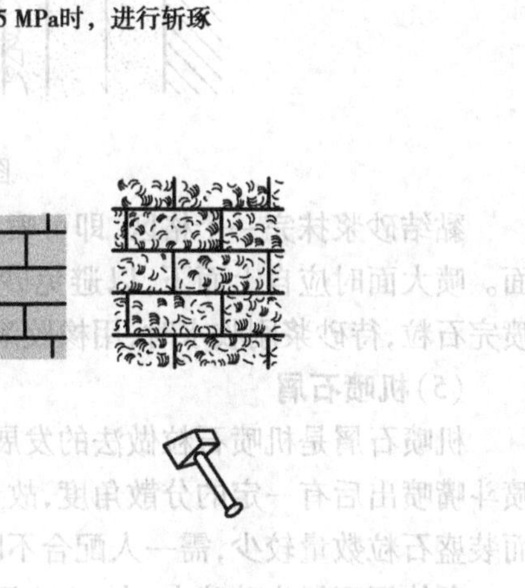

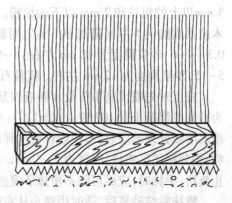

图 7.28　拉假石示意图

(4)机喷石粒

机喷石粒或称机喷石，是用压缩空气将石粒喷洒在墙面尚未硬化的素水泥浆黏结层上所形成的石粒类抹灰面装饰。它实际上是干粘石的一种机械化做法。与手工甩石相比，机喷石的黏结强度相对较低，石粒间有时会出现透底现象，但其优点是工艺先进、效率高，且操作简单，宜于大面积施工。

在墙面基层处理，浇水湿润，设计标筋，抹底层与中层灰等工序完成后，按设计要求弹分格线，贴上浸泡湿透的分格布条，用分格布条分出区格，再按区格满刮水灰比为 0.37~0.40 的素水泥浆，接着涂抹配合比为水泥：砂：107 胶 = 100：150：10~15 的黏结砂浆层，厚度为 4~5 mm。为了延缓黏结砂浆的终凝时间，以满足喷石操作，在砂浆中应掺入水泥质量 0.3% 的木质素磺酸钙。机喷石做法如图 7.29 所示。

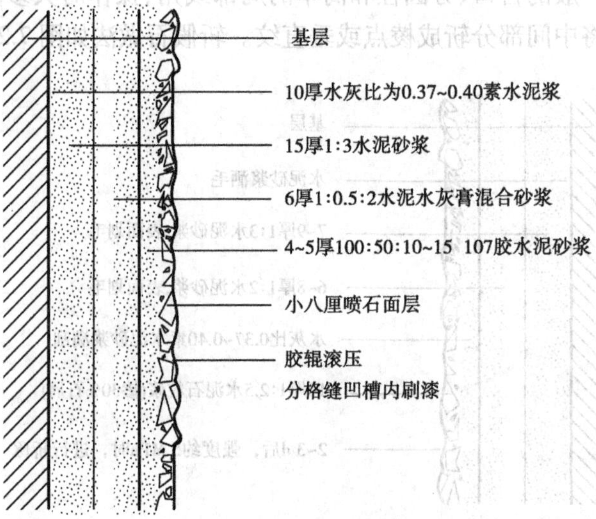

图 7.29　机喷石分层做法

黏结砂浆抹完一个格区，即可喷射石粒。一人手持喷斗，一人不断装料，先喷边角，后喷大面。喷大面时应自上而下，以避免砂浆流坠。喷斗应垂直于墙面，喷嘴距墙面为 15~25 cm。喷完石粒，待砂浆刚收水时，用橡胶滚从上往下轻轻滚压一遍。

(5) **机喷石屑**

机喷石屑是机喷石粒做法的发展。机喷石粒使装饰抹灰初步实现了机械操作，但石粒由喷斗嘴喷出后有一定的分散角度，故上墙分布密度不如手甩粘石；再者手持式喷斗受质量限制而装盛石粒数量较少，需一人配合不断向斗内加料。机喷石屑则解决了这两个问题。

所使用石屑为破碎大、中、小八厘石粒的下脚料，一般粒径为 2~3 mm。使用前分别筛除 3 mm以上的粗粒和 2 mm 以下的细粉。黏结砂浆较重要的工程采用白水泥：石粉：107 胶：木质素磺酸钙：甲基硅醇钠（事先用硫酸铝中和至 pH 值为 8）= 100：100~150：7~15：0.3：4~6，砂浆稠度为 12 cm 左右。一般工程用普通水泥：石粉或砂子：107 胶 =100：150：5~15，砂浆稠度为 12 cm 左右。喷粒石屑的颜色及配合比按设计确定。

施工时先喷或刷 107 胶水溶液作基层封闭处理，107 胶水溶液的配合比为：当基层或基体为砂浆或混凝土时 107 胶：水 =1：3；当基体为加气混凝土时，107 胶：水 =1：2。喷（刷）107 胶水溶液处理基层后，即按设计要求弹线分格，黏结分格条。黏结砂浆可以用手工抹，也可机喷，按分格逐区喷抹，厚度为 2~3 cm。用挤压式砂浆泵喷涂黏结砂浆时，应连续两遍成活，防止流坠，手抹时，应尽可能不留抹子痕迹。

喷抹黏结砂浆后，适时用喷斗从左向右、自下而上喷粘石屑。喷嘴与墙面保持垂直，喷嘴与墙面距离为30~50 cm。空气压缩机的压力、气量要适当,要求墙面满粘石屑并均匀密实。石屑装斗前应稍加清水润湿,以免施工中粉尘飞扬,并保证粘贴牢固,如果黏结砂浆层表面干燥而影响石屑黏结时,应补抹砂浆,切忌刷水,以避免造成局部析白而颜色不匀。

(6)**水磨石**

水磨石是以水泥为胶结料,掺入不同色彩、不同粒径的大理石或花岗石碎石,经过搅拌、成型、养护、研磨等工序而制成的一种具有一定装饰效果的人造石材,因其原材料来源丰富、价格较低、装饰效果好、施工工艺简单等一系列优点,获得了较为广泛地应用。表7.12为彩色水磨石参考配合比。

表7.12　彩色水磨石参考配合比

彩色水磨石名称	主要材料/kg				颜料（占水泥质量%）	
赭色水磨石	紫红石子		黑石子	白水泥	红色	黑色
	160		40	100	2	4
绿色水磨石	绿石子		黑石子	白水泥	绿色	
	160		40	100	0.5	
浅粉红色水磨石	红石子		白石子	白水泥	红色	黄色
	140		60	100	适量	适量
浅黄绿色水磨石	绿石子		黄石子	白水泥	黄色	绿色
	100		100	100	4	1.5
浅橘黄色水磨石	黄石子		白石子	白水泥	黄色	红色
	140		60	100	2	适量
本色水磨石	白石子		黄石子	水泥	—	
	60		140	100	—	
白色水磨石	白石子	黑石子	黄石子	白水泥	—	
	140	40	20	100	—	

现制水磨石在施工过程中湿作业量大、工序多、工期也比较长,但现制水磨石地面具有整体性能好、耐磨性能好、易清洁、造价较预制水磨石制品低等一系列优点。因此,在目前的地面装饰做法中,仍占有相当大的比重。

水磨石如果按其面层的效果,可分为普通水磨石和美术水磨石。美术水磨石是以白水泥或彩色水泥为胶结料,掺入不同色彩的石子拌制成的,由于现制美术水磨石往往通过不同色彩的组合,以及图案的布置来求得较为丰富的变化,因此,具有更为令人满意的艺术效果。

水磨石所用材料除前面所讲的内容外,还有分格条,从材料上讲,分为钢条、铅条、玻璃条、铝合金条和玻璃分格条,一般用于普通水磨石,钢分格条主要用于美术水磨石。

在楼地面一般用砂浆或细石混凝土做找平层,厚度为20 mm左右,找平层施工完成洒水养护后,即可在找平层上弹(划)出设计要求的纵横分格或图案分界线。然后用水泥浆按线固定嵌条。分格条(及图案分界装饰条)粘固并经养护后,清除积水浮灰。涂刷与面层颜色相同的水泥浆结合层一道,其水灰比为0.4~0.5。也可在水泥浆内掺加适量胶结剂,随刷随铺设水泥石粒浆,水泥石粒浆配比为水泥：石渣为1：1.5~2。将水泥颜料干拌均匀后装袋备用,铺设前再将石料加入彩水泥粉中干拌均匀,然后加水湿拌,拌和均匀的水泥石粒浆按分格顺序进行铺设,其厚度宜高出分格条1~2 mm。水泥石粒浆平整地铺设后,在表面均匀撒布预先留出的石料,用抹子拍平拍实,再用滚筒滚压密实。待表面出浆后,用抹子进一步抹平,次日即开始养护。

水泥石开磨的时间与水泥强度及气温高低有关,以开磨后石粒不拉动,水泥浆面与石粒面基本平齐为准。不同等级水磨石地面所需磨光的遍数有所区别。现制普通水磨石一般要经过不少于"两浆三磨"才能达到理想的效果。高级美术水磨石应适当增加磨光的遍数及提高油石的细度。通常情况下,第一遍磨光常选用60~80号金刚砂作磨料。第二次磨光常运用100~150号金刚砂作磨料。第三遍则应用180~240号的细磨石进行抛光。另须注意的是,除最后一遍抛光外,其他各遍磨光之后,均需以同面层颜色相同的水泥浆进行补浆,并养护2~3 d后,方可进行下一轮磨光。

将水磨石清洗干净后洒上草酸,再用280号油石在上面研磨酸洗,以清除磨石面上的污垢,最后清除擦干。待水磨石面层干燥发白后,擦上地板蜡,打亮产生镜面光泽。这时便清晰露出各色石子的美丽色彩。

水磨石若在工厂预制,其工序基本上与现场制作相同,只是开始时要按设计规定的尺寸形状制成膜框,另一不同之处是必须在底层加放钢筋,工厂预制因操作条件较好,可制得装饰效果优良的具有美丽花纹的饰面板。

水磨石与前面介绍的干粘石、水刷石和斩假石同属于石渣类饰面,但它们的装饰效果,特别在质感方面有明显的不同。水刷石最为粗犷,干粘石粗中带细,斩假石则典雅、凝重,而水磨石则具有润滑细腻之感。其次是在颜色花纹方面,色泽之华丽和花纹之美观首推水磨石;斩假石的颜色一般较浅,很像斩凿过的灰色花岗石;水刷石有青灰、奶黄等颜色;干粘石的色彩主要决定于所用石渣的颜色;这三者都不能像水磨石那样,能在表面制成细巧的图案花纹。

复习思考题

7.1 简述混凝土材料的优、缺点。

7.2 甲、乙两种砂,对它们分别进行密度和筛分实验,得出甲种砂表观密度为2.65 g/cm^3,堆积密度为1.65 g/cm^3;乙种砂表观密度为2.65 g/cm^3,堆积密度为1.55 g/cm^3,同时筛分结果如下表,计算它们的空隙率、细度模量,并分析哪种砂更适宜拌制水泥混凝土?

砂的筛分结果

筛孔尺寸/ mm		5	2.5	1.25	0.63	0.315	0.16
分计筛余率/%	甲	8	12	20	25	20	15
	乙	5	10	20	20	25	20

7.3　砂、石材料中的有害物质(如泥及泥块、云母、硫化物、硫酸盐、有机物等)对混凝土的性能有何影响?

7.4　分析影响混凝土和易性的主要因素。

7.5　分析影响混凝土强度的主要因素。

7.6　混凝土变形包含哪些类型?并简述每类变形的含义。

7.7　混凝土耐久性包含哪些内容?并简述每类内容的含义。

7.8　根据施工方法,对装饰混凝土进行分类。

7.9　简述彩色混凝土的制作方法。

7.10　简述清水混凝土的制作特点。

7.11　简述正打成型工艺的制作方法。

7.12　装饰混凝土存在哪些耐久性的问题?

7.13　装饰混凝土主要用在哪些方面?

7.14　砂浆的主要技术性质有哪些?并简述其含义。

7.15　水泥砂浆类饰面与石粒类饰面各有何优缺点?

7.16　简述拉条装饰抹灰的制作工艺。

7.17　简述斩假石的制作过程。

7.18　简述水磨石的制作过程。

第8章 装饰金属材料

在建筑装饰材料中,金属装饰材料以其独特的光泽与颜色、庄重华贵的外表以及经久耐用的特点在建筑装饰工程中被广泛采用。

8.1 金属材料的形态、表面处理及用途

金属材料通常分为两大类:一类是黑色金属材料,如钢、铁等;另一类称为有色金属材料,是铁碳合金以外的金属材料的总称,如铜、铝及其合金等。建筑装饰工程中用量最大的金属材料是铝材和建筑装饰钢材。

金属材料在建筑装饰工程中从性质与用途上看又分为两种情况:一为结构承重材料,一为饰面材料。结构承重材料较为厚重,起支撑和固定作用,多用作骨架、支柱、扶手、爬梯等;而饰面材料一般较薄且易于加工处理,但表面精度要求较高。

金属材料的最大特点是色泽效果突出。铝、不锈钢较具时代感;铜材较华丽、优雅,其中古铜色铜材则较古典;而铁则古朴厚重。金属装饰材料还具有韧性大、耐久性好、保养维护容易等特点。但金属材料造价高、硬度大,施工有一定难度,因而在使用金属装饰材料时,一定要了解所用材料的性质及规格尺寸,尽量减少接缝、接点和接头,以免影响外观效果,同时还要了解建筑装饰用金属材料的形态及表面处理方式。

8.1.1 建筑装饰用金属材料的形态

建筑装饰用金属材料的形态可以分为6种,见表8.1。

表 8.1 建筑装饰用金属材料形态

材料形态	材 质	表面处理	用 途	备 注
饰面薄板	铜板、铁板、铝板、不锈钢板、钢板、镀锌钢板	光面、雾面、丝面、凹凸面、腐蚀雕刻面、搪瓷面等	壁面、天花面	
规格型材	铁、钢、铝及其合金、不锈钢、铜	方式极多	框架、支撑、固定、收边	
金属管材	不锈钢管、铁管、铜管、镀锌钢管	有花管及光管两种	家具弯管、支撑管、防盗门等	有空心和实心两种,多用空心管
金属焊板	铁棒、不锈钢、钢筋		铁架、铁窗	扁铁、钢筋等
金属网	铁丝网、钢网、铝网、不锈钢网、铜网等	可编织成菱形、方形、弧形、六角形、矩形等	用在壁面、门的表面,有悬挂、隔离等作用	用细金属线编织而成
金属五金	铜、不锈钢、铝		家具的壁面	

8.1.2 建筑装饰用金属材料表面处理方式及用途

建筑装饰用金属材料表面处理方式及用途见表 8.2。

表 8.2 建筑装饰用金属材料表面处理方式

处理方式	用 途
表面腐蚀出图案或文字	多用于不锈钢及铜板
表面印花	花纹色彩直接印于金属表面,多用于铝板
表面喷漆	多用于铁板、铁棒、铁管、钢板、如铁门、铁窗
表面烤漆	多用于钢板条、铁板条、铝板条
电解阳极处理(电镀)	多用于铝材或铝板,表面有保护作用
着色处理	如着色铝门窗、着色铝板
表面刷漆	多用于铁板、铁杆,如楼梯、扶手、栏杆
表面贴特殊弹性薄膜保护	使金属不与外界接触
加其他元素成合金	具有防蚀作用,如不锈钢
立体浮压成图案	如花纹铁板、花纹铝板

8.2 铝合金装饰材料

铝元素占地壳的 8.13%,仅次于硅和氧。

铝在自然界中以化合物状态存在，铝的矿石有铝矾土 $Al_2O_3 \cdot H_2O$ 和 $Al_2O_3 \cdot 3H_2O$，是由 Al_2O_3，Fe_2O_3，SiO_2 及硅酸盐组成，其中 Al_2O_3 含量为47%~65%，它是炼铝的最好原料，高岭土 $Al_2O_3 \cdot 2SiO_2 \cdot 2H_2O$，含 $Al_2O_3$39%；矾土岩石是铝矾土和高岭土的中间矿物，含$Al_2O_3$40%~60%，明矾石含 $Al_2O_3$37%。

铝的生产分两个步骤：第一步从铝矿石中提取 Al_2O_3，第二步由 Al_2O_3 电解得金属铝。

铝属于有色金属中的轻金属，银白色。

铝的密度为 2.7 g/cm^3，熔点 660 ℃。铝的导电能力很好，若与同重量的铜比较，铝的导电能力为铜的 188%，与同体积的铜相比铝的导电能力为铜的 56%。铝的导热性也很好，仅次于钢。

铝的化学性质很活泼，它和氧的亲和力很强，在空气中表面容易生成一层 Al_2O_3 薄膜（0.1 μm左右），具有一定耐蚀性。但不能与卤素元素接触，不耐碱，也不能经受强酸的作用，否则将产生下列化学反应而受到腐蚀。

$$2Al + 2NaOH + 2H_2O = 2NaAlO_2 + 3H_2\uparrow$$

$$2Al + 6H_2SO_4(\text{浓}) = Al_2(SO_4)_3 + 3SO_3\uparrow + 6H_2O$$

铝的电极电位较低，如与电极电位高的金属接触并且有电解质（如水汽等）存在时，会形成微电池，产生电化学腐蚀，所以用于铝合金门窗等铝制品的连接件应用不锈钢件。

铝的强度和硬度较低（σ_b=80~100 MPa，HB=200 MPa），但可通过冷加工强化，强度可提高一倍以上。也可通过添加 Mg、Mn、Si、Cu、Zn、Li 等合金元素，再经热处理进一步强化，这好比在碳素钢中添加一定量的合金元素形成合金钢一样。所形成的铝合金既具有优良的物理力学性能，也保持了重量轻的优点，因而在建筑装饰中得到了广泛的应用。

铝的抛光表面对白光的反射率达 80%以上，对紫外线、红外线也有较强的反射能力。铝还可以进行阳极氧化和电解着色，从而获得具有良好装饰效果的表面。

由于铝及铝合金具有以上优异性能，以铝合金门窗、幕墙为代表的新型建筑装饰铝合金制品，在整个铝合金耗量中占有重要位置。

8.2.1 变形铝合金的性质和分类

所谓变形铝合金就是通过冲压、弯曲、辊轧、挤压等工艺使其组织、形状发生变化的铝合金。它分为两大类：第一类是热处理非强化型，第二类是可热处理强化型。所谓热处理非强化型，是指不能用淬火的方法提高强度，如 Al-Mn 合金、Al-Mg 合金。可热处理强化型铝合金是指可通过热处理的办法提高强度，例如硬铝、超硬铝及锻铝等都属于这类合金。

各种变形铝合金的牌号分别用汉语拼音字母和顺序号表示，顺序号不直接表示合金元素的含量。代表各种变形铝合金的汉语拼音字母如下：

LF，防锈铝合金（简称防锈铝）；

LY，硬铝合金（简称硬铝）；

LC，超硬铝合金（简称超硬铝）；

LD，锻铝合金（简称锻铝）；

LT，特殊铝合金；

LQ，硬钎焊铝。

防锈铝有铝锰合金和铝镁合金两种。常用防锈铝的牌号有 LF21、LF2、LF3、LF5、LF6、

LF11 等。其中,除 LF21 为铝锰合金外,其余各个牌号都属于铝镁合金。

(1)**热处理非强化铝合金**

1)铝锰合金(Al-Mn 合金)

LF21 为铝锰合金的典型代表。含锰量 1.0%~1.6%,其突出的特点是抗蚀性好,仅在中性介质中的抗蚀性次于纯铝,在其他介质中的抗蚀性与纯铝相近,塑性好,焊接性能优良。加锰以后有一定的固熔强化作用,但热处理强化作用甚微。该合金广泛应用于民用五金设备中。

2)铝镁合金(Al-Mg 合金)

该合金中的镁含量为 2.0%~5.5%,如 LF2 合金含镁量2.5%,其性能特点是刚性好,冷作硬化后具有中等强度,其抗拉性能介于纯铝和铝锰合金之间。疲劳强度高,低温性能良好。随着温度降低,抗拉强度、屈服强度、伸长率均提高,低温韧性也很好。

(2)**可热处理强化铝合金**

1)Al-Mg-Si 合金(铝合金建筑型材用材)

Al-Mg-Si 合金是锻铝,其典型代表为 LD30 和 LD31。

LD30 合金的特点是中等强度,有良好的塑性、优良的可焊性和耐蚀性,特别是无应力腐蚀开裂倾向。可阳极氧化着色,也可涂漆、上珐琅,适宜于作建筑装饰材料。镁硅含量比 LD31 的稍高,并含有少量铜,因而强度高于 LD31,但淬火敏感性也比 LD31 的高,挤压后不能实现风淬,需重新固熔处理和淬火时效,才能获得较高的强度。

LD31 属低合金化的 Al-Mg-Si,是高塑性合金,热处理强化后具有中等强度,冲击韧性高,对缺口不敏感,有极好的热塑性,可以高速挤压成结构复杂、薄壁、中空的各种型材或锻造成结构复杂的锻件,淬火温度范围宽,淬火敏感性低,挤压和锻造脱模后,只要温度高于淬火温度,既可用喷水或穿水的方法淬火,薄壁件(<3 mm)还可实现风淬。焊接性能和耐蚀性优良,无应力腐蚀开裂倾向,加工后表面十分光洁,且容易阳极氧化和着色。它是 Al-Mg-Si 系合金中应用最为广泛的合金品种。

Al-Mg-Si 系合金是目前世界各国制作铝合金门窗、幕墙等建筑装饰材料最主要的合金品种。我国的 LD30 和 LD31 锻铝分别相当于国际上流行的 6061 和 6063 铝合金。

2)Al-Cu-Mg 合金

这种合金是硬铝,也称杜拉铝。硬铝有 16 个牌号,常用的有 11 个牌号,LY12 是硬铝的典型产品,各国产品成分几乎相同,用量最大。该合金的主要特点是强度高,有一定耐热性,可用作 150 ℃以下的工作零件。热状态、退火或新淬火状态下成型性能都比较好,热处理强化效果显著,抗蚀性较差,常用纯铝包覆保护,焊接时易产生裂纹,可用于各种半成品的加工如薄板、管材、线材、冲压件等。

3)Al-Zn-Cu-Mg 合金

该合金是超硬铝,有 8 个牌号。LC9 是该合金中应用较早较广的合金,20 世纪 40 年代已应用于飞机制造业。热处理强化后可得到 525 MPa 的强度,固熔处理后塑性好。在 150 ℃以下有高强度,并有很好的低温强度。焊接性能差、有应力腐蚀开裂倾向,常须作包护性处理。

8.2.2　铝合金表面处理技术

铝材表面自然氧化膜薄而软,耐蚀性较差,在腐蚀性较强的条件下,不能起到有效的防护作用。为了提高铝材的抗蚀性能,常用人工方法提高其氧化膜厚度。在此基础上再进行着色处理。表面处理主要包括:表面处理前的预处理、阳极氧化、化学氧化和着色处理。

(1)**表面预处理**

经挤压成型的建筑铝型材表面不同程度地存在着污垢和缺陷,如灰尘、氧化铝膜、油污、人工搬运指印(脂肪酸及含氮化合物)等。因此在表面处理之前,必须对制品表面进行必要的清洗,使其裸露出纯净的基体,以形成与基体结合牢固、色泽和厚度均匀的人工氧化膜层,获得使用与装饰效果俱佳的表面。

表面处理前的预处理主要包括:除油、碱腐蚀、中和(出光)及其间的水洗等工序,氧化着色后则需要进行封孔处理。

1)除油

除油也称脱脂,目的是消除制品表面的工艺润滑油、防锈油对氧化和着色处理的不利影响。除油有多种方法,如有机溶剂除油、表面活性剂除油、碱溶液除油等。目前应用最广泛的方法是碱溶液除油。

除油后进行水洗,以彻底清除污秽。清洗不彻底将导致碱洗表面凹凸不平,光泽不良。

2)碱腐蚀(碱洗)

碱腐蚀也称碱蚀洗,它是除油工序的补充处理,其作用是进一步清除铝材表面附着的油污脏物,自然氧化膜及轻微伤痕,从而使纯净金属基体裸露,以便于氧化着色并形成优质膜层。通过改变溶液组成、温度、处理时间及其他操作条件,可得到平滑或缎面无光的碱洗表面。

3)中和

中和也称出光或光化。铝材碱洗后形成的附着灰色或黑色挂灰在冷的或热的清洗水中都不溶解,但却能溶解于酸性溶液中。中和的目的就在于用酸溶液除去挂灰或残留碱液,以获得光亮的金属表面。

建筑铝型材多用 LD31 合金,该合金不含铜和难熔氧化物,碱洗后的挂灰可用稀硫酸溶液除去,出光效果良好。

其他铝合金的中和常在 300~400 g/L 硝酸溶液中,并在室温下浸洗 3~5 min。

中和处理后应进行十分认真的水清洗工作,以防清洁的表面受到污染,否则前几道工序的有效处理可能会前功尽弃。但若是 LD31 合金,用稀硫酸中和处理,而后进行硫酸法阳极氧化表面处理时,则这道清洗工序可以省略。

(2)**阳极氧化处理**

阳极氧化处理的目的是通过控制氧化条件及工艺参数,在预处理后的铝材表面形成比自然氧化膜($<0.1\ \mu m$)厚得多的氧化膜层($5\sim20\ \mu m$)。

1)阳极氧化处理的种类

阳极氧化在工业上的应用历史已经很久了。其方法有以下几种。

①按电流形式分　按电流形式分有直流电阳极氧化、交流电阳极氧化和脉冲电流阳极氧化。脉冲电流阳极氧化生产效率高,所形成的氧化膜厚而均匀、致密。

②按电解液分　按电解液分有硫酸法、草酸法、铬酸法、混合酸和以磺基有机酸为主溶液的自然着色阳极氧化法。草酸法成本高,铬酸法膜层薄,耐磨性差,以硫酸法多用。

③按膜层性质分　按膜层性质分有普通膜、硬质膜(厚膜)、瓷质膜、光亮修饰层等。

2)阳极氧化法原理

铝材阳极氧化实质上就是水的电解。它是以铝及铝合金制品为阳极置于电解质溶液中,阴极为化学稳定性高的材料如铅、不锈钢等。当电流通过时，在阴极上放出氢气，在阳极上产生氧，该原生氧和铝形成的三价铝离子结合，形成 Al_2O_3 膜层。

$$阴极\ 2H^+ + 2e \rightarrow H_2 \uparrow$$

$$阳极\ 2Al^{3+} + 3O^{2-} \rightarrow Al_2O_3 + 3\ 351\ J$$

3）阳极氧化膜的结构、性质与应用

阳极氧化膜由内层和外层组成。内层薄而致密，由无水 Al_2O_3 组成，称为活性层（或阻挡层），它具有高的硬度和阻止电流通过的作用；外层呈多孔状，由非晶型的 Al_2O_3 组成，它的硬度比活性层低，但厚度却大得多。

（3）化学氧化处理

化学氧化就是铝材在弱碱性或弱酸性溶液中，部分基体金属发生反应，使其表面的自然氧化膜增厚或生成其他一些钝化膜的处理过程。常用的有铬酸膜和磷酸膜，但与阳极氧化膜相比，膜层薄得多，抗蚀性与硬度均较低，且不易着色，着色后耐光性差，因此一般只作为有机涂层的底层或作暂时性的防腐保护层。

氧化的原理是当铝浸在煮沸的软水中或置于水蒸气中，其表面自然氧化膜逐渐增厚，这种变化的阳极反应为：$Al \rightarrow Al^{3+} + 3e$；阴极反应有氢析出：$3H_2O + 3e \rightarrow 3OH^- + 3H$。增大了的 OH^- 浓度，与离子化的铝形成氢氧化铝：$Al^{3+} + 3OH^- \rightarrow Al(OH)_3$。当薄膜的厚度增加到某一极限时，因其无孔隙，溶液不能和铝接触，氧化停止。膜的主要成分是水铝石（$\alpha\text{-}Al_2O_3 \cdot H_2O$）。

（4）表面着色处理

经中和水洗或阳极氧化后的铝型材，可以进行表面着色处理。着色方法有：自然着色法、电解着色法、化学着色法（浸渍着色）及树脂粉末静电喷涂着色法等。几种着色方法中最常用的是自然着色法和电解着色法。

1）自然着色法

铝材在特定的电解液和电解条件下进行阳极氧化的同时而产生着色的方法称为自然着色法。

自然着色法按着色原因分为合金着色法和溶液着色法。

合金着色法也称自然着色法。它是通过控制合金成分、热加工和热处理条件而使氧化膜着色的。不同的铝合金由于合金成分及含量不同，在常规硫酸及其他有机酸溶液中阳极氧化所生成膜的颜色不同。

溶液着色法也称电解着色法。它是靠控制电解液成分及阳极氧化条件而使氧化膜着色的。

目前实际应用的自然着色法均是合金着色与溶液着色法的综合，即既要控制合金成分，又要控制电解液的成分和阳极氧化条件。

2）电解着色法

对在常规硫酸浴中生成的氧化膜进一步进行电解，使电解液中所含合金盐的金属阳离子沉积到氧化膜孔底而着色的方法称为电解着色法。

电解着色的本质就是电镀。铝材经直流电硫酸法阳极氧化后，表面生成由致密的内层（活性层）和多孔外层组成的氧化铝膜。极薄的活性层具有半导体的性质，在交流电压作用下起到电容作用。电解溶液中的金属离子交替承受着还原和缓慢氧化的作用，以胶体微粒和少量氧化物沉积在氧化膜孔底 3~6 μm 处。光线在这些金属微粒上漫射，就使氧化膜呈现出颜色。

由于预处理,阳极氧化及电解着色的条件不同,电解析出的金属及其粒度和分布状况也有差异,从而就形成了不同的颜色。

3)化学着色法(浸渍着色法)

铝材阳极氧化膜的化学着色是基于多孔膜层犹如纺织纤维一样的吸附染料的能力。阳极氧化膜孔隙的直径为0.1~0.03 μm,染料在水中分离成单分子,直径为0.001 5~0.003 0 μm,着色时,染料被吸附在孔隙表面上并向孔内扩散、堆积,且和 Al_2O_3 进行化学或物理作用而使膜层着色,经封孔处理,染料被固定在孔隙内。

化学着色法具有工艺简单、效率高、成本低、着色色域宽、色泽鲜艳等优点。缺点是洗、封孔不当或受到机械损伤时,容易脱色,着色膜的耐光性差。故常作为室内装饰、日常用小型铝制品的处理。

(5)封孔处理

铝和铝合金经阳极氧化,着色后的膜层为多孔状,具有很强的吸附能力,很容易吸附有害物质而被污染或早期腐蚀,影响外观和使用性能。因此,在使用之前应采取一定方法,将多孔膜层加以封闭,使之丧失吸附能力,从而提高氧化膜的防污染和耐蚀性,这样的处理称为封孔处理。

建筑铝材常用的封孔方法有:水合封孔、无机盐溶液封孔和透明有机涂层封孔。

1)水合封孔

水合封孔包括沸水封孔和常压或高压蒸汽封孔。其原理是:水在高温条件下与氧化膜发生水合反应,生成含水 Al_2O_3。

$$Al_2O_3 + H_2O(\text{中性}) \rightarrow 2Al(OH)_3 \rightarrow Al_2O_3 \cdot H_2O$$

由于 $Al_2O_3 \cdot H_2O$ 的密度(3 014 kg/m³)比 Al_2O_3(3 420 kg/m³)的小,体积增大33%左右,从而堵塞了氧化膜孔隙,使外界有害物质不能侵入,提高了氧化膜的性能。

蒸汽封孔的效果虽比沸水好,但需用密闭大型高压釜,对连续流水生产也带来困难。

2)金属盐溶液封孔

在金属盐溶液中封孔,既发生氧化膜的水化反应,又存在着盐类水解生成氢氧化物或者是金属离子与染料分子反应生成新的金属络合物,这些物质在膜孔中沉淀析出而使膜孔封闭,所以也称沉淀封孔。

3)有机涂层封孔

在阳极氧化,着色后的铝型材表面涂敷透明的有机涂料,不仅能有效提高膜层的耐蚀性、防污染性,而且也可以明显提高装饰效果、常用封孔涂料有乙烯树脂、聚氨基甲酸酯树脂、酚醛树脂、醇酸树脂、丙烯酸树脂、硅树脂、氟树脂等。其中以水溶性丙烯酸树脂应用最为普遍。

涂敷方法有喷涂法、静电喷涂法、浸渍法和电泳涂漆法。应用最为广泛的是浸渍法和电泳涂漆法。

8.2.3 铝合金门窗

在现代建筑中采用铝合金门窗,尽管造价较高,但由于长期维修费用低、性能好、美观等,所以在世界范围内得到了广泛应用。

(1)铝合金门窗的性能特点

1)质量轻、强度高

铝合金的密度仅为钢材的1/3,且由于是空腹薄壁挤压型材,因而1 m^3 铝合金门窗耗用铝型材质量仅为8~12 kg(1 m^3 钢门窗耗钢量17~20 kg),而强度却接近普通低碳钢,可达300 MPa以上。

铝合金门窗的强度通常用窗扇中央最大位移量小于窗框内沿高度的1/70时所能承受的风压等级表示。试验是在压力箱内对窗进行压缩空气加压试验。如A类(高性能窗)平开铝合金窗的抗风压强度值为3 000~3 500 Pa。

2)密闭性能好

密闭性能对门窗来讲是至关重要的,它直接影响到使用功能和能源的消耗。铝合金门窗的密闭性能之所以明显优于钢门窗,主要是因为它的加工精度高,装配极其严密,而且采用了橡胶压条及性能优异的密封材料,这些在施工验收规范中,作了十分严格而具体的技术规定。

①气密性　所谓气密性是指在一定压力差的条件下,铝合金门窗空气渗透性的大小。通常是在专用压力试验箱中,使窗的前后形成10 Pa以上的压力差,测定1 m^2 面积在1 h内的通气量。如A类平开铝合金窗的气密性为0.6~1.0 $m^3/(m^2 \cdot h)$,而B类(中性能窗)为1.0~1.5 $m^3/(m^2 \cdot h)$。

②水密性　所谓水密性是指铝合金门窗在不渗漏雨水的条件下所能承受的脉冲平均风压值。通常是在专用压力试验箱内,对窗的外侧施加周期为2 s的正弦脉冲风压,同时向窗以1 min,1 m^2 喷射4 L的人工降雨,进行连续10 min的风雨交加试验,在室内一侧不应有可见的渗漏水现象。如A类平开铝合金窗的水密性为450~500 Pa,而C类(低性能窗)为250~360 Pa。

③隔热性　铝合金门窗的隔热性能常按传热阻值($m^2 \cdot k/W$)分为3级,即Ⅰ级不小于0.50,Ⅱ级不小于0.33,Ⅲ级不小于0.25。隔热性能也称保温性能。实腹或空腹钢窗却没有隔热性能的要求。

④隔声性　铝合金门窗的隔声性能常用隔声量(dB)表示。它是在音响试验室内对铝窗进行音响透过损失试验,当音响频率达到一定值后,铝窗的音响透过损失趋于恒定。用这种方法测出隔声等级曲线。我国按隔声量将隔声性能分为5级,铝合金门窗应在25~40 dB以上,即Ⅱ~Ⅴ级。

3)耐久性好,使用维修方便

铝合金门窗不锈蚀、不褪色、不脱落,几乎无需维修,零配件使用寿命极长。

铝合金门窗由于重量轻,加工装配精密、准确,因而开闭轻便灵活,无噪声。

4)装饰效果好

铝合金门窗表面经过阳极氧化及电解着色处理后,不仅耐蚀、耐磨、有一定的防火能力,而且光泽度极高。大面积铝合金门窗再配以适当色彩的吸热、热反射玻璃,使得建筑立面挺拔而优雅。

(2)铝合金门窗的安装

铝合金门窗按开启方式可分为很多种,这里仅就共同的、基本的安装问题叙述如下。

1)准备工作

铝合金门窗安装准备工作包括:

铝合金门窗的品种、开启方式、色调等应符合设计要求。安装前按规格、品种、竖立排放在清洁、干燥、通风的室内，下部用枕木垫离地面 100 mm 以上。不得与酸碱盐等侵蚀性物质一起存放。

铝合金门窗框除了和墙面相邻的一侧外，其余三面均应用保护胶带护面，以防污染。

铝合金门窗所用附件，除不锈钢件外，均应预先作可靠的防锈防腐处理，严禁使用可与铝合金型材产生电化学腐蚀的材料。

安装工作一般应在内外墙抹灰等湿作业完工后进行。

2)安装要点及技术要求

铝合金门窗安装要点及技术要求包括：

①铝合金门窗安装　铝合金门窗安装采用预留洞口后安装的方法，不允许边砌口边安装或先安装后砌口。预留洞口尺寸应符合规定，尺寸偏差过大者应予适当处置。

②在洞口弹出门窗框的位置线　门窗框四周与洞口的间隙大小视饰面材料而定，对抹灰饰面而言，一般大于 20 mm，若用大理石等贴面，应适当增大至 40 mm 左右，以使饰面层与门窗框外缘平齐而不得盖住门窗框。门的安装还应考虑到室内地坪标高，保证门扇开启灵活又不留过大缝隙，若是地弹簧门，则地弹簧的表面应与室内地面饰面层标高一致。

③固定门窗框　先将门窗框临时定位并调整竖直与水平，用射钉将镀锌连接板一端固定在结构上，另一端与门窗框连接，连接点间距小于 500 mm，连接应牢固。

禁止将门窗框直接埋入墙体的所谓“刚性”连接，以保证建筑物受到地震、沉降以及温度应力作用时，门窗不致损坏。

④在安装竖向或横向的带形窗时，门窗之间的组合，其杆件应与相邻门窗搭接或插接，插、搭的长度大于 8 mm，以形成曲面组合并用密封膏密封，防止门窗在建筑物受地震力，沉降及温度应力作用时被拉开，造成水密性、气密性下降。

⑤门窗安装中不可避免而使用的明螺丝，应用颜色相同(与门窗颜色)的密封材料填埋，一方面提高装饰效果，另一方面又不降低密封性能。

⑥门窗外框与墙体之间的缝隙，应按设计要求填塞。当设计无要求时，可用矿棉或玻璃棉毡条分层填塞，缝隙外可留 5~8 mm 深的槽口，填嵌密封材料。不用水泥砂浆填塞的原因是硅酸盐类水泥水化后将产生大量 $Ca(OH)_2$，使水泥砂浆呈强碱性，pH 值可达 11~12，从而腐蚀铝合金。

⑦铝合金门窗玻璃的安装应保证玻璃不直接与铝合金型材接触，与门窗之间保持弹性状态，为此常在玻璃下部垫氯丁橡胶或尼龙块，两侧多用橡胶密封条嵌塞，室外一侧还可用胶枪在密封条上部加注硅酮密封膏，并保证 24 h 内不受震动。

⑧清理门窗框扇、玻璃表面的污物和胶迹，若沾上水泥浆等则应随时清洗干净。安装好的铝合金门窗应做好成品保护工作。

⑨在安装过程中，应始终注意保护好门窗框扇不被损坏、碰伤、划伤，如吊运时表面应用非金属软质材料衬垫，用非金属绳索捆扎，选择牢靠平稳的着力点，不把门窗框扇作为受力构件使用悬挂重物或在框扇内穿物起吊，并应注意防止电焊火渣落到门窗上。

8.2.4　铝合金装饰板

(1)铝合金花纹板

铝及铝合金花纹板是采用防锈铝合金等坯料,用特制的花纹轧辊轧制而成的。铝及铝合金花纹板的花纹图案一般分为 7 种:1 号花纹板方格形;2 号花纹板扁豆形;3 号花纹板五条型;4 号花纹板三条型;5 号花纹板指针型;6 号花纹板菱形;7 号花纹板四条型。如图 8.1 所示。花纹美观大方,筋高适中,不易磨损,防滑性能好,防蚀性能强,也便于冲洗。花纹板板材平整,裁剪尺寸准确,便于安装,广泛应用于现代建筑物墙面、车辆、船舶、飞机等工业防滑或装饰部位。花纹板的代号、合金牌号、状态及规格应符合《铝及铝合金花纹板》(GB/T 3618—2006)。

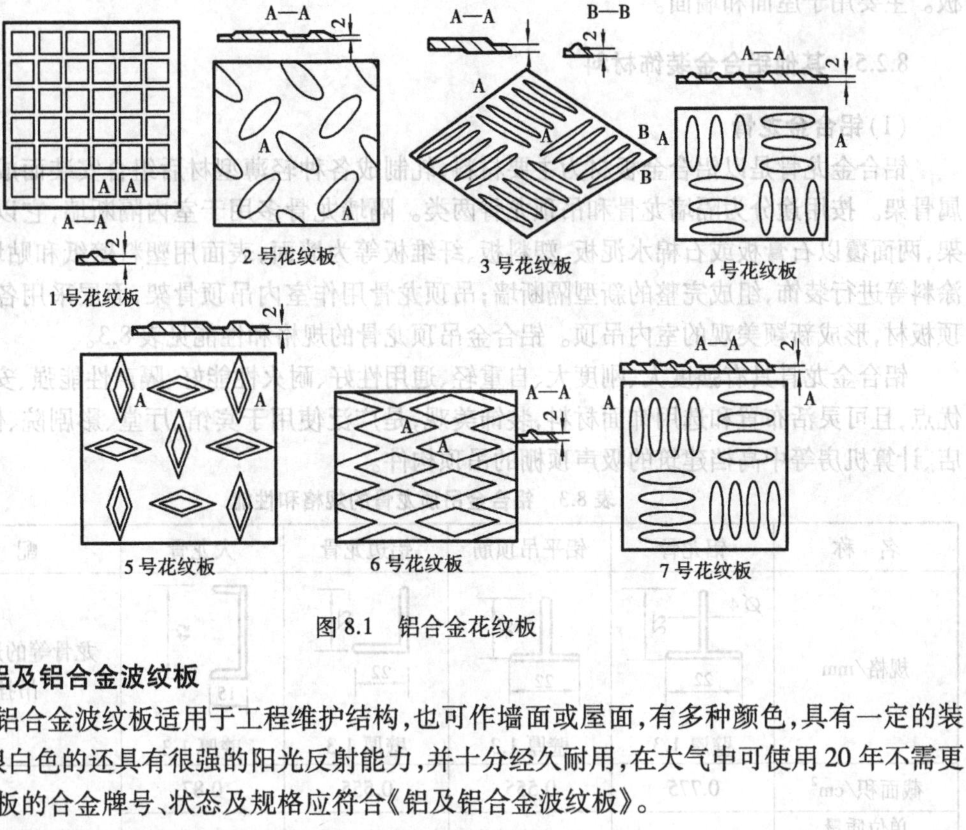

图 8.1　铝合金花纹板

(2)铝及铝合金波纹板

铝及铝合金波纹板适用于工程维护结构,也可作墙面或屋面,有多种颜色,具有一定的装饰效果,银白色的还具有很强的阳光反射能力,并十分经久耐用,在大气中可使用 20 年不需更换。波纹板的合金牌号、状态及规格应符合《铝及铝合金波纹板》。

波纹板用于墙面和屋面施工时,应注意以下几个问题:

波纹板必须从下到上逆风铺设,屋面坡度为 1/6~1/8。

纵向搭接宽度根据坡度而定,一般搭接 150~200 mm。横向搭接一个波或一个半波。

波纹板和檩条连接的固定零件最好用铝合金或不锈钢构件,或采用镀锌钢件。为了防止漏水和防止电化学腐蚀,在螺栓和铝波纹板之间要用氯丁橡胶垫圈。

波纹板的固定采用隔一个波安一个固定螺栓,如在风吸力较强的地方,则每个波都应固定。

施工时人不能直接踩在铝波纹板上,必须铺木板或橡胶板。施工完后,不允许有钢铁金属留在铝波纹板表面上,以免引起电化学锈蚀。

(3)**铝质浅花纹板**

铝质浅花纹板是优良的建筑装饰材料之一。它花纹精巧别致、色泽美观大方,除具有普通铝板共有的优点外,刚度提高 20%,抗污垢、抗划伤、擦伤能力均有提高,尤其是增加了立体图案和美丽的色彩,更使建筑物生辉。它是我国所特有的建筑装饰产品。

铝合金浅花纹板对白光反射率达 75%~90%,热反射率达 85%~95%。在氨、硫、硫酸、磷酸、亚磷酸、浓硝酸、浓醋酸中耐蚀性良好。通过电解、电泳涂漆等表面处理可得到不同色彩的浅花纹板。

(4)**铝及铝合金压型板**

铝及铝合金压型板是目前世界上被广泛应用的一种新型建筑装饰材料。它具有重量轻、外形美观、耐久、耐腐蚀、安装容易、施工进度快等优点,通过表面处理可得到各种色彩的压型板。主要用于屋面和墙面。

8.2.5 其他铝合金装饰材料

(1)**铝合金龙骨**

铝合金龙骨是以铝合金板材为主要材料,轧制成各种轻薄型材后组合安装而成的一种金属骨架。按用途分为隔墙龙骨和吊顶龙骨两类。隔墙龙骨多用于室内隔断墙,它以龙骨为骨架,两面覆以石膏板或石棉水泥板、塑料板、纤维板等为墙面,表面用塑料壁纸和贴墙布、内墙涂料等进行装饰,组成完整的新型隔断墙;吊顶龙骨用作室内吊顶骨架,面层采用各种吸声吊顶板材,形成新颖美观的室内吊顶。铝合金吊顶龙骨的规格和性能见表 8.3。

铝合金龙骨具有强度大、刚度大、自重轻、通用性好、耐火性能好、隔声性能强、安装简易等优点,且可灵活布置和选用饰面材料,装饰美观,是广泛使用于宾馆、厅堂、影剧院、体育馆、商店、计算机房等中高档建筑的吸声顶棚的吊顶构件。

表 8.3 铝合金吊顶龙骨的规格和性能

名 称	铝龙骨	铝平吊顶筋	铝边龙骨	大龙骨	配 件
规格/mm	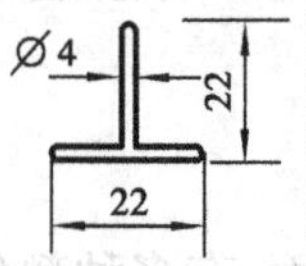 壁厚 1.3	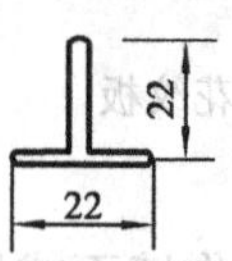 壁厚 1.3	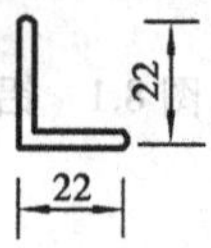 壁厚 1.3	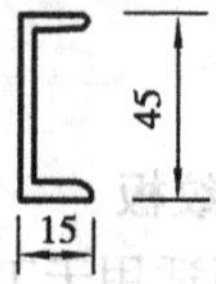 壁厚 1.3	龙骨等的连接件及吊挂件
截面积/cm^2	0.775	0.555	0.555	0.87	
单位质量/($kg \cdot m^{-1}$)	0.21	0.15	0.15	0.77	
长度/m	3 或 0.6 的倍数	0.596	3 或 0.6 的倍数	2	
机械性能	抗拉强度 210 MPa,延伸率 8%				

(2)**铝合金花格网**

铝合金花格网是以铝合金材料经挤压、碾压、展延、阳极着色等工序加工而成的各种以菱形和组合菱形为结构网状图案的新型金属建筑装饰材料。铝合金花格网具有外形美观、重量轻、机械强度高、规格式样多、耐酸碱腐蚀性好、不积污、不生锈等特点。颜色有银白、古铜、金黄、黑色等多种。铝合金花格网花型如图 8.2 所示，其厚度有 5.0、5.5、6.0、6.5、7.0、7.5 mm 等，宽度 480~2 000 mm，长度不大于 6 000 mm。

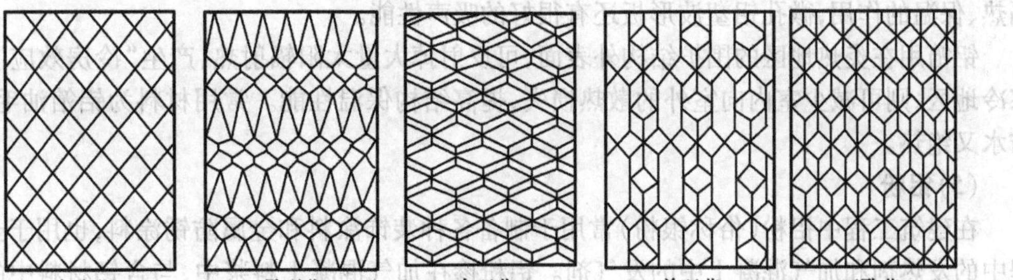

中孔花　　异型花　　大双花　　单双花　　五孔花

图 8.2　铝合金花格网的花形

铝合金花格网适用于公寓大厦平窗、凸窗、花架、屋内外设置、球场防护网、护沟和学校、工厂、工地围墙等作安全防护、防盗设施和装饰。

(3) 铝蜂窝复合材料

铝蜂窝复合材料是以铝箔材料为蜂窝芯板，面板、底板均为铝的复合板材，在高温高压下，将铝板与铝蜂窝芯板以航空用胶结剂进行严密胶合而成，而板防护层采用氟碳喷涂装饰。蜂窝板结构如图 8.3 所示。铝蜂窝复合材料具有质量轻、质坚、表面平整、耐候性佳、防水性能好、保温隔热、安装方便等优点，适用于建筑物幕墙、室内外墙面装修、屋面、包厢、隔间等，以用作室内装潢、展示框架、广告牌、指示牌、防静电板、隧道壁板及车船外壳、机器外壳和工作台面等的轻型高强度材料。其性能见表 8.4。

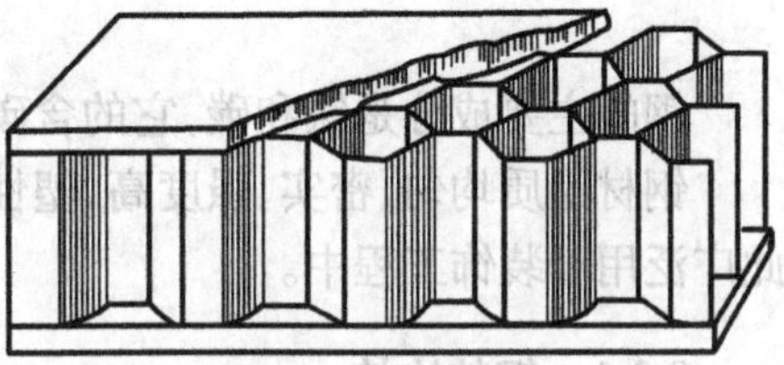

图 8.3　蜂窝板示意图

表 8.4　铝蜂窝复合板的性能

项　目	指　标	项　目	指　标
厚度/mm	12	抗拉强度/MPa	2~3
剥离强度/$(N \cdot cm^{-1})$	30~50	导热系数/$[W \cdot (m \cdot K)^{-1}]$	1.7
剪切强度(板-板)/MPa	10~15		

(4) 铝箔

铝箔是指用纯铝或铝合金加工成 6.3~200 μm 的薄片制品。铝箔除具有铝的一般性能外，还具有良好的防潮、绝热性能。在建筑工程中，铝箔广泛用作多功能保温隔热材料和防潮材料。

铝箔用作绝热材料时，需要依托层制成铝箔复合绝热材料。依托层可采用玻璃纤维布、石棉纸、纸张、塑料等，用水玻璃、沥青、热塑性树脂等作黏合剂粘贴成卷材或板材。建筑上应用较多的卷材是铝箔牛皮纸和铝箔布，它们的依托层是牛皮纸和玻璃纤维布。铝箔牛皮纸用在空气间层作绝热材料，铝箔布多用在寒冷地区做保温窗帘，在炎热地区做隔热窗帘。

用于室内装修时，可选用适当色调和图案的板材。如铝箔泡沫塑料板、铝箔波形板、微孔铝箔波形板、铝箔石棉纸夹心板等，它们强度较高，刚度较好，既有很好的装饰作用，又能起到隔热、保温的作用，微孔铝塑波形板还有很好的吸声性能。

铝箔用在炎热地区的围护结构外表面，可反射掉大量太阳辐射热，产生“冷房效应”；用在寒冷地区，则可减少室内向室外的散热损失，提高结构保温性能。常用材料为铝箔油毛毡，既防水又绝热。

(5)铝粉

在建筑工程中铝粉(俗称银粉)常用于制备各种装饰涂料和金属防锈涂料，也用于土方工程中的发热剂和加气混凝土中的发气剂。铝粉掺在加气混凝土料浆中，与含钙材料中的氢氧化钙发生化学反应并放出氢气，使料浆形成多孔结构，其化学反应如下：

$$2Al + 3Ca(OH)_2 + 6H_2O = 3CaO \cdot Al_2O_3 \cdot 6H_2O + 3H_2 \uparrow$$

8.3 建筑装饰钢材

钢的主要成分是铁和碳，它的含碳量在2.06%以下。

钢材品质均匀、密实、强度高，塑性、韧性和加工性能好，能焊接、铆接和切割，便于装配，因此广泛用于装饰工程中。

8.3.1 钢的冶炼

将生铁在炼钢炉中冶炼，使碳的含量降低到预定的范围，其他杂质含量降低到允许的范围，经浇铸即得到钢锭(或钢坯)，再经过加工(轧制、挤压、拉拔等)工艺处理后得到钢材。

8.3.2 钢的分类

钢按化学成分可分为碳素钢和合金钢两大类。钢的主要成分是铁和碳，另外，还有少量难以除净的Si、Mn、P、S、O、N等，其中S、P、O、N为有害杂质。

碳素钢根据碳的含量可分为：低碳钢(含碳量小于0.25%)、中碳钢(含碳量为0.25%~0.6%)、高碳钢(含碳量大于0.6%)。

合金钢根据合金元素的含量可分为：低合金钢(合金含量小于5%)，中合金钢(合金含量为5%~10%)，高合金钢(合金含量大于10%)。合金元素为Mn、Si、V、Ti等。

钢按脱氧程度不同可分为：沸腾钢、镇静钢和特殊镇静钢。

按钢中有害杂质的含量，将工业用钢分为普通钢、优质钢和高级优质钢。

按钢的用途可分为结构钢、工具钢和特殊性能钢。

装饰工程中主要使用碳素钢中的低碳钢，合金钢中的低合金钢。

8.3.3 钢的化学成分对钢性能的影响

钢中除主要成分铁和碳外，还含有少量的Si、Mn、P、S、O、N、Ti、V等元素，含量虽少，对钢的性能影响很大，现分述如下：

Si是在炼钢时为脱氧而加入的。当钢中含Si量小于1.0%时，能显著提高钢的强度，而对塑性及韧性没有明显影响。

Mn 是炼钢时为脱氧去硫而加入的。Mn 能消除钢的热脆性,改善热加工性。当含 Mn 量为 0.8%~1.0%时,可显著提高钢的强度和硬度,几乎不降低钢的塑性和韧性。Mn 为低合金钢的主加合金元素。

P 是钢中有害杂质,从炼铁原料中带入,其最大危害是使钢的冷脆性显著增加,低温下的冲击韧性下降,可焊性降低。

S 是有害杂质,从炼铁原料中带入,能使钢的热脆性显著提高,热加工性和可焊性明显降低。

O 是钢中有害杂质,主要存在于非金属夹杂物内。非金属夹杂物能使钢的机械性能下降,特别是韧性下降。氧还有促进时效倾向的作用。氧化物所造成的低熔点使钢的可焊性变差。

N 对钢性质的影响与 C、P 相似,使钢的强度提高,塑性及韧性显著下降。N 还可加剧钢的时效敏感性和冷脆性,降低可焊性。

Ti 是强脱氧剂,能细化晶粒,显著提高强度和改善韧性。Ti 还能减少时效倾向,改善可焊性。

V 是弱脱氧剂,V 加入钢中可减弱 C 和 N 的不利影响,能细化晶粒,有效地提高强度,减小时效敏感性,但有增加焊接时的淬硬倾向。

8.3.4　钢材的力学性能

钢材的力学性能主要有抗拉、冷弯、冲击韧性、耐疲劳性和硬度等。

(1)抗拉性能

抗拉性能是钢材的重要性能。可用低碳钢(软钢)受拉的应力-应变图来表明,如图 8.4 所示。图中分为 4 个阶段:

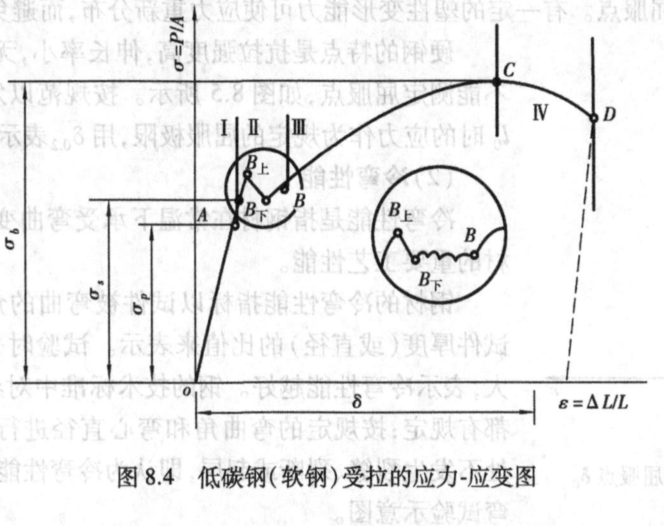

图 8.4　低碳钢(软钢)受拉的应力-应变图

1)弹性阶段

弹性阶段为 OA 范围,如卸去拉力,试件能完全恢复原状,这种性质称为弹性。与 A 点对应的应力称为弹性极限,用 σ_p 表示。此阶段应力与应变的比值为常数,称为弹性模量,用 E 表示,即 $E=\dfrac{\sigma}{\varepsilon}$。弹性模量反映钢材的刚度,即产生单位弹性应变时所需应力的大小。它是钢材在受力条件下计算结构变形的重要指标。

2)屈服阶段

屈服阶段 AB 为应力超过 A 点后,应变的增长速度大于应力的增长速度,如卸去拉力,试件上已有不能消失的塑性变形,即达到屈服阶段。如图 8.4 所示,$B_{上}$ 点是屈服阶段的最高点,为屈服上限,$B_{下}$ 点为屈服下限。因为 $B_{下}$ 点比较稳定容易测定,所以一般以 $B_{下}$ 点对应的应力,作为屈服强度取值的依据,屈服点应力用 σ_s 表示。

3)强化阶段

强化阶段 BC 在屈服阶段后,由于试件内部组织发生变化,如晶格畸变、错位等,使其抵抗塑性变形的能力又重新提高,故称为强化阶段。对应 C 点的应力称为抗拉强度,用 σ_b 表示。

4)颈缩阶段

颈缩阶段 CD 为应力达到曲线最高点后,在试件薄弱处截面明显缩小,产生"颈缩现象"。塑性变形迅速增加,拉力下降,直到断裂。

抗拉强度在设计中虽然不能利用,但可用屈强比 $\frac{\sigma_s}{\sigma_b}$ 验证钢材受力超过屈服点工作的可靠性。屈强比小,结构安全性高;屈强比太小,钢材不能有效地利用。

试件拉断后将断裂处对接,测断后标距 l_1(mm),断裂后标距与原始标距 l_0(mm)的百分比,称为伸长率,以 δ 表示,即

$$\delta = \frac{l_1 - l_0}{l_0} \times 100\% \tag{8.1}$$

通常以 δ_5 和 δ_{10} 分别表示 $l_0 = 5d_0$ 和 $l_0 = 10d_0$ 时的伸长率。d_0 为试件的原始直径。对于同一种钢材,δ_5 大于 δ_{10}。

伸长率是衡量钢材塑性的重要技术指标。尽管结构在弹性范围内使用,但当应力集中时,其应力可能超过屈服点。有一定的塑性变形能力可使应力重新分布,而避免结构破坏。

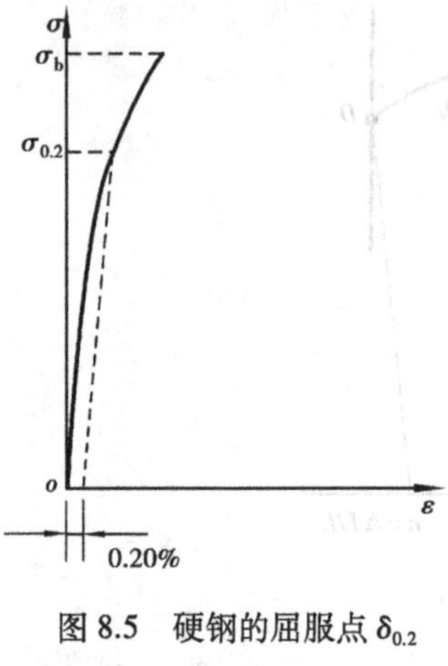

图 8.5　硬钢的屈服点 $\delta_{0.2}$

硬钢的特点是抗拉强度高,伸长率小,无明显的屈服阶段,不能测定屈服点,如图 8.5 所示。按规范以发生残余变形0.2% l_0 时的应力作为规定的屈服极限,用 $\delta_{0.2}$ 表示。

(2)冷弯性能

冷弯性能是指钢材在常温下承受弯曲变形的能力,也是钢材的重要工艺性能。

钢材的冷弯性能指标以试件被弯曲的角度和弯心直径对试件厚度(或直径)的比值来表示。试验时采用的弯曲角度越大,表示冷弯性能越好。钢的技术标准中对各号钢的冷弯性能都有规定:按规定的弯曲角和弯心直径进行试验,试件的弯曲处不发生裂缝、裂断或起层,即认为冷弯性能合格。图 8.6 为冷弯试验示意图。

冷弯试验是钢材处于不利变形条件下的塑性,是一种比较严格的检验,能提示钢材是否存在内部组织的不均匀、内应力和夹杂物等缺陷。在均匀的拉力试验中,这些缺陷在常温下由于塑性变形导致应力重新分布而不能反映。

冷弯试验对焊接质量也是一种严格的检验,能提示焊件在受弯表面存在的未熔合、微裂纹和夹杂物。

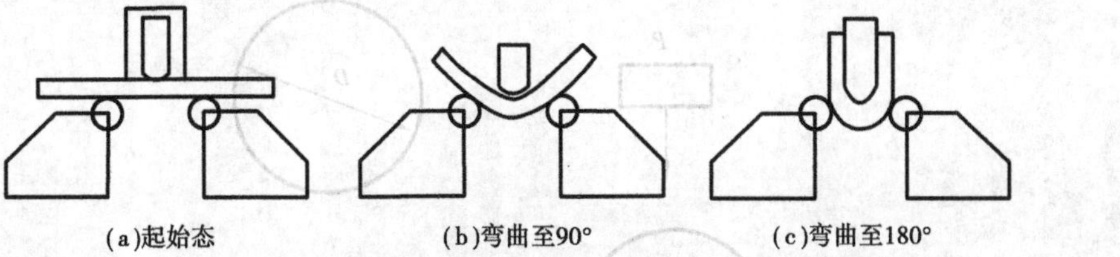

图 8.6　冷弯试验示意图

(3)**冲击韧性**

冲击韧性是指钢材抵抗冲击荷载的能力。冲击韧性指摆锤冲断标准试件缺口处单位截面积上所消耗的功,即为钢材的冲击韧性值,用 α_k(J/cm^2)表示。α_k 值越大,冲击韧性越好。图 8.7 为冲击韧性试验示意图。

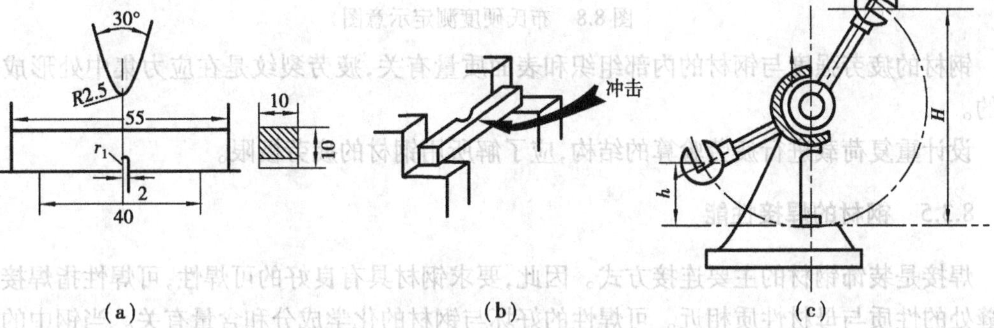

图 8.7　冲击韧性试验示意图

钢材冲击韧性的高低,与钢材的化学成分、组织状态、冶炼、轧制质量有关,还与环境温度有关,即温度下降,韧性下降,当温度下降到一定范围时而呈脆性,这种性质称为钢材的冷脆性,这时的温度称为脆性临界温度。由于脆性临界温度难以测定,规范中根据气温条件规定为 -20 ℃或-40 ℃的负温冲击值指标。

(4)**硬度**

钢材的硬度指其表面局部体积内抵抗外物压入产生塑性变形的能力。

测定钢材硬度较常用的为布氏法和洛氏法。

布氏法的测定原理是利用直径为 D(mm)的淬火钢球,以 P(N)的荷载将其压入试件表面,经规定的持续时间后卸除荷载,即得直径为 d(mm)的压痕,以荷载 P 除压痕表面积 F(mm^2),所得的应力值即为试件的布氏硬度值 HB,以数字表示,不带单位,HB 值越大,表示钢材越硬。图 8.8 为布氏硬度测定示意图。

洛氏法根据压头压入试件的深度大小表示材料的硬度值。洛氏法压痕很小,一般可用于判断机械零件的热处理效果。

(5)**疲劳强度**

钢材在交变荷载作用下应力远小于抗拉强度时发生断裂,这种现象称为钢材的疲劳破坏。疲劳破坏的危险应力用疲劳极限来表示,疲劳极限指疲劳试验中试件在交变荷载作用下,在规定的周期基数内不发生断裂所能承受的最大应力,周期基数一般为 200 万次或 400 万次以上。

钢材的疲劳破坏,一般认为是由拉应力引起的。因此,钢材的疲劳与抗拉强度有关,钢材的抗拉强度高,其疲劳强度也高。

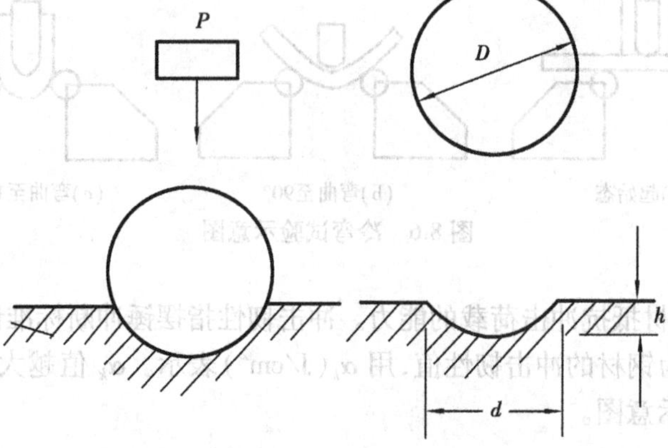

图 8.8　布氏硬度测定示意图

钢材的疲劳强度与钢材的内部组织和表面质量有关，疲劳裂纹是在应力集中处形成和发展的。

设计重复荷载进行疲劳验算的结构，应了解所用钢材的疲劳极限。

8.3.5　钢材的焊接性能

焊接是装饰钢材的主要连接方式。因此，要求钢材具有良好的可焊性，可焊性指焊接后的焊缝处的性质与母材性质相近。可焊性的好坏与钢材的化学成分和含量有关。当钢中的含碳量大于0.25%时，可焊性变差，加入的合金元素Mn、V、Ti等也将增加焊接的硬脆性，降低可焊性，尤其是S能使焊接时产生热脆性。

8.3.6　钢材的冷加工时效及其应用

钢材在常温下进行冷加工(冷拉、冷拔或冷轧)使其产生塑性变形，而屈服强度得到提高，这个过程称为冷加工强化。

产生冷加工强化的原因是钢材在塑性变形中晶格缺陷增多，发生畸变，对进一步变形起到阻碍作用。因此，钢材的屈服点提高，塑性、韧性和弹性模量下降。

经过冷加工的钢材在常温下放置一段时间后，其强度和硬度会自发地提高，塑性和韧性会逐渐降低。钢材这种随时间的延长，强度和硬度增长，塑性和韧性下降的现象称为时效，如图8.9所示。

自然时效是指将冷加工的钢材在常温下存放15~20 d，人工时效是指将冷加工的钢材加热到100~200 ℃并保持2~3 h。这个过程称为时效处理。

8.3.7　建筑装饰钢材制品

在现代建筑装饰中，金属制品受到广泛使用，如柱子外包不锈钢板或铜板，墙面和顶棚镶贴铝合金板，楼梯扶手采用不锈钢管或铜管等。由于金属装饰制品坚固耐用，装饰表面具有独特的艺术风格与强烈的时代感，且安装方便，故在一些要求高级装修的公共建筑中，越来越多地被采用。

目前，建筑装饰工程中常用的钢材制品主要有不锈钢钢板与钢管、彩色不锈钢板、彩色涂

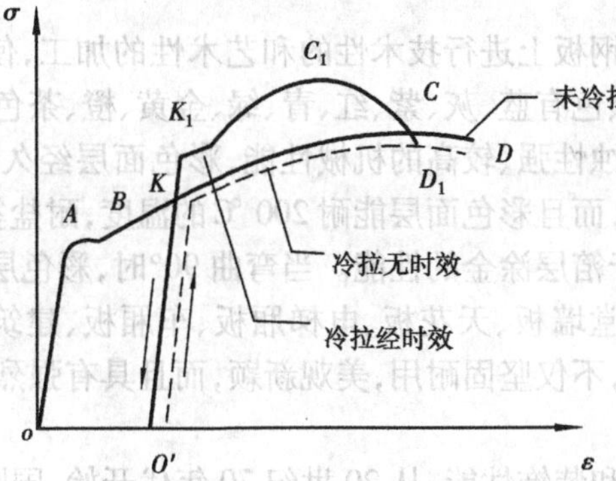

图 8.9　钢材冷拉时效后应力-应变图

层钢板和彩色压型钢板以及镀锌钢卷帘门板及轻钢龙骨等。

(1)普通不锈钢及其制品

1)不锈钢一般特性

众所周知，普通钢材易锈蚀。钢材的锈蚀有两种，一是化学腐蚀，即在常温下钢材表面受氧化而生成氧化膜层；二是电化学腐蚀，这是因钢材在较潮湿的空气中，其表面发生“微电池”作用而产生的腐蚀。钢材的腐蚀大多属电化学腐蚀。

事实证明，当钢中含有 Cr 元素，就能大大提高其耐腐蚀性，这就是所谓不锈钢。不锈钢是以 Cr 元素为主加元素的合金钢，Cr 含量越高，钢的抗腐蚀性越好。除 Cr 外，不锈钢中还含有 Ni、Mn、Ti、Si 等多种元素，这些元素都能影响不锈钢的强度、塑性、韧性和耐蚀性。

不锈钢的耐腐蚀原理是由于 Cr 的性质比 Fe 活泼，在不锈钢中，Cr 首先与环境中的氧化合，生成一层与钢基体牢固结合的致密的氧化膜层，称作钝化膜，它能使合金钢得到保护，不致锈蚀。

不锈钢按其化学成分可分为铬不锈钢、铬镍不锈钢和高锰低铬不锈钢等几类。按不同耐腐蚀特点，又可分为普通不锈钢（简称不锈钢）和耐酸钢两类，前者具有耐大气和水蒸气侵蚀的能力，后者除对大气和水蒸气有抗蚀能力外，还对某些化学侵蚀介质（如酸、碱、盐溶液）具有良好的抗蚀性。常用的不锈钢有 40 多个品种，其中建筑装饰用不锈钢主要是 $0Cr_{18}Ni_9$、$1Cr_{18}Ni_9Ti$、$0Cr_{13}$、$1Cr_{17}Ti$ 等几种。

2)不锈钢装饰制品

建筑装饰用不锈钢制品主要是薄钢板，其中厚度小于 2 mm 的薄钢板用得最多。

不锈钢的主要特征是耐腐蚀，而光泽度是其另一重要特点。不锈钢经不同的表面加工可形成不同的光泽度和反射性，并按此划分成不同的等级。高级抛光不锈钢的表面光泽度，具有同玻璃相同的反射能力。建筑装饰工程可根据建筑功能要求和具体条件进行选用。

不锈钢除制成薄钢板外，还可加工成型材、管材及各种异型材，在建筑上可用做屋面、幕墙、隔墙、门、窗、内外墙饰面、栏杆扶手等。目前，不锈钢包柱被广泛用于大型商场、宾馆和餐馆的入口、门厅、中厅等处，在通高大厅和四季厅之中，也常被采用，这是由于不锈钢包柱不仅是一种新颖的具有很高观赏价值的建筑装饰手法，而且，由于其镜面反射作用，可取得与周围环境中的各种色彩、景物交相辉映的效果。同时，在灯光的配合下，还可形成晶莹明亮的高光部分，从而有助于在这些共享空间中，形成空间环境中的兴趣中心，对空间环境的效果起到强化、点缀和烘托的作用。不锈钢包柱，作为一种现代的高档柱面装饰方法，在国内外的发展是较快的。

(2)彩色不锈钢板

彩色不锈钢板是在不锈钢板上进行技术性的和艺术性的加工,使其表面成为具有各种绚丽色彩的不锈钢装饰板,其颜色有蓝、灰、紫、红、青、绿、金黄、橙、茶色等多种。

彩色不锈钢板具有抗腐蚀性强、较高的机械性能、彩色面层经久不褪色、色泽随光照角度不同会产生色调变幻等特点,而且彩色面层能耐 200 ℃的温度,耐盐雾腐蚀性能超过一般不锈钢,耐磨和耐刻画性能相当于箔层涂金的性能。当弯曲 90°时,彩色层不会损坏。

彩色不锈钢板可用作厅堂墙板、天花板、电梯厢板、车厢板、建筑装潢、招牌等装饰之用。采用彩色不锈钢板装饰墙面,不仅坚固耐用,美观新颖,而且具有强烈的时代感。

(3)彩色涂层钢板

为提高普通钢板的防腐和装饰性能,从 20 世纪 70 年代开始,国际上迅速发展起来一种新型带钢预涂产品——彩色涂层钢板。近年来我国相应发展这种产品,上海宝山钢铁公司兴建了我国第一条现代化彩色涂层钢板生产线。这种钢板涂层可分有机涂层、无机涂层和复合涂层 3 种,以有机涂层钢板发展最快。有机涂层可以配制各种不同色彩和花纹,故称之为彩色涂层钢板。彩色涂层钢板的结构如图 8.10 所示。彩色涂层钢板具有优异的装饰性,涂层附着力强,可长期保持新颖的色泽,并且加工性能好,可进行切断、弯曲、钻孔、铆接、卷边等。

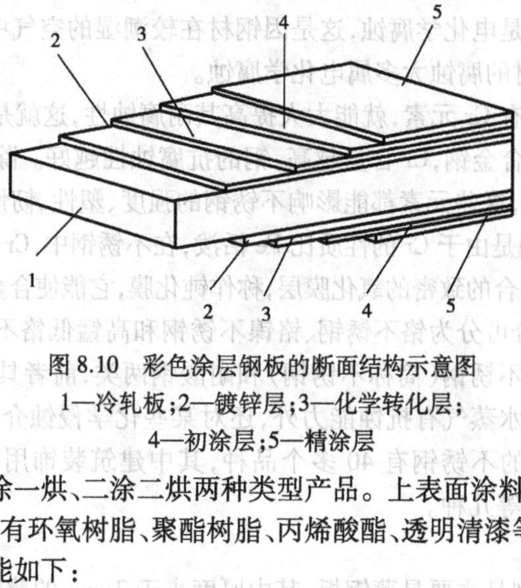

图 8.10 彩色涂层钢板的断面结构示意图
1—冷轧板;2—镀锌层;3—化学转化层;
4—初涂层;5—精涂层

彩色涂层钢板有一涂一烘、二涂二烘两种类型产品。上表面涂料有聚酯硅改性树脂、聚偏二氟乙烯等,下表面涂料有环氧树脂、聚酯树脂、丙烯酸酯、透明清漆等。

彩色涂层钢板的性能如下:

1)耐污染性能

将番茄酱、口红、咖啡饮料、食用油涂抹在聚酯类涂层表面,放置 24 h 后,用洗涤液清洗烘干,其表面光泽、色差无任何变化。

2)耐热性能

涂层钢板在 120 ℃烘箱中连续加热 90 h,涂层光泽、颜色无明显变化。

3)耐低温性能

涂层钢板试样在-54 ℃低温下放置 24 h 后涂层冲击性能无明显变化。

4)耐沸水性能

各类涂层产品试样在沸水中浸泡 60 min 后表面的光泽和颜色无任何变化,无起泡、软化、膨胀等现象。

彩色涂层钢板可用作建筑外墙板、屋面板、护壁板、拱复系统等,如作商业亭、候车亭的瓦楞板，工业厂房大型车间的壁板与屋顶等。

另外，还可用作防水汽渗透板，排气管道、通风管道、耐腐蚀管道、电气设备罩等。

塑料复合钢板是在 Q215、Q235 钢板上，覆以厚 0.2～0.4 mm 的软质或半软质聚氯乙烯膜而成，被广泛用于交通运输及生活用品方面，如用作汽车外壳、家具等。

(4) **彩色压型钢板**

彩色压型钢板是以镀锌钢板为基材经成型机轧制，并涂敷各种耐腐蚀涂层与彩色烤漆而制成的轻型围护结构材料。这种钢板具有质量轻、抗震性好、耐久性强、色彩鲜艳、易加工以及施工方便等优点。适用于工业与民用及公共建筑的屋盖、墙板及墙壁装贴等。

压型钢板是由异形彩色镀锌钢板、单向螺栓等配件及防水嵌缝胶泥组合而成。

(5) **钢门帘板**

门帘板是钢卷帘门的主要构件。通常产品厚度为 1.5 mm，展开面宽度为 130 mm，每米帘板的理论质量为 8.2 kg，材质为优质碳素结构钢。钢卷帘门坚固耐久，既具有装饰美观作用，又具有良好的防盗性。可广泛用作商场、商店及银行等建筑的大门及橱窗等防护设施。

(6) **轻钢龙骨**

轻钢龙骨是镀锌钢带或薄钢板由特制轧机以多道工艺轧制而成。它具有强度大、通用性强、耐火性好、安装简易等优点，可装配各种类型的石膏板、钙塑板、吸音板等。用做墙体隔断和吊顶的龙骨支架，美观大方。它广泛用于各种民用建筑工程以及轻纺工业厂房等场所，对室内装饰造型、隔音等功能起到良好效果。

根据《建筑用轻钢龙骨》(GB/T 11981—2008)规定，轻钢龙骨断面有 U、C、CH、T、H、V 和 L 型 7 种类型。吊顶龙骨代号 D，墙体龙骨代号 Q。吊顶龙骨分主龙骨(又称大龙骨、承重龙骨)，次龙骨(又称四面龙骨，包括中龙骨和小龙骨)。U、C 型龙骨吊顶如图 8.11 所示。墙体龙骨则分横龙骨、通贯龙骨、竖龙骨和支撑卡等，如图 8.12 所示。墙体轻钢龙骨的断面形状如表 8.5 所示。

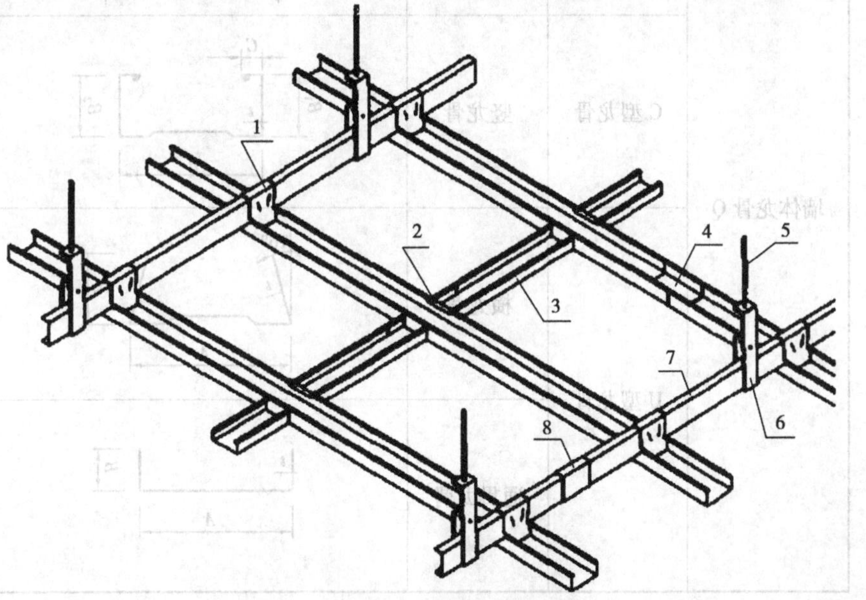

图 8.11　U 型、C 型龙骨吊顶示意图

1—挂件；2—挂插件；3—覆面龙骨；4—覆面龙骨连接件；
5—吊杆；6—吊件；7—承载龙骨；8—承载龙骨连接件

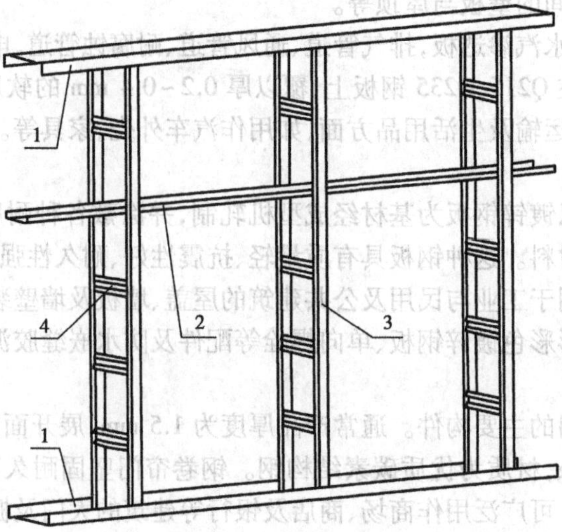

图 8.12　墙体龙骨示意图
1—横龙骨;2—通贯龙骨;3—竖龙骨;4—支撑卡

表 8.5　墙体轻钢龙骨的断面形状

类　别	品　种		断面形状
墙体龙骨 Q	CH 型龙骨	竖龙骨	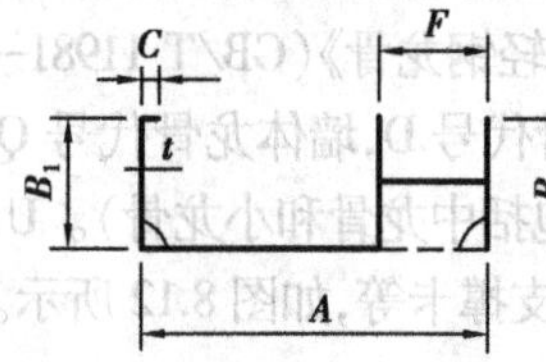
	C 型龙骨	竖龙骨	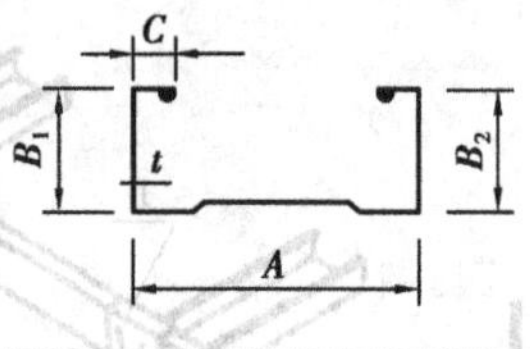
	U 型龙骨	横龙骨	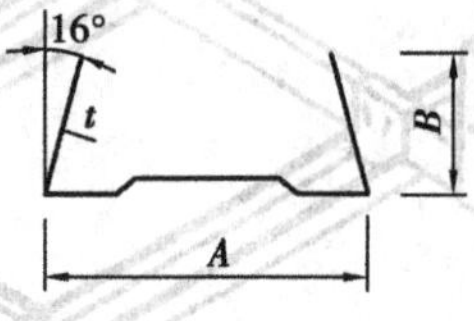
		通贯龙骨	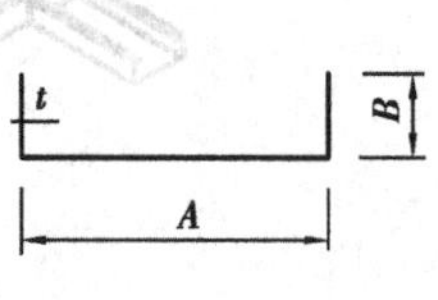

轻钢龙骨外形要平整,棱角清晰,切口不允许有影响使用的毛刺和变形。龙骨表面应镀锌防锈,不允许有起皮脱落等现象。对于腐蚀、损伤、麻点等缺陷也需按规定检测。

轻钢龙骨的产品规格、技术要求、试验方法和检验规则在《建筑用轻钢龙骨》(GB/T 11981—2008)中有具体规定。

产品标记顺序为:产品名称、代号、断面形状的宽度、高度、钢板带厚度和标准号。

如断面形状为 C 型,宽 75 mm、高 45 mm、钢板带厚 0.7 mm 的墙体竖龙骨,可标记为:建筑用轻钢龙骨 QC75×45×0.7(GB/T 11981—2008)。

8.4　铜及铜合金

8.4.1　纯铜

纯铜从外观看是紫红色的,故又称紫铜。纯铜的密度为 8.9 g/cm^3,熔点为 1 083 ℃。纯铜的导电性、导热性好(仅次于银),耐腐蚀性好。

铜具有面心立方晶格的晶体结构,其强度较低、塑性较高($\sigma_b \approx 230 \sim 250$ MPa,δ 为 40%~50%),不适宜用作结构材料,主要用于制造导电器材或配制各种铜合金。

根据铜中的杂质含量多少,工业纯铜可分为 4 种:T_1、T_2、T_3、T_4。T 为铜的汉语拼音字头,数字为编号,数字越大,表示纯度越低。

8.4.2　铜合金

工业上广泛应用的还是铜合金。按照化学成分的不同,可以分为黄铜、青铜和白铜。

(1)黄铜

以铜、锌为主要合金元素的铜合金称为黄铜。黄铜分为普通黄铜和特殊黄铜。铜中只加入锌元素时是普通黄铜。普通黄铜不仅有良好的力学性能、耐腐蚀性能和工艺性能,而且价格也比纯铜便宜。为了进一步改善普通黄铜的力学性能和提高耐腐蚀性能,可再加入 Pb、Mn、Sn、Al 等合金元素而配成特殊黄铜,如加入铅可改善普通黄铜的切削加工性和提高耐磨性;加入铝可提高强度、硬度、耐腐蚀性能等。

普通黄铜的牌号用“H”(黄字的汉语拼音字首)加数字来表示,数字代表平均含铜量,含锌量不标出,如 H62。特殊黄铜则在“H”之后标以主加元素的化学符号,并在其后表明铜及合金元素含量的百分数,如 HPb59-1。如果是铸造黄铜,牌号中还应加“Z”字,如 ZHAl67-2.5。

(2)青铜

青铜原指铜与锡的合金。现在除了铜锌合金的黄铜及铜镍合金的白铜以外,铜与其他元素所组成的合金均作为青铜,青铜分为锡青铜和无锡青铜。

锡青铜是由铜与锡组成的合金,无锡青铜是含 Pb、Si、Al、Be、Mn 等合金元素的铜基合金,包括铝青铜、硅青铜、铅青铜等。

青铜的牌号以字母“Q”(青字的汉语拼音字首)表示,后面加第一个主加元素符号及除了铜以外的各元素的百分含量,如 QSn4-3。如果是铸造的青铜,牌号中还应加“Z”字,如 ZQA19-4 等。

(3)铜合金的应用

铜合金经冷加工所形成的板材、板带,多用于室内柱面、门厅及挑檐包面等部位的装饰,也可用来加工制作灯箱和各种灯饰物。

复习思考题

8.1 铝合金材料在建筑装饰工程中主要用在哪几个方面?

8.2 根据铝合金的成分和工艺特点可分为哪些种类?它们都有哪些特性?

8.3 建筑装饰用铝合金制品有哪些?它们应用于何处?有哪些突出的优点?

8.4 建筑装饰用不锈钢制品有哪些突出的优点?不锈钢装饰制品有哪些种类?应用在何处?

8.5 彩色涂层钢板有哪几种?主要应用在何处?有哪些优点?

8.6 建筑用的龙骨和配件主要用途是什么?有哪些种类?

8.7 简述铜合金的分类及用途。

第9章 装饰玻璃

玻璃是现代建筑十分重要的室内外装饰材料之一，具有良好的透光性能，过去主要用于建筑的采光。随着现代建筑技术的发展和人们对建筑物的功能和适用性要求的不断提高，玻璃制品正向着装饰、安全、节能等多功能、多品种的方向发展，尤其是近年来，各种新品种装饰玻璃层出不穷，为现代建筑设计提供了更加宽广的选择余地，在现代建筑中也越来越多地采用各种多功能的玻璃制品，以达到光控、温控、降噪、节能以及美化环境和降低结构自重等多种目的。

9.1 玻璃的组成、性质与分类

9.1.1 玻璃的组成

玻璃是以石英砂、纯碱、石灰石、长石等为主要原料，经1 550~1 600 ℃高温熔融、成型，并经快速冷却而制成的固体材料，其组成比较复杂，主要成分是SiO_2(约72%)，Na_2O(15%)和CaO(9%)，另外还有少量的Al_2O_3、MgO等，这些氧化物在玻璃中都起着重要的作用，各主要化学成分的作用见表9.1。

表9.1 玻璃中主要化学成分的作用

氧化物	作　用
SiO_2	提高玻璃的机械强度、化学稳定性、耐热性、熔融温度，降低密度、热膨胀系数
Na_2O	提高玻璃的热膨胀系数，降低化学稳定性、热稳定性、耐热性、熔融温度
CaO	提高玻璃的硬度、强度、化学稳定性，降低耐热性、熔体高温黏度
Al_2O_3	提高玻璃的化学稳定性、硬度、强度、韧性，降低析晶倾向
MgO	提高玻璃的化学稳定性、耐热性、机械强度、退火温度，降低析晶倾向、韧性

为使玻璃具有某种特性或改善玻璃的某些性能，还常在玻璃中加入某些化合物作为辅助

原料,如助熔剂、脱色剂、澄清剂、着色剂、乳浊剂等,常用的辅助原料及其作用见表 9.2。若采用一些特殊工艺,还可以制得各种不同特殊性能的玻璃。

表 9.2　玻璃常用辅助原料及其作用

辅助原料	作　用	常用化合物
助熔剂	缩短玻璃熔制时间。萤石还可与玻璃液中杂质 FeO 作用,增加玻璃的透明度	萤石、硼砂、硝酸钠、纯碱等
脱色剂	在玻璃中呈现为原来颜色的补色,起到使玻璃无色的作用	硒、硒酸钠、氧化钴、氧化镍等
澄清剂	降低玻璃液黏度,有利于玻璃液消除气泡,起到澄清的作用	白砒、硫酸钠、铵盐、硝酸钠、二氧化锰等
着色剂	赋予玻璃所需的颜色。如氧化铁能使玻璃呈黄色或绿色,氧化钴能使玻璃呈蓝色等	氧化铁、氧化钴、氧化锰、氧化镍、氧化铜、氧化铬等
乳浊剂	使玻璃呈乳白色的半透明体	冰晶石、氟硅酸钠、磷酸三钙、氧化锡等

9.1.2　玻璃的基本性质

(1)玻璃的密度

玻璃的密度与其化学组成有关,普通玻璃的密度为 2.45~2.55 g/cm^3。玻璃内几乎无孔隙,属于致密材料。

(2)玻璃的光学性质

太阳光由紫外光、可见光、红外光 3 部分组成。紫外光的波长为 0.2~0.4 μm,占太阳光 3%,可见光的波长为 0.4~0.7 μm,占太阳光的 48%,红外光的波长为 0.7~2.5 μm,占太阳光 49%,是热量的主要携带者。当光线入射到玻璃上时,玻璃会对光线产生透射、反射、吸收的作用。

1)透射

光线能透过玻璃的性质称为透射,玻璃透光能力的大小,用透射比表示。透射比是指透过玻璃的光通量与入射光通量的百分比。

玻璃的透射比是玻璃的重要性能,清洁无色的玻璃对可见光的透射比可达 85%~90%。

玻璃的透射比主要与玻璃的化学组成、颜色、厚度及光的波长有关。同种玻璃,厚度越大透射比越小。无色玻璃的透射比高于着色玻璃和镀膜玻璃。如 3 mm 厚的无色玻璃对可见光透射比为 89%,而 5 mm 厚的各色吸热玻璃的可见光透射比 30%~65%,5 mm 厚的镀膜玻璃的可见光透射比为 10%~30%。石英玻璃和磷、硼玻璃能透过紫外线,锑、钾玻璃能透过红外线。用于采光、照明的玻璃,要求具有较高的透射比。

2)反射

光线被玻璃阻挡,按一定角度反射出,称为反射,玻璃对光的反射能力,用反射比表示。反射比是指玻璃反射的光通量与入射光通量的百分比。

玻璃的光反射比与玻璃的表面有关,而对光的波长没有选择性。普通平板玻璃的光反射比较小,为 5%~8%,而镀膜玻璃和热反射玻璃的光反射比都较大,为 15%~48%。

用于遮光和隔热的玻璃,要求具有较高的光反射比。

3)吸收

光线通过玻璃后,一部分光通量被损失,称为吸收,玻璃对光线的吸收能力,用吸收比表示。吸收比是指玻璃吸收的光通量与入射光通量的百分比。

玻璃的光吸收比与玻璃的组成、颜色、厚度及光的波长有关。普通无色玻璃对可见光的吸收比很低,但对红外光和紫外光的吸收比较大。各种着色玻璃可透过同色光线而吸收其他颜色光线。铅、铋玻璃对 X 射线和 γ 射线有较强的吸收能力。

用于隔热、防眩作用的玻璃,要求既能吸收大量的红外光,同时又能保持良好的透光性。

透射比、反射比、吸收比的和为 100%。

(3)**玻璃的热工性质**

1)导热性

玻璃是热的不良导体,导热系数一般为 0.75~0.92 W/(m·K),大约为铜的 1/400。

玻璃的导热性能主要与玻璃的化学组成、表观密度和构造有关,不同种类及不同构造的玻璃其导热系数见表 9.3。

表 9.3　玻璃的导热系数

名　称	表观密度/($kg \cdot m^{-3}$)	导热系数/[$W \cdot (m \cdot K)^{-1}$]	名　称	导热系数/[$W \cdot (m \cdot K)^{-1}$]
平板玻璃	2 500	0.75	充氮夹层玻璃(D=12.03 mm,一个氮气层)	0.097
化学玻璃	2 450	0.93	充氮夹层玻璃(D=21.42 mm,二个氮气层)	0.091 6
石英玻璃	2 210	0.71	充氮夹层玻璃(D=30.16 mm,三个氮气层)	0.089 3
石英玻璃	2 210	1.35	干空气夹层玻璃(D=12.06 mm,一个空气层)	0.096 3
石英玻璃	2 250	2.71	干空气夹层玻璃(D=21.04 mm,二个空气层)	0.089 3
玻璃砖	2 500	0.81	干空气夹层玻璃(D=29.83 mm,三个空气层)	0.089 3
泡沫玻璃	140	0.052	夹层玻璃(D=8.6 mm,中间空气 3 mm,四周玻璃条)	0.103
泡沫玻璃	166	0.087	夹层玻璃(D=15.92 mm,中间空气 10 mm,四周玻璃条)	0.094
泡沫玻璃	300	0.116	夹层玻璃(D=15.92 mm,中间空气 6 mm,四周玻璃条)	0.128

注:D 为夹层玻璃的总厚度。

2)热稳定性

玻璃抵抗温度变化而不破坏的性能称为热稳定性。

玻璃的热稳定性较差,这是由于玻璃的导热性能差,当玻璃温度急变时,热量不能及时传递到整块玻璃上,沿玻璃的厚度温度不同,故膨胀量不同,因而产生内应力,当内应力超过玻璃极限强度时,就会造成破裂。玻璃抗急热的能力比抗急冷的能力强,这是因为受急热时玻璃表面产生压应力,而受急冷时玻璃表面产生的是拉应力,玻璃的抗压强度远高于抗拉强度。

3)耐热性

玻璃在高温下会发生软化,并产生较大的变形。因此玻璃的耐热性较差。

(4)**玻璃的力学性质**

玻璃的力学性质与其化学组成、表面处理、缺陷及其形状有关。SiO_2 含量高的玻璃具有较高的抗压强度,且硬度也较高,而 CaO,Na_2O 及 K_2O 等氧化物是降低抗压强度的因素。表面经过钢化处理的玻璃,则强度大为提高。玻璃表面及内部的缺陷会造成应力集中,从而使玻璃的强度急剧下降。

普通玻璃的抗压强度为 600~1 200 MPa,抗拉强度为 40~80 MPa,抗弯强度为 50~130 MPa,弹性模量为(6~7.5)×10^4 MPa。故玻璃在冲击作用下易破碎,是典型的脆性材料。玻璃的莫氏硬度为 4~7,普通玻璃的莫氏硬度为 5.5~6.5,因而玻璃的耐刻画性和耐磨性较高,长期使用和擦洗不会使玻璃表面变毛。

(5)玻璃的化学性质

一般来说,玻璃具有较高的化学稳定性,但长期遭受侵蚀性介质的作用,也能导致变质和破坏。

玻璃的耐酸性较强,能抵抗氢氟酸以外的各种酸类的侵蚀,但耐碱性较差,长期受碱液作用时玻璃中的 SiO_2 会溶于碱液中,使玻璃受到侵蚀。长期受水汽作用时,表面会产生水解生成 NaOH 和 $2SiO_2 \cdot nH_2O$,同时玻璃中的碱性氧化物还会与空气中的 CO_2 结合生成碳酸盐并在玻璃表面析出,形成白色斑点,降低玻璃的透光性,俗称玻璃发霉。

9.1.3 玻璃的分类

玻璃的品种很多,分类方法也很多,常用的分类方法有以下几种。

(1)按化学组成分类

1)钠玻璃

钠玻璃,又称钠钙玻璃,主要成分是 SiO_2、Na_2O 和 CaO。它熔点低,易于熔制,由于所含杂质较多,玻璃常带有绿色。与其他品种玻璃相比,钠玻璃的力学性质、热工性质、光学性质及化学稳定性均较差。多用于制造普通建筑玻璃和日用玻璃制品,故又称普通玻璃。普通玻璃在建筑工程中应用十分普遍。

2)钾玻璃

钾玻璃是以 K_2O 替代钠玻璃中部分 Na_2O,并提高玻璃中 SiO_2 含量而制成。它硬而有光泽,故又称硬玻璃,其他性质也较钠玻璃好。钾玻璃多用于制造化学仪器和用具以及高级玻璃制品。

3)铝镁玻璃

铝镁玻璃是降低钠玻璃中碱金属和碱土金属氧化物的含量,引入 MgO 并以 Al_2O_3 替代部分 SiO_2 而制成。它软化点低,析晶倾向弱,力学性质、光学性质和化学稳定性都有提高,常用于制造高级建筑玻璃。

4)铅玻璃

铅玻璃又名铅钾玻璃或晶质玻璃,是由 PbO、K_2O 和少量的 SiO_2 所组成,它光泽透明,质软而易加工,对光的折射率和反射性能强,化学稳定性高。铅玻璃密度大,故又称重玻璃。主要用于制造光学仪器、高级器皿和装饰品等。

5)硼硅玻璃

硼硅玻璃又称耐热玻璃,由 B_2O_3、SiO_2 及少量 MgO 组成。它有较好的光泽和透明度,较强的力学性能、耐热性、绝缘性和化学稳定性。主要用于制造高级化学仪器和绝缘材料。

6)石英玻璃

石英玻璃是用纯 SiO_2 制成,具有很好的力学性质、热工性质,优良的光学性质和化学稳定性,并能透过紫外线。主要用于制造耐高温仪器、杀菌灯等特殊用途的仪器和设备。

(2)按功能分

玻璃按功能分,可分为普通玻璃、吸热玻璃、防火玻璃、装饰玻璃、安全玻璃、漫射玻璃、镜面玻璃、热反射玻璃、低辐射玻璃、隔热玻璃等。

(3)按用途分

玻璃按用途分,可分为建筑玻璃、器皿玻璃、光学玻璃、防辐射玻璃、窗用玻璃和玻璃构件等。

(4)按玻璃及其制品的形状分

玻璃按形状分,可分为平板玻璃、曲面玻璃、空心及实心玻璃砖、槽形或U形玻璃、波形瓦等。

以上玻璃种类中,以平板玻璃最为重要,它是玻璃制品中生产量最大、使用最多的一种玻璃制品,不仅如此,它还是制造许多玻璃新品种的原片,许多玻璃新品种都是在平板玻璃的基础上进行加工处理而制成的。

9.2　平板玻璃

平板玻璃是指未经其他加工的平板状玻璃制品,也称白片玻璃或净片玻璃,属钠玻璃类,主要用于门窗,起采光(透射比达85%~90%)、围护、保温、隔声等作用,也是进一步加工成其他技术玻璃的原片,具有一定的机械强度,但性脆,紫外线通过率低。

9.2.1　平板玻璃的生产方法与工艺

平板玻璃的生产方法有引拉法和浮法等。引拉法是过去常用的方法,现在比较先进的方法是浮法。

(1)引拉法

引拉法是生产平板玻璃的传统方法,它又分为引上法和平拉法,引上法是将熔融的玻璃液用引砖从液槽中垂直引出拉起,拉制成一连续玻璃带,经过多对石棉辊的辊压和冷却形成平板状固体;平拉法是平板玻璃引上约1 m处,将原板通过转向轴改为水平方向引拉,再经退火冷却而成。在我国现在仍有不少厂家采用此法生产。这种生产方法的特点是成型容易控制,可同时生产不同宽度和厚度的玻璃,但宽度和厚度也受到成型设备的限制,产品质量不高,易产生较大缺陷。

(2)浮法

浮法是现代最先进的生产玻璃的方法,它具有产量高、质量好、品种多、规模大、生产效率高和经济效益好等优点,所以浮法玻璃生产技术发展非常迅速,浮法已成为当今社会衡量一个国家生产平板玻璃技术水平高低的重要标志。发达国家的平板玻璃生产几乎全部采用浮法技术。在我国,近十几年来,浮法玻璃生产也有了长足的发展,浮法玻璃的产量已远远超过其他方法生产的玻璃产量,在不久的将来浮法完全有可能取代其他方法。

浮法玻璃的生产过程是将熔融的玻璃液从熔炉中引出，经导辊进入盛有熔融锡液的锡槽中，由于玻璃液的密度较锡液小，玻璃熔液便浮在锡液表面上，在其本身的重力及表面张力的作用下，能均匀地摊平在锡液表面上，同时玻璃的上表面受到高温区的抛光作用，从而使玻璃的两个表面均很平整。然后经过定型、冷却后，进入退火窑退火、冷却，最后引到工作台进行切割成为玻璃原片。浮法玻璃工艺示意图如图 9.1 所示。

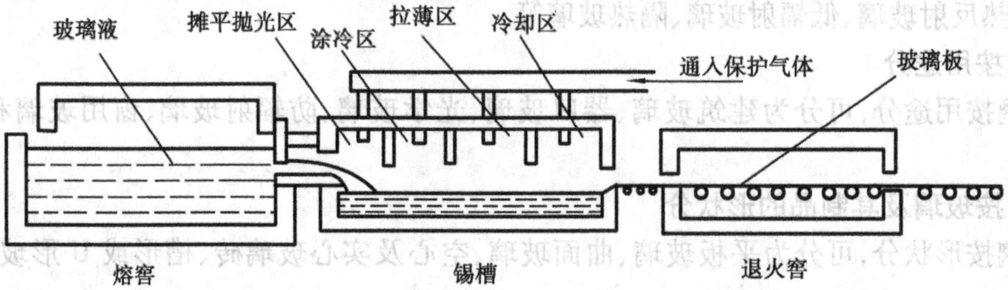

图 9.1 浮法玻璃生产示意图

浮法玻璃的最大特点是玻璃表面光滑平整、厚度均匀、不变形，目前已全部取代了机械磨光玻璃，占世界平板玻璃总产量的 75%以上，可直接用于建筑、交通车辆、制镜，也可作为各种深加工玻璃的原片。浮法玻璃的厚度有 0.55~25 mm 多种，宽度为 2.4~4.6 m，能满足各种使用要求。

9.2.2 平板玻璃的技术质量要求

(1)平板玻璃的分类、规格与等级

平板玻璃按生产方法的不同，可分为普通平板玻璃（引拉法生产）和浮法玻璃（浮法生产）两类。根据国家标准《普通平板玻璃》（GB 4871—1995）和《浮法玻璃》（GB 11614—1999）的规定，平板玻璃按其厚度，可分为以下几个种类：

普通平板玻璃分为 2、3、4、5 mm 共 4 个种类。形状应为矩形，尺寸一般不小于 600 mm×400 mm。目前最大尺寸可达 3 000 mm×2 400 mm。

浮法玻璃分为 2、3、4、5、6、8、10、12、15、19 mm 共 10 个种类。形状应为正方形或长方形，尺寸一般不小于 1 200 mm×1 000 mm，目前最大尺寸可达4 000 mm×3 000 mm。

普通平板玻璃的产量以标准箱计，以厚度为 2 mm 的平板玻璃每 10 m^2 为一标准箱，对于其他厚度规格的平板玻璃，均需进行标准箱换算。

普通平板玻璃按外观质量分为优等品、一等品、合格品 3 个等级；浮法玻璃按用途分为制镜级、汽车级、建筑级 3 个等级。

(2)平板玻璃的质量要求

平板玻璃主要用于建筑物的采光并能起到一定的装饰作用，平板玻璃最重要的技术性质是可见光透射比和外观质量。

1) 透射比

光线在透过平板玻璃时，一部分光通量被玻璃表面反射，一部分光通量被玻璃吸收，从而使透过玻璃的光通量降低。平板玻璃的透射比用下式表示：

$$\tau = \frac{\Phi_2}{\Phi_1} \tag{9.1}$$

式中　τ——玻璃的透射比；

Φ_1——光线透过玻璃前的光通量；

Φ_2——光线透过玻璃后的光通量。

普通平板玻璃的可见光透射比见表 9.4，浮法玻璃的可见光透射比见表 9.5。

表 9.4　普通平板玻璃的可见光透射比

厚度/mm	可见光透射比/%
2	88
3	87
4	86
5	84

表 9.5　浮法玻璃的可见光透射比

厚度/mm	可见光透射比/%
2	89
3	88
4	87
5	86

影响平板玻璃透射比的主要因素是原料成分及熔制工艺。其中原料中 Fe_2O_3 的含量对平板玻璃的影响最为直接，它可使玻璃变成黄绿色而影响玻璃的光透射比。

2）外观质量

平板玻璃在生产过程中，由于受到各种因素的影响，可能产生各种不同的外观缺陷，直接影响产品的质量和使用效果。影响平板玻璃外观质量的缺陷主要有以下几种：

①波筋　波筋是平板玻璃表面上呈现出的条纹和波纹，是引拉法生产平板玻璃最易产生的外观缺陷，其对使用的影响是产生光学畸变现象，即当光线通过玻璃板时，会产生不同的折射，人们用肉眼与玻璃呈一定的角度观察时会看到玻璃表面上有一条条波浪式的条纹，如图 9.2所示。通过带有这种缺陷的玻璃观察物像时，所看到的物像会发生变形、扭曲，动态的被观察物会产生跳动感。当这种玻璃用在橱窗、运输车辆或居室时，易使观察者产生视觉疲劳。

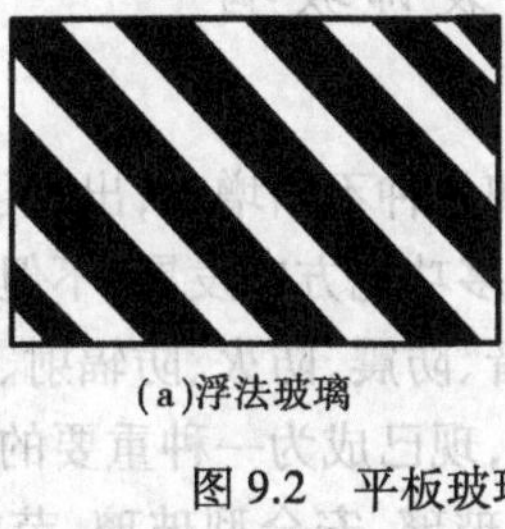

（a）浮法玻璃

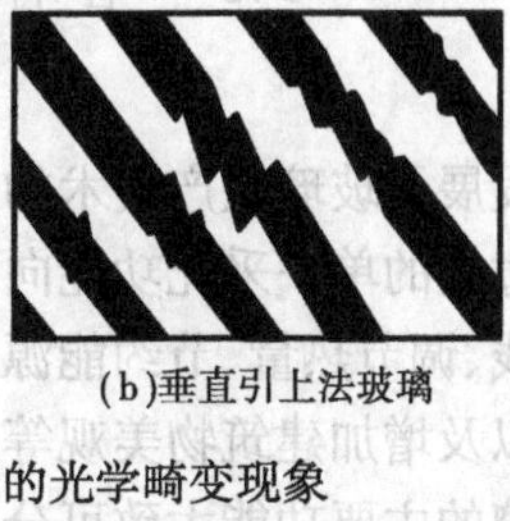

（b）垂直引上法玻璃

图 9.2　平板玻璃面上看到的光学畸变现象

产生波筋有两方面的原因，一是由于拉制平板玻璃时不同部位冷却不均匀或是由于槽子砖及引上辊的影响造成玻璃表面不平所致；二是由于熔化、澄清等过程的工艺不当，造成玻璃液局部范围内化学成分和物质密度不同，从而引起玻璃内部的不均匀所致。

国家标准规定用目测法鉴定平板玻璃的波筋是否严重。让观察者的视线与玻璃的平面成一定的角度观察玻璃表面，如果观察者视线与玻璃平面形成的角度较大时就能看到波筋，则这种玻璃波筋严重；如果角度很小的情况下才能看到波筋，则说明这种玻璃的波筋缺陷较轻。

②气泡　气泡是玻璃中的可见气体夹杂物，气泡的形状有圆的、长的、单个的、聚集的，一般多为无色泡，也有乳白色的气泡。气泡不仅影响玻璃的外观质量，还会影响玻璃的透光度，大的气泡会降低玻璃的机械强度，也会影响人们的视觉，产生物像变形。

气泡是在玻璃生产过程中产生的，生产玻璃的原料（如纯碱、石灰石等）在高温时分解出的气体，如不能很好地从熔融的玻璃液中排出，在玻璃成型时就会形成气泡。

③疙瘩砂粒　平板玻璃表面上的异状突出颗粒物，大的被称为疙瘩或结石，小的被称为砂粒。疙瘩和砂粒的存在不但会影响玻璃的外观质量和光学性质，且由于疙瘩或砂粒与周围玻璃的热膨胀系数相差较大，会在界面上形成较大的内应力，使玻璃的机械强度和热稳定性下降，造成玻璃在裁切时产生困难，严重时甚至会使玻璃表面出现放射状裂纹或自行炸裂。

产生疙瘩与砂粒的主要原因是原料粒径过大，结团致使其未能完全熔融；或是熔窑的耐火材料受到侵蚀，剥落；或是玻璃在熔窑中形成部分析出的晶体。

④线道　线道是玻璃表面上出现的很细、很亮的较长的线条。线道的存在降低了玻璃的外观质量和整体美感。

《普通平板玻璃》（GB 4871—1995）和《浮法玻璃》（GB 11614—1999）都分别对各等级玻璃的外观质量作了要求。

9.2.3　平板玻璃的应用

平板玻璃的用途主要有两个方面：一是直接用于房屋建筑和维修，如 3~5 mm 的平板玻璃一般直接用于门窗的采光，8~12 mm 的平板玻璃可用于隔断。另外一个重要用途是作为钢化玻璃、夹层玻璃、镀膜玻璃、中空玻璃等玻璃的原片。

玻璃属易碎品，故通常用木箱或集装箱包装。平板玻璃在储存、装卸和运输时，必须箱盖向上，垂直立放，并注意防潮和防水。

9.3　各种新型及装饰玻璃

随着建筑业的发展及玻璃生产技术的进步，玻璃品种不断增多，出现了许多具有特殊功能的玻璃。玻璃已由过去的单一采光功能向着装饰等多功能方向发展，不但装饰效果得到提高，同时还具有控制光线、调节热量、节约能源、控制噪音、防震、防火、防辐射、降低建筑物自重、改善建筑物室内环境以及增加建筑物美观等多种功能，现已成为一种重要的门窗、外墙和室内用多功能材料。按玻璃的主要功能大致可分为装饰型玻璃、安全型玻璃、节能装饰型玻璃、其他玻璃装饰制品等几类。

9.3.1 装饰型玻璃

(1)**磨光玻璃**

磨光玻璃又称镜面玻璃,指表面经过机械研磨和抛光的平整光滑的平板玻璃。磨光的目的是消除由于表面不平引起的波筋、波纹等缺陷,使其从任何方向透视或反射物像均不出现光学畸变现象。小规模生产多采用单面研磨与抛光,大规模生产可进行单面或双面连续研磨与抛光,多用硅砂作研磨材料,氧化铁或氧化铈作抛光材料。除磨光玻璃外,还可制成磨光夹丝玻璃。由于磨光过程中破坏了平板玻璃原有的抛光表面,使其抗风压强度降低。磨光玻璃的厚度一般为5~6 mm,光透射比在84%以上。常用于大型高级门窗、橱窗及制镜工业。

由于浮法玻璃表面光洁、平整、无波筋、波纹,光学性能优良,质量不亚于经人工或机械精细加工而成的磨光玻璃,使人工磨光玻璃的生产量和需求量日益减小,逐渐被浮法玻璃所替代。

(2)**彩色玻璃**

彩色玻璃又称饰面玻璃,分透明和不透明及半透明3种。

透明彩色玻璃是在玻璃原料中加入一定量的金属氧化物作着色剂,使玻璃带有所需要的颜色,通常有离子着色、金属胶体着色和硫硒化合物3种着色方法。透明彩色玻璃的颜色有红、黄、蓝、黑、绿、乳白等十余种,具有很好的装饰效果,特别是在室外有阳光照射时,室内五光十色,别具一格。彩色玻璃常用氧化物着色剂见表9.6。

表9.6 彩色玻璃常用氧化物着色剂

色彩	黑 色	深蓝色	浅蓝色	绿色	红色	乳白色	玫瑰色	黄色
氧化物	过量的锰、铬或铁	钴	铜	铬或镉	硒或镉	氧化锡、磷酸钠等	二氧化锰	硫化镉

不透明彩色玻璃是在平板玻璃的表面经喷涂色釉后热处理固色而成,具有耐腐蚀、抗冲刷、易清洗等优良性质。其彩色饰面或涂层也可以是有机高分子涂料制成,它的底釉由透明着色涂料组成,为了使表面产生漫反射,可以在表面撒上细贝壳及铝箔粉,再刷上不透明有色涂料,有着独特的外观装饰效果。

半透明彩色玻璃又称乳浊玻璃,是在玻璃原料中加入乳浊剂,经过热处理而成,不透视但透光,可以制成各种颜色的饰面砖或饰面板,白色的又称乳白玻璃。

透明和半透明彩色玻璃常用于建筑物内外墙、隔断、门窗及对光线有特殊要求的部位等。有时也被加工成夹层玻璃、中空玻璃、压花玻璃、钢化玻璃等,更具优良的装饰性和使用功能。

不透明彩色玻璃主要用于建筑物内外墙面的装饰,可拼成不同的图案,表面光洁、明亮或漫射无光,具有独特的装饰效果。不透明彩色玻璃也可加工成钢化玻璃。

彩色玻璃的尺寸一般不大于1 500 mm×1 000 mm,厚度为5~6 mm。

(3)**釉面玻璃**

釉面玻璃是指在按一定尺寸切裁好的玻璃表面上涂敷一层彩色易熔的釉料,经过烧结,退火或钢化等热处理,使釉层与玻璃牢固结合,制成的具有美丽的色彩或图案的玻璃。

釉面玻璃一般以平板玻璃为基材。特点是图案精美,不褪色,不掉色,易于清洗,可按用户的要求或艺术设计图案制作。

釉面玻璃的性能指标见表9.7,规格范围见表9.8。

表 9.7 釉面玻璃的性能

分 类	密度 /(kg·m^{-3})	抗弯强度 /MPa	抗拉强度 /MPa	热膨胀系数 /(℃$^{-1}$)	备 注
退火型釉面玻璃	2 500	45.5	45.0	$(8.4\sim9.0)\times10^{-6}$	可以切裁加工
钢化型釉面玻璃	2 500	250	230	$(8.4\sim9.0)\times10^{-6}$	不能切裁加工

表 9.8 釉面玻璃的规格范围

型 号	规格/mm			颜 色
	长	宽	厚	
普通型 异型 特异型	150~1 000	150~800	5~6	红、绿、黄、蓝、灰、黑等

釉面玻璃具有良好的化学稳定性和装饰性，广泛用于室内饰面层、一般建筑物门厅和楼梯间的饰面层及建筑物外饰面层。

(4)**压花玻璃**

压花玻璃又称为花纹玻璃或辊花玻璃。压花玻璃有一般压花玻璃、真空镀膜压花玻璃、彩色膜压花玻璃等。一般压花玻璃是在玻璃的成型过程中，使塑性状态的玻璃带通过一对刻有图案花纹的辊子，对玻璃的表面连续压延而成。如果一个辊子带花纹，则生产出单面压花玻璃，如果两个辊子都带有花纹，则生产出双面压花玻璃。在压花玻璃有花纹的一面，用气溶胶对玻璃表面进行喷涂处理，玻璃可呈现浅黄色、浅蓝色、橄榄色等。经过喷涂处理的压花玻璃立体感强，而且强度可提高 50%~70%。

由于一般压花玻璃的一个或两个表面压有深浅不同的各种花纹图案，其表面凹凸不平，当光线通过玻璃时产生无规则的折射，因而压花玻璃具有透光而不透视的特点，并且是低透光度，透光率为 60%~70%。从压花玻璃的一面看另一面的物体时，物像显得模糊不清。压花玻璃的表面有各种花纹图案，还可以制成一定的色彩，因此具有良好的装饰性。

真空镀膜压花玻璃是经真空镀膜加工而成的，给人一种素雅、美观、清新的感觉，花纹的立体感强，并具有一定的反光性能，是一种良好的室内装饰材料。

彩色膜压花玻璃采用有机金属化合物或无机金属化合物进行热喷涂而成。彩色膜的色泽、坚固性、稳定性均较好。这种玻璃具有良好的热反射能力，而且花纹图案的立体感比一般的压花玻璃和彩色玻璃更强，给人们一种富丽堂皇和华贵的艺术感觉。适用于宾馆、饭店、餐厅、酒吧、浴室、游泳池、卫生间以及办公室、会议室的门窗和隔断等。也可用来加工屏风灯具等工艺品和日用品。

一般场所使用压花玻璃时可将花纹面朝向室内，作为浴室、卫生间门窗玻璃时应注意将其花纹面朝外。

《压花玻璃》(JC/T 511—2002)规定压花玻璃按外观质量分为一等品、合格品。按厚度分为 3、4、5、6 和 8 mm。

(5)**喷花玻璃**

喷花玻璃又称胶花玻璃，是在平板玻璃表面贴以图案，抹以保护面层，经喷砂处理形成透明与不透明相间的图案而成。喷花玻璃给人以高雅、美观的感觉，适用于室内门窗、隔断和采光。

喷花玻璃的厚度一般为 6 mm，最大加工尺寸为 2 200 mm×1 000 mm。

(6)乳花玻璃

乳花玻璃是新近出现的装饰玻璃，它的外观与胶花玻璃相近。乳花玻璃是在平板玻璃的一面贴上图案，抹以保护层，经化学蚀刻而成。它的花纹柔和、清晰、美丽，富有装饰性。乳花玻璃一般厚度为 3~5 mm，最大加工尺寸为 2 000 mm×1 500 mm。

乳花玻璃的用途与胶花玻璃相同。

(7)刻花玻璃

刻花玻璃是在平板玻璃上，用机械加工方法或化学腐蚀的方法制出图案或花纹的玻璃。图案的立体感非常强，似浮雕一般，在室内灯光的照耀下，更是熠熠生辉。刻花玻璃主要用于高档场所的室内隔断或屏风。

刻花玻璃一般是按用户要求定制加工，最大规格为 2 400 mm×2 000 mm。

(8)冰花玻璃

冰花玻璃是一种利用平板玻璃经特殊处理形成具有自然冰花纹理的玻璃。冰花玻璃对通过的光线有漫射作用，如作门窗玻璃，犹如蒙上一层纱帘，看不清室内的景物，却有着良好的透光性能，具有良好的艺术装饰效果。它具有花纹自然、质感柔和、透光不透视、视感舒适的特点。

冰花玻璃可用无色平板玻璃制造，也可用茶色、蓝色、绿色等彩色玻璃制造。其装饰效果优于压花玻璃，给人以典雅清新之感，是一种新型的室内装饰玻璃。可用于宾馆、酒楼、饭店、酒吧间等场所的门窗、隔断、屏风和家庭装饰。目前最大规格尺寸为 2 400 mm×1 800 mm。

(9)磨(喷)砂玻璃

磨(喷)砂玻璃又称为毛玻璃，是经研磨、喷砂加工，使表面成为均匀粗糙的平板玻璃。用硅砂、金刚砂、刚玉粉等做研磨材料，加水研磨制成的称为磨砂玻璃；用压缩空气将细砂喷射到玻璃表面而成的，称为喷砂玻璃。

由于这种玻璃表面粗糙，使透过的光线产生漫射，只透光而不透视，作为门窗玻璃可使室内光线柔和，没有刺目之感。这种玻璃一般用于建筑物的卫生间、浴室、办公室等需要隐秘和不受干扰的房间；也可用于室内隔断和作为灯箱透光片使用。

作为办公室门窗玻璃使用时，应注意将毛面朝向室内。作为浴室、卫生间门窗玻璃使用时应使其毛面朝外，以免淋湿或沾水后透明。

磨(喷)砂玻璃有工厂产品，也可在现场加工。

(10)镜面玻璃

镜面玻璃即镜子，指玻璃表面通过化学(银镜反应)或物理(真空镀铝)等方法形成反射率极强的镜面反射的玻璃制品。为提高装饰效果，在镀镜之前可对原片玻璃进行彩绘、磨刻、喷砂、化学蚀刻等加工，形成具有各种花纹图案或精美字画的镜面玻璃。

一般的镜面玻璃具有三层或四层结构，三层结构的面层为玻璃，中间层为镀铝膜或镀银膜，底层为镜背漆。四层结构为：玻璃/Ag/Cu/镜背漆。高级镜子在镜背漆之上加一层防水层，能增强对潮湿环境的抵抗能力，提高耐久性。

在装饰工程中，常利用镜子的反射、折射来增加空间感和距离感，或改变光照效果。常用的镜子有以下几种：

1)明镜

明镜为全反射镜,用在化妆台、壁面镜屏。一般厚度为2、3、5、6和8 mm,前4种厚度用得最多。顶棚和柜门要用轻质玻璃,用2 mm或3 mm厚的镜子,如用5 mm厚的镜子要多加贴布以防滑落,并用金属栓或压条补强。大片质轻而薄的镜子较易变形,故化妆台或墙壁面,要用5 mm或6 mm的镜子。

2)墨镜

墨镜也称黑镜,呈黑灰色。其颜色可分为深黑灰、中黑灰、浅黑灰。墨镜是在玻璃表面镀一层Pb膜而制成的。特点是反射率极低,即使是在灯光照射下也不致太刺眼,能营造出一种神秘气氛。一般用于餐厅、咖啡厅、商店、旅馆等的顶棚、墙壁或隔屏等。

墨镜在施工前应擦拭干净,只有擦拭干净后才可检查镜面是否有瑕疵,若有小瑕疵可用报纸擦拭,用黑色油性签字笔涂刷刮痕处即可。

3)彩绘镜、雕刻镜

即制镜时,在镀膜前在玻璃表面上绘出要求的彩色花纹图案,镀膜后即成为彩绘镜。如果镀膜前对玻璃原片进行雕刻,则可制得雕刻镜。

9.3.2 安全型玻璃

安全型玻璃又称安全玻璃,是指与普通玻璃相比,具有力学强度高、抗冲击能力好的玻璃。其主要品种有钢化玻璃、夹丝玻璃、夹层玻璃和钛化玻璃。安全玻璃被击碎时,其碎块不会伤人,并兼具有防盗、防火的功能。根据生产时所用的玻璃原片不同,安全玻璃也可具有一定的装饰效果。

(1)钢化玻璃

钢化玻璃是平板玻璃的二次加工产品。钢化玻璃又称为强化玻璃。普通玻璃强度低的原因是,当其受到外力作用时,在表面上形成一拉应力层,使抗拉强度较低的玻璃发生碎裂破坏。钢化玻璃是用物理的或化学的方法,在玻璃的表面上形成一个压应力层,玻璃本身具有较高的抗压强度,不会造成破坏。当玻璃受到外力作用时,这个压应力层可将部分拉应力抵消,避免玻璃的碎裂,虽然钢化玻璃的内部处于较大的拉应力状态,但玻璃的内部无缺陷存在,不会造成破坏,从而达到了提高玻璃强度的目的。普通玻璃与钢化玻璃受弯时应力分布状态比较图如图9.3所示。

钢化玻璃的加工可分为物理钢化法和化学钢化法。

物理钢化玻璃又称为淬火钢化玻璃。它是将普通平板玻璃在加热炉中加热到接近玻璃的软化温度(600 ℃)时,通过自身的变形消除内部应力,然后将玻璃移出加热炉,再用多头喷嘴将高压冷空气吹向玻璃的两面,使其迅速且均匀地冷却至室温,即可制得钢化玻璃。由于在冷却过程中玻璃的两个表面首先冷却硬化,待内部逐渐冷却并伴随着体积收缩时,外表已硬化,势必阻止内部的收缩,使玻璃处于内部受拉、外部受压的应力状态,即玻璃已被钢化。处于这种应力状态的玻璃,一旦局部发生破损,便会发生应力释放,玻璃被碎成无数小块,这些小的碎块没有尖锐棱角,不易伤人。因此物理钢化玻璃是一种安全玻璃。

物理钢化玻璃不能进行切割,必须按要求的尺寸进行加工。

化学钢化玻璃是通过改变玻璃表面的化学组成来提高玻璃的强度。一般是应用离子交换法进行钢化。其方法是将含Na^+或K^+的硅酸盐玻璃,浸入到熔融状态的Li^+盐中,使玻璃表层

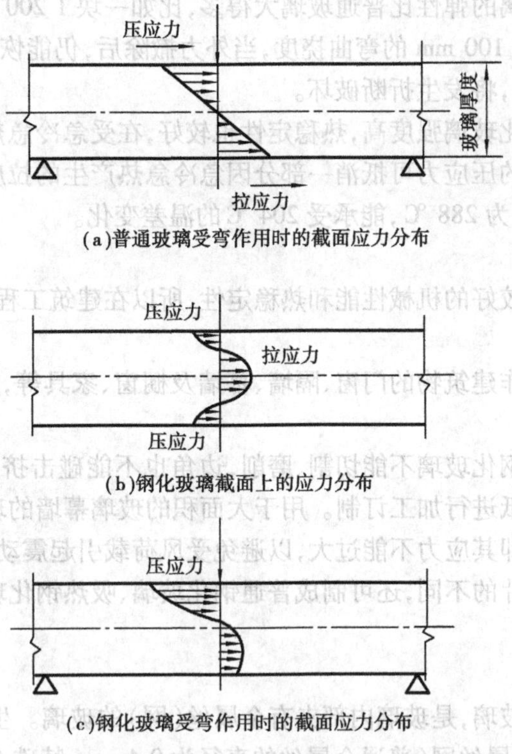

图9.3　普通玻璃与钢化玻璃的应力分布状态比较

中的 Na^+ 或 K^+ 离子与 Li^+ 离子发生交换,表面形成 Li^+ 离子交换层,由于 Li^+ 离子的膨胀系数小于 Na^+、K^+ 离子,从而在冷却过程中造成外层收缩较小而内层收缩较大,当冷却到室温后,玻璃边处于内层受拉应力外层受压应力的状态,其效果类似于物理钢化玻璃,因此也就提高了强度。

化学钢化不会使玻璃变形,能处理所有的表面,但处理时间长,成本高,因而多用于薄壁、形状复杂或尺寸精度要求高的玻璃制品。

化学钢化玻璃可任意进行切割。

化学钢化玻璃的压应力层很薄,一般为 50 μm,但应力值与物理钢化玻璃基本相同。化学钢化玻璃表面磨伤后强度会降低。化学钢化玻璃在破碎后仍然为带尖角的大碎片,因此一般不作为安全玻璃使用。

工程中应用的主要为物理钢化玻璃。

1)钢化玻璃的技术质量要求

《钢化玻璃》(GB/T 9963)规定钢化玻璃按形状分为平面钢化玻璃和曲面钢化玻璃。按应用范围分为建筑用钢化玻璃和建筑以外用钢化玻璃。钢化玻璃的规格为 4~19 mm。

不同种类的钢化玻璃的技术要求主要有尺寸及偏差、外观质量、弯曲度、抗冲击性、碎片状态、霰弹袋冲击性能、透射比、抗风压性能等。

钢化玻璃根据外观质量分为优等品、合格品两个质量等级。

2)钢化玻璃的性能特点

①机械强度高　钢化玻璃抗折强度可达 200 MPa 以上,比普通玻璃高 4~5 倍;抗冲击强度也很高,用钢球法测定时,0.8 kg 的钢球从 1.2 m 高度落下,玻璃可保持完好。

②弹性好　钢化玻璃的弹性比普通玻璃大得多，比如一块 1 200 mm×350 mm×6 mm 的钢化玻璃，受力后可发生达 100 mm 的弯曲挠度，当外力撤除后，仍能恢复原状，而普通玻璃弯曲变形只能有几毫米，否则，将发生折断破坏。

③热稳定性好　钢化玻璃强度高，热稳定性也较好，在受急冷急热作用时，不易发生炸裂。这是因为钢化玻璃表层的压应力可抵消一部分因急冷急热产生的拉应力之故。钢化玻璃耐热冲击，最大安全工作温度为 288 ℃，能承受 204 ℃的温差变化。

3）钢化玻璃的应用

由于钢化玻璃具有较好的机械性能和热稳定性，所以在建筑工程、交通工具及其他领域内得到了广泛的应用。

平面钢化玻璃常用作建筑物的门窗、隔墙、幕墙及橱窗、家具等，曲面玻璃常用于汽车、火车、船舶、飞机等方面。

使用时应注意的是钢化玻璃不能切割、磨削，边角也不能碰击挤压，需按现成的尺寸规格选用或提出具体设计图纸进行加工订制。用于大面积的玻璃幕墙的玻璃在钢化程度上要予以控制，选择半钢化玻璃，即其应力不能过大，以避免受风荷载引起震动而自爆。

根据所用的玻璃原片的不同，还可制成普通钢化玻璃、吸热钢化玻璃、彩色钢化玻璃、钢化中空玻璃等。

（2）**夹丝玻璃**

夹丝玻璃也称钢丝玻璃，是玻璃内部夹有金属丝（网）的玻璃。生产时将平板玻璃加热到红热状态，再将预热的金属丝网（普通金属丝的直径为 0.4 mm，特殊金属丝的直径为 0.3 mm）压入而制成。或在压延法生产线上，当玻璃液通过两压延辊的间隙成型时，送入经过预热处理的金属丝网，使其平行地压在玻璃板中而制成。由于金属丝与玻璃黏结在一起，当受到冲击荷载作用或温度剧变时，玻璃裂而不散，碎片仍附在金属丝上，避免了玻璃碎片飞溅伤人，因而属于安全玻璃。

1）夹丝玻璃的技术质量要求

夹丝玻璃（JC433）规定夹丝玻璃分为夹丝压花玻璃和夹丝磨光玻璃。夹丝压花玻璃在一面压有花纹，因而透光不透视。夹丝磨光玻璃是对其表面进行磨光的夹丝玻璃，可透光透视。

夹丝玻璃的规格按其厚度分为 6、7、10 mm 3 种。长度和宽度一般由生产厂自定，通常产品的尺寸不小于 600 mm×400 mm，不大于 2 000 mm×1 200 mm。

夹丝玻璃按外观质量分为优等品、一等品、合格品 3 个等级。

2）夹丝玻璃的性能特点

①安全性　夹丝玻璃由于钢丝网的骨架作用，不仅提高了玻璃的强度，而且受到冲击或温度骤变而破坏时，碎片也不会飞溅，避免了碎片对人的伤害作用。

②防火性　当火势蔓延，夹丝玻璃受热炸裂时，由于金属丝网的作用，玻璃仍能保持固定，隔绝火焰。

③抗折强度　夹丝玻璃中金属丝网的存在，降低了玻璃的均匀性，因而夹丝玻璃的抗折强度与抗冲击力与普通玻璃基本一致，或有所下降，特别是在切割处，其强度约为普通玻璃的 50%，使用时应予以注意。

④耐急冷急热性　因金属丝网与玻璃的热膨胀系数和导热系数相差较大，因而夹丝玻璃在受到温度剧变作用时会因两者的热性能相差较大而产生开裂、破损。故夹丝玻璃不宜用于

两面温差较大、局部受冷热交替作用的部位,如外门窗(因冬季室外冰冻而室内采暖、夏季暴晒暴雨)、火炉或暖气包附近。

⑤锈裂性 夹丝玻璃的锈裂性是指夹丝玻璃的切割边缘上外露的金属丝网,在遇水后产生锈蚀,并且锈蚀会向内部延伸,锈蚀物体积逐渐增大而将玻璃胀裂。此种现象通常在使用1~2年后出现,呈现出自下而上的弯弯曲曲的裂纹。故夹丝玻璃的切割口处应涂防锈涂料或贴异丁烯片,以阻止锈裂,同时还应防止水进入门窗框槽内。

3)夹丝玻璃的应用

夹丝玻璃主要用于天窗、天棚、阳台、楼梯、电梯井和易受震动的门窗以及防火门窗等处。以彩色玻璃原片制成的彩色夹丝玻璃,其色彩与内部隐隐出现的金属丝网相配具有较好的装饰效果。

夹丝玻璃可以切割,但当切割时玻璃已断,而金属丝却仍相互连接,需要反复折挠多次才能掰断。此时要特别小心,防止两块玻璃互相在边缘挤压,造成微小缺口或裂口引起使用时破损。也可采用双刀切法,即用玻璃刀相距5~10 mm平行切两刀,将两个玻璃之间的玻璃用锐器小心敲碎,然后用剪刀剪断金属丝,将玻璃分开。断口处裸露的金属丝要作防锈处理,以防锈蚀造成体积膨胀引起玻璃锈裂。

夹丝玻璃在安装时一般也不应使之与窗框直接接触,宜填入塑料或橡胶等作为缓冲材料,以防止因窗框的变形或温度剧变而使夹丝玻璃开裂。

(3)夹层玻璃

夹层玻璃是在两片或多片玻璃原片之间,用PVB(聚乙烯醇缩丁醛)树脂胶片,经过加热、加压黏合而成的平面或曲面的复合玻璃制品。夹层玻璃属于安全玻璃的一种。用于生产夹层玻璃的原片可以是普通平板玻璃、浮法玻璃、钢化玻璃、彩色玻璃、吸热玻璃或热反射玻璃等。一般规格有2+3、3+3、3+5等,夹层玻璃的层数有2层、3层、5层、7层,最多可达9层。

1)夹层玻璃的技术质量要求

夹层玻璃(GB 9962)规定了夹层玻璃按形状分为平面夹层玻璃和曲面夹层玻璃。按性能分为Ⅰ类夹层玻璃、Ⅱ-1类夹层玻璃、Ⅱ-2类夹层玻璃、Ⅲ类夹层玻璃。

不同种类夹层玻璃的技术要求有外观质量、尺寸允许偏差、弯曲度、可见光透射比、可见光反射比、耐热性、耐湿性、耐辐照性、落球冲击剥离性能、霰弹袋冲击性能、抗风压性能等。

2)夹层玻璃的性能特点

夹层玻璃的透明度好,抗冲击性能要比一般平板玻璃高好几倍,用多层普通玻璃或钢化玻璃复合起来,还可制成防弹玻璃。由于PVB胶片的黏合作用,玻璃即使破碎时,碎片也不会飞溅伤人。通过采用不同的原片玻璃,夹层玻璃还可具有耐久、耐热、耐湿、耐寒等性能。

3)夹层玻璃的应用

夹层玻璃有着较高的安全性,一般用于高层建筑的门窗、天窗和商店、银行、珠宝店的橱窗、隔断等。

夹层玻璃不能切割,需要选用定型产品或按尺寸定制。

(4)钛化玻璃

钛化玻璃也称永不碎裂铁甲箔膜玻璃,是将钛金箔膜紧贴在任意一种玻璃基材之上,使之结合成一体的新型玻璃。钛化玻璃具有高抗碎能力,高防热及防紫外线等功能。不同的基材玻璃与不同的钛金箔膜,可组合成不同色泽、不同性能、不同规格的钛化玻璃。

钛金箔膜又称铁甲箔膜，是一种由 PET（季戊四醇）与钛复合而成的复合箔膜，经由特殊的黏合剂，可与玻璃结合成一体，从而使玻璃变成具有抗冲击、抗贯穿、不破裂成碎片、无碎屑，同时防高温、防紫外线及防太阳能的最安全玻璃。

钛化玻璃常见的颜色有：无色透明、茶色、茶色反光、铜色反光等。

钛化玻璃与其他安全玻璃性能的比较见表 9.9。

表 9.9　钛化玻璃与其他安全玻璃性能的比较

性　能	钢化玻璃	夹层玻璃	夹丝玻璃	一般玻璃贴钛金箔膜
防碎性	无	无	无	有
热破裂性	无	有	有	无
强度与一般玻璃比较	4 倍	1/2 倍	1 倍	4 倍
6 mm 原片玻璃耐荷/kg	1 320	250	440	1 320
阳光透过率	90%以上	90%以上	90%以上	97%以上
防紫外线	无	无	无	有(99%)
碎片伤害	视情况	碎屑伤人	碎屑伤人	无
防热防火	差	差	差	佳
防漏	无	无	无	有
自行爆破	会	会	会	不会

（5）防火玻璃

防火玻璃是指在规定的耐火试验中能够保持其完整性和隔热性的特种玻璃。防火玻璃按其结构分为防火夹层玻璃、薄涂型防火玻璃、防火夹丝玻璃。

防火夹层玻璃是以普通平板玻璃、浮法玻璃、钢化玻璃为原片，用特殊的透明塑料胶合二层或二层以上原片玻璃而成的。当遇到火灾作用时，透明塑料胶层因受热而发泡膨胀并炭化。发泡膨胀的胶合层起到黏结二层玻璃板的作用和隔热作用，从而保证玻璃板碎片不剥离或不脱落，达到隔火和防止火焰蔓延的作用。

薄涂型防火玻璃是在玻璃表面喷涂防火透明树脂而成的。遇火时防火树脂层发泡膨胀并炭化，从而起到阻止火势蔓延的作用。

前面所述的具有一定耐火极限的夹丝玻璃也属于防火玻璃的一种，但其防火机理与此处所述的防火夹层玻璃、薄涂型防火玻璃完全不同。

此处只介绍用量较大的夹层结构的防火玻璃。

1）防火玻璃的技术质量要求

防火玻璃（GB 15763—1995）规定了夹层结构的防火玻璃的分类及技术要求等。对防火玻璃的尺寸和厚度未作规定，防火玻璃的最大长度和宽度一般小于 2 400 mm，总厚度一般为 5～30 mm。

防火玻璃按用途分为 A、B 两类：

A 类：建筑用防火玻璃及其他防火玻璃。

B 类：船用防火玻璃，包括舷窗防火玻璃和矩形窗防火玻璃，外表面玻璃板是钢化安全玻璃，内表面玻璃板材料类型可任意选择。

A类防火玻璃按耐火性能分为甲级、乙级、丙级;按外观质量分为优等品、合格品。

A类防火玻璃的外观质量、耐火性能、可见光透射比及其他物理力学性能应符合《防火玻璃》(GB 15763—1995)的规定。

防火玻璃所用原片玻璃,即浮法玻璃、普通平板玻璃、钢化玻璃应分别满足《浮法玻璃》(GB 11614)、《普通平板玻璃》(GB 4871)、《钢化玻璃》(GB 9963)的规定。此外防火玻璃的尺寸偏差、弯曲度等也应符合《防火玻璃》(GB 15763)的规定。

2)防火玻璃的性能特点

防火玻璃在平时是透明的,其性能与夹层玻璃基本相同,即具有良好的抗冲击性和抗穿透性,破坏时碎片不会飞溅,并具有较高的隔热、隔声性能。受火灾作用时,在初期防火玻璃仍为透明的,人们可以通过玻璃看到内部着火部位和火灾程度,为及时准确地灭火提供准确的火灾报告。当火灾逐步严重,温度较高时,防火玻璃的透明塑料夹层因温度较高而发泡膨胀,并炭化成为很厚的不透明的泡沫层,从而起到隔热、隔火、防火的作用。防火玻璃的缺点是厚度大、自重大。

3)防火玻璃的应用

防火玻璃适用于高级宾馆、饭店、会议厅、图书馆、展览馆、博物馆、高层建筑及其他防火等级要求较高的建筑的内部门、窗、隔断,特别是防火门、防火窗、防火隔断、防火墙等。

防火玻璃也有使用磨砂玻璃、压花玻璃、磨花玻璃、彩色玻璃、夹丝玻璃作为原片玻璃的,它们的使用功能与装饰效果更佳。如在胶层中夹入导线和热敏元件,将后者与报警器或自动灭火装置相连,则可起到报警和自动灭火的双重作用。

防火玻璃应小于安装洞口尺寸5 mm,嵌镶结构设计时既要考虑平时能将防火玻璃固定牢,又要考虑火灾时能允许夹层膨胀,以保证其完整性及稳定性不被破坏。安装后应采用硅酸铝纤维等软质不燃性材料填实四周大空隙。

防火玻璃不能切割,必须按设计要求的尺寸、原片玻璃的种类订货。

9.3.3　节能装饰型玻璃

传统的玻璃应用在建筑上主要是采光,随着建筑物门窗尺寸的加大,人们对门窗的保温隔热要求也相应地提高了,节能装饰型玻璃即是能够满足这种要求,集节能性和装饰性于一体的玻璃,节能装饰型玻璃不但具有令人赏心悦目的外观色彩,而且还具有特殊的对光和热的吸收、透射和反射能力,用作建筑物的外墙窗玻璃或制作玻璃幕墙,可以起到显著的节能效果,现已被广泛地应用于各种建筑物之上。建筑上常用的节能装饰型玻璃主要有吸热玻璃、热反射玻璃和中空玻璃等。

(1)**吸热玻璃**

吸热玻璃是一种能控制阳光中热能透过的玻璃,它可以显著地吸收阳光中热作用较强的红外线、近红外线,而又保持良好的透明度。吸热玻璃通常都带有一定的颜色,所以也称为着色吸热玻璃。

吸热玻璃按生产方法分为本体着色法和表面喷涂法(镀膜法)两种。本体着色法是在普通玻璃原料中加入具有吸热能力的着色氧化物如氧化镍、氧化钴、氧化铁、氧化硒等,它们具有强烈吸收阳光中红外线的能力,即吸热能力,从而使玻璃本身全部着色并具有吸热特性。表面喷涂法是在玻璃的表面喷涂具有吸热和着色能力的有色氧化物如氧化锡、氧化钴、氧化锑等,在玻璃的表面形成一层有色的氧化物薄膜。

1)吸热玻璃的技术质量要求

吸热玻璃按生产工艺分为吸热普通平板玻璃和吸热浮法玻璃;按颜色分为茶色、灰色和蓝色等;按厚度分为2、3、4、5、6、8、10和12 mm;按外观质量分为优等品、一等品、合格品。

吸热玻璃的技术要求主要有厚度偏差、尺寸偏差(包括偏斜)、弯曲度、边角缺陷、外观质量、光学性能以及颜色均匀性等。吸热普通平板玻璃和吸热浮法玻璃的厚度偏差、尺寸偏差(包括偏斜)、弯曲度、边角缺陷、外观质量等应分别满足《普通平板玻璃》(GB 4871)和《浮法玻璃》(GB 11614)的相关规定,其光学性能见表9.10,颜色均匀性应小于3NBS(NBS为色差单位)。

表9.10 吸热玻璃的光学性能

颜色	可见光透射比不小于/%	太阳光直接透射比不大于/%
茶色	42	60
灰色	30	60
蓝色	45	70

2)吸热玻璃的性能特点

与普通玻璃相比,吸热玻璃具有以下特点:

①吸热作用较强　吸热玻璃对太阳光中红外光有较强的吸收能力。当太阳光照射在吸热玻璃上时,相当一部分的太阳辐射能被吸热玻璃吸收,被吸热玻璃吸收的热量可向室内、室外散发(即二次消散)。同时由于直接透射比的减少,使太阳光能进入室内的数量大为减少(减少15%~25%),如图9.4所示。从图中可以看出,当太阳光照射到浮法玻璃上时,有相当于太阳光全部辐射能的79.0%的热量进入到室内,这些热量会在室内聚集,引起室内温度的升高,造成所谓的“暖房效应”;而同样厚度的蓝色吸热玻璃合计进入室内的热量,仅为太阳光全部辐射能的68.9%,即可在室内造成所谓的“冷房效应”,明显降低炎热夏季室内的温度,可极大降低夏季的空调能源消耗及费用。

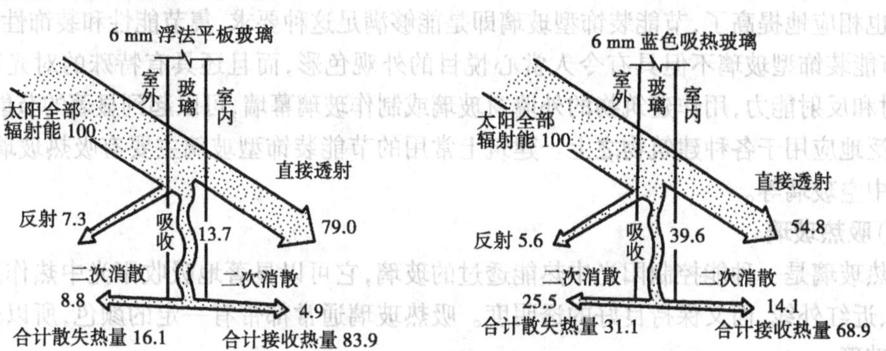

图9.4 吸热玻璃吸收热量示意图

②吸收可见光能力较强　吸热玻璃对可见光有较强的吸收能力,6 mm厚古铜色吸热玻璃吸收的太阳可见光是同样厚度的普通玻璃的3倍,从而使可见光的透射比大为减小,一般为

35%~60%,因此降低了室内的照明,可使刺眼的阳光变得柔和、舒适,并可起到良好的防眩作用,但仍具有一定的透明度,能清晰地观察室外景物。特别是在炎热的夏季,能更有效地改善室内的光线,使人感到舒适、凉爽。

③吸收紫外线能力较强　吸热玻璃对太阳光中的紫外线具有较强的吸收作用,能有效防止紫外线进入室内,可减轻紫外线对人体的损害,防止室内家具、日用器具、商品、档案资料与书籍等褪色和变质,减慢塑料等有机材料的褪色和老化速度。

④装饰性较好　吸热玻璃的色泽经久不变,能增加建筑物的外形美观。

⑤温度不均匀,热应力较高　吸热玻璃吸收的热量通过玻璃的两个表面向外散失,室外一侧由于空气的流动,热量易于散失,放出的热量较多,而室内一侧热量的散失速度相对较慢,散失的热量也少。因而吸热玻璃的内外表面的温度不同,特别是局部受到强烈的阳光照射时,受照射部分和未受照射部分(如窗框内部分、阴影部分)间会产生很大的温度差,其引起的热应力有时足以造成吸热玻璃炸裂。如在晴朗的冬季上午,受太阳光直接照射的东向、东南向窗玻璃有时会产生吸热玻璃炸裂,其原因就是局部快速升温。

3)吸热玻璃的应用

吸热玻璃除常用的茶色、灰色、蓝色外,还有绿色、古铜色、青铜色、金色、粉红色、棕色等,因而除具有吸热功能外还具有良好的装饰性。采用吸热玻璃既可起到隔热或调节室内温度、节约能源的作用,又可起到防眩作用,能创造出一个舒适优美的生活和工作环境。在建筑装修工程中应用比较广泛,凡既需采光又需隔热之处均可采用,一般多用作建筑物的门窗或玻璃幕墙等,特别适用于炎热地区的门窗。

(2)热反射玻璃

热反射玻璃是对太阳光中的红外光具有较高的反射比,并对可见光具有较高透射比的一种节能型玻璃。热反射玻璃是由无色透明的平板玻璃镀覆金属膜或金属氧化物膜而制得,生产方法有热分解法、喷涂法、浸涂法、金属离子迁移法、真空镀膜法、真空磁控溅射法、化学浸渍法等,热反射玻璃对太阳光的较高反射比就是通过镀覆在其表面的金属膜或金属氧化物膜来实现的,因此又称为镀膜玻璃。不同的生产方法产品性能和质量相差较大,但以真空磁控溅射法生产的产品性能和质量最佳。

镀膜玻璃实际上是个更为广泛的概念,因为改变膜层的组成和结构,既可制成热反射玻璃,也可制成吸热玻璃和其他品种的玻璃(如低辐射玻璃、减反射玻璃等)。热反射玻璃和吸热玻璃的区别在于前者的太阳光直接反射比大于直接吸收比,而后者的太阳光直接反射比小于直接吸收比。有的膜层既具有反射太阳辐射热的功能,又具有吸收太阳辐射热的功能,这种玻璃称为阳光控制玻璃或遮阳玻璃。

1)热反射玻璃的技术质量要求

我国已制定了《热反射玻璃》标准,该标准适用于磁控真空阴极溅射法、电浮法、真空离子镀膜工艺生产的用于建筑、采光和装饰以及其他方面的热反射玻璃。热反射玻璃所用的原片玻璃为浮法玻璃。

热反射玻璃按厚度分为3、4、5、6、8、10和12 mm共7种规格,长度、宽度不作规定,目前可生产的最大尺寸可达2 100 mm×3 600 mm。按外观质量分为优等品、一等品、合格品3个等级。颜色有灰色、银色、金色、蓝色、茶色、土色等。

热反射玻璃的技术性能主要有外观质量、光学性能、色差、耐磨性等。

2)热反射玻璃的性能特点

与其他玻璃相比,热反射玻璃具有以下特性:

①良好的隔热性能　热反射玻璃对阳光中热作用强的红外线和近红外线的反射率可高达30%以上,而普通玻璃只有7%~8%,同时热反射玻璃对可见光的透过率可在20%~65%范围内,因此可在保证室内采光柔和的条件下,有效地屏蔽进入室内的太阳辐射能。在温、热带地区的建筑物上采用热反射玻璃作为窗玻璃,可以克服普通玻璃造成的暖房效应,节约室内降温空调的能源消耗。热反射玻璃的隔热性能用遮蔽系数表示,遮蔽系数是指阳光通过各种玻璃射入室内的能量与阳光通过3 mm厚透明玻璃射入室内的能量的比值。图9.5为3 mm平板玻璃与6 mm热反射玻璃的能量透过比较。3 mm平板玻璃合计透过能量可达87%,而6 mm热反射玻璃仅为33%。

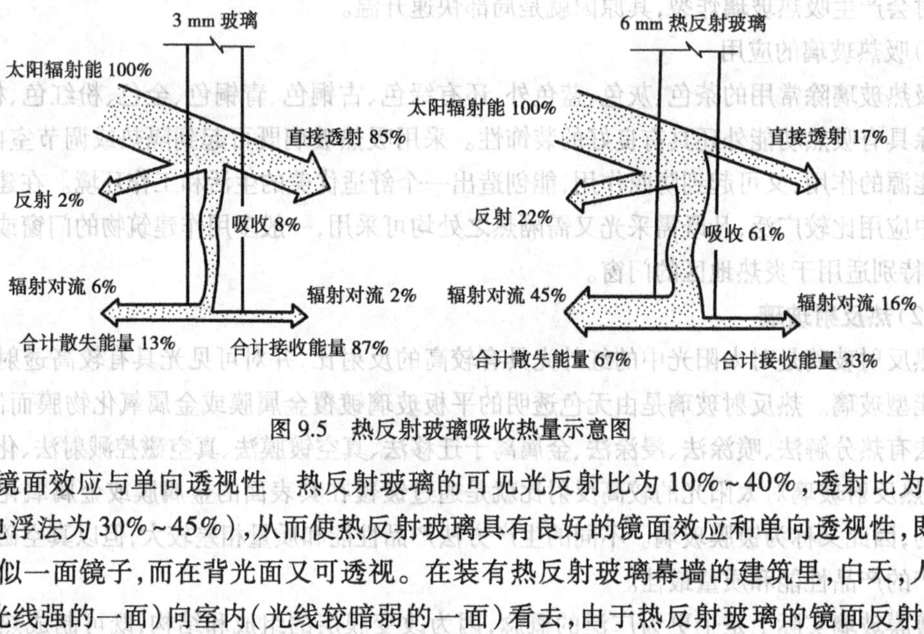

图9.5　热反射玻璃吸收热量示意图

②镜面效应与单向透视性　热反射玻璃的可见光反射比为10%~40%,透射比为8%~30%(电浮法为30%~45%),从而使热反射玻璃具有良好的镜面效应和单向透视性,即在迎光面好似一面镜子,而在背光面又可透视。在装有热反射玻璃幕墙的建筑里,白天,人们从室外(光线强的一面)向室内(光线较暗弱的一面)看去,由于热反射玻璃的镜面反射特性,看到的是映射在玻璃上的蓝天、白云和高楼大厦、车辆、行人等周围的景物,而看不到室内的景物,但在室内则可清晰地看到室外的景物,可见热反射玻璃对室内还起到了遮蔽和窗帷的作用。晚间正好相反,室内有灯光照明,就看不到玻璃幕墙外的事务,给人以不受干扰的舒适感。但从外面看室内,里面的情况则一清二楚,如果房间需要隐蔽,可借助窗帘或活动百叶等加以遮蔽。

③良好的装饰性　热反射玻璃具有蓝、灰、银、金、茶、土等多种颜色,加之具有强烈的镜面效应,因此用这种玻璃作玻璃幕墙,可将周围的景观及天空的云彩映射在幕墙之上,构成一幅绚丽的图画,使建筑物光辉灿烂,而影像的动静变幻更使建筑物富有生机,与自然环境达到完美和谐,是一种极富现代气息的装饰材料。

④较高的化学稳定性　热反射玻璃具有较高的化学稳定性,在5%的HCl或5%的NaOH

中浸泡 24 h 后，膜层的性能不会发生明显的变化。

⑤较高的耐洗刷性　热反射玻璃具有较高的耐洗刷性，可用软纤维或动物毛刷任意洗刷，洗刷时可使用中性或低碱性洗衣粉水。但热反射玻璃的膜层易被磨伤划破，因而应避免膜层与硬物接触。

3)热反射玻璃的应用

热反射玻璃的太阳能总透射比和遮蔽系数小，因而特别适合用于炎热地区，但不适合用于寒冷地区。

热反射玻璃主要用于玻璃幕墙、内外门窗及室内装饰等。还可加工成中空玻璃(外层玻璃为热反射玻璃，且膜层向内，内层玻璃为普通玻璃或其他玻璃)以进一步提高节能效果，并保护膜层不受侵蚀、划伤，有利于长久使用。

热反射玻璃是一种较新的材料，具有良好的节能和装饰效果，受到了人们的欢迎，从 19 世纪 80 年代中期开始在我国出现并使用，而且发展非常迅速，很多现代的高档建筑都选用热反射玻璃作幕墙，如北京的长城饭店、西安的金花饭店等。但热反射玻璃的镜面效应虽可使建筑物大大增色，但其镜面反射也会带来较大的负面作用，即定向反射的强烈阳光会使行人、汽车司机等头晕目眩，同时对其他建筑或物体等也有不利的影响(如温度升高)。因此，热反射玻璃幕墙使用不恰当或使用面积过大也会造成光污染，影响环境的和谐。使用时应充分考虑这一点。

(3)低辐射膜玻璃

低辐射膜玻璃是镀膜玻璃的一种，是对可见光和近红外光具有较高的透射比，而对远红外光具有很高反射比的玻璃。它可以使 70%以上的太阳可见光和近红外光透过，有利于自然采光，节省照明费用，但这种玻璃的镀膜具有很低的热辐射性，室内被阳光加热的物体所辐射的远红外光很难通过这种玻璃辐射出去，可以保持 90%的室内热量，因而具有良好的保温效果。此外低辐射膜玻璃还具有较强的阻止紫外线透射的功能，可以有效地防止室内陈设物品、家具等受紫外线照射产生老化、褪色等现象。

低辐射膜玻璃一般不单独使用，往往与普通平板玻璃、浮法玻璃、钢化玻璃等配合制成高性能的中空玻璃。由于低辐射膜玻璃具有良好的太阳光取暖效果和保温效果，因而特别适合用于寒冷地区的建筑门窗等，它可明显提高室内温度，降低采暖费用。

(4)中空玻璃

中空玻璃是指两片或多片玻璃以间隔框均匀隔开并用密封胶将周边黏结密封，使玻璃层间形成有干燥气体空间的制品。为防止空气结露，边框内常放有干燥剂。空气层的厚度为 6~20 mm，以获得良好的隔热保温效果。中空玻璃的结构示意图如图 9.6 所示。

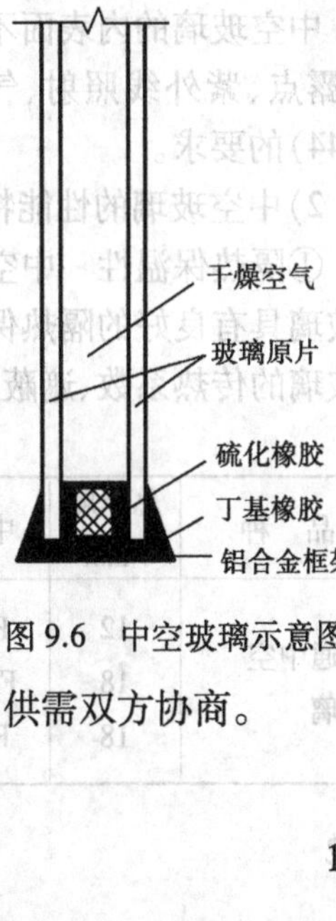

图 9.6　中空玻璃示意图

1)中空玻璃的技术质量要求

常用中空玻璃形状和最大尺寸见表 9.11，其他形状和具体尺寸由供需双方协商。

表 9.11　中空玻璃形状和最大尺寸

玻璃厚度	间隔厚度	长边最大尺寸	短边最大尺寸（正方形除外）	最大面积/m²	正方形边长最大尺寸
3	6	2 110	1 270	2.4	1 270
	9~12	2 110	1 271	2.4	1 270
4	6	2 420	1 300	2.86	1 300
	9~10	2 440	1 300	3.17	1 300
	12~20	2 440	1 300	3.17	1 300
5	6	3 000	1 750	4.00	1 750
	9~10	3 000	1 750	4.80	2 100
	12~20	3 000	1 815	5.10	2 100
6	6	4 550	1 980	5.88	2 000
	9~10	4 550	2 280	8.54	2 440
	12~20	4 550	2 440	9.00	2 440
10	6	4 270	2 000	8.54	2 440
	9~10	5 000	3 000	15.00	3 000
	12~20	5 000	3 160	15.90	3 250
12	12~20	5 000	3 180	15.90	3 250

中空玻璃的原片可采用浮法玻璃、夹层玻璃、钢化玻璃、幕墙用钢化玻璃和半钢化玻璃、彩色玻璃、镀膜玻璃和压花玻璃等,并应满足相应技术标准要求,浮法玻璃应符合 GB 11614 的规定,夹层玻璃应符合 GB 9962 的规定,钢化玻璃应符合 GB/T 9963 的规定,幕墙用钢化玻璃和半钢化玻璃应符合 GB 17841 的规定。其他品种的玻璃应符合相应标准或由供需双方商定。

中空玻璃的内表面不得有妨碍透视的污迹、夹杂物及密封胶飞溅现象,且技术性能(密封、露点、紫外线照射、气候循环耐久性能、高温高湿耐久性能)应满足《中空玻璃》(GB/T 11944)的要求。

2)中空玻璃的性能特点

①隔热保温性　中空玻璃具有优良的气密性和水密性,且内部填充的为干燥空气,因而中空玻璃具有良好的隔热保温性,当采用吸热玻璃和热反射玻璃时,其隔热保温性更佳。几种中空玻璃的传热系数、遮蔽系数见表 9.12。

表 9.12　中空玻璃的主要性能

品　种	总厚度/mm	中空玻璃结构	传热系数/[W·(m²·K)⁻¹]	可见光透射比/%	太阳能总透射比/%	遮蔽系数	隔声量/dB
普通中空玻璃	12	FB3+A6+FB3	3.10	81	78	0.88	26
	18	FB3+A12+FB3	2.65	81	78	0.88	26.5
	18	FB6+A6+FB6	2.92	76	73	0.83	29

续表

品　种	总厚度/mm	中空玻璃结构	传热系数/$[W\cdot(m^2\cdot K)^{-1}]$	可见光透射比/%	太阳能总透射比/%	遮蔽系数	隔声量/dB
吸热中空玻璃	18	XR6+A6+FB6	2.92	27~45	45~65	0.50~0.70	29
	24	XR6+A12+FB6	2.55	27~45	45~65	0.50~0.70	30
热反射中空玻璃	18	RF6+A6+FB6	2.92	10~30	18~41	0.17~0.46	29
	24	RF6+A12+FB6	2.55	10~30	18~41	0.17~0.46	30
低辐射中空玻璃	18	FB3+A12+DF3	1.70	60~75	50~65	0.60~0.79	26.5
钢化中空玻璃	18	T6+A6+FB6	2.92	76	73	0.83	29
夹层中空玻璃	18	L6+A6+FB6	2.55	74	72	0.81	34
吸热-热反射中空玻璃	18	XR6+A6+RF6	2.92	10~20	15~35	0.15~0.30	29
三层中空玻璃	21	FB3+A6+FB3+A6+FB3	2.20	72	70	0.80	29
普通玻璃	3	FB3	5.55	90	89	1.0	24

从表中可以看出，中空玻璃的传热系数仅为单层玻璃的 40%~56%，可减少热损失 70%。

②隔声性　中空玻璃具有良好的隔声性，可使噪声下降 30~40 dB，如表 9.12 所示，即能将街道汽车噪声降低到学校教室的安静程度。因此中空玻璃可以创造出一个宁静、舒心的工作与生活环境。

③防结露性　结露是指在室内一定的相对湿度下，当玻璃表面达到某一温度时，出现结露，甚至结霜的现象。这一结露的温度即为露点。玻璃结露后将严重影响透视和采光，并引起一些其他不良现象。若采用中空玻璃，可以改善这种情况。通常情况下，中空玻璃内侧接触室内高湿度空气的时候，玻璃表面温度较高，而外层玻璃虽然温度低，但接触的空气湿度也低，所以不会结露。因此中空玻璃具有优良的防止结露的效果，露点可低于-40 ℃。表 9.13 为室内保持 18 ℃，相对湿度 60%时几种中空玻璃的露点。

表 9.13　几种中空玻璃的露点

玻璃类型	中空厚度/mm	传热系数/$[W\cdot(m^2\cdot K)^{-1}]$	露点/℃
普通双层中空玻璃	12	3.0	-3
防阳光双层中空玻璃	12	1.8	-18
热反射中空玻璃	12	1.6	-27

④光学性能　中空玻璃的光学性能取决于所用的玻璃原片，由于中空玻璃所选用的玻璃原片可具有不同的光学性能，因此制成的中空玻璃其可见光透过率、太阳能反射率、吸收率以及色彩可在很大范围内变化，起到调节室内光线、防眩目等作用，从而满足建筑设计和装饰工

程的不同要求。

⑤装饰性　中空玻璃的装饰性主要取决于所采用的玻璃原片,不同的原片玻璃制得的中空玻璃具有不同的装饰效果。

3)中空玻璃的应用

中空玻璃性能优异,价格也较高,正确地选用可以充分地发挥其性能。选用时须考虑场所的使用要求、造价、露点和风荷载等因素来确定中空玻璃的种类、结构、原片玻璃的厚度。

场所的使用要求是指场所对玻璃性能的规定,如安全要求、光学要求、隔热隔声要求等,如南方炎热地区可采用吸热中空玻璃、热反射中空玻璃、吸热-热反射中空玻璃,北方地区应选用低辐射中空玻璃,有安全要求的应采用夹层中空玻璃、钢化中空玻璃、夹丝中空玻璃。

中空玻璃的价格相对较高,使用时应考虑一次性投资与长期使用回报率(如空调制冷、采暖的费用)的关系。

选用中空玻璃时还应注意按露点来选择中空玻璃的结构(层数、空气层厚度等),并应按风荷载大小来选择原片玻璃的厚度。

目前中空玻璃主要用于宾馆、办公楼、商场、机场候机厅、火车、轮船、纺织印染车间等需要采光(或透明、透视),但又要求隔热保温、隔声、无结露的门窗、幕墙,它可明显降低冬季采暖和夏季制冷的费用。

中空玻璃不能现场加工,必须按设计要求的尺寸、原片玻璃的种类等订货。安装热反射玻璃、吸热玻璃、低辐射玻璃、夹层玻璃、钢化玻璃制成的中空玻璃时,应分清玻璃的正反面,如热反射玻璃、吸热玻璃等应朝向室外侧。

9.3.4 其他玻璃装饰制品

(1)玻璃锦砖

玻璃锦砖又称玻璃马赛克,是一种小规格的方形彩色饰面玻璃。单块的玻璃马赛克断面略呈倒梯形,正面为光滑面,背面略带凹状沟槽,以利于铺贴时有较大的吃灰深度和黏结面积,黏结牢固而不易脱落,如图 9.7 所示。

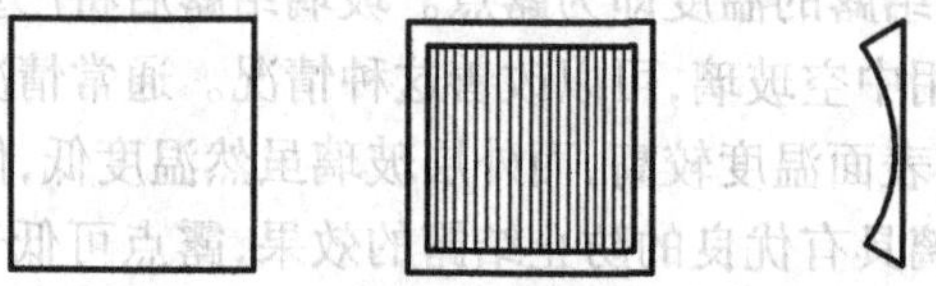
(a)正面　(b)背面　(c)剖面

图 9.7　玻璃马赛克

玻璃马赛克根据生产工艺和表面特性分为熔融玻璃马赛克、烧结玻璃马赛克、金星玻璃马赛克 3 种。

熔融玻璃马赛克是以硅酸盐等为主要原料,在高温下熔化成型并呈乳浊或半乳浊状,内含少量气泡和未熔颗粒的玻璃马赛克。

烧结玻璃马赛克是以玻璃粉为主要原料,加入适量黏结剂等压制成一定规格尺寸的生坯;在一定温度下烧结而成的玻璃马赛克。

金星玻璃马赛克是内含少量气泡和一定量的金属结晶颗粒,遇光时具有非常明显闪烁的玻璃马赛克。

玻璃马赛克的生产工艺简单,生产方法有熔融压延法和烧结法两种。熔融压延法是将石英砂和纯碱组成的生料与玻璃粉按一定的比例混合，加入辅助材料和适当的颜料，经1 300~1 500 ℃高温熔融，送入压延机压延而成。烧结法是将原料、颜料、黏结剂（常用淀粉或糊精）与适量水拌和均匀，压制成型为坯料，然后在650~800 ℃的温度下快速烧结而成。

玻璃马赛克是以玻璃为基料并含有未熔化的微小晶体（主要是石英砂）的乳浊制品，其内部为含有大量的玻璃相，少量的结晶相和部分气泡的非均匀质结构。因熔融或烧结温度较低、时间较短，存有未完全熔融的石英颗粒，其表面与玻璃相熔结在一起，使玻璃马赛克具有较高的强度和优良的热稳定性、化学稳定性。微小气泡的存在，使其表观密度低于普通玻璃。非均匀质各部分对光的折射率不同，造成了光散射，使其具有柔和的光泽。

将单块的玻璃马赛克按设计要求的图案及尺寸，用以糊精为主要成分的胶黏剂粘贴到牛皮纸上成为一联（正面粘纸）。铺贴时，将水泥浆抹入一联马赛克的非贴纸面，使之填满块与块之间的缝隙及每块的沟槽，成联铺于墙面上，然后将贴面纸洒水润湿，将牛皮纸揭去。

根据国家标准《玻璃马赛克》（GB/T 7697—1996）的规定，单块马赛克的边长有20 mm×20 mm，25 mm×25 mm，30 mm×30 mm 3种，相应的厚度为4.0、4.2、4.3 mm。允许用户和生产厂协商生产其他尺寸的产品，但每块边长不得超过45 mm。每联马赛克的边长为327 mm，允许有其他尺寸的联长。联上每行（列）马赛克的距离（线路）为2.0 mm和3.0 mm。

玻璃马赛克的物理化学性能应符合表9.14的规定。

表9.14　玻璃马赛克的物理化学性能

项　目	试验条件	指　标
玻璃马赛克与铺贴纸黏合牢固度		均无脱落
脱纸时间	5 min时	无脱落
	40 min时	≥70%
热稳定性	90 ℃→18~25 ℃ 30 min，10 min 循环3次	全部试样均无裂纹和破损
化学稳定性	HCl溶液1 mol/L，100 ℃，4 h	K≥99.90
	H_2SO_4溶液1 mol/L，100 ℃，4 h	K≥99.93
	NaOH溶液1 mol/L，100 ℃，1 h	K≥99.88
	蒸馏水100 ℃，4 h	K≥99.96

玻璃马赛克表面光滑、不吸水，所以抗污性好，具有雨水自涤、历久常新的特点。玻璃马赛克的颜色有乳白、姜黄、红、黄、蓝、白、黑及各种过渡色，有的还带有金色、银色斑点或条纹，可拼装成各种图案，或者绚丽豪华、或者庄重典雅，是一种很好的饰面材料，较多应用于建筑物的外墙贴面装饰工程。

（2）玻璃空心砖

玻璃空心砖是由两块压铸成凹形的玻璃，经熔接或胶结而成的正方形或矩形玻璃砖块。生产玻璃空心砖的原料与普通玻璃的相同，经熔融成玻璃后，在玻璃处于塑性状态时，先用模具压成两个中间凹形的玻璃半砖，再经高温熔合成一个整体，退火冷却后，再用乙基涂料涂饰侧面而形成玻璃空心砖。由于经高温加热熔接后退火冷却，玻璃空心砖的内部有2/3个大气压。

玻璃空心砖有正方形、矩形及各种异形产品，它分为单腔和双腔两种。双腔玻璃空心砖是在两个凹形半砖之间夹有一层玻璃纤维网，从而形成两个空气腔，具有更高的热绝缘性，但一般多采用单腔玻璃空心砖。尺寸有 115 mm×115 mm×80 mm、145 mm×145 mm×80 mm、190 mm×190 mm×80 mm、240 mm×150 mm×80 mm、240 mm×240 mm×80 mm 等，其中190 mm×190 mm×80 mm 是常用规格。

玻璃空心砖可以是平光的，也可以在里面或外面压有各种花纹，颜色可以是无色的，也可以是彩色的，以提高装饰性。

玻璃空心砖具有非常优良的性能，强度高、隔声、绝热、耐水、防火。

玻璃空心砖常被用来砌筑透光的墙壁、建筑物的非承重内外隔墙、淋浴隔断、门厅通道。

玻璃空心砖不能切割。施工时可用固定隔框或用 6 mm 拉结筋固定框的方法进行加固。

复习思考题

9.1 试述平板玻璃的性能、分类和用途。

9.2 安全玻璃主要有哪几种？各有何特点？

9.3 安全玻璃的安全性指的是哪几个方面？在建筑的什么部位上应选用安全玻璃？

9.4 吸热玻璃和热反射玻璃在性能和用途上有什么区别？

9.5 中空玻璃的最大特点是什么？适用于什么环境？

9.6 玻璃马赛克的特点和用途是什么？

第10章 装饰木材

木材具有很多优良的性能，如轻质高强，导电、导热性低，有较好的弹性和韧性，能承受冲击和振动荷载，易于加工，有美观的天然纹理，装饰效果较好等。因此，木材是常用的建筑装饰材料之一。由于我国森林覆盖率较低，目前木材较少用于结构材料，主要用作装饰与装修材料。考虑到木材构造不均匀、各向异性、易吸湿变形，易腐、易燃，且树木生长周期缓慢、成材不易等原因，对木材的节约使用和综合利用是十分重要的。

10.1 木材的分类及构造

10.1.1 木材的分类

树木的种类很多，一般按树种分，可分为针叶树和阔叶树两大类。

(1)针叶树

树叶细长呈针状，树干直而高，纹理平顺，材质均匀，木质较软，易于加工，故又称软木材。针叶树的表观密度和胀缩变形较小，强度较高，耐腐蚀性好。建筑中多用于门窗、地面材料及装饰材料等。常用的有松树、杉树、柏树等。

(2)阔叶树

树叶宽大呈片状，多为落叶树。树干通直部分较短，木质较硬，难加工，故又称硬木材。其强度高，涨缩变形较大，易翘曲、开裂。建筑装饰上常用作尺寸较小的构件。有些树种加工后木纹和颜色美观，适用于内部装修，制作家具、胶合板等。常用树种有榆树、桦树、水曲柳等。

10.1.2 木材的构造

木材的构造决定着木材的性能。树种不同，其构造相差很大，通常可从宏观和微观两方面观察。

(1)木材的宏观构造

宏观构造是指肉眼或放大镜能观察到的木材组织。由于木材具有各向异性，可通过横切

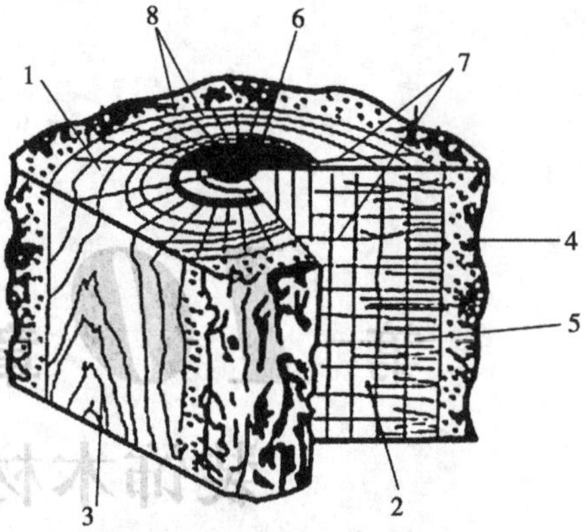

图 10.1　木材的宏观构造

1—横切面;2—径切面;3—弦切面;4—树皮
5—木质部;6—髓心;7—髓线;8—年轮

面、径切面、弦切面了解其构造,如图 10.1 所示。图中横切面是与树纵轴相垂直的横向切面;径切面是通过树轴的纵切面,弦切面是与材心有一定距离,与树轴平行的纵向切面。

从图 10.1 中可知,树木主要由树皮、髓心和木质部组成。木材主要是使用木质部。木质部就是髓心和树皮之间的部分,是木材的主体。在木质部中,靠近髓心的部分颜色较深,称为心材;靠近树皮的部分颜色较浅,称为边材。心材含水量较小,不易翘曲变形,耐蚀性较强;边材含水量较大,易翘曲变形,耐蚀性也不如心材。

从横切面可以看到深浅相间的同心圆,称为年轮。每一年轮中,色浅而质软的部分是春季长成的,称为春材或早材;色深而质硬的部分是夏秋季长成的,称为夏材或晚材。夏材越多木材质量越好。年轮越密且均匀,木材质量较好。在木材横切面上,有许多径向的,从髓心向树皮呈辐射状的细线条,或断或续地穿过数个年轮,称为髓线,是木材较脆弱的部位,干燥时常沿髓线发生裂纹。

(2)**木材的微观构造**

在显微镜下所见到的木材组织被称为微观构造。针叶树和阔叶树的微观构造不同,如图10.2和图 10.3 所示。

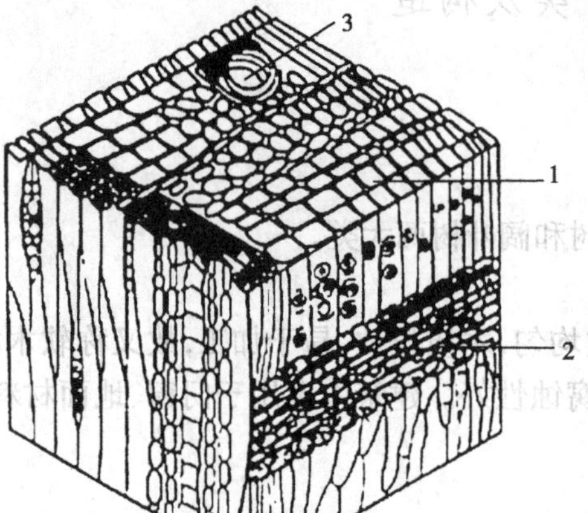

图 10.2　针叶树(马尾松)微观构造

1—管胞;2—髓线;3—树脂道

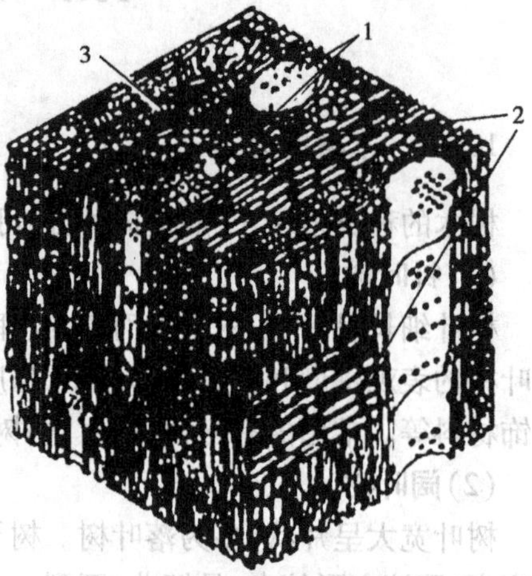

图 10.3　阔叶树(柞木)微观构造

1—导管;2—髓线;3—木纤维

从显微镜下可以看到,木材是由无数个小空腔的长形细胞紧密结合组成的,每个细胞都有细胞壁和细胞腔,细胞壁是由若干层细胞纤维组成的,其连接纵向较横向牢固,因而造成细胞壁纵向的强度高,而横向的强度低,在组成细胞壁的纤维之间存在有极小的空隙,能吸附和渗透水分。

细胞本身的组织构造在很大程度上决定了木材的性质,如细胞壁越厚,腔越小,木材组织越均匀,则木材越密实,表观密度与强度越大,同时收缩变形也越小。

木材细胞因功能不同主要分为管胞、导管、木纤维、髓线等。针叶树显微结构较为简单而规则,由管胞、树脂道和髓线组成,管胞主要为纵向排列的厚壁细胞,约占木材总体积的90%。针叶树的髓线较细小而不明显。某些树种,如松树在管胞间尚有树脂道,富含树脂。阔叶树的显微结构较复杂,主要由导管、木纤维及髓线等组成,导管是壁薄而腔大的细胞,约占木材总体积的20%,木纤维是一种厚壁细长的细胞,它是阔叶树的主要成分之一,占木材总体积的50%以上。阔叶树的髓线发达而明显。导管和髓线是鉴别阔叶树的显著特征。

10.2　木材的主要性质

10.2.1　密度与表观密度

木材的密度平均约为1.55 g/cm^3,表观密度平均为500 kg/m^3,表观密度大小与木材种类及含水率有关,通常以含水率为15%(标准含水率)的表观密度为准。

10.2.2　含水量

木材的含水量,以木材所含水的质量占木材干燥质量的百分率表示。

木材吸水的能力很强,其含水量随所处环境的湿度变化而异,所含水分由自由水、吸附水、化合水三部分组成。自由水是存在于细胞腔和细胞间隙内的水分,木材干燥时自由水首先蒸发,自由水的存在将影响木材的表观密度、抗风蚀性等;吸附水是存在于细胞壁中的水分,木材受潮时其细胞壁首先吸水,吸附水的变化对木材的强度和湿胀干缩性影响很大;化合水是木材化学成分中的结合水,它随树种的不同而异。

水分进入木材后,首先形成吸附水,吸附水达饱和后,多余的水成为自由水。木材干燥时,首先失去自由水,然后才失去吸附水。当吸附水已达饱和状态而又无自由水存在时,木材的含水率称为该木材的纤维饱和点。其值随树种而异,一般为25%~35%,平均值为30%。它是木材物理力学性质是否随含水率而发生变化的转折点。

木材的含水率与周围空气相对湿度达到平衡时,称为木材的平衡含水率。即当木材长时间处于一定温度和湿度的空气中,其水分的蒸发和吸收趋于平衡,含水率相对稳定,此时的含水率为平衡含水率。木材平衡含水率随大气的温度和相对湿度变化而变化。

为了避免木材在使用过程中因含水率变化太大而引起变形或开裂,木材使用前,须干燥至使用环境长年平均的平衡含水率。我国平衡含水率平均为15%(北方约为12%,南方约为18%)。

10.2.3　木材的湿胀干缩

木材细胞壁内吸附水含量的变化会引起木材的变形,即湿胀干缩。

木材含水量大于纤维饱和点时,表示木材的含水率除吸附水达到饱和外,还有一定数量的自由水。此时,木材如被干燥或受潮,只是自由水改变,不发生木材的变形。但含水率小于纤维饱和点时,则表明水分都吸附在细胞壁的纤维上,它的增加或减少才能引起体积的膨胀或收缩，即只有吸附水的改变才影响木材的变形，如图 10.4 所示。

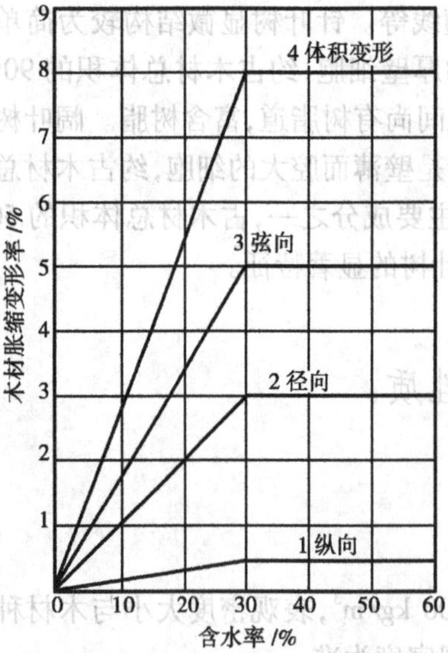

图 10.4　松木含水率对其膨胀的影响

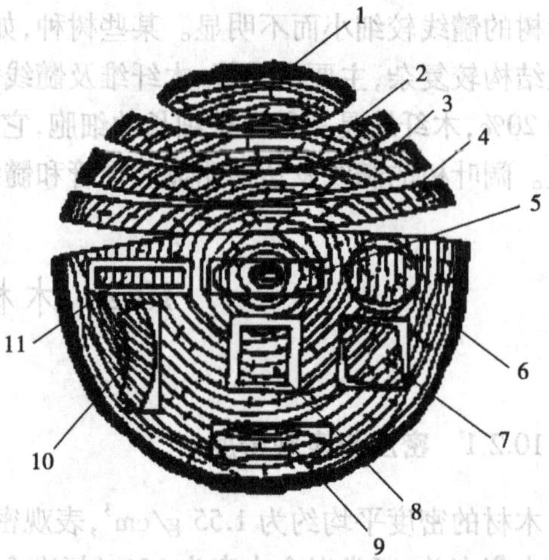

图 10.5　木材干燥后截面形状的改变

1—弓形成橄榄核状；2、3、4—瓦形反翘；5—通过髓心的径锯板两头缩小成纺锤形；6—圆形变成椭圆形；7—与年轮成对角线的正方形变成菱形；8—两边与年轮平行的正方形变成矩形；9—长方形呈瓦形收缩；10—长方形呈不规则形状翘曲；11—边材径锯板变形较均匀

由于木材构造的不均匀性，木材的变形在各个方向上也不同，顺纹方向最小，径向较大，弦向最大。因此，湿材干燥后，其截面尺寸和形状会发生明显的变化，如图 10.5 所示。图 10.5 展示出木材干燥时在横切面上由于各方向收缩不同而造成的变形。从圆木锯下的板材，距离髓心较远的一面，其横向更接近于典型的弦向，因而收缩较大，使板材背离髓心翘曲。

湿胀干缩将影响木材的使用。干缩会使木材翘曲、开裂、松动，拼缝不严。湿胀可造成表面鼓凸，所以木材在加工或使用前应预先进行干燥，使其接近于与环境湿度相适应的平衡含水率。

10.2.4　强度

木材按受力状态分为抗拉、抗压、抗弯和抗剪 4 种强度。而抗拉、抗压和抗剪强度又有顺纹和横纹之分。顺纹是指作用力方向与纤维方向平行；横纹是指作用力方向与纤维方向垂直。木材的顺纹和横纹强度有很大差别。木材各种强度之间的比例关系见表 10.1。

表 10.1　木材各种强度之间的比例关系

抗压强度		抗拉强度		抗弯强度	抗剪强度	
顺纹	横纹	顺纹	横纹		顺纹	横纹切断
1	$\frac{1}{10}$~$\frac{1}{3}$	2~3	$\frac{1}{20}$~$\frac{1}{3}$	$1\frac{1}{2}$~2	$\frac{1}{7}$~$\frac{1}{3}$	$\frac{1}{2}$~1

10.3　木材的防护

10.3.1　木材防腐防虫

当木材受到真菌侵害后，其细胞改变颜色，结构逐渐变松、变脆，强度和耐久性降低，这种现象称为木材的腐朽。

侵害木材的真菌，主要有霉菌、变色菌、腐朽菌等。它们在木材中生存和繁殖必须同时具备 3 个条件：适当的水分、足够的空气和适宜的湿度。当空气相对湿度在 90%以上，木材的含水率在 35%～50%，环境温度在 25～30 ℃时，适宜真菌繁殖，木材最易腐蚀。

此外木材还易受到白蚁等昆虫的蛀蚀，使木材形成很多孔眼或沟道，甚至蛀穴，破坏木质结构的完整性。

木材防腐基本原理在于破坏真菌及虫类生存和繁殖的条件，常用方法有以下两种：一是将木材干燥至含水率在 20%以下，保证木材处在干燥状态，对木装饰材料采取通风、防潮、表面涂刷涂料等措施；二是将化学防腐剂施加于木材，使木材成为有毒物质，常用的方法有表面喷涂法、浸渍法、压力渗透法等。常用的防腐剂有水溶性的、油溶性的及浆膏类等几种。

水溶性防腐剂多用于内部木构件的防腐，常用氯化锌、氟化钠、铜铬合剂、硼氟酚合剂、硫酸铜等。油溶性防腐剂药力持久、毒性大、不易被水冲走、不吸湿，但有臭味，多用于室外、地下、水中，如蒽油、煤焦油等。浆膏类防腐剂有恶臭，木材处理后呈黑褐色，不能油漆。

10.3.2　木材防火

木材为易燃物质，应进行防火处理，以提高其耐火性。使木材着火后不致沿表面蔓延，或当火源移开后，材面上的火焰能立即熄灭。常用的防火处理是在木材表面涂刷或覆盖难燃材料，或用防火剂浸渍木材。常用的防火涂料有石膏、硅酸盐类、四氯苯酐醇树脂、丙烯酸乳胶防火涂料等。浸渍用防火剂有磷氮系列、硼化物系列、卤素系列防火剂等。

10.4　木材在装饰工程中的应用

在装饰工程施工中，应根据木材的树种、等级、材质情况合理使用木材，做到大材不小用，好材不零用。

10.4.1　木材的种类与规格

装饰工程中常用木材，按其厚度和宽度将木材分为 3 类，即薄板、中板和厚板，见表 10.2。

表 10.2 阔叶树和针叶树锯材宽度、厚度

分　类	厚度/mm	宽度/mm	
		尺寸范围	进级
薄板	12,15,18,21	50~240	
中板	25,30	50~260	10
厚板	40,50,60	60~300	

10.4.2 人造板材

在木材加工过程中，一般可将大量边角、碎料、刨花、木屑等，经过再加工处理，制成各种人造板材，有效提高木材利用率，这对弥补木材资源严重不足有着十分重要的意义。

(1)胶合板

胶合板是用原木旋切成薄片，经干燥处理后，再用胶黏剂按奇数层数，以各层纤维互相垂直的方向，黏合热压而成的人造板材，一般为3~13层，装饰工程中常用的是三合板和五合板。

胶合板的特点是材质均匀、强度高、无明显纤维饱和点存在、吸湿性小、不翘曲开裂、无疵病、幅面大、使用方便、装饰性好。

胶合板广泛用作建筑室内隔墙板、护壁板、天花板、门面板以及各种家具和装修。

(2)大芯板

大芯板属于特种胶合板的一种，大芯板用木板拼接而成，两面胶粘一层或二层单板。大芯板按结构不同，可分为芯板条不胶拼的和芯板条胶拼的两种；按表面加工状况可分为一面砂光、两面砂光和不砂光3种；按所使用的胶合剂不同，可分为Ⅰ类胶大芯板、Ⅱ类胶大芯板两种；按面板的材质和加工工艺质量不同，可分为一级、二级、三级等3个等级。大芯板具有质坚、吸声、绝热等特点，适用于家具和建筑物内装修等。大芯板的尺寸规格和技术性能见表10.3。

表 10.3 大芯板的尺寸规格和技术性能

长　度/mm						宽度/mm	厚度/mm	技术性能
915	1 220	1 520	1 830	2 135	2 440			
915	—	—	1 830	2 135	—	915	16 19 22 25	含水率:10%±3% 静曲强度/MPa: 厚度为16 mm,大于15 MPa 厚度小于16 mm,大于12 MPa 胶层剪切强度大于1 MPa
—	1 220	—	1 830	2 135	2 440	1 220		

(3)纤维板

纤维板是以植物纤维为主要原料，经破碎、浸泡、研磨成木浆，再加入一定的胶料，经热压成型、干燥等工序制成的一种人造板材。

纤维板的原料非常丰富，如木材采伐加工剩余物(板皮、刨花、树枝等)、稻草、麦秸、玉米秆、竹材等。

按纤维板的体积密度分为硬质纤维板(体积密度大于 800 kg/m³)、中密度纤维板(体积密度为 500~800 kg/m³)和软质纤维板(体积密度小于 500 kg/m³)3 种。按表面分为一面光板和两面光板两种;按原料分为木材纤维板和非木材纤维板两种。

1)硬质纤维板

硬质纤维板的强度高、耐磨、不易变形,可用于墙壁、门板、地面、家具等。硬质纤维板的幅面尺寸有 610 mm×1 220 mm、915 mm×1 830 mm、1 000 mm×2 000 mm、915 mm×2 135 mm、1 220 mm×1 830 mm、1 200 mm×2 440 mm,厚度为 2.50、3.00、3.20、4.00 和 5.00 mm。硬质纤维板按其物理力学性能和外观质量分为特级、一级、二级、三级 4 个等级。

2)中密度纤维板

中密度纤维板按体积密度分为 80 型(体积密度为 800 kg/m³)、70 型(体积密度为 700 kg/m³)、60 型(体积密度为 600 kg/m³);按胶黏剂类型分为室内用和室外用两种。中密度纤维板的长度为 1 830、2 135、2 440 mm;宽度为 1 220 mm,厚度为 12、15、16、18、21、24 mm 等。中密度纤维板按外观质量分为特级品、一级品、二级品 3 个等级。

中密度纤维板表面光滑、材质细密、性能稳定、边缘牢固,且板材表面的再装饰性能好。中密度纤维板主要用于隔断、隔墙、地面、高档家具等。

3)软质纤维板

软质纤维板的结构松软,故强度低,但吸音性和保温性好,主要用于吊顶等。

4)刨花板、木丝板、木屑板

刨花板、木丝板、木屑板,是利用木材加工中产生的大量刨花、木丝、木屑为原料,经干燥,与胶结料拌和,热压而成的板材。所用胶结料有动植物胶(豆胶、血胶)、合成树脂胶(酚醛树脂、脲醛树脂等)、无机胶凝材料(水泥、菱苦土等)。

这类板材表观密度小,强度较低,主要用作绝热和吸声材料。经饰面处理后,还可用作吊顶板材、隔断板材等。

10.4.3　木质地板

木材具有天然的花纹,良好的弹性,给人以淳朴、典雅的质感。用木材制成的木质地板作为室内地面装饰材料具有独特的功能和价值,因此木质地板得到了广泛的应用。

木地板是由软木树材(如松、杉等)和硬木树材(如水曲柳、榆木、柚木、橡木、枫木、樱桃木、柞木等)经加工处理而制成。木地板可分为:条木地板、拼花木地板、漆木地板、复合木地板、强化木地板等。

1)条木地板

条木地板是使用最普遍的木质地板。地板面层有单、双层之分,单层硬木地板是在木搁栅上直接钉企口板,称普通实木企口地板;双层硬木地板是在木搁栅上先钉一层毛板,再钉一层实木长条企口地板。木搁栅有空铺与实铺两种形式,但多用实铺法,即将木搁栅直接铺在水泥地坪上,然后在搁栅上铺毛板和地板。

普通条木地板(单层)的板材常选用松、杉等软木材,硬木条板多选用水曲柳、柞木、枫木、柚木、榆木等硬质木材。材质要求采用不易腐朽、不易变形开裂的木板。条板宽度一般小于 120 mm,板厚为 20~30 mm。条木拼缝做成企口或错口(如图 10.6 所示),直接铺钉在木搁栅上，端头接缝要相互错开。条木地板铺设完工后，应经过一段时间，待木材变形稳定后再进行刨光、清扫及油漆。条木地板一般采用调和漆，当地板的木色和纹理较好时，可采用透明的清漆作涂层使天然的纹理清晰可见，以增添室内装饰感。

条木地板自重轻，弹性好，脚感舒适，其导热性小，冬暖夏凉，且易于清洁。条木地板被公认为是良好的室内地面装饰材料，它适用于办公室、会议室、会客室、休息室、旅馆客房、住宅起居室、卧室、幼儿园及实验室等场所。

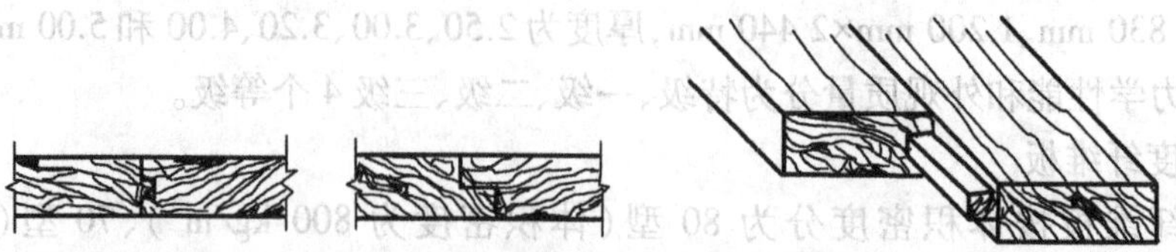

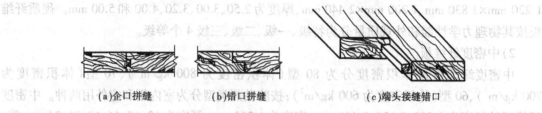

(a)企口拼缝　(b)错口拼缝　(c)端头接缝错口

图 10.6　条木地板拼缝形式

2）拼花木地板

拼花木地板是较普通的室内地面装修材料，安装分双层和单层两种。双层拼花木地板是将面层用暗钉钉在毛板上，单层拼花木地板是采用黏结材料，将木地板面层直接粘贴于找平后的混凝土基层上。

拼花木地板的木块尺寸一般为，长 250～300 mm，宽 40～60 mm，板厚 20～25 mm，有平头接缝地板和企口拼接地板两种。拼花木地板通过小木板条不同方向的组合，可拼造出多种图案花纹，如图 10.7 所示。

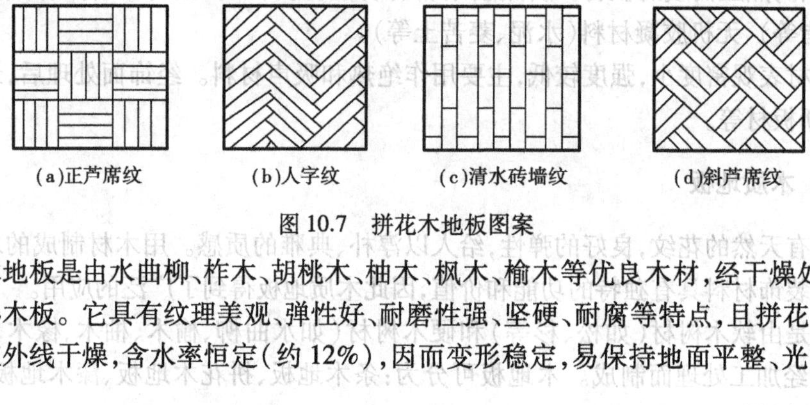

(a)正芦席纹　(b)人字纹　(c)清水砖墙纹　(d)斜芦席纹

图 10.7　拼花木地板图案

拼花木地板是由水曲柳、柞木、胡桃木、柚木、枫木、榆木等优良木材，经干燥处理后，加工出的条状小木板。它具有纹理美观、弹性好、耐磨性强、坚硬、耐腐等特点，且拼花木地板一般均经过远红外线干燥，含水率恒定（约 12%），因而变形稳定，易保持地面平整、光滑而不翘曲变形。

拼花木地板适用于高级楼宇、宾馆、别墅、会议室、展览室、体育馆和住宅等的地面装饰。可根据装修等级的要求，选择合适档次的木地板。

3）漆木地板

漆木地板是国际上最新流行的高级装饰材料。这种地板的基板选用珍贵树种，如北美洲的橡木、枫木、樱桃木、胡桃木、山毛榉；南美巴西的象牙木、东南亚和非洲地区的柚木、花梨木、紫檀木、柳桉木、孟格里斯、橡胶木、春茶木；台湾地区的榉木、红豆杉及中国的水曲柳、香柏、金丝木等，经先进设备严格按规定进行锯割、干燥、定型、定温等科学化处理，再进行精细加工而成精密的企口地板基板，然后对企口基板表面进行封闭处理，并用树脂漆进行涂装的板材。漆木地板的宽度一般小于 90 mm,厚度为 15~20 mm,长度为 450~4 000 mm。

漆木地板特别适合高档的住宅装修,容易与室内其他装饰产生和谐感,不论应用在客厅、餐厅、卧室,都能使人仿佛置身于大自然中。板宽一般根据装修部位的面积、格调决定,厚度根据使用功能选用,家庭中选用 15 mm 较适宜,公共场所选用 18 mm 以上为好。

4)实木多层地板

实木多层地板一般为 3 层结构,表层 4~7 mm,选用珍贵树种如榉木、橡木、枫木、樱桃木、水曲柳等的锯切板;中间层 7~12 mm,选用一般木材如松木、杉木、杨木等;底层(防潮层)2~4 mm,选用各种木材旋切单板。也有以多层胶合板为基层的多层实木复合地板、板厚通常为 12、15、18 mm。该地板既可以直接铺设在平整的地坪上,又可以像实木长条企口地板一样,铺设在毛地板上。

5)强化木地板

强化木地板为 3 层结构,表层为含有耐磨材料的三聚氰胺树脂浸渍装饰纸,芯层为中、高密度纤维板或刨花板,底层为浸渍酚醛树脂的平衡纸。强化木地板的表面层含有高效耐磨的 Al_2O_3,具有耐磨、阻燃、防腐、防静电和抵抗日常化学药品的性能。另外,装饰纸一般印有仿珍贵树种的木纹或其他图案。常给予强化木地板以实木地板的视觉效果。芯层以中高密度纤维板占多数,确保地板具有一定的刚度、韧性、尺寸稳定性。平衡纸为半漂白或不漂白的亚硫酸盐木浆制成的牛皮纸,不加填料,要求具有一定的厚度和机械强度,常浸渍醛基树脂或深色的酚醛树脂,具有防止水分及潮湿空气从地下渗入地板、保持地板形状稳定的作用。

强化木地板一般规格为:1 200 mm×90 mm×8 mm。

强化木地板花色品种多、质地硬、耐磨、经久耐用、不易变形、防火、维护简单、施工容易。缺点是材料性冷,脚感偏硬。

几类地板的性能及适用场所见表 10.4。

表 10.4　几类地板的性能比较

品　种	结构及稳定性	耐磨性	强　度	舒适度	造　价	适用场所
实木多层地板	多层实木复合,稳定性好,不会变形,防水性较好	较高	约高出同等厚度普通地板的一倍	视觉效果好,脚感舒适	较高	家居用
普通木地板	易起翘开裂,且不易修复,防水性差	取决于表面油漆质量	强度不够时需以增强厚度来弥补	普通材质不够美观,高级木质价格昂贵,脚感好	普通材质价格一般,高级木质价格昂贵	家居等
强化木地板	中间为中、高密度纤维板,由高压强化而成。结构比较稳定,材料防水性一般	耐磨性好	一般板材较薄,整体强度一般	表层为仿真木纹纸,脚感生硬,踩上去声响大	适中	写字楼、商场、饭店等公共场所

复习思考题

10.1 木材按树种分为哪几类？其特点和用途是什么？

10.2 木材从宏观构造观察有哪些主要组成部分？

10.3 什么是木材的纤维饱和点、平衡含水率？各有什么实用意义？

10.4 木材含水率的变化对其性能有什么影响？

10.5 简述木材的腐蚀原因及防腐方法。

10.6 简述木材综合利用的方法和实际意义。

10.7 简述各类木地板的特点。

第11章 建筑装饰塑料

塑料是指以合成或天然树脂为主要基料，再与其他原料在一定条件下经混炼、塑化、成型，且在常温下保持产品形状不变的材料。在建筑上使用的塑料制品称为建筑塑料制品。建筑塑料制品所用的树脂，主要是合成树脂。塑料与合成橡胶和合成纤维并称为三大合成高分子材料，其中塑料约占整个合成高分子材料的3/4，是继钢材、木材和水泥之后的第四大建筑材料，并且其发展迅速。

11.1 塑料简介

11.1.1 塑料在建筑中的应用

塑料作为一种建筑材料使用可以追溯到20世纪30年代，那时是用被称作电木的酚醛树脂，通过添加填料改性制成的建筑小五金（灯头、开关、插座等）。20世纪50年代以后，随着石油工业的发展，塑料建材产品在品种和产量上不断增加。塑料在建筑中的应用十分广泛，几乎遍布建筑物的各个角落。建筑塑料是化学建材的主要组成部分，包括塑料管、塑料门窗、建筑防水材料、隔热保温材料、装饰装修材料等。按制品的形态，建筑塑料总体可分为以下各种制品：

①薄膜制品　主要用作壁纸、印刷饰面薄膜、防水材料及隔离层材料等。

②薄板　塑料装饰板材、门面板、铺地板、各色有机玻璃等。

③异型板材　玻璃钢屋面板、内外墙板。

④异型管材　主要用作塑料门窗及楼梯扶手等。

⑤管材　主要用作给排水管道系统。

⑥泡沫塑料　主要用作绝热材料。

⑦模制品　主要用作建筑五金、屋面、吊顶材料。

⑧复合板材　主要用作墙体、屋面、吊顶材料。

⑨盒子结构　主要由塑料部件及装饰面层组合而成，用作卫生间、厨房或移动式房屋。

⑩溶液或乳液　主要用作胶黏剂和建筑涂料。

11.1.2 塑料的特性

塑料之所以能在建筑工业中得到如此广泛的应用，是由于它具有比其他建筑材料更为优越的性能：

(1)优良的加工性能

塑料可以采用比较简便的方法加工成多种形状的产品，且可采用机械化大规模生产。

(2)质轻

密度为 0.9~2.2 g/cm^3，平均为 1.45 g/cm^3，约为钢的 1/5，铝的 1/2，混凝土的 1/3，与木材相近。

(3)比强度高

其强度与容重的比值远超过水泥混凝土，并接近或超过钢材，是一种优良的轻质高强材料。

(4)导热系数小

如泡沫塑料的导热系数约为金属的 1/1 500，混凝土的 1/40，砖的 1/20，是理想的绝热材料。

(5)化学稳定性好

对一般的酸、碱、盐及油脂有较好的耐腐蚀性。

(6)电绝缘性好

可与陶瓷、橡胶媲美。

(7)功能的可设计性强

可通过改变组成配方与生产工艺，在相当大的范围内制成具有各种特殊性能的工程材料。如强度超过钢材的碳纤维复合材料；具有承重、质轻、隔音、保温的复合板材；柔软而富有弹性的密封、防水材料等。

(8)出色的装饰性能

塑料制品不仅可以着色，而且色彩鲜艳耐久，并可通过照相制版印刷，模仿天然材料的纹理(如木纹、花岗石、大理石纹等)达到以假乱真的程度。还可电镀、热压、烫金制成各种图案和花型，使其表面具有立体感和金属的质感。通过电镀技术处理，还可使塑料具有导电、耐磨和对电磁波的屏障作用等功能。

塑料虽具有以上许多优点，但还有一些缺点，主要有以下几个方面：

(1)易老化

塑料产生老化是因其制品在阳光、空气、热及环境介质中的酸、碱、盐等作用下，分子结构产生递变，增塑剂等组分被挥发，化合键产生断裂，从而带来机械性能变坏，甚至发生硬脆、破坏等现象。这是高分子材料的一般通病，但也不是不可克服，经改进后的塑料制品，寿命可以大大延长。如德国的塑料门窗已实际应用 30 年以上，仍完好无损，估计最少可用 50 年；经改进的聚氯乙烯塑料管道，其使用寿命比铸铁管道还长。

(2)易燃

塑料不仅可燃，而且燃烧时发烟，产生有毒气体。但也可通过改进配方制成自熄和难燃甚至不燃的产品。不过其防火性仍比无机材料差，在生产与工程应用中应予以注意。

(3) **耐热性差**

塑料一般都具有受热变形的问题，甚至产生分解，在使用中要注意它的使用限制温度。

(4) **刚度小**

塑料是一种黏弹性材料，弹性模量低，只有钢材的 1/10~1/20，且在荷载长期作用下易产生蠕变。因此，用作承重结构应慎重。但塑料中添加纤维增强材料，其强度可大大提高，甚至可超过钢材，在航天航空设施结构中得到应用。

11.2　塑料的组成

建筑上常用的塑料制品绝大多数都是以合成树脂为基本材料，再按一定比例加入填料、增塑剂、着色剂、稳定剂和其他助剂等材料，经混炼、塑化，并在一定压力和温度下制成的塑料制品。因而，塑料是一种以树脂为主要成分的多组分材料，但也有少部分建筑塑料制品例外，如"有机玻璃"，它是由一种被称为聚甲基丙烯酸甲酯的单体通过聚合形成的合成树脂，在聚合反应中不加入其他组分，制成的一种具有较高机械强度和良好抗冲击性能、且有高透明度的有机高分子材料。

11.2.1　树脂

树脂有合成树脂和天然树脂之分，目前在所有的塑料制品中大都采用合成树脂。树脂是塑料组成材料中的基本成分，在一般塑料中占 30%~60%，有的甚至更多。

树脂在塑料中主要起胶结作用，通过胶结作用把填料等胶结成坚实整体。因之，塑料的性质主要取决于树脂的性质。

合成树脂主要是由碳、氢和少量的氧、氮、硫等原子以某种化学键结合而成的有机高分子化合物。合成树脂是塑料的主要组成材料，在塑料中起胶黏剂的作用，其不仅能自身胶结，还能将其他材料牢固地胶结在一起。它决定塑料的硬化性质和工程应用性能。

合成树脂按生成时化学反应的不同，可分为聚合(均聚或共聚)树脂(如聚氯乙烯、聚乙烯乙酸酯)和缩聚树脂(如酚醛、环氧、聚酯等)；按用途不同可分为通用塑料、工程塑料和特种塑料；按受热时性能变化的不同，又可分为热塑性树脂和热固性树脂。由热塑性树脂制成的塑料为热塑性塑料。热塑性树脂受热软化，温度升高逐渐熔融，冷却时重新硬化，这一过程可以反复进行，对其性能及外观无重大影响。聚合树脂属于热塑性树脂，其耐热性较低，刚度较小，抗冲击韧性较好。由热固性树脂制成的塑料为热固性塑料。热固性树脂在加工时受热变软，但固化成型后，即便再加热也不能软化或改变其形状，只能塑化成型一次。缩聚树脂属于热固性树脂，其耐热性较高，刚度较大，质地硬而脆。

11.2.2　填料

填料又称填充剂，它是绝大多数塑料中不可缺少的原料，通常占塑料组成材料的 40%~70%。其作用是提高塑料的强度、韧性、耐热性、耐老化性、抗冲击性等，同时也降低塑料的成本，常用的填料有滑石粉、硅藻土、石灰石粉、云母、石墨、石棉、玻璃纤维等，还可用木粉、纸屑、废棉、废布等。

11.2.3 增塑剂

增塑剂的作用是增加塑料的可塑性、柔软性、弹性、抗震性、耐寒性及延伸率等，但会降低塑料的强度与耐热性。对增塑剂的要求是要与树脂的混溶性好，无色、无毒，挥发性小。增塑剂一般用一些不易挥发的高沸点的液体有机化合物或低熔点的固体。

常用的增塑剂有邻苯二甲酸二甲酯、邻苯二甲酸二丁酯、邻苯二甲酸二辛酯、磷酸三辛酯和各种石油脂等。

11.2.4 交联剂

交联剂又称固化剂，其主要作用是使线型高聚物交联成体型高聚物，使树脂具有热固性。如环氧树脂常用的胺类（乙二胺、二乙烯三胺、间苯二胺），某些酚醛树脂常用的六亚甲基四胺（乌洛托品）、酸酐类（邻苯二甲酸酐、顺丁烯二酸酐）及高分子类（聚酰胺树脂）。

11.2.5 着色剂

着色剂又称色料，其作用是将塑料染制成所需要的颜色。着色剂的种类按其在着色介质中或水中的溶解性分为染料和颜料两大类。

（1）染料

染料是溶解在溶液中，靠离子化学反应作用产生着色的化学物质，实际上染料都是有机物，其色泽鲜艳，着色性好，但其耐碱、耐热性差，受紫外线作用后易分解褪色。

（2）颜料

颜料是基本不溶的微细粉末状物质。靠自身的光谱性吸收并反射特定的光谱而显色。塑料中所用的颜料，除具有优良的着色作用外，还可作为稳定剂和填充剂来提高塑料的性能，起到一剂多能的作用。在塑料制品中，常用的是无机颜料，如炭黑、铁红和镉黄等。

11.2.6 其他助剂

为了改善或调节塑料的某些性能，以适应使用和加工的特殊要求，可在塑料中掺加各种不同的助剂，如稳定剂、阻燃剂、发泡剂、润滑剂、抗老化剂等，以满足塑料制品的各种要求。

在种类繁多的塑料助剂中，由于各种助剂的化学组成、物质结构的不同，对塑料的作用机理及作用效果各异，因而由同种型号树脂制成的塑料，其性能会因助剂的不同而不同。

11.3 建筑装饰塑料制品

11.3.1 塑料地板

（1）塑料地板的特性

塑料地板是以高分子合成树脂为主要材料，加入其他辅助材料，经一定的制作工艺制成的预制块状、卷材状或现场铺涂整体状的地面材料。

塑料地板有许多优良性能：

1)良好的装饰性能

塑料地板通过印花、压花等制作工艺,表面可呈现丰富绚丽的图案,不但可仿木材、石材等天然材料,而且可任意拼装组合成变化多端的几何图案,使室内空间活泼、富有变化,有现代气息。

2)功能多变,适应面广

通过调整材料的配方和采用不同的制作工艺,可得到适应不同需要、满足各种功能要求的产品。

3)质轻,耐磨性好

塑料地板单位面积的质量在所有铺地材料中是最轻的(每 m^2 仅3 kg左右),可大大减小楼面荷载。其耐磨性是除花岗岩和瓷砖之外最为理想的地板材料。PVC地面卷材地板经12万人次的通行,磨损深度不超过0.2 mm。

4)回弹性好,脚感舒适

其坚固性和柔软性适当,回弹性好,能减轻步行的疲劳感,同时塑料地板可做成加厚型或发泡型,导热系数适宜,令脚感舒适不产生冷感。

5)施工、维修、保养方便

塑料地板施工为干作业,在平整的基层上可直接粘贴,特别是卷材地板直接铺设即可,极为简单。块材塑料地板局部损坏可及时更换,不影响大局。使用过程中,塑料地板可用温水擦洗,不需特殊养护。

(2)塑料地板的主要性能指标

为使塑料地板更好地满足其使用功能,国际和国内惯用的主要性能指标有尺寸稳定性、翘曲性、耐凹陷性、耐磨性、自熄性和耐烟头烧烫性能等。

1)尺寸稳定性

主要是考虑PVC等塑料具有较小的胀缩性,当温度变化时,其平面尺寸胀缩会使接缝宽度变大或接缝处顶起,影响整体铺设质量。尺寸稳定性的测定是将塑料地板试样置于较高温度(80 ℃)的烘箱内经一定时间后测其尺寸相对变化率,一般为0.2%~0.4%。

2)耐磨性

它是衡量塑料地板表面耐磨程度的一项主要指标,用耐磨仪测定,以加规定荷载的砂轮在试样表面旋转规定转数后的磨耗体积表示其耐磨度。一般塑料地板中填料越多,其耐磨性越差。硬质PVC块材地板磨耗量为0.015~0.02 g/cm^2。而带基材的PVC卷材地板磨耗量仅0.002 5~0.004 g/cm^2。

3)翘曲性

它主要是指塑料地板铺设后边缘是否发生翘曲变形。引起翘曲的主要原因是地板不同层的尺寸稳定性不同,故单层均质塑料地板比多层非均质地板抗翘曲性要好得多。翘曲性的测定是将试样放入较高温度(80 ℃)的烘箱或水中处理一段时间,观察其四角翘曲的高度,带基材的PVC卷材地板的翘曲度为12~18 mm。

4)耐凹陷性

耐凹陷性是指塑料地板抗家具等重物在静荷载作用引起凹陷的能力。测试方法是采用直径为43.5 mm的钢球,加136 N负荷作用1 min,用千分尺测其压入深度,即凹陷度。硬质PVC块材地板23 ℃凹陷度不大于0.3 mm。

5)自熄性和耐烟头烧烫性

它是指塑料地板表面耐燃烧自熄和局部高温的能力。PVC 塑料一般具有良好的自熄性，但其中所加的增塑剂往往是可燃的，因此某些塑料地板特别是软质的塑料地板(含增塑剂较多)，不一定具有自熄性。自熄性通常用氧指数表示，即指材料能自熄时的空气中氧气含量的体积百分数。氧指数越高，说明其自熄性越好。空气中氧气的含量为21%，而 PVC 的氧指数为35，而聚乙烯的氧指数为18，因此，PVC 具有较好的自熄性。耐烟头烧烫性主要是指烟头踩灭后，地板上是否产生焦斑或凹陷，软质发泡地板的此指标稍差。

除以上各主要指标外，塑料地板还有耐化学腐蚀性和耐久性等其他性能要求。

(3)塑料地板的结构及分类

1)塑料地板的结构

塑料地板的结构一般为 3~4 层复合而成，如图 11.1 所示，此为 PVC 印花卷材地板的结构。

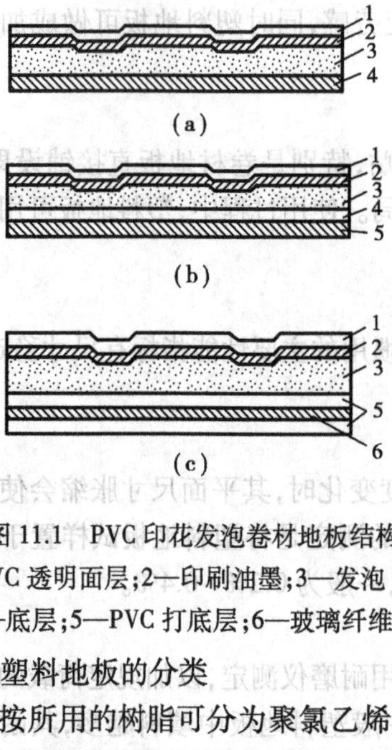

图 11.1 PVC 印花发泡卷材地板结构

1—PVC 透明面层;2—印刷油墨;3—发泡 PVC;4—底层;5—PVC 打底层;6—玻璃纤维毡

图 11.1(a)为采用两步法生产的地板结构，即在底衬材料上直接涂布发泡 PVC 浆，要求所有底垫材料平整、渗漏性小。常用于家庭地面装饰。

图 11.1(b)为采用三步法生产的地板结构。所用底衬材料表面不是很平整，有渗漏性，所以应在底衬材料下面加一层 PVC 底层，使其表面平整、便于印刷。

图 11.1(c)为用玻璃纤维材料作底衬时，上下均加一层 PVC 底层，可提高平整度，也为防止玻璃纤维外露。此种结构的地板性能优于前两种结构的地板。

塑料地板可用于要求较高的民用住宅地面和公共建筑的室内地面铺装。

2)塑料地板的分类

①按所用的树脂可分为聚氯乙烯塑料地板、聚丙烯塑料地板、氯化聚乙烯塑料地板。目前，国内普遍采用的是聚氯乙烯(PVC)塑料地板，第二、三类的塑料地板较少生产。

②按生产工艺可分为压延法、热压法、注射法。我国塑料地板的生产大部分采用压延法。采用热压法生产的较少，注射法则更少。

③按材质可分为硬质、半硬质片材和软质卷材。目前采用的多为半硬质地板和硬质地板。

④按其外形可分为块材地板和卷材地板，按其结构特点又可分为单色地板、透底花纹地板、印花压花地板。

(4)常见 PVC 塑料地板的种类

1)单色 PVC 块材地板

PVC 单色块材地板是以 PVC 为主要材料，掺增塑剂、稳定剂、填充料等经压延法、热压法或挤出法制成的硬质或半硬质塑料地板。其中常用的填充料为碳酸钙、硅灰石，近年来国内也有厂家用石膏为填料生产此类地板。

PVC 单色块材地板按其结构可分为以下 3 个品种：

①单层均质型　它是均质单层结构，一般采用新料生产。若采用回收再生料生产，受回收废料的限制，一般仅有铁黄色和铁红色等有限几种色调。

②复合多层型　该种单色块材地板由 2~3 层复合而成。虽各层材质基本相同，但仅面层采用新料，其他各层常采用回收再生料，而且各层填充料含量也不同，通常面层填充料少而底层含填充料多，以增加面层的耐磨性和底层的刚性。

③石英加强型　它以石英砂为填充料，为均质单层结构。由于有石英砂增强，所以有效提高了地板的耐磨性和耐久性。

单色块材地板一般为单色，有红、黑、绿棕等多种颜色，可单色或多色搭配使用。除单色外，还在表面印有杂色以形成大理石纹。单色块材地板通常为半硬质和硬质。

PVC 单色块材地板一般规格为 300 mm×300 mm，厚度为 1.5 mm，也可根据供需双方议定其他规格，如市场上可见 240 mm×240 mm 和 480 mm×480 mm，厚度为 2~3 mm 等多种规格。

PVC 单色块材地板的特点为：硬度较大，脚感略有弹性，行走无噪声；单层型的不翘曲，但多层型翘曲性稍大；耐凹陷、抗污性强，但耐划性较差；机械强度较低，不耐折，图案可组合性强；价格较低，保养方便。国家标准《半硬质聚氯乙烯块状塑料地板》对该类地板的规格、尺寸偏差、外观和物理性能等均有规定。

2）印花 PVC 块材地板

印花 PVC 块材地板是表面印刷有彩色图案的 PVC 地板。常见的有两种类型，其结构如图 11.2 所示。

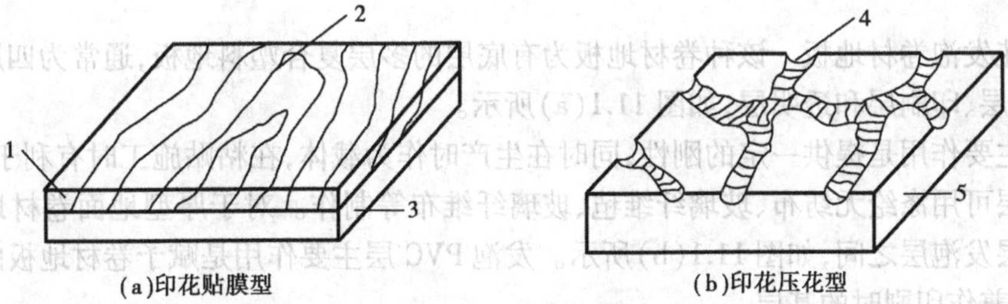

(a)印花贴膜型　　(b)印花压花型

图 11.2　印花 PVC 地板结构

1—透明 PVC 面层；3—PVC 底层；2，4—油墨压花；5—PVC 基材

①印花贴膜型　该种印花块材地板由面层、印刷油墨层和底层构成。底层为加有填料的 PVC 或回收再生塑料制成。可为单层或二、三层贴合而成，主要提供地板的刚性、强度等机械性能。面层为透明的 PVC，厚度为 0.2 mm 左右，主要作用是增加表面的耐磨度并显示和保护印刷油墨层的印刷图案，如表面压纹还可起消光和形成某种质感的作用。印刷油墨层为压延法生产的薄膜上印刷图案制成，也可采用市场商品供应的专用印花薄膜。各层之间采用热压机或热辊机热合复贴成整体。

该种地板装饰效果好，有木纹、石纹和几何造型等多种花色图案。有半硬质、软质等多种硬度可供选择。耐刻画性和耐磨性比单色地板好。由于为多层结构，各层胀缩性能不同，可能产生翘曲。表面透明 PVC 层易被烟头烧烫产生焦斑。面层含增塑剂较多，易沾灰留下脚印，抗污性不如单色地板。

②印花压花型　该种地板表面没有 PVC 透明的膜层，印刷图案是采用凸出较高的印刷

辊，印花的同时压出立体花纹。由于油墨图案是随压花印在凹型纹底部，所以又称沟底压花，图案常为线条、粗点状、仿水磨石、天然石材等图案，这种结构即使没有面层，油墨印刷图案也不易磨损。印花贴膜型块材地板适用于图书馆、学校、医院、剧院等烟头危害较轻的公共建筑，也适用于民用住宅。印花压花型块材地板性能及适用范围同单色块材地板。

3）PVC 卷材地板

PVC 卷材地板亦称地板革，属于软质塑料卷材地板。按其结构和性能分为均质软性卷材地板、印花卷材地板和印花发泡卷材地板。

①均质软性卷材地板　该种卷材地板如采用挤出法生产可一次得到单层均质结构的卷材，但如采用压延法生产，由于一次成型 1 mm 以上的片材较困难，故可采用 3~4 层 0.5 mm 左右的片材贴合，形成多层结构的卷材。但无论是单层还是多层结构，整片材料仍是均质的。该种卷材地板一般为单色，也可有花纹。

均质 PVC 软性卷材地板由于是均质结构且填料含量较少，所以材质较软，有一定弹性，脚感舒适。虽耐烟头烧烫性不如半硬质块材地板，但轻度烧伤可用砂纸擦除，且翘曲性较小，耐擦划性、抗污性、耐磨性都较好。适用于公共建筑场合，特别是车、船等交通工具的地面铺设，在国外应用较为普通。该卷材地板宽度为 1 200 mm，厚度为 1.5~3.0 mm。

②印花卷材地板　该种卷材地板为 3 层结构，即透明 PVC 面层、印刷层和厚度为 0.6~0.8 mm的基层。面层有一定的光泽，为降低表面的反光，通常压有橘皮纹或圆点纹。印刷图案有仿瓷砖、仿大理石、仿拼花木地板等。

印花卷材地板属低档地面卷材，价格较便宜，适用于办公室、会议室和一般民用住宅的地面装饰。

③印花发泡卷材地板　该种卷材地板为有底层的多层复合塑料地板，通常为四层结构，即底层、发泡层、印刷层和透明层，如图 11.1（a）所示。

底层主要作用是提供一定的刚性，同时在生产时作为载体，在粘贴施工时有利于与基层的结合。底层可用涤纶无纺布、玻璃纤维毡、玻璃纤维布等制作。对于厚型地面卷材地板，底层可夹在两层发泡层之间，如图 11.1（b）所示。发泡 PVC 层主要作用是赋予卷材地板的弹性、吸声性，同时兼作印刷时的基层。

印刷层是印在发泡 PVC 层上，采用的印刷方法是化学压花法，即在图案的某些部分采用掺有发泡抑制剂的油墨，使发泡层的发泡受到抑制，从而形成的花纹，类似于机械压花一样，但不会出现压花与图案错位的现象。

PVC 面层主要起保护印刷图案的作用，同时也是表面的磨耗层，有优良的耐磨性，通常采用较高分子量的 PVC。

印花发泡卷材通常采用涂塑法生产。即采用按一定配方制好的 PVC 糊料，依次涂布在基层载体上，经涂布生产线的塑化、冷却、多色套印、发泡等工艺过程一次成型得到产品。该种卷材地板是目前应用最为广泛的一种中档地面卷材，其弹性好，脚感舒适，噪声小，耐磨性优良，图案花色多，富有立体感。但表面耐烟头烧烫性差，同时由于是多层结构，使用中可能发生翘曲。

PVC 卷材地板的规格一般为宽度 1 800 mm、2 000 mm；长度 20 m/卷、30 m/卷；厚度 1.5 mm（家用）、2.0 mm（公共建筑用）。

(5)塑料地板的选用和保养

1)地板选择的原则

地板品种及图案花色的选择,要与建筑物的整体设计风格相协调,做到既经久耐用,又对建筑物产生恰如其分的装饰效果。对有特殊要求的办公用房,如计算机室、控制车间、要注意避免静电对仪表的干扰,选用抗静电塑料地板,对某些要求空气净化的防尘车间,则要选用防尘塑料地板等。

2)塑料地板的保养

塑料地板保养一般应注意以下几点:

①新铺贴的塑料地面 24 h 内人不得上下走动,7~10 d 内应保持室内温湿度的稳定、通风、防止温度剧烈变化和过堂风劲吹。

②定期打蜡,一般1~2个月打一次。

③避免大量的水(拖地水),特别是热水、碱水与塑料地板接触。

④尖锐的金属工具,如炊具、刀、剪等应避免跌落在塑料地板上,以免损坏其表面。

⑤塑料地板上污染的墨水、食品、油腻等,应先擦去污物,然后用稀的肥皂水擦洗痕迹,如仍洗不干净,可用少量溶剂(汽油)轻轻擦拭,直至痕迹消失为止。

⑥不要在塑料地板上放置60 ℃以上的热物及踩灭烟头,以免引起地板变形和出现焦痕。

⑦在静荷载集中部位,如家具脚,最好垫一些面积大于家具脚1~2倍的垫块。

⑧在受到阳光照射的地方,可能会出现局部褪色,最好加上窗帘遮阳。

⑨严重损坏的塑料地板应及时更换,最好备用少量的塑料地板,以免更换的塑料地板与原来的颜色不一致。地板存放时要平放,不能侧立,以免造成铺贴不良。对于脱胶部位,清除干净后,用原来的黏结剂或市售的白胶水重新粘贴,保养24 h后方可正常使用。

11.3.2　塑料壁纸

(1)塑料壁纸的特点

塑料壁纸是以一定的材料为基材,表面进行涂塑后,再经过压延、涂布以及印刷、轧花、发泡等工艺而制成的一种墙面装饰材料。

它与传统的织物纤维壁纸相比,有以下特点:

1)装饰效果好

由于塑料壁纸表面可进行印花、压花发泡处理,能仿天然石材、木纹及锦缎,可印刷适合各种环境的花纹图案,色彩也可任意调配,做到自然流畅,清淡高雅。

2)性能优越

根据需要可加工成具有难燃、隔热、吸声、防霉性、且不易结露,不怕水洗,不易受机械损坏的产品。

3)粘贴方便

塑料壁纸的湿纸状态强度仍较好,耐拉耐拽,易于粘贴,可用107胶或白乳胶粘贴,且透气性能好,可在尚未完全干燥的墙面粘贴,而不致造成空鼓、剥落,施工简单,陈旧后易于更换。

4)使用寿命长,易维修保养

表面可清洗,对酸碱有较强的抵抗能力,易于保持墙面的清洁。

总之,塑料壁纸是目前国内外使用广泛的一种室内墙面装饰材料,也可用于顶棚、梁柱等处的贴面装饰。

(2)常用塑料壁纸的种类

塑料壁纸大致可分为3大类:普通塑料壁纸、发泡塑料壁纸和特种塑料壁纸。每种塑料壁纸又有3~4个品种,几十种乃至上百种花色。

1)普通塑料壁纸

塑料壁纸是以80 g/cm^2的纸作基材,涂以100 g/cm^2左右的聚氯乙烯糊状树脂,经印花、压花等工序制成。它又包括以下几种:

①单色压花墙纸　这种墙纸是经凸版轮热轧花机加工而成,可制成仿丝绸、织锦缎等多种印花。

②印花压花墙纸　这种墙纸是经多套色凹版轮转印刷印花后再轧花而成,可制成印有各种色彩图案,并压有布纹、隐条凹凸花纹等双重花纹,故又称为艺术装饰墙纸。

③有光印花和平光印花墙纸　有光印花墙纸是在抛光辊轧的面上印花,表面光洁明亮;平光印花墙纸是在消光辊轧的面上印花,表面平整柔和,以满足用户的不同需求。

2)发泡塑料壁纸

发泡墙纸是以100 g/cm^2纸为基材,涂塑上300~400 g/cm^2掺有发泡剂的聚氯乙烯糊状料,经印花后,再加热发泡而成。这类墙纸有高发泡印花、低发泡印花、低发泡印花压花等品种。高发泡墙纸发泡较大,表面富有弹性的凹凸花纹,是一种装饰、吸声多功能墙纸,常用于影剧院和住房天花板等装饰。低发泡印花墙纸是在发泡平面印有图案的品种。低发泡印压花墙纸采用化学压花的方法,即用有不同抑制发泡作用的油墨印花后再发泡,使表面形成具有不同色彩的凹凸花纹图案,故也称化学浮雕。该壁纸还有仿木纹、拼花、仿瓷砖等花色,图样逼真,立体感强,装饰效果好,并有弹性,适用于室内墙裙、客厅和内走廊的装饰。

3)特种墙纸

特种墙纸品种也很多,常用的有耐水墙纸、防火墙纸、彩色砂粒墙纸、风景壁画墙纸等。耐水墙纸是用玻璃纤维毡为基材,以适应卫生间、浴室等墙面的装饰。防火墙纸是用100~200 g/cm^2的石棉纸为基材,并在聚氯乙烯涂塑材料中掺加阻燃剂,使其具有一定的阻燃、防火性能,适用于防火要求较高的建筑和木板面装饰。表面彩色砂粒墙纸是在基材上散布彩色砂粒,再喷涂黏结剂,使表面具有砂粒毛面,一般用作门厅、柱头、走廊等局部装饰。

(3)塑料壁纸的规格及技术要求

1)塑料壁纸的规格

目前塑料壁纸的规格有以下3种:

①窄幅小卷。幅宽530~600 mm,长10~12 m,每卷5~6 m^2。

②中幅小卷。幅宽760~900 mm,长25~50 m,每卷25~45 m^2。

③宽幅大卷。幅宽920~1 200 mm,长50 m,每卷46~50 m^2。

小卷墙用壁纸施工方便,选购数量和花色都比较灵活,最适合民用,家庭可自行粘贴。中卷、大卷墙用壁纸粘贴时施工效率高,接缝少,适合专业人员施工。

2)塑料壁纸的技术要求

塑料壁纸的技术要求主要有以下几个方面:

①外观　塑料壁纸的外观是影响装饰效果的主要项目,一般不允许有色差、折印、明显的污点,不允许有漏印,压花墙纸压花应达到规定深度,不允许有光面。

②褪色性试验　将壁纸试样在老化试验机内经碳棒光照 20 h 后不应有褪、变色现象。

③耐摩擦性　将壁纸用干的白布在摩擦机上干磨 25 次，用湿的白布湿磨 2 次后不应有明显的掉色，即白色布上不应沾色。

④湿强度　将壁纸放入水中浸泡 5 min 后即取出用滤纸吸干，测定其抗拉强度应大于2.0 N/15 mm。

表 11.1 为国内各种等级的塑料壁纸耐摩擦性和湿强度技术要求标准。

表 11.1　塑料壁纸技术要求

项　目	技术指标		备　注
品　级	一级品	二级品	
规格/mm	宽度:920,1 000,1 200 长度:5 000		
施工性能	不得有浮起和剥落		
褪色性	20 h 以上无变色褪色	20 h 以上无明显变色褪色	本标准为北京市企业标准
耐摩擦性能	干磨 25 次，湿磨 2 次无明显掉色	干磨 25 次，湿磨 2 次有轻微掉色	
湿抗拉强度(N/15 mm)	纵横向:1.96 以上	—	

⑤可擦性　指粘贴壁纸的黏合剂可用湿布或海绵擦去而不留下明显痕迹的性能。

⑥施工性　将壁纸按要求用聚乙酸乙烯乳液淀粉(7∶3)混合黏合剂贴在硬木板上，经过 2、4、24 h 后观察不应有剥落现象。

在特殊场合，塑料壁纸还应作耐燃性试验。

3）塑料壁纸应用时需注意事项

使用时应注意其燃烧性等级、老化特性，防止其老化褪色或开裂的现象，使用塑料类材料作墙面装饰时，还应注意其封闭性，即这种材料的水密性及气密性。有时常出现由于塑料壁纸材料的封闭性，破坏了砖墙体及混凝土墙体的呼吸效应，使室内空气干燥，空气新鲜程度下降，令人产生不舒服的感觉。

11.3.3　塑料装饰板材

塑料装饰板材是指以树脂为浸渍材料或以树脂为基材，采用一定的生产工艺制成的具有装饰功能的板材。塑料装饰板材以其质量轻、装饰性强、生产工艺简单、施工简便、易于保养、适于与其他材料复合等特点在装饰工程中得到越来越广泛的应用。

塑料装饰板材按原材料的不同可分为硬质 PVC 板、塑料金属复合板、三聚氰胺层压板、玻璃钢板、聚碳酸酯采光板、有机玻璃装饰板、复合夹层板等类型。按结构和断面形式可分为平板、波形板、实体异型断面板、中空异型断面板、格子板、夹心板等类型。

(1)硬质 PVC 板

硬质 PVC 板主要用作护墙板、屋面板和平顶板。主要有透明和不透明两种。透明板是以 PVC 为基料，添加增塑剂、抗老化剂，经挤压而成型的。不透明板是以 PVC 为基材，掺入填料、稳定剂、颜料等，经捏和、混炼、拉片、切粒、挤出或压延而成型的。硬质 PVC 板按其断面形式可分为平板、波形板和异型板等。

1）平板

硬质 PVC 平板表面光滑、色泽鲜艳、不变形、易清洗、防水、耐腐蚀，同时具有良好的施工性能，可锯、刨、钻、钉。常用于室内饰面、家具台面的装饰。常用的规格为 2 000 mm×1 000 mm、1 600 mm×700 mm 和 1 000 mm×700 mm 等，厚度为 1、2 和 3 mm。

2）波形板

硬质 PVC 波形板是具有各种波形断面的板材。这种波形断面既可以增加其抗弯刚度，同时也可通过其断面波形的变形来吸收 PVC 较大的伸缩。其波形尺寸与一般石棉水泥波形瓦、彩色钢板波形板等相同，以便必要时与其配合使用。

硬质 PVC 波形板有两种基本结构。一种是纵向波形板，其板材宽度为 900~1 300 mm，长度没有限制，但为了便于运输，一般最长为 5 m；另一种为横向波形板，宽度为 500~1 800 mm，长度为 10~30 m，因其横向尺寸较小，可成卷供应和存放。板材的厚度为 1.2~1.5 mm。

硬质 PVC 波形板可任意着色，常用的有白色、绿色等。透明的波形板透光率可达 75%~85%。彩色硬质 PVC 波形板可作墙面装饰，特别是阳台栏板、窗间墙装饰和简单建筑的屋面防水。透明 PVC 横波板可用作采光平顶。透明 PVC 纵波板，由于长度没有限制，适宜做成拱形彩光屋面，中间没有接缝、水密性好。

3）异型板

硬质 PVC 异型板有两种基本结构，如图 11.3 所示。一种为单层异型板，另一种为中空异型板，单层异型板的断面形式多样，一般为方型波，以使立面线条明显。与铝合金扣板相似，两边分别做成钩槽和插入边，既可达到接缝防水的目的，又可遮盖固定螺丝。每条型材一边固定，另一边插入柔性连接，可允许有一定的横向变形，以适应横向的热伸缩。单层异型板一般的宽度为 1 000~2 000 mm，长度为 4 000~6 000 mm，厚度为 1.0~1.5 mm。中空异型板为栅格状薄壁异型断面，该种板材由于内部有封闭的空气腔，所以有优良的隔热、隔声性能。同时，其薄壁空间结构也大大增加了刚度，使其比平板或单层板材具有更好的抗弯强度和表面抗凹陷性，而且材料也较节约，单位面积质量轻。该种异型板材的连接方式有企口式和钩槽式两种，目前较流行的为企口式。

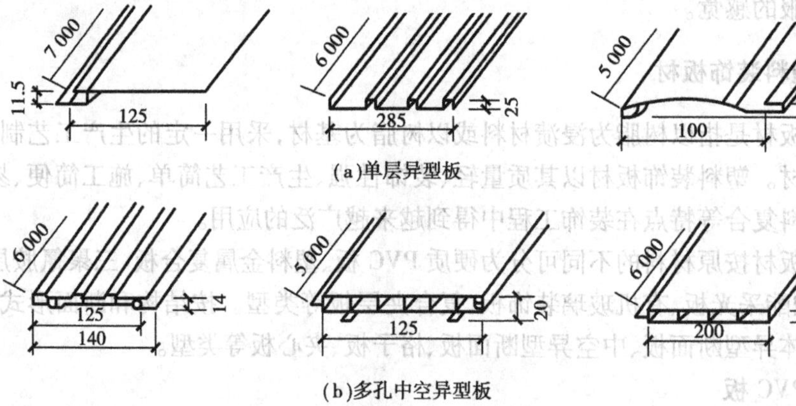

(a)单层异型板

(b)多孔中空异型板

图 11.3　硬质 PVC 异型板结构

硬质 PVC 异型板表面可印制或复合多种仿木纹、仿石纹装饰几何图案，有良好的装饰性，而且防潮、表面光滑、易于清洁、安装简单，常用作墙板和潮湿环境的吊顶板。

4）格子板

硬质 PVC 格子板是将硬质 PVC 平板在烘箱内加热至软化，放在真空吸塑膜上，利用板上下的空气压力差使硬板吸入模具成型，然后喷水冷却定型，再经脱模、修整而成的方形立体板材。

格子板具有空间体形结构，可大大提高其刚度，不但可减少板面的翘曲变形，而且可吸收 PVC 塑料板在纵横两方向的热伸缩。格子板的立体板面可形成迎光面和背光面的强烈反差，使整个墙面或顶棚具有极富特点的光影装饰效果。格子板常用的规格为 500 mm×500 mm，厚度为 3 mm。

格子板常用于体育馆、图书馆、展览馆或医院等公共建筑的墙面或吊顶。

（2）玻璃钢板

玻璃钢（简称 GRP）是以合成树脂为基体，配以玻璃纤维或其他增强材料，经成型、固化而成的固体材料。

玻璃钢装饰制品具有良好的透光性和装饰性，可制成色彩艳丽的透光或不透光构件或饰件，其透光性与 PVC 接近，但具有散射光性能，故作屋面采光时，光线柔和均匀。其强度高（可超过普通碳素钢）、质量轻（密度仅为钢的 1/5~1/4，铝的 1/3 左右），是典型的轻质高强材料。其成型工艺简单灵活，可制作造型复杂的构件。具有良好的耐化学腐蚀性和电绝缘性。耐湿、防潮，可用于有耐潮湿要求的建筑物的某些部位。玻璃钢制品的最大缺点是表面不够光滑。

常用的建筑玻璃钢装饰板材有波形板、格子板、折板等，主要用于建筑物抗潮湿要求部位的装饰。

（3）聚碳酸酯采光板

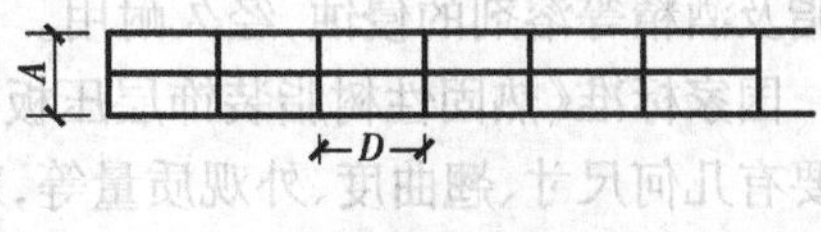

图 11.4　聚碳酸酯采光板

聚碳酸酯采用以聚碳酸酯塑料为基材，采用挤出成型工艺制成的栅格状中空结构异型断面板材，是近年由国外引进的优质透光装饰板材。其结构如图 11.4 所示。断面为双层直栅结构，脊背宽 D：60、70、110、180、280 mm；厚度 A：6、8、10、16 mm不同规格。采光板的两面都覆有透明保护膜，有印刷图案的一面经紫外线防护处理，安装时应朝外，另一面无印刷图案的安装时应朝内。常用的板面规格为 5 800 mm×1 210 mm。

聚碳酸酯采光板的特点为轻、薄、刚性大、不易变形，能抵抗暴风雨、冰雹、大雪引起的破坏性冲击；色调多，外观美丽，有透明、蓝色、茶色、乳白等多种色调，极富装饰性；基本不吸水，有良好的耐水性和耐湿性；透光性好，6 mm 厚的无色透明板透光率可达 80%；隔热、保温，由于采用中空结构，充分发挥了干燥空气导热系数极小的特点，阻燃性好且被火燃烧不产生有毒气体，符合环保标准；耐候性好，板材表面经特殊的耐老化处理，长时间使用不老化、不变形、不褪色，长期使用的允许温度范围为 40~120 ℃；有足够的变形性，作为拱形屋面最小弯曲半径可达 1 050 mm（6 mm 厚的板材）。

聚碳酸酯采光板适用于遮阳棚、大厅采光天幕、游泳池和体育场馆的顶棚、大型建筑和庭园的采光通道、温室花房或蔬菜大棚的顶罩装饰等。

（4）三聚氰胺层压板

三聚氰胺层压板亦称纸质装饰层压板或塑料贴面板，是以厚纸为骨架，浸渍酚醛树脂或三聚氰胺甲醛等热固性树脂,多层叠合经热压固化而成的薄型贴面材料。

酚醛树脂的成本低于三聚氰胺甲醛树脂,但由于为棕黄色不透明,不宜在表面层使用。三聚氰胺甲醛树脂清澈透明,耐磨性优良,常用作表面层的浸渍材料,故通常以此作为该板材的命名。

三聚氰胺层压板的结构为多层结构,即表层纸、装饰纸和底层纸。表层纸的主要作用是保护装饰纸的花纹图案,增加表面的光亮度,提高表面的坚硬性、耐磨性和抗腐蚀性。要求该层吸湿性能好,洁白干净,浸树脂后透明,有一定的湿强度。一般耐磨性层压板通常采用厚度为0.4~0.6 mm 的纸。第二层装饰纸主要起提供图案花纹的装饰作用和防止底层树脂渗透的覆盖作用,要求具有良好的覆盖性、吸收性、湿强度和适于印刷性。通常采用 100~200 kg/m^{2}由精制化学木浆制成的厚纸。第三层底层纸是层压板的基层,其主要作用是增加板材的刚性和强度,要求具有较高的吸收性和湿强度。一般采用 80~50 kg/m^{2}的单层或多层厚纸。对于有防火要求的层压板,还需对底层进行阻燃处理,可在纸浆中加入 5%~15%的阻燃剂,如磷酸酯、硼砂或水玻璃等。除以上的三层外,根据板材的性能要求,有时在装饰纸下加一层覆盖纸,在底层下加一层隔离纸。

通常表层纸、装饰纸和覆盖纸采用三聚氰胺甲醛树脂或改性三聚氰胺甲醛树脂的稀释液浸渍,而底层纸或隔离层纸用稀释的水溶性酚醛树脂液浸渍,然后经干燥,再将各层纸按顺序铺装叠加在一起,经高温高压(140~150 ℃,>4.9 MPa)作用,制成成品。在热压固化过程中,三聚氰胺甲醛树脂或酚醛树脂发生交联反应,由分子数较低的分子交联成支链结构而达到固化。

三聚氰胺层压板由于采用的是热固性塑料,所以耐热性优良,经 100 ℃以上的温度不软化、开裂和起泡,具有良好的耐烫、耐燃性。由于骨架是纤维材料厚纸,所以有较高的机械强度,且表面耐磨。三聚氰胺层压板表面光滑致密,具有较强的耐污性,耐湿,耐擦洗,耐酸、碱、油脂及酒精等溶剂的侵蚀,经久耐用。

国家标准《热固性树脂装饰层压板技术条件》规定了对三聚氰胺层压板技术条件的要求,主要有几何尺寸、翘曲度、外观质量等,对平面和立面类层压板按外观质量规定分一等、二等两个等级,同时也规定了物理力学性能指标(耐沸水煮、耐干热、耐冲击、阻燃性等)。

三聚氰胺层压板常用于墙面、柱面、台面、家具、吊顶等建筑饰面工程。

(5)铝塑板

铝塑板是一种以 PVC 塑料作芯板,正、背两表面为铝合金薄板的复合板材,厚度为 3、4、5 和 6 mm。该种板材表面铝板经阳极氧化和着色处理,色泽鲜艳。由于采用了复合结构,所以兼有金属材料和塑料的优点,主要特点为质量轻、坚固耐久,比铝合金薄板的抗冲击性和抗凹陷性好;可自由弯曲,弯曲后不易反弹,因此成型方便,沿弧面基体弯曲时,不需特殊固定即可与基体良好地贴紧,便于粘贴固定。由于经过阳极氧化和着色、涂装表面处理,所以不但装饰性好,而且有较强的耐候性。可锯、铆、刨(侧边)、钻,可冷弯、冷折,易加工、组装、维修和保养。

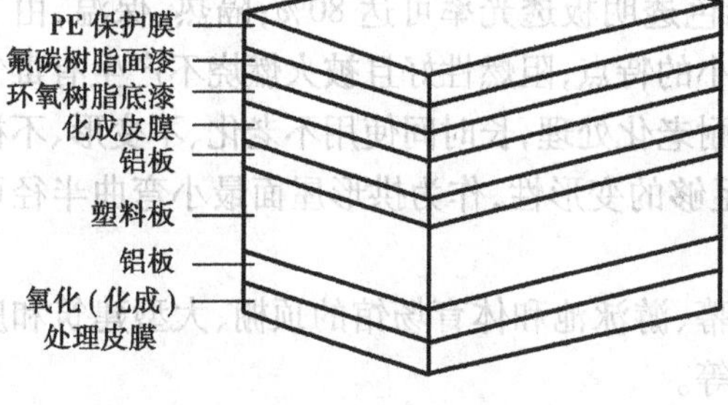

图 11.5　铝塑复合板的结构

铝塑板是一种新型塑料金属复合板材,越

来越广泛地应用于建筑物的外幕墙和室内外墙面、柱面和顶面的饰面处理。为保护其表面在运输和施工时不被擦伤，塑铝板表面都贴有保护膜，施工完毕后再揭去，如图 11.5 所示。铝塑复合板性能见表 11.2。

表 11.2　铝塑复合板的物理力学性能

项　目	单　位	板厚/mm			标　准
		3	4	6	
密度	g/cm^3	1.52	1.37	1.22	ASTMD792
板重（面密度）	kg/m^2	4.55	5.48	7.34	ASTMD792
热膨胀率（-20~60 ℃）	$10^{-6}/℃$	22	24	25	ASTMD696
热传导率（表观）	W/m · k	0.15~0.19			GB10294
热变形温度℃	℃	113			ASTMD648
隔声性能（100~3 200 Hz）	dB	24	26	27	ASTMD413
抗拉强度	MPa	45.8	48.0	38.2	ASTMD638
屈服强度	MPa	43.4	44.2	30.4	ASTMD638
伸长率	%	12	14	17	ASTMD638
弯曲弹性模量	10^4 MPa	3.2	4.2	2.8	ASTMD393
冲击剪切阻力（最大负荷）	kg	1 320	1 670	2 120	ASTMD732
黏结强度	N/mm	8.8	9.0	9.2	ASTMD903

11.3.4　其他装饰塑料制品

（1）塑料艺术制品

建筑装饰工程中，由于塑料的色彩艳丽、光泽高雅、可模可塑以及耐水性优良，因而常将塑料材料制成装饰艺术品，用于建筑装饰空间的美化。

1）花木水草类塑料装饰材料

随着塑料工艺的发展，用塑料材料单独制成的或复合制成的塑料花草树木花样翻新，可以假乱真，传统的塑料花表面易吸尘，易被污染，且老化快，易褪色。新型的塑料花草类制品，表面经特殊涂料膜处理，油润洁净，富于活力；若与水景搭配，则与灯光水景，交相辉映，装饰点缀效果独到。同时它比真实的植物花草具有许多优点，不生虫、无萎黄落叶，不需浇水施肥、不受季节影响。装饰的居室、宾馆饭店充满生机。

2）室内造景类装饰材料

一般采用玻璃钢类材料，可制成盆景、流水瀑布、山石以及装饰壁炉等。根据建筑物的功能及主人的艺术爱好，利用塑料制品造景，则可产生自然色彩浓郁的艺术风格、欧式风格或传统式风格的装饰效果。使人在光射四壁的居室之中，追求自然与梦想的浪漫意境。

（2）合成革制品

合成革亦称为人造革，有聚氯乙烯和聚氨酯，多由聚氯乙烯制成。与真皮相比，塑料人造革耐水性好，不会因吸水而变硬，其色彩、光洁度、耐磨性及抗拉强度均优于真皮（牛皮），尤其是高档人造革，表现艺术美学性能优于真皮。但某些情况下，其柔韧性、折叠性疲劳、耐光性、热老化性及低温冷脆性不如真皮。低档的人造革质次价廉，而高档的人造革质优价中，在建筑装饰工程中，常被用作沙发面料，有时用作欧式隔音门的软包面料，也偶在墙壁局部做包覆装饰之用。使用人造革制成仿真皮作为家具类装饰材料，给人以富有、和平、宁静、轻柔、温暖的感觉和印象，实际使用时，整洁方便、实惠耐用。但这种装饰透射出一种深沉古朴，稳重庄严的感染力，不能与一些万紫千红、生动活泼的其他材料或作法相协调，故使用时应注意应用的环境条件，以保证艺术上的统一与和谐。

(3)窗用节能塑料薄膜

1)构成

窗用节能塑料薄膜又称遮光或滤光薄膜、热反射薄膜。它是以塑料薄膜为基材，喷镀金属后再和另外一张透明的染色塑料薄膜压制而成。常用的塑料薄膜基材为聚酯薄膜、聚乙烯薄膜、聚丙烯薄膜、聚氯乙烯薄膜。因聚酯薄膜的韧性大、抗拉强度与铝膜相当，并在较宽的温度范围内能保持其优良的物理和机械性能，故在节能薄膜中大多采用聚酯薄膜。

节能塑料薄膜的总厚度约 0.02 5 mm，上面镀有 0.02～0.1 μm 的金属膜，通常以 0.04 μm 居多。节能薄膜的幅宽一般在 1 000 mm 左右。

2)特性

节能塑料膜具有以下特性：

①节能性较高　节能薄膜在冬季可将红外线大部分反射回室内，减少热量的损失，降低采暖费用，并能提高窗户的表面温度，减少窗上结露现象。而夏季可将太阳能的大部分反射出去，减少热量进入室内，降低空调费用，从而既节约了能源，又改善了室内的生活和工作环境。

②装饰性好　节能薄膜具有多种颜色，如银白、灰、茶、深灰、黄等，并可压花。镀膜的迎光面和背光面有不同的特性，使人在视觉上产生不同的反应，从内往外看，可见室外全景，并使光线柔和且避免了炫目。从外看又有良好的装饰效果。压花薄膜还具有透光不透视的特点，且精致的花纹可产生出一种晶莹剔透的艺术效果，更使房间在宁静中呈现出高雅细腻的风格。彩色的印花薄膜，则可使室内产生斑斓的色彩，增添欢乐愉悦的气氛。

③保护性好　节能薄膜吸收了大部分入射的紫外线，使室内涂料、壁纸、地毯、家具及其他饰物的褪色减少，可提高室内陈设物品、饰物的耐久性，使其颜色长久不衰。

④安全性好　普通玻璃易碎，其碎片飞溅对人身安全有很大的危害。贴膜后，大大增强了玻璃的抗冲击力，且玻璃在破碎时也不易飞溅。

⑤减振降噪性好　节能塑料膜是一种新型的物美价廉的、有很大发展前途的、集建筑节能与装饰为一体的薄膜材料。目前主要用于汽车玻璃、食品和礼品包装，而在建筑上还未得到较为广泛的应用，预计今后将会有较大的发展。

节能塑料薄膜，一般采用压敏胶粘贴，使用时将垫纸撕去即可。粘贴时应尽量赶尽气泡以免影响装饰效果。清洗时采用中性洗涤剂和水，并使用软布擦洗以免产生划痕。

(4)人造草坪

人造草坪用合成树脂主要以聚丙烯为基料，仿制成天然草坪相似的质感、色彩、弹性和细度的纤维状地毯，由于它专门铺设于露天场合(也可铺设于室内)，所以要求其耐老化性能、色彩的保鲜度、纤维的弹性保持率，要比一般的室内用地毯要求高，由于它可用水冲洗，不霉烂，色彩鲜艳，是铺设于屋顶、阳台、运动场、游泳池、宾馆等处的极好装饰材料。

(5)树脂印花板

用合成树脂处理后的木材片材，表面印成天然木纹花纹，经浸渍树脂，热压成型形成耐水防潮性、刚性、耐磨性能优良的印花板，其作为地板比天然木地板具有更好的质感和外观，防潮性好不变形，施工简单，深得用户喜爱。

11.4　塑料门窗

塑料门窗主要是采用 PVC 树脂为胶结料，以轻质碳酸钙为填料，加入适量的各种添加剂，经混炼、挤出、冷却定型成异型材后，再经切割组装而成。

11.4.1　塑料门窗的主要特性

(1) 保温、隔热性好

由于塑料的导热系数小，再加上窗框是中空异型材拼接而成，且有可靠的嵌缝材料密封，所以其隔热性远比钢、铝、木门窗好得多，主要用作节能型门窗。

(2) 隔音性好

按照隔音标准试验，隔音量可达 30 dB，而普通钢材只有 25 dB，能有效地防止室外噪声干扰。

(3) 装饰效果好

由于塑料门窗尺寸工整、缝线规则、色彩艳丽丰富，同时经久不褪，而且耐污染，因而具有较好的装饰效果。

(4) 耐水性、耐腐蚀性好，耐老化性较好

塑料门窗具有耐水、耐腐蚀的特性，可用于多雨、湿热和有腐蚀性气体的工业建筑。PVC 塑料门窗的抗老化性较高，使用寿命可达 30 年。

(5) 防火性较好

PVC 本身难燃，并具有自熄性，因而具有较好的防火性。

(6) 不用维修

因为塑料门窗不会褪色，不用油漆，同时玻璃安装不用油灰腻子，不必考虑腻子干裂问题，故不用维修。

总之，塑料门窗不仅装饰性好，而且使用性能极佳，发展前景广阔。但安装工艺要求高，长期高热环境不宜采用，异型结构组装困难。塑料门窗刚度小，一般需在门窗框内部嵌入金属型材以增强塑料门窗的刚性。

11.4.2　塑料门窗的品种

(1) 塑料门的品种

塑料门按其结构形式分为镶板门、框架门和折叠门；按其开启方式分为平开门、推拉门和固定门。此外还分为带纱扇门和不带纱扇门、有槛门和无槛门等。

(2) 塑料窗的品种

塑料窗按其结构形式分为平开窗（包括内开窗、外开窗、滑轴平开窗）、推拉窗（包括上下推拉窗、左右推拉窗）、上旋窗、下旋窗、垂直滑动窗、垂直旋转窗、固定窗等。此外，平开窗和推拉窗还分为带纱扇窗和不带纱扇窗两种。

(3) 其他塑料门窗

PVC 软质塑料门　此类门是采用透明 PVC 塑料制成的软质门。PVC 软质塑料门又可分为平开式软门、垂帘式软门两种,具有透光透视、保温隔热、和谐优美的装饰特性。平开 PVC 塑料软门常用于特种建筑中;垂帘式 PVC 塑料软门常用于豪华商场、影剧院等人流密度极大的场所,不仅装饰特色明显,而且隔热绝热性能良好,且对冬季热空气幕和夏季空调制冷冷气有很好的适应性。

塑料工艺门　此类门有多种形式,其门扇内部可分为实心、空心;内部为木材,亦可为纤维仿木制品;外层粘贴或模压 PVC 塑料工艺贴面层。此类门扇整体轻,防火、防蛀,表面层装饰贴面呈仿木、仿钢、仿铝合金的平面式或浮雕式图案与造型。色彩丰富艳丽,装饰性好。

塑料百叶窗　用 PVC 等塑料叶片经编织缝制或穿挂而成。从装饰艺术角度讲,塑料百叶窗既可起遮挡作用,又具有透视效果,同时可通风透气、消声隔音。与布类棉质窗帘相比,更具韵味,给人以高雅、神秘的感觉和气氛。尤其是现在流行的垂直式合成纤维与塑料复合织缝而成的百叶窗,在保持百叶窗的装饰艺术性方面,更向布类棉质窗帘靠近,同时具有拉走敞开、拉回遮挡的作用及摆动飘逸的特性,在住宅、宾馆、图书馆和博物馆中使用,装饰效果颇佳。

此外,塑料门窗还分有全塑料门窗和复合塑料门窗。复合塑料门窗是在门窗框内部嵌入金属型材以增强塑料门窗的刚性,提高门窗的抗风能力和抗冲击能力。增强用的金属型材主要为铝合金型材和轻钢型材。

11.4.3　塑料门窗的技术要求

PVC 塑料门窗的表面应平滑,颜色应基本一致,无裂纹、无气泡,焊缝平整,不得有影响使用的伤痕、杂质等缺陷。其物理性能、力学性能、耐候性应满足国家标准的各项技术要求。塑料门窗的技术要求详见国家标准。

表 11.3 列出了我国部分厂家生产的塑料门窗技术性能,供参考。

表 11.3　国产塑料门窗的规格、性能

名　称	规格/mm	技术性能		生产厂
		项　目	指　标	
塑料插接式门 塑料胶合板门	880×2 390(带亮子) 980×2 390(带亮子) 880×2 490(带亮子) 1 180×2 490(带亮子) 780×2 090(无亮子) 1 380×209	密度/(g·cm^{-3}) 缺口冲击强度/(J·cm^{-2}) 抗弯强度/MPa 线膨胀系数/(1·℃$^{-1}$) 马丁耐热温度/℃	1.4~1.55 80~120 ≥80 (5~6)×10^{-5} 60	江苏镇江市合成建材厂
钙塑门	有各种规格 单元门(无玻璃) 办公室门(局部玻璃) 商店门(局部玻璃)	密度/(g·cm^{-3}) 抗拉强度/MPa 抗弯强度/MPa 抗压强度/MPa 抗冲击强度/(J·cm^{-2}) 马丁耐热温度/℃ 布氏硬度	1.58~1.68 ≥40 ≥70 ≥71 ≥60 64 14.9	天津第十二塑料厂

续表

名　称	规格/mm	技术性能		生产厂
		项　目	指　标	
中空塑料门窗	门板：400×600 门窗框：500×650 窗材：400×650 窗心：300×400	冲击强度/MPa 抗拉强度/MPa 马丁耐热温度/℃ 布氏硬度 耐火性	≥400 ≥30 ≥48 12~25 自熄	重庆塑料十二厂
80门框	2 000×876	密度/(g·cm⁻³) 抗拉强度/MPa 加热尺寸变化率/% 低温尺寸变化率/% 耐火性	1.35~1.45 45 ≤±0.1 ±0.2 自熄	南京塑料三厂
120门框	2 000×876			
单色门	1 950×808			
双色门(带小玻璃门窗)	1 950×785(中间为半透明型材) 1 950×808(玻璃自配)			
PVC塑料内门		密度/(g·cm⁻³) 抗拉强度/MPa 弹性模量/MPa 缺口冲击强度/(J·cm⁻²) 20 ℃ 0 ℃ 收缩率(100 ℃,30 min)/%	1.37~1.38 51.4~55.2 (3.1~3.4)×10⁴ 80~120 70~100 1.5~2	上海化工厂
卫生间、厨房、储藏室用内门	825×2 027(无气窗) 900×2 400(有气窗) 700×2 400(有或无气窗) 700×2 027			

11.5　玻璃钢建筑制品

常见的玻璃钢建筑制品是用玻璃纤维及其织物为增强材料，以热固性不饱和聚酯树脂或环氧树脂等为胶黏料制成的一种复合材料。它质量轻，强度接近钢材，因此，人们常把它称为玻璃钢。

常见的玻璃钢建筑制品，主要有以下几种：

11.5.1　玻璃钢门窗

玻璃钢门窗是以不饱和聚酯树脂为基体材料，以玻璃纤维及其织物为增强材料，采用拉挤成型工艺生产的各种断面形式的中空型材。经定长切割后，再经机械加工，装配上连接杆、密封件、玻璃及其他五金配件，并经过表面加工处理而制成的建筑产品或构件。玻璃钢门窗具有以下特点：

(1)比强度、比模量高

采用拉挤成型工艺生产的玻璃钢门窗型材，其纤维含量达60%~80%，材料的密度为

1.86 g/cm³,其密度约为钢密度的1/4。铝密度的2/3。然而,该材料的比强度为钢的5倍,铝合金的4倍;比模量是钢和铝的4倍。玻璃钢门窗型材的强度是硬质PVC型材强度的十几倍。因此,玻璃钢门窗型材具有轻质、高强的特性。

(2)抗疲劳性能好

玻璃钢中纤维与基体的界面能阻止材料受力所致裂纹的扩展,所以玻璃钢材料有较高的疲劳强度极限,从而保证了玻璃钢门窗使用的安全性和可靠性。

(3)减震性好

玻璃钢材料的比模量高,用其制成的门窗结构具有高的自振频率,从而可以避免结构构件在工作状态下的共振引起的早期破坏。并且由于玻璃钢中树脂与纤维间的界面具有吸振能力,使得材料的振动阻尼很高,这一特性有利于提高玻璃钢门窗的使用寿命。

(4)良好的耐腐蚀性

玻璃钢材料能耐海水和微生物的侵蚀,对各类酸、碱、有机溶剂及油类具有稳定性,是一种良好的耐腐蚀材料。

(5)隔热保温、节约能源

玻璃钢材料在室温下的热导率仅为0.23~0.50 W/(m·k),同时,玻璃钢门窗采用中空多腔室结构,使热导率相应地降低,因此它具有隔热保温的功效,是一种节约能源的环保型材料。

(6)尺寸稳定性

玻璃钢型材的线膨胀系数为$(0.7\sim6.0)\times10^{-6}$ ℃$^{-1}$,比硬质PVC材料的线膨胀系数低很多,因此,玻璃钢门窗具有较高的尺寸精度,在安装和使用的过程中形状、规格、尺寸稳定。

(7)良好的绝缘性

玻璃钢的电阻率高达10^4 Ω·cm,能够承受较高的电压而不损坏。它不受电磁波作用,不反射无线电波,透微波性好。因此,玻璃钢门窗对通信系统的建筑物有特殊用途。

(8)密封性好

玻璃钢材料的吸湿性很低,几乎不透水,玻璃钢门窗的框与扇之间采用搭接的方式装配,各缝隙处还装有耐老化性极佳的弹性密封条及其他配件,其密封性很好。此外,在窗框的适当位置还预留有排水孔,能有效地将雨水与冷凝水阻挡在室外。

(9)具有阻燃性

拉挤成型的玻璃钢型材中树脂含量低,并在加工的过程中加入了阻燃填料,所以该材料具有较好的阻燃性能,完全能满足各类建筑物防火安全的使用标准。

(10)表面质量好,易于保养及维护

拉挤成型的玻璃钢型材色泽均匀,表面致密、光滑。如果经过表面的二次加工后,可以覆以各种所需的颜色,更有利于与周围环境的协调。在使用玻璃钢门窗的过程中,不需要特殊的保养与维护措施,可降低保养和维修费用,具有较高的经济效益。

11.5.2 其他玻璃钢制品

(1)玻璃钢波形瓦

以无捻玻璃纤维布和不饱和树脂为原料,用手糊法或挤压工艺成型而成的一种轻型屋面材料。其特点:具有重量轻,强度高,耐冲击,耐腐蚀以及有较好的电绝缘性,透光性,色彩鲜艳,成型方便,施工安装也方便,因而广泛用于临时商场、凉棚、货栈、货摊蓬和停车蓬、车站台等一般不接触明火的建筑物屋面。对于有防火要求的建筑物(如货栈),应采用阻燃型的树脂。

玻璃钢波形瓦的品种,按外形分为大波瓦、中波瓦、小波瓦和脊瓦;按选材分阻燃型和透明型;按颜色分有本色和带色波瓦等。其产品规格以“PB××-××”表示。其中,PB 为玻璃钢波形代号,如波长为 75 mm,瓦厚为 1.2 mm 的玻璃钢波形瓦可表示为:PB75-1.2。

我国武汉玻璃钢制品厂、常州玻璃钢建筑构件厂及成都、芜湖、南京、昆明等地的玻璃钢制品厂生产的玻璃钢瓦,长度一般为 1 800~2 000 mm,宽度为 500~700 mm,厚度为 0.8~2.0 mm。

玻璃钢瓦的技术性能见表 11.4。

表 11.4　玻璃钢瓦性能

项　目	指　标			
	PB75-0.8	PB75-1.2	PB75-1.6	PB75-2.0
允许挠度(跨度 800 mm,荷重 600 N)/mm	24	16	12	10
1 kg 钢球自由下落高度(不断裂,不穿孔)/mm	1 200	1 500	1 500	1 500
最小质量/($kg \cdot 块^{-1}$)	2.1	3.1	4.1	5.1
树脂含量/%	48~55			
固化度/%	>82			

(2)**玻璃钢采光罩**

以不饱和树脂为胶黏剂,玻璃纤维布(或毯)为增强材料,用手糊成型工艺制成的屋面采用的拱形罩如图 11.6 所示。

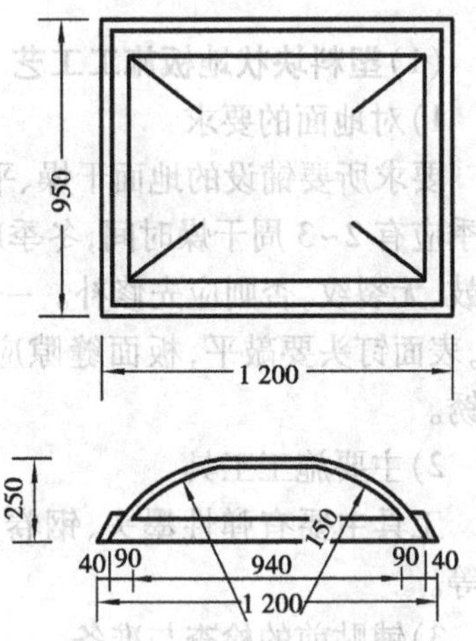

图 11.6　玻璃钢采光罩

玻璃钢采光罩具有质量轻、耐冲击、透光好、无眩光、耐腐蚀,安装方便等特点。适用于车间、厂房配合大型屋面板等屋面结构的采光用。其产品规格和技术要求见表 11.5。

(3)**玻璃钢卫生洁具**

玻璃钢卫生洁具包括:玻璃钢浴缸、坐便器及洗面器等。与其他玻璃钢的共同点是都具有质量轻、强度高、色泽鲜艳、耐水耐热及经久耐用、安装方便、维修简单等特点。

(4)**玻璃钢盒子卫生间**

它是用玻璃钢材料将浴缸、坐便器、洗面器等卫生洁具及其五金配件组成的玻璃钢盒子结构,成为一个独立卫生单元。适用于旅游建筑、大型集会、车船卫生间和野外作业及旧宾馆、饭店、招待所等卫生间的更新改造。

表 11.5　玻璃钢采光罩规格和性能

规格尺寸/mm			性能指标		生产厂家
长	宽	高	项　目	指　标	
300	1 000	1.5	表面硬度/巴氏	42~50	常州玻璃钢造船厂
1 000	1 000	1.0	抗压强度/MPa	100~250	
500~2 500	500~2 500	—	抗拉强度/MPa	200~300	宜兴市高腾玻璃钢建材厂
			抗弯强度/MPa	250~420	
1 150~3 120	900~1 300	—	冲击强度/$(kJ \cdot m^{-2})$	230~280	常州市玻璃钢构件厂
			承受荷载/$(N \cdot m^{-2})$	300~1 500	
3 220	1 420	1.2	透光率(厚 1 mm)/%	75~80	马鞍山玻纤厂
1 150	900	0.8	透明度/%	70~80	

11.6　建筑装饰塑料施工工艺

11.6.1　塑料地板施工工艺

(1)塑料块状地板施工工艺

1)对地面的要求

要求所要铺设的地面干燥、平整、洁净、无油脂及污物。新建房屋或新翻修的水泥地面在夏季应有 2~3 周干燥时间,冬季应有一个月以上的干燥期。水泥基层应平整坚实、不起砂、不起鼓、无裂纹,否则应先修补。一般地面砂浆强度不低 M7.5~M10。木结构地面的搁栅要坚实,表面钉头要敲平,板面缝隙应嵌平。水磨石、马赛克地面应用肥皂水去污。钢板基层要除锈。

2)主要施工工具

工具主要有弹性墨头、钢卷尺、油漆刷、梳型涂刮刀、盛胶桶、橡胶压辊、橡皮榔头、切割刀等。

3)铺贴前的检查与准备

施工前先核对塑料地板砖的批号;检查砖面是否平整,有无翘曲、缺角、折痕等缺陷;对比色差;然后依照地面尺寸,预先做好图案拼花设计,并计算出比例及所需数量。

4)铺贴步骤

①人员分配　铺贴地面工人一般以 3~4 人为一组,由 2 人分别在地面和块材背面涂胶(只有采用橡胶型胶黏剂才要在地板砖背面涂胶),由 1~2 人铺贴塑料地板,待整间铺贴完毕后,再一起进行塑料地面的清理工作。

②弹线　先在地面上用墨斗弹出基准线,作为铺贴基准。根据设计图案和拼花式样由房间的一头向另一头依次铺贴。也可从中心向四周展开,呈“十字型”铺贴或“对角线”铺贴。要求拼缝整齐,直观舒适。不够地板砖整张的边角,应赶向墙边放家具物等隐蔽处。

③涂胶黏剂　将胶黏剂或已配好的双组分胶黏剂用梳型涂刮刀均匀地涂在基层地面上。若用橡胶型黏合剂,则应同时用油漆刷在塑料地板背面也薄薄地涂上一层黏合剂,涂胶量一般以每千克胶黏剂涂刮 2~3 m^2 为宜。采用梳型涂刮刀涂胶,可使其涂布均匀,易于控制用胶量,铺贴时也易于赶走气泡,从而保证铺贴质量。

④粘贴　胶黏剂涂刮后,在室温下暴露于空气中,使溶剂部分挥发至胶层表面手触不粘时,即可将塑料地板砖贴上,这对于溶剂型橡胶胶黏剂尤为重要。通常施工时室温控制在10~35 ℃范围内,暴露时间需 5~15 min。聚乙酸乙烯溶剂型胶黏剂因甲醇溶剂挥发快,故涂面不宜太大,稍加放置即行铺贴,且无需在塑料地板背面涂胶。水乳型胶黏剂也无需暴露。聚氨酯胶和环氧树脂胶黏剂均为双组分固化型胶黏剂,虽加入溶剂但含量不多,可稍加暴露。它们的初黏力较差,地板铺贴后应用重物(如砂袋)加压,防止因粘贴不牢而位移。丙烯酸胶黏剂,晾胶时间约 30 min,使用方便。

塑料地板铺贴时,切忌整张一下子贴下,应先将塑料地板块材一端对齐黏合,然后轻轻地用橡胶辊将其平整地压粘在地面上,务使正确就位。为使粘贴可靠,应采用辊压实或用橡皮榔头敲实。当铺贴到靠边墙角和踢脚线附近时,可能出现需要拼块和拼角的情况,此时要量准尺寸,现场裁切,一并粘贴好。用橡胶压辊赶走气泡并压实。

⑤清洁表面　铺贴完毕后清扫地板,应特别注意将地板拼缝处溢出的黏合剂擦净。对溶剂黏合剂用棉纱浸少许松节油或 200 号溶剂汽油擦洗;对水乳型黏合剂用湿擦布擦净或蘸少许酒精擦净。只许顺一个方向擦,不可来回擦,否则越擦越脏。然后将地板蜡涂在地砖表面并抛光,养护 1~3 d 即可使用。

近年来市场上推出地板表面封底剂和上光剂等新产品,可使地板表面防污染、防滑、易于操作、便于清洁,成为目前流行的地板表面保护产品。其使用方法一般是先涂擦封底剂,涂后晾干约 30 min,再涂上光剂,新铺贴的地板以连续涂擦 2~4 遍为宜。

(2)塑料卷材地板施工工艺

1)地面处理

要求地面平整,清洁,基本干燥。若地面表面凹凸不平,应将凸起块铲掉,打磨平整;将凹陷部位用 107 胶加水泥[1∶(2~2.5)]配制成膏状抹平,待干燥后用砂纸磨平。对地面要进行清洗,要求无油渍、浮沙、粉尘,可用刀铲除油渍,并用丙酮清洗,整个地面用拖布清洗 2~3 次。待地面干燥,其含水量在 10%左右时,再行施工。

2)主要施工工具

主要施工工具包括皮卷尺、钢板尺、裁切尺、剪刀、齿型刮胶板、压辊、棉丝等。

3)施工要求及注意事项

①根据房间结构进行铺装设计。塑料地板的裁切长度,应大于房间的实际长度,以便于搭接对花。

②裁切好的卷材地板应放在 15 ℃左右的室温下平置 24 h,使卷材充分伸展。

③同一个房间应选用同批号、同品种、同花型、厚度一致、颜色相同的卷材地板材料。

④按设计的铺设方向均匀涂胶。满涂胶时必须在接缝处留出 10 cm 宽处不要涂胶,经搭接裁边后再涂胶。也可以不用满胶方法,只在接缝部位涂胶,涂胶宽度 10 cm 以上。涂胶地面需停待片刻,待胶有黏性时即可铺贴卷材地板。

⑤铺贴地板时发现有气泡应及时赶走气泡,发现块粒必须清除。

⑥接缝处理。用 1~2 m 长的钢板尺对准重叠处的中心,沿着板尺用切刀进行裁切,最好一次裁下,然后取掉边条料,均匀涂胶,用压辊将缝合拢压实。

⑦修理边角和清理现场。边角部分用切刀切去多余部分修理整齐,施胶压实。对现场出现的气泡,可用注射针头抽出气泡后压实卷材地板。最后用水半湿拖布进行地板清洗,可用洗衣粉液先清洗一遍,再用清水半湿拖布清洗二遍,遇局部逸出的胶痕可用酒精擦除。

⑧卷材地板在使用中应注意的事项。不要直接在其表面放置 60 ℃以上的热物,更不要在上面踩灭烟头,以防变形和烫焦;忌用热水、碱水或其他化学溶剂清洗表面,以防其脱胶、开裂或翘曲;忌用橡胶垫长期压其表面,以防出现共溶的压痕而难以清除。

11.6.2 塑料壁纸施工工艺

裱糊工程主要是室内墙柱面的各种壁纸、墙布、墙毯裱糊饰面,其中常见的品种有布基塑料壁纸、天然材料面壁纸、金属面壁纸、玻璃纤维墙布、无纺墙布、墙毯和锦缎等。在施工中,壁纸既可裱糊在木基面、石膏板基面、硅钙板基面上,又可裱糊在水泥基面上。不同的壁纸、墙布,其裱糊工艺是一样的,只是不同的基层,处理方法有所不同。软包墙面主要通过墙布、锦缎等,结合吸音材料,达到墙面装饰和吸音效果,主要用于有特别吸音要求的场所。

普通壁纸裱糊工程施工顺序可归纳为:清理→弹线→润纸→裱纸→修整。

(1)清理

在裱糊工程中,基层处理非常关键,基层要求坚实牢固,平整光洁,不疏松起皮,不掉粉,无砂粒、无孔洞、麻点和飞刺。此外,墙面干燥,不潮湿发霉,并用酚醛清漆配松节水(1∶3)作防潮处理,一般涂刷一遍即可。不同的基层,处理方法有所不同,具体方法见表 11.6。

表 11.6 裱糊工程基层处理

基层名称	处理方法
混凝土及抹灰基层	清扫浮尘;用腻子灰修补孔洞、凹口,干后用砂纸打磨;整体墙面抹腻子灰 1~3 遍,每遍待干硬后用砂纸打磨平整再抹下一道,直至整体平整光滑、无砂眼麻点、阴阳角线顺直;刷防潮漆
木板基层	检查整体平整度;对钉孔作防锈处理,再用腻子灰补平,对板间接缝抹腻子灰一遍;对整体基层抹薄薄一层腻子灰(若贴金属壁纸,要求抹 3 遍以上),用砂纸打磨平整光滑;刷防潮漆
石膏板、硅钙板基层	检查整体平整度;对螺钉孔作防锈处理,再用腻子灰对钉孔和板接缝满抹一遍,用砂纸磨平(在无纸面石膏板上,需再满刷 1~2 遍腻子灰作整体找平);刷防潮漆

(2)弹线

根据设计要求和壁纸的规格在墙上弹出垂直线和水平线,其目的是使壁纸粘贴后的图案、花纹线条纵横连贯。

(3)润纸

部分壁纸会在遇水或刷胶水时自由膨胀,其幅度方向的膨胀率为 0.5%~1.2%,收缩率为 0.2%~0.8%,润纸方法可刷水,也可将壁纸浸于水中 3~5 min,拿起拌掉多余水分,静晾干 15 min。

(4) 裱纸

分别在墙面基层和裁剪的壁纸背面涂刷胶水(胶水一般为专用壁纸胶粉,也可用 107 胶+羟甲基纤维素+水),刷胶时注意厚薄均匀,不裹边,不起堆,防止溢出边缘污染壁纸。裱糊壁纸时,分幅的顺序一般从垂直起至墙面阴角收口处止,先垂直面后水平面,先细部后大面。贴垂直时先上后下,贴水平面时先高后低。裱糊时注意抹刮的顺序是由上至下,由中间向两侧,反复抹刮,使壁纸平实,并注意有花纹壁纸的图案拼接,裱贴完毕,应将壁纸表面污染的胶水用海绵擦拭干净。

(5) 修整

将壁纸头尾及修口处多余部分用壁纸刀裁掉,对壁纸作整体的检查,看是否有空鼓、气泡、皱折、翘角、翘边等。

11.6.3 塑料装饰板施工工艺

(1) 聚氯乙烯塑料装饰板施工工艺

其施工方法有圆钉固定和胶接固定两种方法,常采用前种方法,即圆钉固定法。

1) 圆钉固定法

依照施工现场的面积,用 40 mm×20 mm 方木,钉成与板面相宜的木架,将塑料装饰板用圆钉固定。四块板汇合点,用特制塑料装饰配件固定,再根据不同的图案花纹,在拼缝处加钉压条,以增加整体美观。

2) 胶接固定法

要求混凝土顶面及粉刷顶面等基层平整。按氯丁橡胶料:聚异氰酸酯胶料 = 10 ∶ 1 配合使用。用漆刷将胶浆涂刷在板的背面,片刻后,紧贴上去。

在运输和施工中,要轻拿轻放,要竖码,以防图案花纹压坏。安装完毕后,涂刷白色或相应的颜色无光乳胶漆,以确保整体装饰效果。

其他如玻璃钢板、聚碳酸酯采光板、三聚氰胺层压板和塑料泡沫装饰板的施工方法,参见聚氯乙烯装饰板。

(2) 铝塑板施工工艺

铝塑板作为新型装饰材料大量用于建筑外墙、门面等部位的装饰。它以现场加工容易、耐久性,装饰效果好等优点取代一般铝板。铝塑板可以在施工现场加工,所以在施工上比铝板、不锈钢板的施工更为灵活。铝塑板的施工工艺与不锈钢板、铝板施工工艺相似,主要有龙骨底板式和有龙骨无底板式两种安装方法。有龙骨有底板安装一般在防水门面、室内墙柱面或其他防水位置良好墙柱面等情况下采用,其基层龙骨可用木龙骨,也可用轻钢龙骨或镀锌角钢焊接龙骨、铝型材龙骨;有龙骨无底地板安装一般在外墙立面(如整栋建筑物立面)采用,但也可以在室内墙柱面采用,其基层龙骨有采用铝型材龙骨安装的,也有采用镀锌型钢或轻钢龙骨安装的。施工工艺可共同归纳为:装架→封底板→装面板→填缝。

1) 装架

基层木龙骨或轻钢龙骨骨架或镀锌角钢焊接龙骨或铝合金扁管龙骨的安装,其安装工艺参照相关的施工工艺,重复检查垂直度和平整度。

2) 封底板

基层底板钉封(对于有底板的施工方法采用),一般采用 5~9 mm 厚胶合板,当龙骨是轻钢龙骨或角钢龙骨时，要先用电钻钻孔，再用自攻螺丝将底板固定在龙骨上，并且螺丝头不能高出底板。当龙骨是木龙骨时，施工方法要求同普通木质罩面板的施工工艺一样。

3）裁面板

安装前要根据设计尺寸及造型在现场将铝塑板裁切加工好。当有底板施工时，由于是用万能胶粘贴施工，所以将铝塑板裁切规定的尺寸即可；当无底板施工时，采用钉固式固定铝塑板，要将铝塑板四边加工折起 2~3 cm，在四折边和铝角连接。

4）装面板

当有底板施工时，分别在底板和铝塑板背面涂刷万能胶，将铝塑板粘贴在底面上，注意板与板之间留缝 6~15 mm；当无底板施工时，将铝塑板用不锈钢螺钉或铆钉固定在轻钢龙骨上或镀锌角钢焊接龙骨或铝合金扁管龙骨上。

5）填缝

安装完毕，在铝塑板缝之间、阴角处采用填灌密封胶装饰处理。

室内有底板式安装施工结构示意图如图 11.7 所示。室外无底板式安装施工结构示意图如图 11.8 所示。

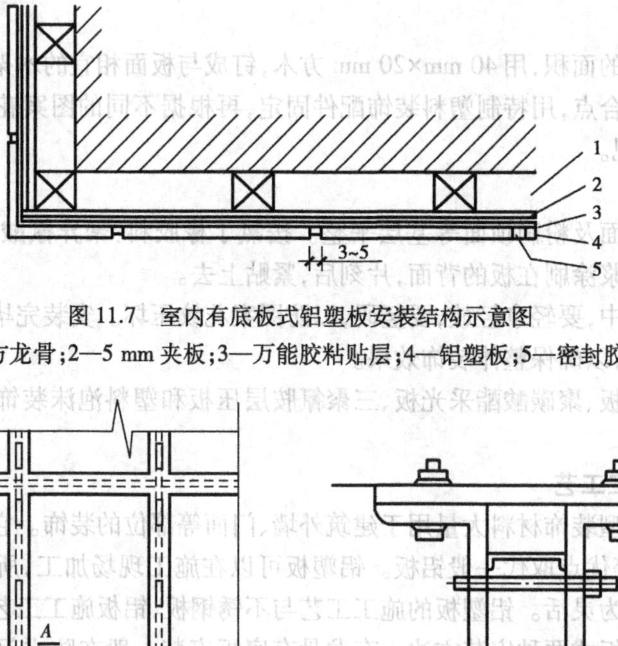

图 11.7　室内有底板式铝塑板安装结构示意图

1—木方龙骨；2—5 mm 夹板；3—万能胶粘贴层；4—铝塑板；5—密封胶填缝

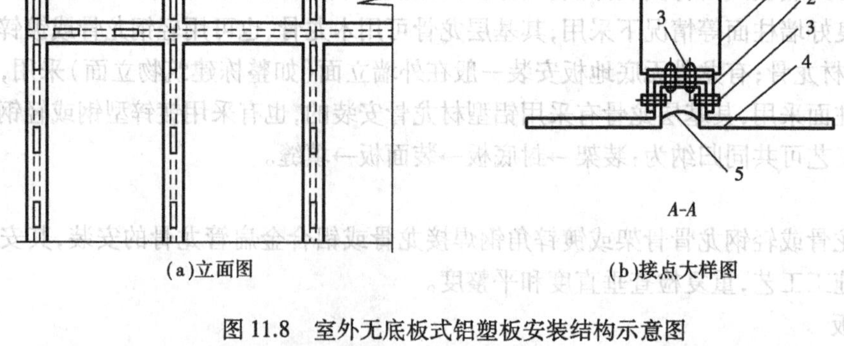

图 11.8　室外无底板式铝塑板安装结构示意图

1—型钢（铝）立柱；2—铝连接角码；3—铝铆钉；4—铝合金外墙板；5—密封板

11.6.4　塑料门窗施工工艺

塑料门窗是以合格的异型材为原料，经定长切割、本体热熔、压焊，再经过清理焊缝，装配密封条，玻璃压条、五金件等一系列精细的加工工艺而制成的。门窗组装过程中的每道工序的加工质量都能直接影响塑料门窗的使用功能和耐久性能。

门窗因材料（木、铝、钢）和结构的不同各有自己的特点，传统的木、钢门窗的安装技术不能照搬到塑钢门窗上。

比如，塑料型材的线膨胀系数是木材的 16 倍，钢材的 7 倍，铝材的 4 倍。当环境气温在 -20～+40 ℃间变化时，与墙体间存在着不同的收缩和膨胀。若变形受限制，门窗构件便会产生较大应力。为使塑料门窗安装后能自由伸缩，应采用弹性连接。“弹性连接”的主要方式有：采用“乙”形铁肋与墙体连接；门窗与墙体洞口内壁间留有 15～20 mm 间隙，填塞弹性密封材料。墙面抹灰层不应与门窗框材接触，间隙用弹性密封材料嵌缝。

再如硬质 PVC 型材的弹性模量较低，抗弯能力较差，虽衬有增强型钢材，但未经铆焊，因此，门窗在运输和贮存时不能平放，而应立放，且立放角不应小于 70°，同时还应有防倾倒措施。

硬质 PVC 塑钢门窗遇硬物易划伤而造成永久性痕迹，遇强的碰撞和挤压，易造成局部开裂或损伤。因此，塑料门窗必须采用后塞樘的安装工艺，即先做好门窗口，在大面积抹灰后再安装门窗，最后进行洞口墙面的找补工作。

11.7　建筑装饰塑料中的有害物质限量

随着人们生活水平的提高，办公场所住房、居室装饰装修已成消费热点。但是，市场建筑装饰材料良莠不齐，有些装饰材料中有害物质含量严重超标，给室内空气带来了污染，由此所诱发的各种疾病，严重影响了人们的身心健康。国家标准化管理委员会为此制定了“室内装饰材料有害物质”10 项国家标准，已批准发布和实施。其中与建筑塑料制品有关的标准为：《室内装饰装修材料壁纸中有害物质限量》（GB 18585—2001）；《室内装饰装修材料聚录乙烯卷材地板中有害物质限量》（GB 18586—2001）；《室内装饰装修材料地毯、地毯衬垫及地毯胶黏剂有害物质释放限量》（GB 18587—2001）。具体要求见表 11.7、表 11.8、表 11.9、表 11.10 和表 11.11。

表 11.7　壁纸中有害物质限量要求

项　目		限量值/mg·$(m^{-2}·h^{-1})$ ≤	项　目		限量值/mg·$(m^{-2}·h^{-1})$ ≤
重金属（或其他）元素	钡	1 000	重金属（或其他）元素	汞	20
	镉	25		硒	165
	铬	60		锑	20
	铅	90	氯乙烯单体		1.0
	砷	8	甲醛		120

表 11.8　聚氯乙烯卷材地板中挥发物的限量值

发泡类卷材地板中挥发物的限量值/($g \cdot cm^{-2}$)		非发泡类卷材地板中挥发物的限量值/($g \cdot cm^{-2}$)	
玻璃纤维基材	其他基材	玻璃纤维基材	其他基材
≤75	≤35	≤40	≤10

表 11.9　地毯中有害物质释放限量要求

项　目	限量值/mg·($m^{-2} \cdot h^{-1}$) ≤		项　目	限量值/mg·($m^{-2} \cdot h^{-1}$) ≤	
	A 级	B 级		A 级	B 级
总挥发性有机化合物	0.500	0.600	苯乙烯	0.400	0.500
甲醛	0.050	0.050	4-苯酸环乙烯	0.050	0.050

注:A 级为环保型产品,B 级为有害物质释放限量合格产品。

表 11.10　地毯衬垫有害物质释放限量要求

项　目	限量值/mg·($m^{-2} \cdot h^{-1}$) ≤		项　目	限量值/mg·($m^{-2} \cdot h^{-1}$) ≤	
	A 级	B 级		A 级	B 级
总挥发性有机化合物	1.000	1.200	丁基羟甲苯	0.030	0.030
甲醛	0.050	0.050	4-苯酸环乙烯	0.050	0.050

注:A 级为环保型产品,B 级为有害物质释放限量合格产品。

表 11.11　地毯胶黏剂有害物质释放限量要求

项　目	限量值/mg·($m^{-2} \cdot h^{-1}$) ≤		项　目	限量值/mg·($m^{-2} \cdot h^{-1}$) ≤	
	A 级	B 级		A 级	B 级
总挥发性有机化合物 甲醛	10.000 0.050	12.000 0.050	2-乙基己醇	3.00	3. 500

注:A 级为环保型产品,B 级为有害物质释放限量合格产品。

复习思考题

11.1　塑料的主要组成是什么？各起什么作用？

11.2　建筑塑料的特性是什么？

11.3　建筑塑料装饰制品主要有哪些类型？简述其各自用途。

11.4　常用的塑料装饰板材有哪些品种？简述其性能特点及应用范围。

11.5　塑料地板有哪些优良性能？有哪些品种？其主要性能指标是什么？

11.6　塑料门窗有哪些特点？有哪些品种？

11.7　玻璃钢建筑制品主要有哪些？

11.8　简述塑料地板的施工工艺。

11.9　建筑装饰塑料制品有害物质限量主要涉及哪些指标？

第12章 建筑装饰涂料

涂料是指涂敷于物体表面,能与物体黏结在一起,并能形成连续性涂膜,从而对物体起到装饰、保护或使物体具有某种特殊功能的材料。

早期的涂料采用的主要原料是天然树脂和干性、半干性油,如松香、生漆、虫胶、亚麻子油、桐油、豆油等,因而在很长一段时间内涂料被称为油漆。由这类涂料在物体表面形成的涂膜,称为漆膜。

将天然油漆用于建筑物表面装饰,在我国已有几千年的历史。但由于天然树脂和油料的资源有限,限制了其作为建筑材料的发展。从19世纪中期以来,随着石油化工的发展,各种合成树脂和溶剂、助剂相继出现,并大规模地生产,作为涂敷于建筑物表面的装饰材料,再也不是仅靠天然树脂和油脂了。自20世纪60年代开始,相继研制出以人工合成树脂和人工合成有机稀释剂为主,甚至以水为稀释剂的乳液型涂膜材料。“油漆”这一词已不能代表其确切的含义,故改称为“涂料”。但人们习惯上仍将溶剂型涂料称作“油漆”,而把乳液型涂料称作“乳胶漆”,此处所指的“漆”已经和传统的漆有了很大的不同。

涂料的用途很广,不仅仅限于建筑领域,用于建筑领域的涂料称为建筑涂料。

建筑涂料是用于建筑物内外墙、顶棚、地面,还包括门窗、走廊、楼梯扶手、水箱、屋面防水等工程表面及所有附属金属构件和木质件表面的涂料,使用非常广泛。今后建筑涂料主要向以下几个方向发展,即低VOC(有机挥发物);功能化和复合化;高性能、高品质;水性化;环保、抗污和抗菌化。

12.1 涂料的组成

涂料的组成可分为主要成膜物质、次要成膜物质、溶剂和助剂4类。

12.1.1　主要成膜物质

主要成膜物质又称基料、胶黏剂或固化剂，它的作用是将涂料中的其他组分黏结在一起，并能牢固地附着在基层表面，形成连续均匀、坚韧的保护膜，并具有较高的化学稳定性和一定的机械强度。

建筑涂料用主要成膜物质应具有以下特点：

(1)具有较好的耐碱性

由于建筑涂料被涂的基层材料多为碱性较高的水泥混凝土或水泥砂浆，因此要求成膜物质应具有较好的耐碱性。

(2)能常温成膜

涂于建筑物表面的涂料，要求必须能在常温(5~35 ℃)下固化成膜，以利于施工。

(3)具有较好的耐水性

涂敷于建筑物表面的涂料经常会受到雨水的冲刷，良好的耐水性可使涂膜不易变质、损坏。

(4)具有良好的耐候性

要求用于建筑涂料的成膜物质具有能经受日光、雨水和有害大气侵蚀的能力。

(5)具有良好的耐高低温性

由于各地温差变化不同，因此要求涂料成膜后在低温下不易发脆脱落，高温下不易发黏而流淌。

(6)要求原料来源广，资源丰富，价格便宜

目前我国建筑涂料所用的成膜物质主要以合成树脂为主，如丙烯酸酯乳液、苯丙乳液、乙丙乳液、硅酸钠、硅溶胶、聚氨酯、环氧树脂等。而对环境有一定污染的一些有毒的原材料如聚烯醇、聚醋酸乙烯类、偏氯乙烯类等已逐渐开始被淘汰。

12.1.2　次要成膜物质

次要成膜物质是指涂料中所用的颜料和填料，它们是构成涂膜的组成部分，并以微细粉状均匀地分散于涂料介质中，赋予涂膜以色彩、质感，使涂膜具有一定的遮盖力，减少收缩，还能增加膜层的机械强度，防止紫外线的穿透作用，并能提高涂膜的抗老化性、耐候性。

(1)颜料

颜料的品种很多，可分为人造颜料与天然颜料，按其作用又可分为着色颜料、防锈颜料与体质颜料(即填料)。

着色颜料是建筑涂料中品种最多的一种，着色颜料的颜色有红、黄、白、黑、金属光泽及中间色等。常用的品种见表12.1。

表 12.1　常用的着色颜料

颜料颜色	化学组成	品　种
黄色颜料	无机颜料	铅铬黄($PbCrO_4$),铁黄[$FeO(OH)_3 \cdot nH_2O$]
	有机颜料	耐晒黄,联苯胺黄等
红色颜料	无机颜料	铁红(Fe_2O_3),银朱(HgS)
	有机颜料	甲苯胺红,立索尔红等
蓝色颜料	无机颜料	铁蓝,钴蓝($CoO \cdot Al_2O_3$),群青
	有机颜料	肽青蓝[$Fe(NH_4)Fe(CN)_5$]等
黑色颜料	无机颜料	炭黑(C),石墨(C),铁墨(Fe_3O_4)等
	有机颜料	苯胺黑
绿色颜料	无机颜料	铬绿,锌绿等
	有机颜料	酞青绿等
白色颜料	无机颜料	钛白粉(TiO_2),氧化锌(ZnO),立德粉($ZnO+BaSO_4$)
金属颜料		铝粉(Al),铜粉(Cu)等

防锈颜料主要是防止金属锈蚀。常用的有红丹、锌铬黄、氧化铁红、银粉等。红丹用于钢铁防锈涂料,锌铬黄用于铝合金防锈涂料。

(2)填料

填料的主要作用是改善涂料的涂膜性能,降低成本。填料主要是一些碱土金属盐、硅酸盐、镁、铝的金属盐、重晶石粉($BaSO_4$)、轻质碳酸钙($CaCO_3$)、重碳酸钙、滑石粉($3MgO \cdot 4SiO_2 \cdot H_2O$)、云母粉($K_2O \cdot Al_2O_3 \cdot 6SiO_2 \cdot H_2O$)、硅灰石粉、膨润土、瓷土、石英石粉或砂等。

12.1.3　溶剂

溶剂又称稀释剂,是涂料中又一个比较重要的组分。它是涂料的挥发性组分,它的主要作用是使涂料具有一定的黏度,以符合施工工艺的要求。当涂料涂刷在基层上后,依靠溶剂的蒸发,涂膜逐渐干燥硬化,形成均匀连续的涂膜。溶剂还可增加涂料的渗透力,改善涂料与基层的黏结力,节约涂料用量。常用的溶剂有香蕉水、酒精、200 号溶剂汽油、苯、二甲苯、丙酮等。这些有机溶剂都是容易挥发的有机物质,对人体有一定影响。对于乳胶型涂料,是借助具有表面活性的乳化剂、水为稀释剂,不采用有机溶剂,是需要大力发展的环保型溶剂涂料。

12.1.4　辅助材料

辅助材料又称助剂,是为进一步改善或增加涂料的某些性能,在配制涂料时加入的物质,其掺量较少,一般只占涂料总量的百分之几到万分之几,其效果显著。常见的助剂有如下几类:

(1)硬化剂、干燥剂、催化剂等

这类助剂的加入能加速涂膜在室温下的干燥硬化,改善干硬后涂膜的性能。

(2) 增塑剂、增白剂、紫外线吸收剂、抗氧化剂等

这类助剂有助于改善涂膜的柔软性和耐候性等。

(3) 防污剂、防霉剂、杀虫剂等

加入这些助剂可使涂料具有防霉防污、防火、杀虫等特殊性能。

此外还有分散剂、增稠剂、防冻剂、防锈剂、芳香剂等。

12.2　涂料的分类与命名

12.2.1　涂料的分类

涂料品种多，使用范围广，分类方法也不尽相同，一般可按构成涂膜主要成膜物质的化学成分，按构成涂膜的主要成膜物质，按建筑涂料的主要功能或按建筑物的使用部位等进行分类。

(1) 按主要成膜物质的化学成分分类

按构成涂膜主要成膜物质的化学成分，可将建筑涂料分为有机涂料、无机涂料、无机和有机复合涂料 3 类。

1) 有机涂料

①溶剂型涂料　溶剂型涂料是以高分子合成树脂为主要成膜物质，有机溶剂为稀释剂，加入适量的颜料、填料(体质颜料)及辅助材料，经研磨而成的涂料。这类涂料形成的涂膜细腻光洁而坚韧，有较好的硬度、光泽、耐水性和耐候性，气密性好，耐酸碱，对建筑物有较强的保护性，使用温度最低可到 0 ℃。它的主要缺点是易燃、溶剂挥发对人体有害，施工时要求基层干燥，涂膜透气性差。常用品种有过氯乙烯、聚乙烯醇缩丁醛、氯化橡胶、丙烯酸酯等。

②水溶性涂料　水溶性涂料是以水溶性合成树脂为主要成膜物质，以水为稀释剂，加入适量的颜料及辅助材料，经研磨而成的涂料。此类涂料的水溶性树脂可直接溶于水中，与水形成单相的溶液。它的耐水性较差，耐候性不强，耐洗刷性差，一般只用于内墙涂料。常用品种有聚乙烯醇水玻璃内墙涂料、聚乙烯醇甲醛类涂料等。

③乳胶涂料　乳胶涂料又称乳胶漆。它是由合成树脂借助乳化剂的作用，以 0.1~0.5 μm 的极细微粒子分散于水中构成乳液，并以乳液为主要成膜物质，加入适量的颜料、填料及辅助材料经研磨而成的涂料。由于这种涂料以水为稀释剂，价格便宜，无毒、不燃，对人体无害，有一定的透气性，涂布时不需基层很干燥，涂膜固化后的耐水、耐擦洗性较好，可作为内外墙建筑涂料。但施工温度一般应在 10 ℃以上，用于潮湿部位易发霉，需加入防霉剂。常用品种有聚乙酸乙烯乳液、乙烯-醋酸乙烯、醋酸乙烯-丙烯酸酯、苯乙烯-丙烯酸酯等共聚乳液。

2) 无机涂料

无机涂料是历史上最早使用的涂料，如石灰水、大白粉、可赛银等。但它们的耐水性差、涂膜质地疏松、易起粉，早已被以合成树脂为基料配制的各种涂料所取代。目前所使用的无机涂料是以水玻璃、硅溶胶、水泥等为基料，加入颜料、填料、助剂等经研磨、分散而成的涂料。

无机涂料的价格低，资源丰富，无毒、不燃，具有良好的遮盖力，对基层材料的处理要求不高，可在较低温度下施工，涂膜具有良好的耐热性、保色性、耐久性等。无机涂料可用于建筑内外墙。

3)无机-有机复合涂料

无论是有机涂料还是无机涂料,在单独使用时都存在一定的局限性,为克服其缺点,发挥各自的长处,出现了无机和有机复合的涂料。如聚乙烯醇水玻璃内墙涂料就比聚乙烯醇有机涂料的耐水性好。此外,以硅溶胶、丙烯酸系列复合的外墙涂料在涂膜的柔韧性及耐候性方面更能适应气候的变化。

(2)按构成涂膜的主要成膜物质分类

按构成涂膜的主要成膜物质,可将涂料分为聚乙烯醇系列建筑涂料、丙烯酸系列建筑涂料、氯化橡胶建筑涂料、聚氨酯建筑涂料和水玻璃及硅溶胶建筑涂料。

(3)按建筑物使用部位分类

按建筑物使用部位,可将涂料分为外墙建筑涂料、内墙建筑涂料、地面建筑涂料、顶棚涂料和屋面防水涂料等。

(4)按使用功能分类

按使用功能,可将涂料分为装饰性涂料、防火涂料、保温涂料、防腐涂料、防水涂料、抗静电涂料、防结露涂料、闪光涂料、幻彩涂料等。

根据国家标准《涂料产品分类和命名》(GB/T 2705—2003),建筑涂料的分类见表12.2。

12.2　建筑涂料

主要产品类型			主要成膜物质类型
建筑涂料	墙面涂料	合成树脂乳液内墙涂料 合成树脂乳液外墙涂料 溶剂型外墙涂料 其他墙面涂料	丙烯酸酯类及其改性共聚乳液,醋酸乙烯及其改性共聚乳液,聚氨酯、氟碳等树脂,无机黏合剂等
	防水涂料	溶剂型树脂防水涂料 聚合物乳液防水涂料 其他防水涂料	EVA、丙烯酸酯类乳液,聚氨酯、沥青、PVC胶泥或油膏、聚丁二烯等树脂
	地坪涂料	水泥基等非木质地面用涂料	聚氨酯、环氧树脂
	功能型建筑涂料	防火涂料 防霉(藻)涂料 保温隔热涂料 其他功能型建筑涂料	聚氨酯、环氧丙烯酸酯类、乙烯类、氟碳等树脂

注:主要成膜物质类型中树脂类型包括水性、溶剂型、无溶剂型等

12.2.2　涂料的命名

根据国家标准《涂料产品分类和命名》(GB/T 2705—2003)规定,涂料全名一般是由颜色或颜料名称加上成膜物质名称,再加上基本名称(特性或专业用途)而组成的。对不含颜料的清漆,其全名一般是由成膜物质的名称加上基本名称组成。颜色名称通常由红、黄、蓝、白、黑、绿、紫、棕、灰等颜色,有时再加上深、中、浅(淡)等词构成。命名中对涂料名称成膜物质应作适当简化。例如,聚氨基甲酸酯简化为聚氨酯。如果在基料中含有多种成膜物质,则选择起主

要作用的那一种成膜物质命名,必要时也可以选用两种或三种成膜物质命名,主要成膜物质命名在前,次要成膜物质命名在后。例如,红环氧硝基磁漆。成膜物质名称参见表 12.3。

表 12.3　涂料基本名称

基本名称	基本名称
清油	铅笔漆
清漆	罐头漆
厚漆	木器漆
调和漆	家用电器涂料
磁漆	自行车涂料
粉末涂料	玩具涂料
底漆	塑料涂料
腻子	(浸渍)绝缘漆
大漆	(覆盖)绝缘漆
电泳漆	抗弧(磁)漆、互感器漆
乳胶漆	(黏合)绝缘漆
水溶(性)漆	漆包线漆
透明漆	硅钢片漆
斑纹漆、裂纹漆、橘纹漆	电容器漆
锤纹漆	电阻器漆、电位器漆
皱纹漆	半导体漆
金属漆、闪光漆	电缆漆
防污漆	可剥漆
水线漆	卷材涂料
甲板漆、甲板防滑漆	光固化涂料
船壳漆	保温隔热涂料
船底防锈漆	机床漆
饮水舱漆	工程机械用漆
油舱漆	农机用漆
压载舱漆	发电、输配电设备用漆
化学品舱漆	内墙涂料
车间(预涂)底漆	外墙涂料
耐酸漆、耐碱漆	防水涂料
防腐漆	地板漆、地坪漆

续表

基本名称	基本名称
防锈漆	锅炉漆
耐油漆	烟囱漆
耐水漆	黑板漆
防火涂料	标志漆、路标漆、马路画线漆
防霉(藻)涂料	汽车底漆、汽车中涂漆、汽车面漆、汽车罩光漆
耐热(高温)涂料	汽车修补漆
示温涂料	集装箱涂料
涂布漆	铁路车辆涂料
桥梁漆、输电塔漆及其他(大型露天)钢结构漆	胶液
航空、航天用漆	其他未列出的基本名称

12.3 涂料的主要性能指标及其物理意义

12.3.1 涂料液态性能的技术指标及其物理意义

(1)在容器中的状态

在容器中的状态是指涂料在容器中的性状,如是否存在分层、沉淀、结块、凝胶等现象以及经搅拌后是否能混合成均匀状态,它是最直观的判断涂料外观质量的方法。在我国建筑涂料标准中,几乎都以“经搅拌后呈均匀状态,无结块”为合格,该项技术指标反映了涂料的表观性能即开罐效果。

(2)固体含量

涂料中所含不挥发物质的量,一般用不挥发物的质量分数表示。该项技术指标有助于设计产品配方及产品综合性能,固体含量对成膜质量、遮盖力、施工性、成本造价等均有较大影响。建筑涂料的固体含量包括两部分:一部分是成膜物质的量;另一部分是颜料与填料的量。在单位面积用量相等的情况下,不同的固体含量导致涂膜厚度有较大的差异,在工程应用中十分重要。

(3)储存稳定性

储存稳定性是指涂料产品在正常的包装状态及储存条件下,经过一定的储存期限后,产品的物理及化学性能仍能达到原规定的使用性能。它包括常温储存稳定性、热储存稳定性、低温储存稳定性等。由于涂料在生产后需要有一定时间的周转,往往要储存一段时间后才使用,因此不可避免地会有增稠、变粗、沉淀等现象产生,若这些变化超过容许限度,就会影响成膜性能,甚至涂料开桶后就不能使用,造成损失。

配方设计好的涂料，储存 1 年以上，一般性能只有很小变化。但当涂料配方设计不合理，或在储存和运输中经受夏季高温和冬季低温，或受细菌侵蚀可能会使产品发生不良的变化。

1）常温储存稳定性

储存稳定性最可靠的测试方法就是常温放置 1 年后实际测定涂料黏度、pH 值、光泽等性能变化，其缺点是得出结果需要的时间长。

2）热储存稳定性

热储存稳定性常用作涂料储存稳定性的加速评定。罐装涂料在 50 ℃或 60 ℃热储存 2~4 周后，测定黏度、pH 值、光泽等性能变化，以判定储存稳定性。热储存稳定性和常温储存稳定性结果有时是不一致的。

3）低温储存稳定性或冻融稳定性

涂料经受冷热交替的温度变化，即经受冷冻及随后融化（循环试验后）而保持原有性能的能力。一般采用冷热交替循环，大多规定在（−5±2）℃下冻 18 h，标准环境 6 h 为 1 个循环，3 个循环后观察其有无结块、组成物分离及凝聚、发霉等变化。该项技术指标对内外墙涂料都是不可缺少的。

（4）细度

涂料中颜料及体质颜料分散程度的一种量度，即在规定的条件下，于标准细度计所得到的读数，一般以 μm 表示。该项技术指标是涂料生产中研磨色浆的内控指标，对成膜质量、涂膜的光泽、耐久性、装饰性、涂料的稳定性等都有较大影响。

（5）黏度

黏度的物理意义是液体在外力（压力、重力、剪切力）的作用下，其分子间相互作用而产生阻碍其分子间相对运动的能力，即液体流动的阻力。涂料属于非牛顿液体，是悬浮体，在热力学上是非稳定体系。黏度是涂料产品的重要指标之一，它对涂料的储存稳定性、施工应用等有很大的影响。因此，需要测试涂料的黏度作为产品的内控指标。在涂料施工时，黏度过高会使施工困难，涂膜流平性差；黏度过低，会造成流挂及涂膜较薄而遮盖差等弊病。

12.3.2　涂料施工性能的技术指标及其物理意义

（1）施工性

施工性是指涂料施工的难易程度，用于检查涂料施工是否产生流挂、收缩、拉丝、涂刷困难等现象。涂料的装饰效果是通过滚涂、刷涂、喷涂或其他工艺手法来实现的，是否容易施工是涂料能否应用的关键。

（2）干燥时间

涂料从流体层到全部形成固体涂膜这段时间称为干燥时间，分为表干时间（表面干燥时间）及实干时间（实际干燥时间）。前者是指在规定的干燥条件下，一定厚度的湿涂膜，表面从液态变为固态，但其下仍为液态所需要的时间。后者是指在规定的干燥条件下，从施涂好的一定厚度的液态涂膜至形成固态涂膜所需要的时间。涂料干燥时间的长短与涂料施工的间隔时间有很大关系，因此施工间隔时间由涂料干燥时间来决定。

（3）遮盖力与对比率

遮盖力是涂膜遮盖底材的能力，它以恰好达到完全遮盖底材的涂布率（g/m^2）来表示。涂料的遮盖力有干遮盖力和湿遮盖力之分。一般所指的遮盖力是湿遮盖力，但 JC/T 423—1991《水溶性内墙涂料》所规定的遮盖力是干遮盖力。对比率也是反映涂膜遮盖底材的能力，但它是在给定湿膜厚度或给定涂布率的条件下，采用反射率测定仪测定在标准黑板和白板上干涂膜反射率之比，故该比值称为对比率。这个给定湿膜厚度或给定涂布率往往没有达到完全遮盖底材的程度。对比率反映的是干遮盖力。

(4)初期干燥抗裂性

初期干燥抗裂性是砂壁状涂料、复层涂料等厚质涂料从施工后的湿膜状态到变成干膜过程中的抗开裂性能。该项技术指标是对某些厚质涂料提出的要求，反映出涂料内在质量，它直接影响装饰效果及最后涂层性能。

(5)打磨性

打磨性是涂膜经打磨材料打磨后，产生平滑无光表面的性能。根据要求，打磨材料可以是各种规格的砂纸或其他材料。可以干磨或蘸水湿磨，以涂膜表面打磨的难易程度或经打磨后产生的表面状态(如掉粉、发热、变软等)来评定。该项技术指标是对涂料配套的腻子产品提出的，它直接影响上层涂膜的平整度。

12.3.3 涂料涂膜性能技术指标及其物理意义

(1)涂膜颜色及外观

涂膜颜色及外观是检查涂膜外观质量的指标。涂膜与标准样板相比较，观察其是否符合色差范围、外观是否平整等。

(2)耐水性

耐水性是指涂膜对水作用的抵抗能力，即在规定的条件下，将涂料试板浸泡在蒸馏水中，观察其有无发白、失光、起泡、脱落等现象，以及恢复原状态的难易程度。该技术指标对于外墙建筑涂料尤为重要，因为外墙涂料所经受的环境较内墙涂料要苛刻得多，要受到日光照射、风吹雨淋，该指标的好坏直接影响涂料在基材上的附着能力。在室内较为潮湿的场所，如厨房、卫生间或南方的室内也应考虑涂料的耐水性。因此，涂膜耐水性与工程应用目的密切相关。

(3)耐碱性

耐碱性是指涂膜对碱侵蚀的抵抗能力，即在规定的条件下，将涂料试板浸泡在一定浓度的碱液中，观察其有无发白、失光、起泡、脱落等现象。建筑涂料适用的基材有多种，如现浇混凝土、混凝土预制板材、水泥砂浆、加气混凝土板材、水泥石棉板、石膏水泥板、纸面石膏板等。基材大多为碱性。因此，要求涂膜具有一定的耐碱性。该技术指标对内外墙涂料都比较重要。

(4)耐洗刷性

耐洗刷性是指涂膜经受皂液、合成洗涤液的清洗(以除去其表面的尘埃、油烟等污物)而保持原性能的能力。内墙涂料饰面经过一定时间后，所沾染的灰尘、脏物、划痕等需用洗涤液或清水擦拭干净，使之恢复原来的面貌。外墙涂料饰面常年经受雨水的冲刷，涂层必须具备耐洗刷性。该技术指标对内外墙涂料都较重要。

(5)涂层耐温变性(耐冻融循环性)

涂层耐温变性(耐冻融循环性)是指涂层经受冷热交替的温度变化而保持原性能的能力。

它是涂层经冻融循环后，观察涂层表面情况变化的指标，以涂层表面变化现象来表示，如粉化、起泡、开裂、剥落等。建筑物的外墙涂料饰面一般应经得起 5~10 年的考验，在此期间要经受外界气候的不同温度变化，涂层不能随外界温度变化而发生开裂、脱落等现象。

(6)附着力

附着力是涂膜与被涂物件表面(通过物理和化学力的作用)结合在一起的坚牢程度。被涂面可以是底材也可以是涂漆底材。该项技术指标表明涂料对基材的黏结程度，对涂料的耐久性有较大影响。

(7)黏结强度

黏结强度是涂层单位面积所能经受的最大拉伸荷载，即指涂层的黏结性能，常以 MPa 表示。该项技术指标是砂壁状建筑涂料、复层涂料及室内用腻子等厚质涂层必须测定的重要指标，是厚质涂层对于基材黏结牢固程度的评定。

(8)耐玷污性

耐玷污性是指涂膜受灰尘、大气悬浮物等污染物玷污后，清除其表面上污染物的难易程度。建筑涂料的使用寿命包括两个方面：一是涂层耐久性；二是涂层的装饰性。作为外墙建筑涂料，涂膜长期暴露在自然环境中，能否抵抗外来污染、保持外观清洁，对装饰作用来说是十分重要的。耐玷污性是外墙涂料不可缺少的重要技术指标。

(9)水蒸气透过性

该项技术指标在国外建筑涂料产品中较为常见，主要表明涂膜具有"呼吸性"，即涂膜透气而不透水，从而实现与基材一起自由"呼吸"，当基材较为潮湿时，基材中的水气可通过涂膜散发出去，从而有效地防止涂膜由于无法透气而出现起鼓、开裂等弊病。

12.3.4　涂膜的特定耐候性技术指标及其物理意义

涂膜抵抗阳光、雨露、风霜等气候条件的破坏作用(失光、变色、粉化、龟裂、长霉、脱落及底材腐蚀等)而保持原性能的能力。可用老化或人工加速老化技术指标来衡量涂膜的耐候性能。

(1)耐老化

耐老化是涂膜暴露于户外自然条件下而逐渐发生的性能变化。由于我国地域辽阔，气候类型复杂，东、西、南、北地域气候条件差别很大，往往同一个配方的品种在不同地区使用性能具有较大差异。因此，为了全面考核某一品种的耐候性，有必要在不同气候类型区域内同时进行暴晒试验，通过设置暴晒场来完成。这是衡量涂膜耐候性能最为理想的试验方法。

(2)人工加速老化

人工加速老化是涂膜在人工老化试验机中暴露而逐渐发生的性能变化。由于自然老化暴晒试验时间过长，不可能将某一涂料品种经几年的暴晒试验后才在工程中使用。因此，通过人工老化仪人为地创造出模拟自然气候因素的条件并给予一定的加速性，以克服天然暴晒试验所需时间过长的不足，是目前评定耐久性采用较多的方法。

12.4 常用建筑涂料的种类、特点、技术要求

12.4.1 内墙涂料

(1)内墙涂料的特点及分类

内墙涂料亦可用作顶棚涂料,它的主要功能是装饰及保护内墙墙面及顶棚,建立一个美观舒适的生活环境。故此,内墙涂料应具有以下性能。

1)色彩丰富、细腻、协调

内墙涂料的色彩一般应浅淡、明亮。由于居住者对色调的喜爱不同,因此要求色彩品种丰富。内墙与人的目视距离也最近,因而要求内墙涂料也应质地平滑、细腻、色调柔和。

2)耐碱、耐水性好、不易粉化

由于墙面多带有碱性,要求涂料有一定的耐碱性,否则会因碱性腐蚀而泛黄。同时为保持内墙洁净,有时需要洗刷,为此必须有一定的耐水、耐洗刷性。而内墙涂料的脱粉,则会给居住者带来不便。

3)好的透气性、吸湿排湿性

室内湿度大,若墙面透气性不好,将给人的感觉不舒服,同时由于透气性差还会在墙面结露。

4)涂刷方便、复涂性好

为保持居室的优雅,内墙可能多次粉刷翻修。因此,要求施工方便,复涂性好。

5)无毒、无污染

为了保证施工人员和居住者的身体健康,通常内墙涂料不应挥发有毒气体及对人体刺激过大的气体,因此应采用水溶性、水乳型涂料。

内墙涂料可进行如图 12.1 的分类:

内墙涂料
- 刷浆材料
  - 石灰浆
  - 大白浆
  - 可赛银
- 油漆
- 溶剂型涂料
- 合成树脂乳液(乳胶漆)
  - 醋酸乙烯乳液
  - 乙丙乳液
  - 苯丙乳液
- 水溶性涂料
  - 改性聚乙烯醇系内墙涂料
  - 聚乙烯醇水玻璃内墙涂料
  - 聚乙烯醇缩甲醛内墙涂料
- 多彩花纹内墙涂料

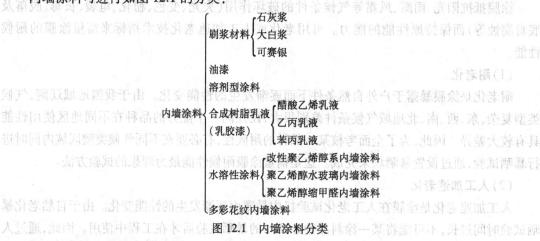

图 12.1 内墙涂料分类

(2)合成树脂乳液内墙涂料

合成树脂乳液内墙涂料(又称乳胶漆)是以合成树脂乳液为基料(成膜材料)的薄型内墙涂料。一般用于室内墙面装饰,但不宜用于厨房、卫生间、浴室等潮湿墙面。根据《合成树脂乳液内墙涂料》(GB/T 9756—2009),合成树脂内墙涂料分为两类:合成树脂内墙底漆和合成

树脂内墙面漆。内墙面漆分为 3 个等级：合格品、一等品和优等品。合成树脂乳液内墙涂料的技术性能应符合表 12.4 和表 12.5 的要求。

表 12.4　合成树脂乳液内墙底漆技术要求(GB/T 9756—2009)

项　目	指　标
容器中状态	无硬块，搅拌后成均匀状态
施工性	涂刷无障碍
低温稳定性(3 次循环)	不变质
涂膜外观	正常
干燥时间(表干)/h	≤2
耐碱性(24 h)	无异常
抗泛碱性(48 h)	无异常

表 12.5　合成树脂乳液内墙面漆技术要求(GB/T 9756—2009)

项　目	指　标		
	合格品	一等品	优等品
容器中状态	无硬块，搅拌后呈均匀状态		
施工性	涂刷二道无障碍		
低温稳定性(3 次循环)	不变质		
干燥时间(表干)/h	≤2		
涂膜外观	正常		
对比率(白色和浅色)	≥0.90	≥0.93	≥0.95
耐碱性(24 h)	无异常	无异常	无异常
耐洗刷性/次	≥300	≥1 000	≥5 000

注：浅色是指以白色涂料为主要成分，添加适量色浆后配制成浅色涂料形成的涂膜所呈现的浅颜色。按 GB/T 15608 中规定明度值为 6~9(三刺激值中 Y_{D65}≥31.26)

目前，常用的品种有苯丙乳胶、乙丙乳胶、聚醋酸乙烯乳胶内墙涂料，氯-偏共聚乳胶内墙涂料等。

1) 苯丙乳胶涂料

苯丙乳胶内墙涂料是由苯乙烯、丙烯酸酯、甲基丙烯酸等三元共聚乳液为主要成膜物质，掺入适量的填料，少量的颜料和助剂，经研磨、分散后配制而成的一种各色无光的内墙涂料，用于内墙装饰，其耐碱、耐水、耐久性及耐擦性都优于其他内墙涂料，是一种高档内墙装饰涂料，同时也是外墙涂料中较好的一种。

2) 乙丙乳胶涂料

乙-丙乳胶涂料是以聚醋酸乙烯与丙烯酸酯共聚乳液为主要成膜物质，掺入适量的填料及少量的颜料及助剂，经研磨、分散后配制成半光或有光的内墙涂料。用于建筑内墙装饰，其耐碱性、耐水性和耐久性都优于聚醋酸乙烯乳胶漆,并具有光泽,是一种中高档的内墙涂料。

3)聚乙酸乙烯乳胶涂料

它是以聚乙酸乙烯乳液为主要成膜物质,加入适量填料、少量的颜料及其他助剂经加工而成的水乳型涂料。它具有无味、无毒、不燃、易于施工、干燥快、透气性好、附着力强、耐水性好、颜色鲜艳、装饰效果明快等优点,适用于装饰要求较高的内墙。

这种乳液性涂料在生产工艺上与聚乙烯醇水玻璃内墙涂料相比,除乳液聚合较为复杂外,其混合、搅拌、研磨、过滤工艺过程基本相同,只是生产与配料时更讲究。乳液的固体含量较高,约为50%,用量为涂料质量的30%~60%,并以聚乙烯醇或甲基纤维素等为增稠剂,以乙二醇、甘油等为防冻剂。另外,由于增稠剂中使用了纤维素,其储存或涂膜在潮湿环境中易发霉,要求加入防霉剂。常用的防霉剂有醋酸苯汞、三丁基锡或五氯酸钠等,用量为涂料质量的0.05%~0.2%,其他还加有防锈剂等。

4)氯-偏乳液涂料

氯-偏乳液涂料属于水乳型涂料,它是以氯乙烯-偏氯乙烯共聚乳液为主要成膜物质,添加少量其他合成树脂水溶液(如聚乙烯醇树脂水溶液等)共聚液体为基料,掺入不同品种的颜料、填料及助剂等配制而成的。氯-偏乳液涂料具有无味、无毒、不燃、快干、施工方便、黏结力强,涂层坚牢光洁、不脱粉,有良好的耐水、防潮、耐磨、耐酸、耐碱、耐一般化学药品侵蚀、涂层寿命较长等优点,且价格低廉。

(3)溶剂型内墙涂料

溶剂型内墙涂料与溶剂型外墙涂料基本相同。由于其透气性较差、易结露,且施工时有大量的有机溶剂逸出,因而现已较少用于住宅内墙装饰。但溶剂型内墙涂料涂层光洁度好,易于清洗,耐久性也好,目前主要用于大型厅堂、室内走廊、门厅等部位。可用作内墙装饰的溶剂型涂料主要有过氯乙烯墙面涂料、聚乙烯醇缩丁醛墙面涂料、氯化橡胶墙面涂料、丙烯酸酯墙面涂料、聚氨酯系墙面涂料及聚氨酯-丙烯酸酯系墙面涂料等。

(4)水溶性内墙涂料

水溶性内墙涂料是以水溶性化合物为基料,加入适量的填料、颜料和助剂,经过研磨、分散后制成的,属低档涂料,可分为Ⅰ类和Ⅱ类。各类水溶性内墙涂料的技术质量要求应符合表12.6的规定。

目前,常用的水溶性内墙涂料有聚乙烯醇水玻璃内墙涂料(俗称106内墙涂料)、聚乙烯醇缩甲醛内墙涂料(俗称803内墙涂料)和改性聚乙烯醇系内墙涂料。

表12.6 水溶性内墙涂料的技术质量要求(JC/T 423—1991)

序号	项目	技术质量要求	
		Ⅰ类	Ⅱ类
1	容器中状态	无结块、沉淀和絮凝	
2	黏度/S	30~75	
3	细度/μm	≤100	
4	遮盖力/($g \cdot m^{-2}$)	≤300	
5	白度/%	≥80	
6	涂膜外观	平整、色泽均匀	

续表

序　号	项　目	技术质量要求	
		Ⅰ类	Ⅱ类
7	附着力/%	100	
8	耐水性	无脱落、起泡和皱皮	
9	耐干擦性(级)	—	≤1
10	耐洗刷性(次)	≥300	—

注:①Ⅰ类涂料适用于浴室、厨房等的内墙;Ⅱ类涂料适用于一般内墙。
②白度规定只是用于白色涂料。

1)聚乙烯醇水玻璃内墙涂料

聚乙烯水玻璃内墙涂料是以聚乙烯醇和水玻璃为基料,加入一定量的颜料、填料和适量的助剂,经溶解、搅拌、研磨而成的水溶性内墙涂料。它是国内生产较早,使用最普遍的一种内墙涂料。

聚乙烯醇水玻璃内墙涂料具有原料丰富、价格低廉、工艺简单、无毒无味、色彩多样,装饰性较好,并与基层材料有一定的黏结力,涂膜干燥快,表面光滑。但涂层的耐水性及耐洗刷性差,不能用湿布擦洗,且易产生脱粉现象。聚乙烯醇水玻璃内墙涂料被广泛用于住宅、普通公用建筑等的内墙、顶棚等,但不适合用于潮湿环境。

2)聚乙烯醇缩甲醛内墙涂料

聚乙烯醇缩甲醛内墙涂料又称 803 内墙涂料,是以聚乙烯醇进行不完全缩合醛化反应生成的聚乙烯醇缩甲醛水溶液为基料,加入颜料、填料及助剂经搅拌、研磨、过滤而成的水溶性内墙涂料。该种涂料的耐洗刷性略优于聚乙烯醇水玻璃内墙涂料,可达 100 次,其他性能与聚乙烯醇水玻璃内墙涂料基本相同。聚乙烯醇缩甲醛内墙涂料可广泛用于住宅,一般公寓建筑的内墙和顶棚。

3)改性聚乙烯醇系内墙涂料

上述两种水溶性内墙涂料的耐水性、耐洗刷性均不太高,难以满足内墙装饰的功能要求,而经改性后的聚乙烯醇系内墙涂料,其耐擦洗性提高到 500~1 000 次以上。除可用作内墙涂料外,还可用于外墙装饰。

提高聚乙烯醇系内墙涂料耐水性和耐洗刷性的措施有:提高聚乙烯醇缩甲醛的缩醛度,采用乙二醛或丁醛部分代替或全部代替甲醛作聚乙烯醇的交联剂,加入某些活性填料等。另外,在聚乙烯醇内墙涂料中加入 10%~20%的其他合成树脂的乳液,也能提高其耐水性。

(5)其他内墙涂料

1)多彩内墙涂料

多彩内墙涂料简称多彩涂料,是一种国内外较为流行的高档内墙涂料,它是经一次喷涂即可获得具有多种色彩的立体涂膜的涂料。多彩内墙涂料按其介质可分为水包油型、油包水型、油包油型和水包水型 4 种,见表 12.7。其中以水包油型的储存稳定性最好,在国内外应用最为广泛。其分散相为各种基料、颜料及助剂等的混合物,分散介质为含有乳化剂、稳定剂等的水。不同基料间、基料与水间互相掺混而不互溶,外观呈不同颜色的基料微粒。

表 12.7　多彩内墙涂料的基本类型

类　型	分散相	分散介质
O/W 型(水包油)	溶剂型涂料	含保护胶的水溶液
W/O 型(油包水)	水性涂料	溶剂型清漆
O/O 型(油包油)	溶剂型涂料	溶剂型清漆
W/W 型(水包水)	水性涂料	含保护胶的水溶液

多彩内墙涂料的涂层由底层、中层、面层涂料复合而成。底层涂料主要起封闭潮气的作用,防止涂料由于墙面受潮而剥落,同时也保护涂料免受碱性物质的侵蚀,一般采用具有较强耐碱性的溶剂型封闭漆。中层起到增加面层和底层的黏结作用,并起到消除墙面的色差、突出多彩面层的光泽和立体感的作用,通常应选用性能良好的合成树脂乳液内墙涂料。面层即为多彩涂料。

多彩内墙涂料的色彩鲜艳、雅致,立体感强,装饰效果好,具有良好的耐水性、耐油性、耐碱性、耐化学药品、耐洗刷性、耐污染等特点,适用于建筑物内墙和顶棚水泥、混凝土、砂浆、石膏板、木材、钢、铝等多种基面的装饰。

2)幻彩内墙涂料

幻彩内墙涂料,又称梦幻涂料、云彩涂料、多彩立体涂料,是目前较为流行的一种装饰性内墙高档涂料。通过创造性、艺术性的施工,可使幻彩涂料的图案似行云流水、朝霞满天,具有梦幻般、写意般的装饰效果,故而得名。

幻彩涂料是用特种树脂乳液和专门的有机、无机颜料制成的高档水性内墙涂料。幻彩涂料的种类较多,按组成的不同主要有:用特殊树脂与专门的有机、无机颜料复合而成的;用特殊树脂与专门制得的多彩金属化树脂颗粒复合而成的;用特殊树脂与专门制得的多彩纤维复合而成的等。其中使用较多、应用较为广泛的是第一种,该类涂料又分为使用珠光颜料和不使用珠光颜料两种。特殊的珠光颜料赋予涂膜以梦幻般的感觉,使涂膜呈现珍珠、贝壳、飞鸟、游鱼等所具有的优美珍珠光泽。

幻彩涂料的成膜物质是经特殊聚合工艺加工而成的树脂乳液,具有良好的触变性及适当的光泽,涂膜具有优异的抗回弹性。一般建筑涂料用树脂乳液满足不了上述要求。常用的苯丙乳液、丙烯酸乳液虽也可配制幻彩涂料,但其涂膜抗回弹性差,在高温季节和高温场所涂料发黏且易黏物质,影响装饰效果。

幻彩涂料具有无毒、无味、无接缝、不起皮等优点,并具有优良的耐水性、耐碱性和耐洗刷性,主要用于办公、住宅、宾馆、商店、会议室等的内墙、顶棚等的装饰。

幻彩涂料适用于混凝土、砂浆、石膏、木材、玻璃、金属等多种基层材料,要求基层材料清洁、干燥、平整、坚硬。

幻彩涂料施工首先是封闭底涂,其主要作用是保护涂料免受墙体碱性物质的侵蚀。中层涂层一是增加基层材料与面层的粘贴,二是可作为底色。中层涂料可采用水性合成乳胶涂料、半光或有光乳胶涂料。中层涂料干燥后,再进行面层涂料的施工。面层涂料可单一使用,也可套色配合使用,施工方式有喷、涂、刷、辊、刮等。

3)静电植绒涂料

静电植绒涂料是利用高压静电感应原理,将纤维绒毛植入涂胶表面而成的高档内墙涂料,它主要由纤维绒毛和专用胶黏剂等组成。

纤维绒毛可采用胶黏丝、尼龙、涤纶、丙纶等纤维，经过精度很高的专用绒毛切割机切成长短不同规格的短绒，再经染色和化学精加工，赋予绒毛柔软、抗静电等性能。静电植绒涂料手感柔软，光泽柔和，色彩丰富，有一定的立体感，具有良好的吸声性、抗老化性、阻燃性，无气味、不褪色，但不耐潮湿、不耐脏、不能擦洗。主要用于住宅、宾馆、办公室等的高档内墙装饰。

4）仿瓷涂料

仿瓷涂料又称瓷釉涂料，是一种质感与装饰效果酷似陶瓷面层饰面的装饰涂料。仿瓷涂料分为溶剂型和乳液型两种。

溶剂型仿瓷涂料是以常温下产生交联固化的树脂为基料，目前主要使用的有聚氨酯树脂、丙烯酸-聚氨酯树脂、环氧-丙烯酸树脂、丙烯酸-氨基树脂、有机硅改性丙烯酸树脂等，并加入颜料、填料、溶剂、助剂等配制而成的具有瓷釉亮光的涂料。此种涂料具有优异的耐水性、耐碱性、耐磨性、耐老化性。

乳液型仿瓷涂料是以合成树脂乳液（主要使用丙烯酸树脂乳液）为基料，加入颜料、填料、助剂等配制而成的具有瓷釉亮光的涂料。乳液型仿瓷涂料的价格低廉、且无毒、不燃、硬度高，耐老化性、耐酸碱性、耐水性、耐玷污性及与基层材料的附着力等均较高，并能较长时间保持原有的光泽和色泽。

仿瓷涂料的应用较为广泛，可用于公共建筑内墙、厨房、卫生间等处，还可用于电器、机械及家具的表面防腐与装饰。

5）天然真石漆

天然真石漆是以天然石材为原料，经特殊加工而成的高级水溶性涂料，以防潮底漆和防水保护膜为配套产品，在室内外装饰、工艺美术、城市雕塑上有广泛的使用前景。天然真石漆具有阻燃、防水、环保等特点。使用该种涂料后的饰面仿天然岩石效果逼真，且施工简单、价格适中。基层可以是混凝土、砂浆、石膏板、木材、玻璃、胶合板等。

6）彩砂涂料

彩砂涂料由合成树脂乳液、彩色石英砂、着色颜料及各种助剂组成。该种涂料无毒、不燃、附着力强，保色性及耐候性好，耐水性、耐酸碱腐蚀性也较好。彩砂涂料的立体感较强，色彩丰富，适用于各种场所的室内外墙面装饰。如在石英砂中掺入带金属光泽的某种涂料，还能使涂膜具有强烈的质感和金属光亮感。

12.4.2 外墙涂料

（1）外墙涂料的特点及分类

外墙涂料的主要功能是装饰和保护建筑物的外墙，使建筑物外观整洁美观，达到美化环境的作用，延长其使用时间。为了获得良好的装饰与保护效果，外墙涂料一般应具有以下特点：

1）装饰性好

要求外墙涂料色彩丰富多样，保色性良好，能较长时间保持良好的装饰性能。

2）耐水性良好

外墙暴露在大气中，经常受到雨水的冲刷，因此要求外墙涂料应具有良好的耐水性。

3）防污性能良好

大气中的灰尘及其他物质玷污涂层后，涂层会失去其装饰效能，因此要求外墙装饰涂层不易被玷污或玷污后容易清洗。

4）良好的耐候性

由于涂层暴露在大气中，要经受日晒、雨淋、风沙、冷热变化等恶劣环境的作用，易发生涂层开裂、剥落、脱粉、变色等老化现象，使涂层失去装饰和保护功能，因此外墙涂料应具有良好的抗老化性能，使其在规定的年限内不发生上述破坏现象。

外墙涂料可进行如图12.2的分类：

- 建筑外墙涂料
  - 石灰浆材料
  - 聚合物水泥涂料
    - 聚乙烯醇缩甲醛水泥涂料
    - 氯-偏乳液聚合物水泥涂料
  - 乳液型涂料
    - 合成树脂乳液
      - 薄质涂料
      - 厚质涂料
    - 水乳型涂料
  - 溶剂型涂料
    - 过氯乙烯涂料
    - 苯乙烯焦油涂料
    - 聚乙烯醇缩丁醛涂料
    - 氯化橡胶涂料
    - 丙烯酸酯涂料
    - 氟树脂系涂料
    - 聚氨酯系涂料
  - 无机硅酸盐涂料
    - 水玻璃系涂料
      - 钠水玻璃涂料
      - 钾水玻璃涂料
    - 硅溶胶系涂料

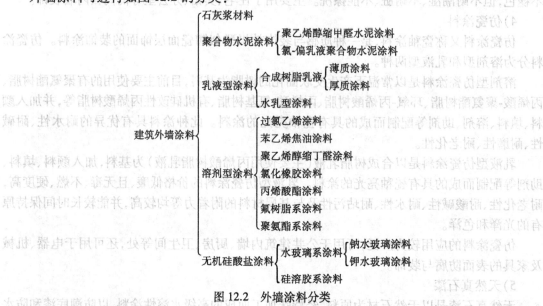

图12.2　外墙涂料分类

（2）**溶剂型外墙涂料**

溶剂型外墙涂料是以合成树脂溶液为主要成膜物质，有机溶剂为稀释剂，加入适量的颜料、填料及助剂，经混合溶解、研磨后配制而成的一种挥发性涂料。涂刷在墙面后，随着溶剂的挥发，成膜物质与其他不挥发组分共同形成均匀连续的涂层。溶剂型外墙涂料具有较好的硬度、光泽、耐水性、耐酸碱性及良好的耐候性、耐污染性等特点。但由于施工时有大量的易燃的有机溶剂挥发出来，易污染环境。同时，漆膜的透气性差，又具有疏水性，如在潮湿基层上施工容易产生气泡起皮、脱落。溶剂型外墙涂料技术指标见表12.8。目前国内外使用较多的溶剂型外墙涂料主要有丙烯酸酯外墙涂料、聚氨酯外墙涂料。

表12.8　溶剂型外墙涂料技术指标要求（GB/T 9757—2001）

项　目	指　标		
	优等品	一等品	合格品
容器中状态	无硬块，搅拌后呈均匀状态		
施工性	刷涂二遍无障碍		
干燥时间（表干）/h	≤2		
涂膜外观	正常		
对比率（白色和浅色）	≥0.93	≥0.90	≥0.87
耐水性	168 h无异常		

续表

项　目		指　标		
		优等品	一等品	合格品
耐碱性		48 h 无异常		
耐洗刷性/次		≥5 000	≥3 000	≥2 000
耐人工气候老化性	白色和浅色	1 000 h 不起泡、不剥落、无裂纹	500 h 不起泡、不剥落、无裂纹	300 h 不起泡、不剥落、无裂纹
	粉化/级	≤1		
	变色/级	≤2		
	其他色/级	商定		
耐玷污性(白色和浅色)/%		≤15	≤15	≤20
涂料耐温变性/5 次循环		无异常		

1)丙烯酸酯外墙涂料

丙烯酸外墙涂料是以热塑性丙烯酸酯合成树脂为主要成膜物质，加入溶剂、颜料、填料、助剂等，经研磨而成的一种溶剂型涂料。丙烯酸酯外墙涂料的装饰效果良好，使用寿命长，估计可在 10 年以上，属于高档涂料，是目前国内外主要使用的外墙涂料品种之一。

丙烯酸酯外墙涂料的特点如下：

①无刺激性气味，耐候性好，不易变色、粉化或脱落。

②耐碱性好，且对墙面有较好的渗透作用，涂膜坚韧，附着力强。

③施工方便，可刷、滚、喷，也可根据工程需要配制成各种颜色。

主要适用于民用、工业、高层建筑及高级宾馆等内外墙面装饰。此类涂料在施工时应注意防火、防爆。

2)聚氨酯外墙涂料

聚氨酯外墙涂料是以聚氨酯树脂或聚氨酯与其他树脂复合物为主要成膜物质，加入颜料、填料、助剂等配制而成的优质外墙涂料。

聚氨酯外墙涂料包括主涂层涂料和面涂层涂料。主涂层涂料是双组分聚氨酯厚质涂料，通常可采用喷涂施工，形成的涂层具有优良的弹性和防水性，面涂层涂料为双组分的非黄变性丙烯酸改性聚氨酯树脂涂料。这种涂料具有以下特点：

①近似橡胶弹性的性质，对基层的裂缝有很好的适应性。按 JISA 540 标准试验，聚氨酯厚质涂层可耐 5 000 次以上伸缩疲劳试验，而丙烯酸橡胶系厚质涂料 500 次即发生断裂。

②耐候性好。经过 1 000 h 加速耐候试验(相当于室外暴露 1 年)，其伸长率、硬度、抗拉强度等性能几乎没有变化。

③极好的耐水、耐碱、耐酸等性能。

④表面光洁度好，呈瓷状质感，耐污性好，使用寿命可达 15 年以上。

聚氨酯系列外墙涂料属于高档涂料，适用于混凝土或水泥砂浆外墙的装饰，主要用于高级住宅、商业楼群、宾馆等的外墙装饰。聚氨酯系列外墙涂料在施工时需在现场按比例混合后使用，同时需注意防火、防爆。

(3)**乳液型外墙涂料**

以高分子合成树脂乳液为主要成膜物质的外墙涂料，称为乳液型外墙涂料。按照涂料的质感可分为薄质乳液涂料(乳胶漆)、厚质涂料、彩色砂壁状涂料等。

乳液型外墙涂料主要特点如下：

①以水为分散介质，涂料中无有机溶剂，因而不会对环境造成污染，不易燃，毒性小。

②施工方便，可刷涂、滚涂、喷涂，施工工具可以用水清洗。

③涂料透气性好，可以在稍湿的基层上施工。

④耐候性好，尤其是高质量的丙烯酸酯外墙乳液涂料其耐候性、耐水性、耐久性等性能可以与溶剂型丙烯酸酯类外墙涂料媲美。

但乳液型外墙涂料存在的较大问题是在太低的温度下不能形成优质的涂膜，通常必须在10 ℃以上施工才能保证质量，因而冬季一般不易施工。合成树脂乳液外墙涂料主要技术指标见表12.9。

表12.9　合成树脂乳液外墙涂料技术指标要求(GB/T 9755—2001)

项　目		指　标		
		优等品	一等品	合格品
容器中状态		无硬块，搅拌后呈均匀状态		
施工性		刷涂二遍无障碍		
干燥时间(表干)/h		≤2		
涂膜外观		正常		
对比率(白色和浅色)		≥0.93	≥0.90	≥0.87
耐水性		168 h 无异常		
耐碱性		48 h 无异常		
耐洗刷性/次		≥2 000	≥1 000	≥500
耐人工气候老化性	白色和浅色	600 h 不起泡、不剥落、无裂纹	400 h 不起泡、不剥落、无裂纹	250 h 不起泡、不剥落、无裂纹
	粉化/级	≤1		
	变色/级	≤2		
	其他色/级	商定		
耐玷污性(白色和浅色)/%		≤15	≤15	≤20
涂料耐温变性/5次循环		无异常		

目前，薄质外墙涂料有乙-丙乳液涂料，乙-顺乳液涂料、苯-丙乳液涂料、聚丙烯酸酯乳液涂料等；厚质涂料有乙-丙厚质涂料、氯-偏厚质涂料、砂壁状涂料等。

1)乙-丙乳液涂料

乙-丙乳液涂料是由乙酸乙烯和一种或几种丙烯酸酯类单体、乳化剂、引发剂，通过乳液聚合反应制得的共聚乳液，称为乙-丙共聚乳液。将这种乳液作为主要成膜物质，掺入颜料、填料、成膜助剂、防霉剂等，经分散、混合配制而成的乳液型涂料，称为乙-丙乳液涂料，是一种常用的乳液型外墙涂料。

乙-丙乳液涂料具有安全无毒、不燃、干燥快、耐候性和保光、保色性较好等特点，适用于住宅、商店、宾馆和工业建筑的外墙装饰。

2）苯-丙乳液涂料

苯-丙乳涂料是以苯乙烯-丙烯酸酯共聚物为主要成膜物质，加入颜料、填料及助剂等，经分散、混合配制而成的乳液型外墙涂料。

纯丙烯酸酯乳液配制的涂料，具有优良的耐候性、保光和保色性，适于外墙装饰。但价格较贵，限制了它的使用。以部分苯乙烯代替甲基丙烯酸甲酯制成的苯-丙乳液涂料，既保持了良好的耐候性和保光保色性能，而且价格也有较大的降低。苯-丙乳液涂料还具有优良的耐碱、耐水性，外观细腻、色彩艳丽、质感好。用苯-丙乳液配制的各种类型外墙涂料，性能均优于乙-丙乳液涂料，是目前国内生产量较大、使用较为广泛的外墙涂料。

3）聚丙烯酸酯乳液涂料

聚丙烯酸酯乳液涂料或称纯丙烯酸聚合物乳胶漆，是由甲基丙烯酸甲酯、丙烯酸丁酯、丙烯酸乙酯等丙烯酸系单体加入乳化剂、引发剂等，经过乳液聚合反应后以该乳液为主要成膜物质，加入颜料、填料及其他助剂，经分散、混合、过滤而成的乳液型涂料，是优质外墙涂料之一。该涂料在性能上较其他共聚乳胶漆要好，最突出的优点是涂膜光泽柔和，耐候性与保光性都很优异，但其价格要较其他共聚乳液涂料贵。

4）乙-丙乳液厚质涂料

乙-丙乳液厚质外墙涂料，是以醋酸乙烯-丙烯酸共聚物乳液为主要成膜物质，掺入一定量的粗骨料组成的一种厚质外墙涂料。该种涂料的装饰效果较好，属于中档外墙涂料，使用年限为 8~10 年。这种涂料具有膜质厚实、质感强，耐候性、耐水性、冻融稳定性均较好，且保色性好，附着力强，施工速度快，操作简单，可用于各种建筑物外墙。

（4）彩色砂壁状外墙涂料

彩色砂壁状外墙涂料又称彩砂涂料，是以合成树脂乳液和着色骨科为主体，外加增稠剂及各种助剂配制而成。由于采用高温烧结的彩色砂料、彩色陶粒或天然带色石屑作为骨料，使涂层具有丰富的色彩和质感，其保色性及耐候性比其他类型的涂料有较大的提高，耐久性可达 10 年以上。

彩砂涂料的主要成膜物质有乙酸乙烯-丙烯酸酯共聚乳液、苯乙烯-丙烯酸酯共聚乳液、纯丙烯酸酯共聚乳液等。考虑到耐久性、经济性，目前国内主要采用苯-丙乳液作为成膜物质，它不但黏结力强，而且耐水性极好。

彩砂涂料中的骨料分为着色骨料和普通骨料两种。着色骨料在涂料中起着色、丰富质感的作用；普通骨料如石英砂、白云石砂粒等，在涂料中起调色作用。普通砂与着色砂配合使用，可调整颜色深浅，使涂层色调层次感强，获得类似天然石材的质感，同时也可降低产品价格。

彩砂涂料具有无毒、无味，耐候性、耐水性优良，黏结力强，装饰性好，施工速度快、工效高等优点，如采用喷涂施工，施工速度可达 50 m^2/d。彩砂涂料的主要技术性能见表 12.10。

表 12.10　合成树脂乳液砂壁状建筑涂料技术指标要求(JG/T 24—2000)

项　目		指　标	
		N 型(内用)	W 型(外用)
容器中状态		搅拌后无结块,呈均匀状态	
施工性		喷涂无困难	
涂料低温储存稳定性		3 次试验后,无结块、凝聚及组成物的变化	
涂料热储存稳定性		1 个月试验后,无结块、凝聚及组成物的变化	
初期干燥抗裂性		无裂纹	
干燥时间(表干)/h		≤4	
耐水性		—	96 h 涂层无起鼓、开裂、剥落,与未浸泡部分相比,允许颜色有轻微变化
耐碱性		48 h 涂层无起鼓、开裂、剥落,与未浸泡部分相比,允许颜色有轻微变化	96 h 涂层无起鼓、开裂、剥落,与未浸泡部分相比,允许颜色有轻微变化
耐冲击性		涂层无裂纹、剥落及明显变形	
涂层耐温变性		—	10 次涂层无粉化、开裂、剥落,与标准板相比,允许颜色有轻微变化
耐玷污性		—	5 次循环试验后不大于 2 级
黏结强度/MPa	标准状态	≥0.70	
	浸水后	—	≥0.50
耐人工老化性		—	500 h 涂层无开裂、起鼓、剥落,粉化 0 级,变色不大于 1 级

(5)复层外墙涂料

复层涂料也称凹凸花纹涂料或浮雕涂料、喷塑涂料,它是由两种以上涂层组成的复合涂料,复层涂料由底层涂料、主层涂料和罩面涂料三部分组成。底层涂料的作用是处理好基层,以使主层涂料呈均匀良好的涂饰效果,并提高主涂层与基层的附着力;主层涂料的主要作用是赋予复层涂料所具有的花纹图案和一定的厚度,形成凹凸不平的立体质感;罩面涂料的主要作用是赋予复层涂料所具有的外观颜色、光泽,保护主涂层,提高复层涂料的耐候性、耐水性、耐污染性等。

复层外墙涂料的品种很多,按主层涂料主要成膜物质的不同,可分为聚合物水泥系复层涂料(CE)、硅酸盐系复层涂料(Si)、合成树脂乳液系复层涂料(E)、反应固化型合成树脂乳液系复层涂料(RE)4 大类。我国目前采用最多的是合成树脂乳液系复层涂料,它是由合成树脂乳液、填料、助剂等组成的。内墙一般是聚乙酸乙烯乳液,外墙一般用乙-丙乳液、苯-丙乳液、纯丙烯酸乳液。它具有附着力强、光泽好、硬度高、耐候性优良、施工方便等优点。复层涂料的主要技术指标见表 12.11。

表12.11 复层涂料的主要技术指标

项目		分类代码			
		CE	Si	E	RE
低温稳定性/(-5±2)℃		3次循环不结块,无组成物分离、凝聚			
初期干燥抗裂性		不出现裂纹			
黏结强度/MPa	标准状态	>0.49		>0.68	>0.98
	浸水后	>0.49		>0.49	>0.68
耐冷热循环/10次		不剥落、不起泡、无裂纹、无明显变色			
透水性/ml		溶剂型<0.5;水乳型<2.0			
耐碱性/7 d		不剥落、不起泡、不粉化、无裂纹			
耐冲击性/(500 g,300 mm)		不剥落、不起泡、无明显变色			
耐候性/250 h		不起泡、无裂纹;粉化≤1级;变色≤2级			
耐玷污性/%		<30			

复层涂料适用于多种基层材料,施工时首先刷涂1~2道基层封闭涂料(CE系、RE系不需基层封闭涂料)。主层涂料喷涂后,可用橡胶辊(或塑料辊)、橡胶刻花辊进行辊压以获得所要求的立体花纹与质感。主层涂料喷涂24 h后,即可喷涂或刷涂罩面涂料,需刷涂2道。

(6)**无机外墙涂料**

无机涂料为水性建筑涂料的一个类别,性能优异,使用方便,对环境保护有利,符合涂料高性能、低污染的发展趋势。无机建筑涂料具有如下特性:

①资源丰富;

②无污染,以水为分散介质,不使用有害物质;

③不燃或难燃,能耐800 ℃左右高温;

④表面硬度大,耐磨;

⑤耐擦洗、耐溶剂、耐油性强;

⑥涂膜抗污染性好;

⑦耐候性(耐紫外线性)优异。

但其涂膜不丰满,装饰性较差,使其使用受到一定限制。无机外墙涂料的技术指标见表12.12。一些发达国家也在大力发展这类涂料,并在很多工程中得到应用。我国无机涂料虽然起步也较早,但由于性能不尽如人意,装饰效果与其他建筑涂料(如乳胶涂料)相比较为逊色,市场的认可程度较差,再加上推广不利,一直未得到大发展。但我国具有开发无机涂料的丰厚资源,又有一定的研究基础,随着对环境保护要求的不断提高,很多科研院所、大专院校及生产企业都看好这类建筑涂料,正在对其装饰效果、保护性能及施工性能等方面进行研究。无机涂料作为建筑涂料的一大类别有其独特的优势,必将成为建筑涂料行业中不可缺少的品种,有较为广阔的发展前景。为了使无机涂膜具有较好的保护性、装饰性。往往采用与有机基料(如聚合物乳液)掺混,或在乳液聚合时与其发生化学反应等方式,以在性能上取长补短。随着有机高分子聚合物材料的发展,使用的材料也越来越多,有机-无机复合涂料的品种和性能可以满足不同用途的要求,是一类大有发展前途的建筑涂料品种。

表 12.12 无机外墙涂料技术指标要求(JG/T 26—2002)

项 目	指 标
容器中状态	搅拌后无结块,呈均匀状态
施工性	刷涂二道无障碍
涂膜外观	正常
对比率(白色和浅色)	≥0.95
热储存稳定性	30 d 无结块、凝聚、霉变现象
低温储存稳定性	3 次无结块、凝聚现象
表干时间/h	≤2
耐洗刷性/次	≥1 000
耐水性	168 h 无起泡、裂纹、剥落,允许轻微掉粉
耐碱性	168 h 无起泡、裂纹、剥落,允许轻微掉粉
耐温变性	10 次无起泡、裂纹、剥落,允许轻微掉粉
耐玷污性/%	
Ⅰ类(碱金属硅酸盐类)	≤20
Ⅱ类(硅溶胶类)	≤15
耐人工老化性(白色和浅色)	
Ⅰ类 800 h	无起泡、裂纹、剥落、粉化≤1 级,变色≤2 级
Ⅱ类 500 h	无起泡、裂纹、剥落、粉化≤1 级,变色≤2 级

(7)**氟碳外墙涂料**

1)氟碳涂料的性能

①超长的耐老化性能(平均寿命 20 年以上);

②优异的耐酸、碱、盐等介质腐蚀性能;

③良好的耐海水及耐盐雾腐蚀性能;

④卓越的抗污染性能(斥水、斥油、斥灰尘性能);

⑤理想的抗冲刷性能;

⑥优良的物理机械性能(附着力、抗冲击、硬度、柔韧性等均佳);

⑦品位高雅的装饰性能。

氟碳涂料所具有的优异性能系起因于 C-F 键的 3 种特性。

①C-F 键的键能大,键能高达 116 Kcal/mol,在受热,光能(包括紫外线)的作用下,C-F 键难以断裂,因此,显示出超长的耐久性,耐候性及耐化学介质腐蚀性能;

②氟原子的原子半径小(仅次于氢原子);

③C-F 键的极化率低。

基于上述 3 种特性,使氟碳高聚物高度绝缘,在化学上突出的表现在它的高度热稳定性和化学惰性,并致使漆膜的分子结构致密,显示出非凡的不黏附性、低表面张力、低摩擦性及斥水、斥油、斥灰尘等性能,是一种高级的防腐及装饰外墙涂料。

2）氟碳外墙涂料的技术指标

耐人工老化性：5 000 h 无粉化、无龟裂；附着力：一级；铅笔硬度：3H；耐刷洗性：12 000 次漆膜无破损；耐玷污性：反射系数下降率不大于 5%；涂膜耐冻融性：20 次不起泡、不剥落、不脱落；耐盐雾实验：2 000 h，漆膜不起泡，不脱落；耐化学药品性：10%硫酸，10%氢氧化钠，10%甲苯浸泡 14 d，漆膜无变化；使用温度：-40～140 ℃可正常使用。

3）氟碳涂料的使用

氟碳涂料由于是溶剂型涂料，对施工保养条件要求较高，施工保养温度高于 5 ℃，环境湿度低于 85%，以保证成膜良好，外墙施工必须考虑天气因素，在涂刷漆前 12 h 不能下雨，保证基层干燥，涂刷后 2 h 不能下雨，避免漆膜被雨水冲坏。

12.4.3　地面涂料

（1）地面涂料的特点及分类

地面涂料的主要功能就是装饰和保护地面，使地面清洁美观，同时结合内墙面、顶棚及其他装饰，创造优雅的环境。地面涂料不同于墙面涂料，一般应具有如下一些性能：

①耐水性好　为保持地面清洁，需要经常用水擦洗，因而要求地面涂料有良好的耐水性和耐洗刷性。

②较高的耐磨性　由于人员走动及其他物体的移动会对地面造成磨损，因而要求涂料必须具有较高的耐磨性。

③耐冲击性好　地面容易受重物撞击，从而对地面造成冲击损伤，因此，地面涂料受到重物冲击后应无裂纹和脱落现象，只允许有轻微的凹痕。

④硬度要高　地面涂料在受到刻画时，必须没有划痕或只有少量划痕。

⑤黏结强度要高　地面涂料与水泥砂浆之间必须有较高的黏结强度，以免在地面受到腐蚀时而脱落。

⑥施工方便，重涂容易，价格合理　地面涂料主要用于民用住宅的地面装饰，应便于施工，磨损后重涂性好。

地面涂料可进行如图 12.3 所示的分类：

- 地面涂料
  - 木地板涂料
    - 聚氨酯清漆
    - 酯胶磁漆木地板涂料
    - 钙酯地板漆
    - 紫红酚醛地板漆
  - 塑料地板涂料
  - 水泥砂浆地面涂料
    - 薄质涂料
      - 溶剂型
        - 过氯乙烯地面涂料
        - 苯乙烯地面涂料
        - 聚氨酯地面涂料
      - 水乳型
        - 氯-偏乳液地面涂料
        - 丙烯酸酯地面涂料
    - 厚质涂料
      - 溶剂型
        - 环氧树脂涂料
        - 不饱和聚酯涂料
        - 聚氨酯涂料
      - 水乳型
        - 聚乙烯醇缩甲醛水泥涂料
        - 聚醋酸乙烯水泥涂料

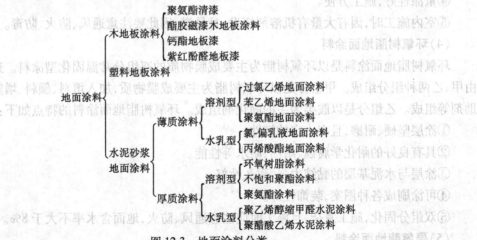

图 12.3　地面涂料分类

(2)**木地板涂料**

木地板涂料又称地板漆,它的品种较多,一般只用作木地面的保护,耐磨性差。各种地板漆的性能和用途见表12.13。

表12.13 地板漆的性能和用途

名　称	性能及特点	适用范围
聚氨酯清漆	耐水、耐磨、耐酸碱、易洗净,漆膜美观、光亮、装饰性好	防酸碱、耐磨损的模板表面,运动场,体育馆地板,混凝土地面
酯胶磁漆(地板清漆T80-1)	易干、涂膜光亮坚韧,对金属附着力强,有一定的耐水性	室内、外不常暴晒的木材或金属
钙酯地板漆	漆膜坚硬、平滑光亮、干燥较快、耐磨性好,有一定的耐水性	适用于显露木质纹理的地板、楼梯、扶手、栏杆
紫红酚醛地板漆	干燥迅速、遮盖力强、附着力快、耐磨和耐水性好	适用于木质地板、楼梯、扶手、栏杆
紫红酚醛地板漆(F80-1)	漆膜坚硬、光亮平滑,有良好的耐水性	适用于木质地板、楼梯、扶手、栏杆

(3)**过氯乙烯地面涂料**

过氯乙烯地面涂料是以过氯乙烯树脂为主要成膜物质,掺入少量的酚醛树脂改性,加入填料、颜料、稳定剂等,经捏合、混炼、塑化切粒、溶解等工艺制成的,是一种溶剂型地面涂料。其特点如下:

①施工干燥快,施工方便。常温下2 h可以全干。冬季气温低时也可施工。

②具有良好的耐磨性,在人流多的地面其耐磨性可达1~2年。

③具有很好的耐水性及耐化学药品性。

④重涂性好,施工方便。

⑤室内施工时,因有大量有机溶剂挥发,且易燃,因此要注意通风、防火、防毒。

(4)**环氧树脂地面涂料**

环氧树脂地面涂料是以环氧树脂为主要成膜物质的双组分常温固化型涂料。这种涂料是由甲、乙两种组分组成。甲组分是以环氧树脂为主要成膜物质,加入填料、颜料、增塑剂和其他助剂等组成。乙组分是以胺类为主的固化剂组成。环氧树脂地面涂料的特点如下:

①涂层坚硬、耐磨,且有一定的韧性。

②具有良好的耐化学腐蚀、耐油、耐水等性能。

③涂层与水泥基层的黏结力强,耐久性好。

④可涂刷成各种图案,装饰性好。

⑤双组分固化,施工复杂,且施工时应注意通风、防火,地面含水率不大于8%。

(5)**聚氨酯地面涂料**

聚氨酯地面涂料有薄质罩面涂料与厚质弹性地面涂料两类,前者主要用于木质地板或其他地面的罩面上光，后者涂刷于水泥地面，能在地面上形成无缝弹性塑料状涂层，故又称聚氨酯弹性地面涂料。

聚氨酯弹性地面涂料是双组分常温固化型，由甲、乙两组分组成。甲组分是聚氨酯预聚物，乙组分是由固化剂、颜料、助剂等混合而成。施工时将甲、乙两组分按一定比例混合，涂刷后涂层本身交联固化形成具有一定弹性的彩色地面涂层。该涂料有如下一些特点：

①涂层耐磨性很好，并且耐油、耐水、耐酸碱。

②涂料与水泥、木材、金属、陶瓷等地面的黏结力强，能与地面形成一体，不会因基层产生微裂纹而导致涂层开裂。涂布后地坪整体性好，装饰性好，清扫方便。

③涂层固化后具有一定弹性，步感舒适。

④重涂性好，便于维修。

⑤因是双组分涂料，施工较复杂。聚氨酯原材料有毒性，施工时应注意通风、防火及劳动保护。

聚氨酯地面涂料可用于会议室、放映厅、图书馆等的弹性装饰地面，地下室、卫生间等的防水装饰地面以及工厂车间的耐磨、耐腐蚀等地面，是一种优良的地面装饰涂料。

(6)其他地面涂料

1)氯-偏共聚乳液地面涂料

它是氯乙烯-偏氯乙烯共聚乳液地面涂料的简称，它是以氯乙烯共聚物乳液为主要成膜物质的水乳型涂料。该涂料具有无味、快干、不燃、易施工等特点。涂层坚固光洁，有良好的防霉、防潮、耐酸碱和化学稳定性。适用于民用住宅、公用建筑、工厂企业等的地面涂层，可仿制成木纹地板、花卉图案、大理石、瓷砖等彩色地面。

2)聚乙烯醇缩甲醛水泥地面涂料

聚乙烯醇缩甲醛水泥地面涂料，又称“水性厚质地面涂料”，是以水溶性聚乙烯醇缩甲醛胶为主要成膜物质，与普通水泥和一定的氧化铁系颜料组成的一种厚质涂料。构成该种涂料的材料分为 A、B、C 三组分。A 组分为普通硅酸盐水泥或白色水泥；B 组分为颜料；C 组分为面层罩光涂料。在涂布材料中，聚乙烯醇缩甲醛与水泥的质量之比约为 1∶2，颜料的掺量为水泥质量的 8%~12%。

3)聚乙酸乙烯水泥地面涂料

聚乙酸乙烯水泥地面涂料是由聚乙酸乙烯水乳液、普通硅酸盐水泥、颜料、填料及各种助剂配制而成的一种地面刮涂材料。聚乙酸乙烯水泥地面涂料的涂层无毒、不燃，干燥快，黏结力强，耐磨，耐冲击，有弹性，装饰效果好，操作工艺简单，施工方便。适用于民用及其他建筑地面的装饰，可代替部分水磨石和塑料地面，特别适用于水泥旧地面的翻修。

12.4.4　特种建筑装饰涂料

(1)防火涂料

将涂刷在基层材料表面上能形成防火阻燃涂层或隔热涂层，并能在一定时间内保证基层材料不燃烧或不破坏、不失去使用功能，为人员撤离和灭火提供充足时间的涂料称为防火涂料。防火涂料既具有普通涂料所拥有的良好的装饰性及其他性能，又具有出色的防火性。

防火涂料按用途分为钢结构用防火涂料、混凝土结构用防火涂料、木结构用防火涂料等。防火涂料按其组成材料和防火原理的不同,一般分为膨胀型和非膨胀型两大类。

(2)**防水涂料**

防水涂料的品种很多,但装饰型防水涂料目前主要有以下3种:

1)聚氨酯防水涂料

聚氨酯防水涂料为双组分涂料,A组分为预聚体,B组分为交联剂及填料等。使用时在现场按比例混合均匀后涂刷于基层材料的表面,经交联成为整体弹性涂膜。国内已开始生产和使用多种浅色聚氨酯防水涂料。聚氨酯防水涂料的质量应满足JC 500—1992的规定。

聚氨酯防水涂料的弹性高、延伸率大(可达350%~500%)、耐高低温性好、耐油及耐腐蚀性高,能适应任何复杂形状的基层,使用寿命15年。主要用于外墙和屋面等工程。

2)丙烯酸防水涂料

丙烯酸防水涂料是以丙烯酸乳液为主,加入填料、助剂等配制而成的乳液型防水涂料。

丙烯酸防水涂料具有耐高低温性好、不透水性高、无毒、可以在各种复杂的表面上施工,并具有白色和多种浅色及黑色。丙烯酸防水涂料的缺点是延伸率较小。使用寿命10年以上。丙烯酸防水涂料主要用于外墙防水装饰及各种彩色防水层。

3)有机硅憎水剂

有机硅憎水剂是以甲基硅醇钠或乙基硅醇钠等为主要原料配制而成的憎水剂。

有机硅憎水剂在固化后形成一层肉眼觉察不到的透明薄膜,该薄膜具有优良的憎水性、透水性、可起到防水、防风化、抗玷污的作用。有机硅憎水剂主要用于外墙防水处理、外墙装饰材料的罩面处理。使用寿命3~7年。

(3)**防霉涂料**

防霉涂料是一种对各类霉菌、细菌和母菌具有杀灭或抑制生长作用,而对人体无害的涂料。防霉涂料由基料、防霉剂、颜料、填料、助剂等组成。防霉涂料所用基料应是不含或少含可供霉菌生活的营养基,并具有良好的耐水性和耐洗刷性,通常使用钾水玻璃、硅溶胶、氯乙烯-偏氯乙烯共聚乳液等。防霉剂是防霉涂料的最重要的成分,为提高防霉效果,一般采有两种以上的防霉剂。所用颜料、填料、助剂等也应选择不含易霉变或可作为霉菌营养基的成分。防霉涂料用于一般建筑的内外墙,特别是地下室及食品加工厂的厂房、仓库等的内墙。

(4)**防雾涂料**

玻璃和透明塑料在高湿度情况下或当室内外温差较大时,因玻璃内侧的温度低于露点而会在玻璃的表面上结露,致使玻璃表面雾化影响玻璃的透视性。

防雾涂料是涂于玻璃、透明塑料等的表面能起到防止结露作用的涂料。防雾涂料主要由亲水性高分子树脂、交联剂和表面活性剂等组成,其防雾机理是利用树脂涂层的吸水性将表面的水分吸收,因表面没有水珠,故不影响玻璃的光透射比和光反射比。

防雾涂料可用于高档装饰工程中的玻璃,或挡风板、实验室、通风橱窗等的玻璃及透明塑料板等。

12.4.5　油漆涂料

(1)常用油漆涂料简介

油漆类涂料在建筑工程中也有着广泛的应用,下面就油漆类涂料作简单介绍。

1)清油

清油又称熟油,是用干性油经过精漂、提炼或吹气氧化到一定的黏度,并加入催干剂而制成的。清油可以单独作为涂料使用,也可用来调稀厚漆、红丹粉等。

2)清漆

清漆俗称凡立水。它与清油的区别是其组成中含有各种树脂,因而具有干性快、漆膜硬、光泽好、抗水性及耐化学药品性好等特点。主要用于木质表面或色漆外层罩面。

3)厚漆

厚漆俗称铅油,是由着色颜料、大量体质颜料和 10%~20%的精制干性油或豆油,并加入润湿剂等研磨而成的稠厚浆状物。厚漆中没有加入足够的油料、稀料和催干剂等,因而具有运输方便的特点。使用时需加入清油或清漆调制成面漆、无光漆或打底漆等,并可自由配色。调成漆后,其性能及使用方法与调和漆相同,但价格较调和漆便宜。

4)调和漆

调和漆是以干性油为基料,加入着色颜料、溶剂、催干剂等配制而成的可直接使用的涂料。基料中没有树脂的称为油性调和漆,其漆膜柔韧,容易涂刷,耐候性好,但光泽和硬度较差。含有树脂的称为磁性调和漆,其光泽好,但耐久性较差。磁性调和漆中醇酸调和漆属于较高级产品,适用于室外;酚醛、酯胶调和漆可用于室内外。调和漆按漆面还分为有光、半光和无光 3 种,常用的为有光调和漆,可洗刷;半光和无光调和漆的光线柔和,可轻度洗刷,建筑上主要用于木门窗或室内墙面。

5)磁漆

磁漆与调和漆的区别是漆料中含有较多的树脂,并使用了鲜艳的着色颜料,漆膜坚硬、耐磨、光亮、美观,好像磁器(即瓷器),故称为磁漆。磁漆按使用场所分为内用和外用两种;按漆膜光泽分为有光、半光和无光 3 种。半光和无光磁漆适用于室内墙面等的装饰。

6)底漆

用于物体表面打底的涂料。底漆与面漆相比具有填充性好,能填平物体表面所具有的细孔、凹凸等缺陷,并且价格便宜,但美观性差、耐候性差。底漆应与基层材料具有良好的黏附力,并能与面漆牢固结合。

(2)特种油漆涂料

1)防锈漆

防锈漆是由基料、红丹、锌黄、偏硼酸钡、磷酸锌等配制而成的具有防锈作用的底漆。常用的有醇酸红丹防锈漆、酚醛硼酸钡防锈漆等。主要用于钢铁材料的底层涂料。

2)防腐漆

防腐漆是具有优良耐腐蚀性的涂料,它主要通过屏蔽作用(即隔离开)、缓蚀和钝化作用、电化学作用等来实现防腐,其中后两种作用只对金属材料起作用。通常防腐涂料的基料具有高度的耐腐蚀性和密闭性，对用于金属材料的防腐漆还应具有很高的电绝缘性。常用的防腐涂料有酚醛防腐漆、环氧防腐漆、聚氨酯防腐漆、过氯乙烯防腐漆、沥青防腐漆、氯丁橡胶防腐漆、氯磺化聚乙烯防腐漆等。主要用于金属材料的表面防腐。

3）木器漆

木器漆属于高级专用漆，它具有漆膜坚韧、耐磨、可洗刷等特性。常用的有硝基木器漆、过氯乙烯木器漆、聚酯木器漆等。主要用于高级家具、木装饰件等。

12.5 建筑内墙涂料的环保、安全卫生与健康

12.5.1 建筑内墙涂料主要有害物

建筑内墙涂料中对人体与环境造成危害的有害物质包括：

（1）挥发性有机化合物含量（VOC）

该项目是内墙涂料有害物质限量中的主要指标之一，也是健康型内墙涂料的主要指标。该指标是判定涂料产品中挥发性有机化合物的含量，反映涂料在生产、施工和使用过程中对人体健康的影响和室内环境污染。

（2）重金属含量

该项指标是内墙涂料有害物质限量中的重要指标之一，也是健康型内墙涂料的主要指标。这类物质大部分来源于颜料、填料。因此，建筑内墙涂料在生产过程中需严格控制重金属含量指标。

（3）甲醛含量

该项指标是内墙涂料有害物质限量中的重要指标之一，也是健康型内墙涂料的主要指标。应保证内墙涂料产品中不含有甲醛及其聚合物成分，甲醛对皮肤黏膜有很强的刺激性，少数人可能产生过敏反应。1996 年美国政府工业卫生学专家会议将其定为人类可疑致癌物，特别在健康型内墙涂料中更应作严格限制。

（4）急性吸入毒性

涂料的毒性主要来源于挥发性有毒、有害物质，并通过呼吸道进入肌体，该项指标旨在检测涂料急性吸入的潜在危害。健康型内墙涂料要求该项指标越小越好。

（5）皮肤刺激性

用内墙涂料进行涂装施工时，操作人员的皮肤可能会与涂料接触。因此，要求健康型内墙涂料对皮肤无不良刺激。

12.5.2 建筑内墙涂料环保性能要求

水性涂料是第一批进入国家环保局公布的环境标志产品。2006 年，国家环保总局颁布了《环境标志产品技术要求 水性涂料》（HJ/T 201—2005），详细规定了涂料中有害物质品种与限量，国家标准化管理委员会也制定了《室内装饰装修材料内墙涂料中有害物质限量》

(GB 18582—2008),具体要求见表 12.14。

表 12.14　有害物质限量的要求(GB 18582—2008)

项　目		限量值	
		水性墙面涂料 a	水性墙面腻子 b
挥发性有机化合物含量(VOC)		≤120 g/L	≤15 g/kg
苯、甲苯、乙苯、二甲苯总和/($mg \cdot kg^{-1}$)		≤300	
游离甲醛/($mg \cdot kg^{-1}$)		≤100	
可溶性重金属/($mg \cdot kg^{-1}$)	铅 Pb	≤90	
	镉 Cd	≤75	
	铬 Cr	≤60	
	汞 Hg	≤60	

注:①a 涂料产品所有项目均不考虑稀释配比;

②b 膏状腻子所有项目均不考虑稀释配比;粉状腻子除可溶性重金属项目直接测试粉体外,其余 3 项按产品规定的配比将粉体与水或胶黏剂等其他液体混合后测试。如配比为某一范围,应按照水用量最小,胶黏剂等其他液体用量最大的配比混合后测试。

12.6　建筑涂料施工工艺

涂料施工根据涂料的种类、用途有不同施工工艺。下面简要介绍各种涂料施工工艺。

12.6.1　内墙涂料施工工艺

(1)内墙薄层涂料施工工艺

内墙混凝土及抹灰内墙、顶棚基面薄层涂料工程使用的涂料包括有:水性薄层涂料、乳液薄层涂料、溶剂型薄层涂料、无机薄层涂料。水性薄层涂料耐久性一般,无机薄层涂料表面的装饰效果比其他三种粗糙,此两种薄层涂料价格低,施工简单,常用于普通的内墙装饰。近年大部分的中高级内墙薄层涂料装饰,常用乳液型薄层涂料和溶剂型薄层涂料。

施工前应清理基层的浮尘、污垢,用水泥石膏浆(或 1∶3 水泥砂浆)对基层的孔洞、边角缺陷进行修补,用腻子灰对缝隙及局部毛面进行初步的补平。工艺顺序见表 12.15。

表 12.15　混凝土及抹灰内墙、顶棚表面薄涂料工程的主要工序

项次	工序名称	水性薄层涂料		乳液薄层涂料			溶剂型薄层涂料			无机薄层涂料	
		普通	中级	普通	中级	高级	普通	中级	高级	普通	中级
1	清扫	+	+	+	+	+	+	+	+	+	+
2	填补缝隙、局部刮腻子	+	+	+	+	+	+	+	+	+	+
3	磨平	+	+	+	+	+	+	+	+	+	+

续表

项次	工序名称	水性薄层涂料		乳液薄层涂料			溶剂型薄层涂料			无机薄层涂料	
		普通	中级	普通	中级	高级	普通	中级	高级	普通	中级
4	第一遍满刮腻子	+	+	+	+	+	+	+	+	+	+
5	磨平	+	+	+	+	+	+	+	+	+	+
6	第二遍满刮腻子	—	+	—	+	+	—	+	+	—	+
7	磨平	—	+	—	+	+	—	+	+	—	+
8	干性油打底	—	—	—	—	—	+	+	+	—	—
9	第一遍涂料	+	+	+	+	+	+	+	+	+	+
10	复补腻子	—	+	—	+	+	—	—	+	—	+
11	磨平(光)	—	+	—	+	+	—	+	+	—	+
12	第二遍涂料	+	+	—	+	+	+	+	+	+	+
13	磨平(光)	—	—	—	—	+	—	+	+	—	—
14	第三遍涂料	—	—	—	—	+	—	+	+	—	—
15	磨平(光)	—	—	—	—	—	—	—	+	—	—
16	第四遍涂料	—	—	—	—	—	—	—	+	—	—

注:①表中“+”号表示应进行的工序,以下各表同。

②表中施涂遍数以手工(刷)为例,机械喷涂可不受表中施涂遍数的限制,以达到质量要求为准。

③基层整体平整度较差时,或更高要求的内墙、顶棚薄层涂料工程,必要时可增加刮腻子的遍数及1~2遍涂料。

④湿度较高或局部遇明水的房间,应用耐水的腻子和涂料。

⑤每刮完一道腻子灰,必须等完全干透后才能打磨。

薄层涂料的涂饰质量和检验方法见表12.16。

表12.16 薄层涂料的涂饰质量和检验方法

项 目	普通涂饰	高级涂饰	检验方法
颜色	均匀一致	均匀一致	观察
泛碱、咬色	允许少量轻微	不允许	
流坠、疙瘩	允许少量轻微	不允许	
砂眼、刷纹	允许少量轻微砂眼,刷纹通顺	无砂眼、无刷纹	
装饰线、分色线直线度允许偏差/mm	2	1	拉5 m线,不足5 m拉通线,用钢直尺检查

(2)内墙厚层涂料施工工艺

内墙混凝土及抹灰内墙、顶棚基面厚涂料工程使用的涂料主要是合成树脂乳液轻质厚层涂料,它包括有:珍珠岩粉厚层涂料、聚苯乙烯泡沫塑料粒子厚层涂料和蛭石厚层涂料。

施工前基层的清理和处理要求同薄层涂料工程,工艺顺序见表12.17。

(3)复层涂料工程

混凝土及抹灰内墙、顶棚基面复层涂料包括合成树脂乳液复层涂料、硅溶胶类复层涂料、水泥系复层涂料、反应固化型复层涂料4种,它们的基层处理要求同前,工艺顺序为清扫→填补缝隙、局部刮腻子→磨平→第一遍满刮腻子→磨平→第二遍满刮腻子→磨平→施涂封底涂料→施涂主层涂料→滚压→刷第一遍罩面涂料→刷第二遍罩面涂料。复层涂料表面有凹凸浮雕造型,施工时不用像室内薄层涂料、厚层涂料施工一样分中、高级施工。主层涂料施涂完毕,如需要半球面点状造型时,可省略滚压工序。

复层涂料的涂饰质量和检验方法见表12.18。

表12.17　混凝土及抹灰内墙、顶棚基面轻质厚涂料工程的主要工序

项次	工序名称	珍珠岩粉厚层涂料		聚苯乙烯泡沫塑料粒子厚层涂料		蛭石厚层涂料	
		普通	中级	中级	高级	中级	高级
1	清扫	+	+	+	+	+	+
2	填补缝隙、局部刮腻子	+	+	+	+	+	+
3	磨平	+	+	+	+	+	+
4	第一遍满刮腻子	+	+	+	+	+	+
5	磨平	+	+	+	+	+	+
6	第二遍满刮腻子	—	+	+	+	+	+
7	磨平	—	+	+	+	+	+
8	第一遍喷涂厚层涂料	+	+	+	+	+	+
9	第二遍喷涂厚层涂料	—	—	—	+	—	+
10	第三遍喷涂厚层涂料	—	+	+	+	+	+

表12.18　复层涂料的涂饰质量和检验方法

项　目	质量要求	检验方法
颜色	均匀一致	观察
泛碱、咬色	不允许	
喷点疏密程度	均匀、不允许连片	

12.6.2 外墙涂料施工工艺

(1)外墙薄层涂料施工工艺

外墙混凝土及抹灰外墙薄涂料工程使用的涂料包括有乳液薄层涂料、溶剂型薄层涂料、无机薄层涂料3种。无机薄层涂料价格低,施工简单,用途广,常用于普通的墙面装饰。近年来大部分的高级外墙薄涂料装饰,常用乳液薄涂料和溶剂型薄涂料。它们的基层处理要求比内墙施工要求简单,外墙施工前不用满刮腻子,只是局部填补,其他施工前处理同内墙,工艺顺序为修补→清扫→填补缝隙、局部刮腻子→磨平→刷第一遍涂料→刷第二遍涂料。如施涂两遍涂料后,装饰效果仍不理想,可增加1~2遍涂料。机械喷涂时不受施涂遍数的限制,以达到质量要求为准。

(2)外墙厚层涂料施工工艺

外墙混凝土及抹灰外墙厚涂料工程使用的涂料包括有合成树脂乳液厚涂料、合成树脂乳液砂壁状涂料、无机厚层涂料。工艺顺序为修补→清扫→填补缝隙、局部刮腻子→磨平→刷第一遍涂料→刷第二遍涂料。机械喷涂可不受施涂遍数的限制,以达到质量要求为准。

砂壁状建筑涂料必须采用机械喷涂方法施涂。

(3)外墙复层涂料施工工艺

外墙复层涂料工程和内墙复层涂料工程一样,外墙混凝土及抹灰外墙复层涂料工程使用的涂料包括有合成树脂乳液复层涂料、硅溶胶类复层涂料、水泥系复层涂料、反应固化型复层涂料4种。工艺顺序包括清扫→磨平→填补缝隙、局部刮腻子→磨平→施涂封底涂料→施涂主层涂料→滚压→刷第一遍罩面涂料→刷第二遍罩面涂料。主层涂料施涂完毕,如需要半球面点状造型时,可省略滚压工序。

12.6.3 地面涂料施工工艺

地面涂料主要功能是装饰和保护地面,使地面清洁美观,与室内外墙面及其他装饰相适应,其施工工艺好坏对装饰效果有很大影响,应严格按施工工艺施工。

(1)环氧地面涂料施工工艺

环氧树脂地面涂料是以环氧树脂为主要成膜物质的双组分常温固化型涂料。这种涂料是由甲、乙两组分组成。甲组分是以环氧树脂为主要成膜物质,加入填料、颜料、增塑剂和其他助剂等组成。乙组分是由乙胺类为主的固化剂组成。使用按产品具体说明施工。一般顺序如下:

基层处理→刷底漆→批嵌腻子→涂刷中层环氧厚质涂料2~3遍→刷面层涂料1~2遍→罩光清漆。

上述各道涂层材料如下:底漆:甲组分清漆+乙组分固化剂+稀释剂,起渗透封底作用。腻子:甲组分清漆+乙组分固化剂+滑石粉+少量稀释剂。面漆:甲组分清漆+乙组分固化剂。面层罩光清漆:甲组分清漆+乙组分固化剂。施工前应将甲、乙组分按规定的比例要求准确称量(固化剂约为甲组分树脂的9%),经充分搅拌后,静止30~60 min后方可涂用。两种组分混合后一般应在6~8 h内用完。

(2)聚氨酯地面涂料施工工艺

聚氨酯弹性地面涂料是甲、乙两组分常温固化型的橡胶类涂料。甲组分是聚氨酯预聚体，乙组分是由固化剂、颜料、填料及助剂按一定比例混合，研磨均匀制成。两组分在施工应用时按一定比例搅拌均匀后，即可在地面上涂布施工。

1)施工顺序　基层清理与准备→涂刷底涂料→基层修补→刮头道厚质涂料→刮二道厚质涂料→刷罩光涂料→静置固化3 d，两周后可交付使用。

2)施工注意　因涂料中含二甲苯稀释剂，有刺激气味，易燃，应注意防火通风，严禁烟火，操作人员每2 h应休息1次，施工完毕后应用二甲苯清洗施工工具，并用清水、肥皂清洗手及皮肤被污染的地方。

(3)聚乙烯醇缩甲醛胶水泥地面涂料施工工艺

它是以水溶性聚乙烯醇缩甲醛胶为主材与普通水泥和适量的氧化铁系颜料组成的地面涂布材料，可用于民用住宅室内地面装饰，由于其造价低，施工方便，装饰效果良好，受到人们喜爱。主要材料及施工如下：

①主要胶凝材料。是以聚乙烯醇缩甲醛胶和普通硅酸盐水泥等有机无机材料共同组成。其机理是水泥吸收聚乙烯醇缩甲醛胶中的水分发生水化反应，形成水泥石，聚乙烯醇缩甲醛胶由失水而凝聚干燥，于是成为聚乙烯醇缩甲醛和硬化水泥石共同组成的地面涂膜。

②聚乙烯醇缩甲醛胶的浓度为固体含量10%，水泥可用42.5普通硅酸盐水泥或白色硅酸盐水泥。在涂布材料中，聚乙烯醇缩甲醛胶与水泥的重量比约为1∶2。

③聚乙烯醇缩甲醛胶与水泥、颜料拌和时，应视其适合涂刮的稠度，加入适量的自来水进行调节。

④将上述材料混合拌匀即可在已清理好的基面上刮涂，涂层厚度一般为2~3 mm，待刮涂层硬化(一般为2~3 d)后，用砂纸打光，待涂层地面干燥后，再用氯偏乳液或酚醛清漆罩面，打蜡即可。

复习思考题

12.1　涂料在建筑中主要应用在哪些方面？

12.2　涂料由哪些组分组成？各起什么作用？

12.3　配制溶剂型涂料时对溶剂的选择应注意哪些问题？

12.4　内墙涂料应具有哪些特点？常用的内墙涂料有哪些？

12.5　外墙涂料应具有哪些特点？常用的外墙涂料有哪些？

12.6　对地面涂料有何要求？常用哪些地面涂料？

12.7　建筑装饰内墙涂料如何选用，其施工工艺如何？

12.8　油漆和特种建筑装饰涂料主要有哪些？

12.9　内墙涂料的环保要求主要有哪些指标？

第13章 装饰织物

装饰织物在室内装饰中起着重要的作用,合理地选用装饰织物,不仅给人们生活带来舒适感,而且能使室内增加豪华气派,对现代室内设计起到锦上添花的作用。

建筑室内装饰用织物主要包括地毯、挂毯、墙布、浮挂、窗帘等。为适应现代建筑室内装饰的需要,近年来,这些装饰织物在材质、性能和花色品种等方面均发展很快,这为现代室内设计提供了又一类优良的装饰材料。

13.1 地 毯

地毯是一种高级的地面装饰材料,也是世界通用的生活用品之一,它有着悠久的发展史,堪称经久不衰。传统的地毯是手工编织的羊毛地毯,但当今的地毯,其原料款式多种多样,同时,颜色从艳丽到淡雅,绒毛从柔软到强韧,使用从室内到室外,已形成了地毯的高、中、低档系列产品。

13.1.1 地毯的品种及分类

现代地毯通常按其图案、材质、编制工艺及规格尺寸等进行分类。

(1)按图案类型分类

地毯按图案类型不同,可分为以下几种:

1)“京式”地毯

该地毯为北京或传统地毯,它图案工整对称,色调典雅,且具独特的寓意及象征性。

2)美术式地毯

该地毯突出美术图案,给人以繁花似锦之感。

3)仿古式地毯

该地毯以古代的古纹图案、风景、花鸟为题材,给人以古色古香、古朴典雅的感觉。

4)彩花式地毯

该地毯以黑色作为主色,配以小花图案,浮现百花争艳的情调,色彩绚丽,名贵大方。

5)素凸式地毯

该地毯色调较为清淡,图案为单色凸花织成,纹样剪片后清晰美观,犹如浮雕,富有幽静雅致的情趣。

(2)按材质分类

地毯按所用材质不同,可分为以下5类:

1)羊毛地毯

羊毛地毯即纯毛地毯,由于其采用粗绵羊毛为主要材料,故它具有弹性大、拉力强、光泽好的优点,为高档铺地装饰材料。

2)混纺地毯

混纺地毯是以羊毛纤维与合成纤维混纺后编制而成的地毯。合成纤维的掺入,可显著改善地毯的耐磨性,如羊毛中加入20%的尼龙纤维,地毯的耐磨性可提高5倍,装饰性不亚于纯毛地毯,且价格下降。

3)化纤地毯

化纤地毯采用合成纤维制作的面料制成,现常用的合成纤维材料有丙纶、腈纶、涤纶等,其外观和触感酷似羊毛,它耐磨而较富有弹性,为目前用量最大的中、低档地毯品种。

4)塑料地毯

塑料地毯是采用聚氯乙烯树脂、增塑剂等多种辅助材料,经均匀混炼、塑制而成的一种新型轻质地毯,它质地柔软、色彩鲜艳、自熄不燃、污染后可水洗、经久耐用,为一般公共建筑和住宅地面的铺装材料。

5)剑麻地毯

这种地毯是采用植物纤维剑麻为原料,经纺纱、编织、涂胶、硫化等工序制成,产品分素色和染色两类,有斜纹、罗纹、鱼骨纹、帆布平纹、半巴拿纹、多米诺纹等多种花色。剑麻地毯具有耐酸碱、耐磨、无静电现象等特点,但弹性较差,且手感十分粗糙。可用于楼、堂、馆、所等公共建筑地面及家庭地面铺设,还常用于高度耐磨地毯的起花结构。

(3)按编制工艺分类

按生产时编织工艺的不同,地毯可分为以下3类:

1)手工编织地毯

手工编织地毯专指纯毛地毯,它是采用双经双纬,通过人工打结栽绒,将绒毛层与基底一起编织而成,做工精细,图案千变万化,是地毯中的高档品。我国的手工地毯早在2 000多年前就开始生产了,自早年出口国外至今,一直以"中国地毯"艺精工细而闻名于世,成为国际市场上十分畅销的产品。但手工编织地毯工效低、产量少,因而成本高、价格昂贵。

2)簇绒地毯

簇绒地毯又称栽绒地毯。簇绒法是目前各国生产化纤地毯的主要方式,它是通过带有一排往复式穿针的纺机,把毛纺纱穿入第一层基底,并在其面上将毛纺纱穿插成毛圈而背面拉紧,然后在初级背衬的背面刷一层胶黏剂使之固定,这样就生产出了厚实的圈绒地毯。若再用锋利的刀片横向切割毛圈顶部,并经修剪,则就成为平绒地毯,也称割绒地毯或切绒地毯。

簇绒地毯生产时绒毛高度可以调整,圈绒的高度一般为5~10 mm,平绒绒毛高度多在7~10 mm。同时,毯面纤维密度大,因而弹性好,脚感舒适,且可在毯面上印染各种图案花纹。簇绒地毯已成为各国产量最大的化纤地毯品种,成为很受欢迎的中档产品。

3)无纺地毯

无纺地毯是指无经纬编织的短毛地毯,是用于生产化纤地毯的方法之一。它是将绒毛线用特殊的钩针扎刺在用合成纤维构成的网布底衬上,然后在其背面涂上胶层,使之粘牢,故其又有针刺地毯、针扎地毯或黏合地毯之称。这种地毯因其生产工艺简单,故成本低、价廉,但其弹性和耐久性较差。为提高其强度和弹性,可在毯底加缝或加贴一层麻布底衬,或可再加贴一层海绵底衬。

近年来,我国还发展生产了纯羊毛无纺地毯,它是不用纺织或编织方法而制成的纯毛地毯。

下面介绍地毯常用的几种编织方法:

缎通,即波斯结编织法。是以经线与纬线编织而成基布,再用手工在其上编织毛圈,以中国的锻通为代表,波斯结缎通,土耳其毛毯等都是较为有名的这样的编织。如图 13.1 所示。

威尔顿编织法是一种机械编织,以经线与纬线编织成基布的同时,织入绒毛线而成的。可使用 2~6 种色彩线。如图 13.2 所示。

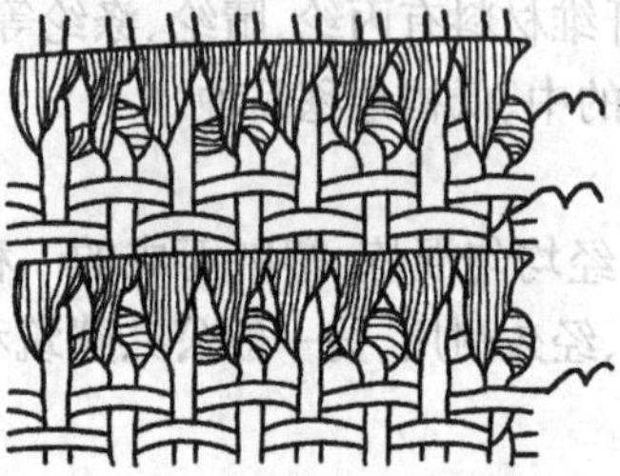

图 13.1　缎通法地毯的构造示意图

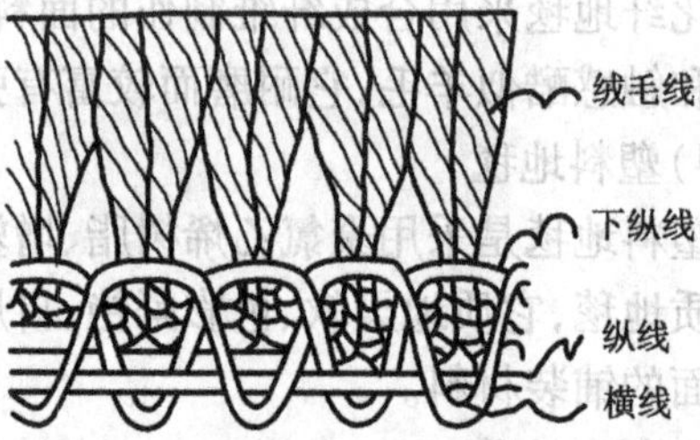

图 13.2　威尔顿编织法地毯的构造示意图

阿克斯明斯特法通过提花织机编织而成。编织色彩可达 30 种,其特点是具有绘画图案。如图 13.3 所示。

簇绒法是在基布上织入绒毛线而成的一种制造方法。可大量、快速且便宜地生产地毯。如图 13.4 所示。

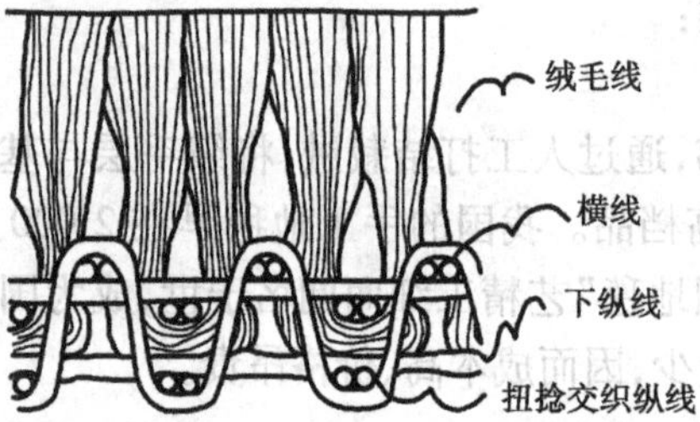

图 13.3　阿克斯明斯特法地毯的构造示意图

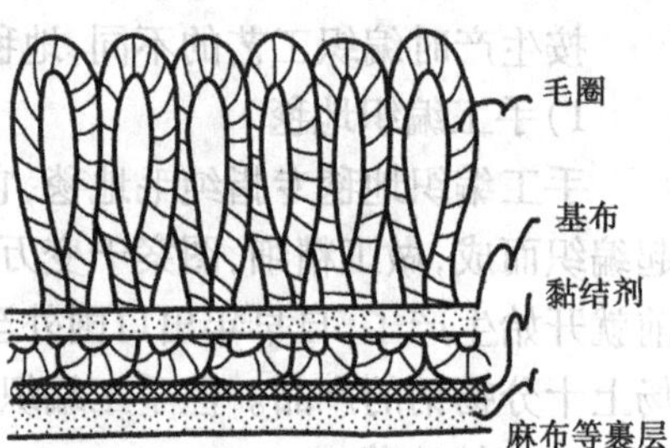

图 13.4　簇绒法地毯的构造示意图

(4)按规格尺寸分类

地毯按其规格尺寸可以分为以下两类:

1)块状地毯

纯毛地毯多制成方形及长方形块状地毯,其通用规格尺寸从 610 mm×610 mm~3 660 mm×6 710 mm共计 56 种,另外还有圆形、椭圆形等地毯,厚度则视质量等级而有所不同。纯毛块状地毯还可成套供应,每套由若干块形状和规格不同的地毯组成。花式方块地毯由花色各不相同的 500 mm×500 mm 的方块地毯组成一箱，铺设时可用以组合成各种不同的图案。

块状地毯铺设方便灵活，位置可随意变动，以满足不同主人的不同情趣要求，这给室内设计提供了更大的选择余地。同时，对已被磨损的部位，可随时调换，从而可延长地毯的使用寿命，达到既经济又美观的目的。

门口毯、床前毯、道毯等小块地毯在室内的铺设，不仅使室内不同的功能有所划分，还可打破大片灰色水泥地面的单调感，起到画龙点睛的效果。

应该指出，各种材质的地毯均可制成块状地毯，如尼龙等化纤小块地毯，将其铺放在浴室或卫生间，可以起到防滑的作用。

2）卷装地毯

机织的化纤地毯常制成宽幅的成卷包装的地毯，其幅宽有 1~4 m 等多种。每卷长度一般为 20~25 m，也可按要求加工。铺设成卷的整幅地毯，可使室内具有宽敞感、整洁感，但损坏后不易更换。

(5) 按使用场所不同的分级

地毯按其所用场所不同，可分为以下 6 级：

①轻度家用级　铺设在不常使用的房间或部位；

②中度家用级或轻度专业使用级　用于主卧室或家庭餐室等；

③一般家用或中度专业使用级　用于起居室及楼梯、走廊等交通频繁的部位；

④重度家用或一般专业使用级　用于家中重度磨损的场所；

⑤重度专业使用级　价格甚贵，家庭不用，用于特殊要求的场合；

⑥豪华级　地毯品质好，绒毛纤维长，具有豪华气派，用于高级装饰的卧室。

建筑室内地面铺设的地毯，是根据建筑装饰的等级、使用部位及使用功能等要求而选择的。总的来说，要求高级者选用纯毛地毯，一般装饰则选用化纤地毯。

13.1.2　纯毛地毯

纯毛地毯分手工编织地毯和机织地毯两种，前者为我国传统纯毛地毯高档产品，后者是近代发展起来的较高级的纯毛地毯制品。

(1) 手工编织纯毛地毯

手工编织的纯毛地毯是采用中国特产的土种优质绵羊毛纺纱，用现代染色技术染出最牢固的颜色，经精湛的技巧织成瑰丽图案后，再以专用机械平整毯面或剪凹花的周边，最后用化学方法洗出丝光。

手工编织地毯是自下往上垒织栽绒打结（8 字扣，国际上称"波斯扣"）而制成的，每垒织打结完一层称一道，通常以毯面上垒织的道数多少，来表示地毯的栽绒密度，道数越多，栽绒密度越大，地毯质量越好，价格也就越贵。地毯的档次也与道数成正比关系，一般家用地毯为 90~150 道，高级装修用的地毯均在 200 道以上，个别处可达 400 道。

手工编织纯毛地毯具有图案优美、色泽鲜艳、富丽堂皇、质地厚实、富有弹性、柔软舒适、经久耐用等特点，其铺地装饰效果极佳。

手工编织的纯毛地毯由于做工精细，产品名贵，故售价高，所以常用于国际性、国家级的大会堂、迎宾馆、高级饭店和高级住宅、会客厅以及其他重要的装饰性要求高的场所。

(2)**机织纯毛地毯**

机织纯毛地毯具有毯面平整、光泽好、富有弹性、脚感柔软、抗磨耐用等特点,其性能与纯毛手工地毯相似,但价格远低于手工地毯。与化纤地毯相比,则其回弹性、抗静电、抗老化、耐燃性等都优于化纤地毯。

机织纯毛地毯最适合用于宾馆、饭店的客房、楼梯、楼道、宴会厅、酒吧间、会客室以及体育馆、家庭等满铺使用。另外,这种地毯还有阻燃性产品,可用于防火性能要求较高的建筑室内地面。

建筑室内地面铺设纯毛地毯后,除顿生高雅豪华之感外,还对楼地面具有良好的保温隔热及吸声隔音效果,从而可降低室内的采暖空调费用,并增加室内的宁静感。

13.1.3 化纤地毯

化纤地毯是20世纪70年代发展起来的一种新型地面铺装材料,它是以化学合成纤维为原料,经机织或簇绒等方法加工成面层织物后,再与背衬材料进行复合处理而制成。

化纤地毯因可机械化生产,故产量高,价格较廉,加之其耐磨性更好,且不易虫蛀和霉变,故很受人们的欢迎,世界上许多国家一直以大幅度持续增长的速度发展化纤地毯工业。我国自20世纪80年代以来,也大量发展和引进化纤地毯的生产技术,目前产品质量已赶上国外同类产品的水平。据统计,目前世界上化纤地毯产量约占地毯总产量的80%。

(1)**化纤地毯的构造**

化纤地毯由面层、防松涂层、背衬3部分构成。

1)面层

化纤地毯的面层是以聚丙烯纤维、聚丙烯腈纤维、聚酯纤维、尼龙纤维等化学纤维为原料,通过采用机织和簇绒等方法加工成为面层织物。面层织物过去多以棉纱作初级背衬,以后将逐渐由丙纶扁丝替代。在以上纤维中,丙纶纤维的密度较小,抗拉强度、湿强度及耐磨性等都很好,但回弹性与染色性较差。而腈纶纤维虽密度稍大一些,但具有色彩鲜艳、静电小等优点,回弹性优于丙纶,具有足够的耐磨性、随着对地毯的不同功能要求,也可用两种纤维混纺制成面层。织做面层的纤维还可进行耐污染和抗静电等处理。在现代地毯的生产中,由于选用了适当分散的酸性阴离子型的染料,在同一染缸中可染成多种色彩,且染色具有良好的热稳定性。印染簇绒地毯的出现,是化纤地毯的重要发展。

化纤地毯机织面层的纤维密度较大,毯面平整性好,但工序较多,织造速度不及簇绒法快,故成本较高。

化纤地毯面层的绒毛可以是长绒、中长绒、短绒、起圈绒、卷曲绒、高低圈绒、平绒圈绒组合等多种,一般多采用中长绒制作的面层,因其绒毛不易脱落和起球,使用寿命长。另外,纤维的粗细也会直接影响地毯的弹性和脚感。

2)防松涂层

防松涂层是指涂刷于面层织物背面初级背衬上的涂层。这种涂层材料是以氯乙烯-偏氯乙烯共聚乳液为基料,再添加增塑剂、增稠剂及填料等配制而成为一种水溶性涂料,将其涂于面层织物背面,可以增加地毯绒面纤维在初级背衬上的固着牢度,使之不易脱落。同时,待涂层经热风烘干成膜后,当再用胶黏剂贴次级背衬时,还能起防止胶黏剂渗透到绒面层而使面层发硬的作用,从而也可控制和减少胶黏剂的用量,并增加黏结强度。

3）背衬

化纤地毯的背衬材料一般为麻布，采用黏结力很强的丁苯胶乳、天然乳胶等水溶性橡胶作胶黏剂，将麻布与已做防松涂层处理过的初级背衬相黏合，以形成次级背衬，然后再经加热、加压、烘干等工序，即成卷材成品。次级背衬不仅保护了面层织物背面的针码，增强了地毯背面的耐磨性，同时也加强了地毯的厚实程度，使人更感步履轻松。

（2）主要技术性能要求

化纤地毯的技术性能要求是鉴定其质量的标准，也是用户挑选地毯时的依据。化纤地毯主要技术性能要求如下：

1）剥离强度

剥离强度是反映地毯面层与背衬间复合强度的大小，通常以背衬剥离强度表示，即指采用一定的仪器设备，在规定速度下，将 50 mm 宽的地毯试样，使之面层与背衬剥离至 50 mm 长时所需的最大力。化纤簇绒地毯要求剥离强度不小于 25 N。我国产簇绒和机织丙纶、腈纶地毯，无论干、湿状态，其剥离强度均在 35 N 以上，超过了国外同类产品的水平。

2）绒毛黏合力

绒毛黏合力是指地毯绒毛固着于背衬上的牢度。化纤簇绒地毯的黏合力以簇绒拔出力来表示，要求平绒毯簇绒拔出力不小于 12 N，圈绒毯不小于 20 N。我国产簇绒丙纶地毯，黏合力达 63.7 N，高于日本同类产品 51.5 N 的指标。

3）耐磨性

地毯耐磨性是其使用耐久性的重要指标，通常是以地毯在固定压力下，磨至露出背衬时所需的耐磨次数来表示，耐磨次数越多，表示耐磨性越好。地毯的耐磨性优劣与所用面层材质、绒毛长度有关，如我国产机织丙纶、腈纶化纤地毯，当绒毛长为 6～10 mm 时，其耐磨次数可达 5 000～10 000 次，达到了国际同类产品的水平。机织化纤地毯的耐磨性优于机织羊毛地毯（为 2 500 次）。

4）弹性

弹性是反映地毯受压力后，其厚度产生压缩变形的程度，这是地毯是否脚感舒适的重要性能。地毯的弹性通常用动态负载下（规定次数下周期性外加荷载撞击后）地毯厚度减少值及中等静负载后地毯厚度减少值来表示。例如绒毛厚度为 7 mm 的簇绒化纤地毯，要求其动荷下厚度减少值为：平绒毯不大于 3.5 mm，圈绒毯不大于 2.2 mm；静负载后厚度减少值分别要求不大于 3 mm 与不大于 2 mm。

实践证明，化纤地毯的弹性不及纯毛地毯，丙纶地毯的弹性又不及腈纶地毯。

5）抗静电性

静电性是表示地毯带电和放电的性能。一般来讲，化学纤维未经抗静电处理时，其导电性差，致使织造成的化纤地毯静电大，易吸尘，清扫除尘较困难。这是由于有机高分子材料受到摩擦后易生静电，而其本身又具绝缘性，使静电不易放出所致。严重时，使行走其上的人会有触电感。为此，在生产合成纤维时，常掺入一定量的抗静电剂，以提高化纤地毯的抗静电性。

化纤地毯的静电大小常以其表面电阻和静电压来表示。

6）抗老化性

化学纤维是有机物，有机物在大气的长期作用下会逐渐产生老化。化纤地毯的抗老化性是指其在光照和空气等因素作用下，经过一定时间后，毯面化学纤维老化降解，导致地毯性能指标下降的程度。化纤地毯老化后，受撞击和摩擦时会产生粉末现象。在生产化学纤维时，加入一定的抗老化剂，可提高织成地毯的抗老化性能。

化纤地毯的抗老化性通常是用经一定时间的紫外线照射后，地毯的耐磨次数、弹性及色泽等变化程度来评定的。

7）耐燃性

耐燃性是指化纤地毯遇到火种时，在一定时间内燃烧的程度。由于化学纤维一般易燃，故常在生产化学纤维时加入一定量的阻燃剂，以使织成的地毯具有自熄性或阻燃性。当化纤地毯在燃烧 12 min 的时间内，其燃烧面积的直径小于 17.96 cm 时，则认为耐燃性合格。

8）抗菌性

地毯作为地面覆盖材料，在使用过程中较易被虫、菌等侵蚀而引起霉变，因此，地毯在生产中常要作防霉、抗菌等处理。通常规定，凡能经受 8 种常见霉菌和 5 种常见细菌的侵蚀而不长菌和霉变时，认为合格。化纤地毯的抗菌性优于纯毛地毯。

（3）化纤地毯的特点与应用

化纤地毯具有如下特点：

1）优良的装饰性

其色彩绚丽、图案多样、质感丰富、主体感强，给人以温暖、舒适、宁静、柔和的感觉。

2）耐磨性好

由于化纤的耐磨性比羊毛好，所以化纤地毯的使用寿命长。

3）能调节室内环境

化纤地毯由于有较好的弹性，步行时柔软轻快，此外还具有较好的吸声性和绝热性，能保持环境的安静和温暖。

4）耐倒伏性较好，即回弹性较好

一般地毯面层纤维的倒伏性主要取决于纤维的高度、密度及性质，密度高的手工编织地毯耐倒伏性较好；而密度小的绒头较高的簇绒地毯耐倒伏性差。总体而言，弹性不如羊毛地毯。

5）易藏污

化纤地毯主要对于尘土沙、粒等污染物易藏污。对液体污染物，特别是有色液体，较易玷污和着色，使用时要注意。受到污染时可用市售的地毯清洗剂进行清洗。

6）耐燃性差

加入阻燃剂后，可以收到自熄或阻燃的效果。

7）易产生静电

由于化纤地毯有摩擦产生静电及放电特性，所以极易吸收灰尘，放电时对某些场合易造成危害，一般采用加抗静电剂的方法处理。

化纤地毯适用于宾馆、饭店、招待所、接待室、餐厅、住宅居室、活动室及船舶、车辆、飞机等地面装饰铺设。对于高绒头、高密度、流行色、格调新颖、图案美丽的化纤地毯，可用于三星级以上的宾馆。机织提花工艺地毯属高档产品，其外观可与手工纯毛地毯媲美。

化纤地毯可用于摊铺，也可粘铺在木地板、马赛克地面、水磨石地面及水泥混凝土地面上。

另外，目前拼装式高弹性地毯使用较为广泛，它是由 EVA（乙烯-醋酸乙烯共聚物）橡塑发泡板材为背衬，采用火焰热熔复合工艺，将其与化纤地毯面层织物黏合，然后冲切成30 cm×30 cm的方块，毯厚为（9±0.5）mm，每块 4 边均有镶齿，供任意咬合拼装。其颜色有红、绿、黑等多种，用户选购两种以上的色块，即可任意拼组成十字形、工字形、田字形或四字形等图案，显示出特殊的装饰效果，美观实用。

拼装式高弹性地毯的特点是：保暖性能好，富有弹性，脚感很舒适，并伴有良好的楼层隔音性，且阻燃、防霉、不蛀，轻便灵活，铺装便捷，利于换洗，可集装储存。适用于旅馆客房、客厅、办公室、居民卧室、幼儿园、敬老院、医院病房等地面铺设。

13.1.4　挂毯

挂毯又名壁毯，它是一种供人们欣赏的室内墙挂艺术品，故又常称艺术壁毯。挂毯要求图案花色精美，为此常采用纯羊毛和蚕丝等上等材料制作而成。

挂毯的图案题材十分广泛，多为动物花鸟、山水风光等，这些图案往往取材于优秀的绘画名作，包括国画、油画、水彩画等，如规格为 305 cm×427 cm 和 61 cm×122 cm 的“奔马图”挂毯，即取材于一代画师徐悲鸿的名画。另外，还可取材于成功的摄影作品。艺术挂毯采用我国高级纯毛地毯的传统做法——栽绒打结编织技法织造而成。

13.2　墙面装饰织物

通常在建筑中，室内墙面一般都是石灰砂浆抹面、玻璃窗，再加极少的一点门窗油漆色彩，这种墙面给人以一种刻板、冷漠之感。为了改变这种状况，现代建筑的室内墙面，除了大量采用塑料壁纸及内墙涂料外，还普遍采用织物装饰墙面，这些织物以其独特的柔软质地而产生的特殊效果，来柔化空间、美化环境，可以起到把温暖和祥和带到室内来的作用。从而深受人们的喜爱。

目前我国生产的主要品种有织物壁纸、玻璃纤维印花贴墙布、无纺贴墙布、化纤装饰贴墙布、棉纺装饰墙布、麻草壁纸、皮革与人造革，以及锦缎、丝绒、呢料等高级织物等。

13.2.1　织物壁纸

织物壁纸现有纸基织物壁纸和麻草织物壁纸两种。

（1）纸基织物壁纸

纸基织物壁纸是以棉、麻、毛等天然纤维制成的各种色泽、花色和粗细不一的纺线，经特殊工艺处理和巧妙的艺术编排，黏合于基纸上而制成。这种壁纸面层的艺术效果，主要通过各色纺线的排列来达到，有的用纺线排出各种花纹，有的带有荧光，有的线中夹有金、银丝，使壁纸呈现金光点点，还可以压制成浮雕绒面图案，别具一格。

纸基织物壁纸的特点是色彩柔和幽雅，墙面立体感强，吸声效果好，耐日晒，不褪色，无毒无害，无静电，不反光，且具有透气性和调湿性。适用于宾馆、饭店、办公大楼、会议室、接待室、疗养所、计算机房、广播室及家庭卧室等室内墙面装饰。

（2）麻草壁纸

麻草壁纸是以纸为基底，以编织的麻草为面层，经复合加工而制成的墙面装饰材料。

麻草壁纸具有吸声、阻燃、散潮湿、不变形等特点，更是具有自然、古朴、粗犷的大自然之美，给人以置身于自然原野之中，回归自然的感觉。麻草壁纸适用于会议室、接待室、影剧院、酒吧、舞厅以及饭店、宾馆的客房等的墙壁贴面装饰，也可用于商店的橱窗设计。

13.2.2 玻璃纤维印花贴墙布

玻璃纤维印花贴墙布简称玻纤印花墙布，它是以中碱玻璃纤维织成的布为基材，表面涂以耐磨树脂，并印上彩色图案而制成。其特点是玻璃布本身具有布纹质感，经套色印花后，装饰效果好，且色彩艳丽，花色繁多，在室内使用不褪色，不老化，尤其是防火性和防水性好，耐湿性强，可用肥皂水洗刷。价格低廉，施工简单，粘贴方便。

玻纤印花墙布适用于招待所、饭店、展览馆、会议室、餐厅、工厂净化车间、居民住宅等室内墙面装饰，尤其适用于室内卫生间、浴室等墙面的装贴。但应指出，当墙布表面树脂涂层一旦磨损后，将会散落出少量玻璃纤维，使用中应予以注意。

另外，玻纤印花墙布在运输和储存过程中应横向放置，并注意放平，切勿立放，以免损伤两侧布边，影响施工时对花。

13.2.3 化纤装饰贴墙布

化纤装饰贴墙布是以人造化学纤维织成的布（单纶或多纶）为基材，经一定处理后印花而成。化学纤维种类繁多，各具不同性质，常用的纤维有黏胶纤维、醋酸纤维、聚丙烯纤维、聚丙烯腈纤维、锦纶纤维、聚酯纤维等。所谓“多纶”是指多种化纤与棉纱混纺制成的贴墙布。

化纤装饰贴墙布具有无毒、无味、透气、防潮、耐磨、无分层等优点。适用于各级宾馆、旅店、办公室、会议室和居民住宅等室内墙面装饰。

13.2.4 无纺贴墙布

无纺贴墙布是采用棉、麻等天然纤维或涤、腈等合成纤维，经过无纺成型、上树脂、印制彩色花纹而成的一种新型贴墙材料。

这种贴墙布的特点是：挺括、富有弹性、不易折断、纤维不老化、不散失，对皮肤无刺激作用，色彩鲜艳、图案雅致、粘贴方便、具有一定的透光性和防潮性，能擦洗而不褪色。

无纺贴墙布适用于各种建筑物的室内墙面装饰，尤其是涤纶棉无纺贴墙布，除具有麻质无纺贴墙布的所有特性外，还具有质地细腻、光滑的特点，特别适用于高级宾馆、高级住宅的建筑物。无纺贴墙布、化纤装饰墙布主要物理性能指标见表 13.1。

表 13.1 无纺贴墙布、化纤装饰墙布主要物理性能指标

项目名称	单 位	指 标	附 注
密度	g/m^2	115	—
厚度	mm	0.35	
断裂强度	$N/(5\times20\ cm)$	纵向 770，横向 490	
断裂伸长率	%	纵向 3，横向 8	
冲击强度	N	347	Y631 型织物破裂试验机
耐 磨	—	—	Y552 型圆盘式织物耐磨机

续表

项目名称	单　位	指　标	附　注
静电效应	静电值/V 半衰值/s	184 1	感应式静电仪，室温(19±1)℃，相对湿度(50±2)%，放电电压5 000 V
色泽牢度	单洗褪色(级) 皂洗褪色(级) 干摩擦(级) 湿摩擦(级) 刷　洗(级) 日　晒(级)	3~4 4~6 4~5 4 3~4 7	—

13.2.5　棉纺装饰墙布

棉纺装饰墙布是用纯棉布经过处理、印花、涂布耐磨树脂制作而成。其特点是墙布强度大，静电小，蠕变性小，无光、吸声、无毒、无味，对施工人员和用户均无害，花型色泽美观大方。可用于宾馆、饭店、公共建筑和较高级的民用建筑中装饰。适合用于水泥砂浆墙面、混凝土墙面、石灰浆墙面，以及石膏板、胶合板、纤维板、石棉水泥板等墙面基层的粘贴或悬挂。

棉纺装饰墙布还常用作窗帘，夏季采用这种薄型的淡色窗帘，无论其是自然下垂时或双开平拉成半弧形式，均会给室内创造出清静和舒适的氛围。

13.2.6　高级墙面装饰织物

高级墙面装饰织物是指锦缎、丝绒、呢料等织物，这些织物由于纤维材料、织造方法以及处理工艺不同，所产生的质感和装饰效果也就不一样，它们均能给人以极美的感受。

锦缎是一种丝织品，它具有纹理细腻、柔软绚丽、古朴精致、高雅华贵的特点，其价格昂贵，用作高级建筑室内墙面悬挂装饰，在我国已有悠久的历史。也可用于室内高级墙面裱糊，但因锦缎很柔软，容易变形，施工要求高，且其不能擦洗，稍受潮湿或水渍，就会留下斑迹或易生霉变，使用中应予以注意。

丝绒色彩华丽，质感厚实温暖，格调高雅，用作高级建筑室内窗帘、软隔断或悬挂，显示出富贵、豪华特色。

粗毛呢料或仿毛化纤织物和麻类织物，质感粗实厚重，具有温暖感，吸声性能好，还能从纹理上显示出厚实、古朴等特色，适用于高级宾馆等公共厅堂柱面的裱糊装饰。

13.2.7　皮革与人造革

皮革与人造革用于高级建筑室内墙面装修，最高档的皮是真羊皮，通常采用的是仿羊皮等纹理的人造革。人造革色彩花纹多样，仿真性强，装饰效果甚佳。

皮革与人造革墙面具有柔软、消声、温暖、耐磨等特点，显示高雅华贵的装饰效果，适用于健身房、幼儿园等要求防止碰撞的房间墙面，也可用于录音室、电话间等声学要求较高的房间。另外，还可用于小餐厅、会客室以及住宅建筑的客厅、起居室等，以使环境更加高雅舒适。

目前，还常用仿羊皮人造革制作软包和吸音门等，起到既装饰又实用的效果。

复习思考题

13.1 分析比较纯毛地毯与化纤地毯的优缺点。

13.2 地毯的主要技术性能要求有哪些？

13.3 常用墙面装饰织物有哪些，各有何特点？

第14章 建筑装饰用其他材料

建筑装饰用其他材料一方面指辅助材料,即在建筑装饰工程施工中用到的各种辅助材料,如胶黏剂、密封材料、修补材料与腻子等。另一方面指一些功能材料,它赋予建筑物防水、防火、保温、隔热等功能。这些材料的合理使用,可使建筑装饰质量更加完善,能提高装饰工程的实际效果。

14.1 胶黏剂

胶黏剂是指具有良好的黏结性能,能把两物体牢固地胶连起来的一类物质。随着高分子化工的发展和建筑构件向预制化、装配化、施工机械化方向的发展,特别是各种建筑装饰材料的使用,使得胶黏剂在建筑上的应用十分广泛,也是建筑工程中不可缺少的配套材料之一。它不但广泛应用于建筑室内外装修工程中,如墙面、地面、吊顶工程的装修黏结,还常用于屋面防水、地下防水、管道工程、新旧混凝土的接缝以及金属构件及基础的修补等,还可用于生产各种新型建筑材料。

14.1.1 胶黏剂的基本原理

胶黏剂能够将材料牢固地黏结在一起,是因为胶黏剂与材料间存在有黏结力。一般认为黏结力主要来源于以下几个方面:

(1)**机械黏结力**

胶黏剂涂敷在材料的表面后,能渗入材料表面的凹陷处和表面的孔隙内,当胶黏剂固化后如同镶嵌在材料内部。正是靠这种机械锚固力将材料黏结在一起。

(2)**物理吸附力**

胶黏剂分子和材料分子间存在的物理吸附力,即范德华力将材料黏结在一起。

(3)**化学键力**

某些胶黏剂与材料分子间能产生化学反应,即在胶黏剂与材料间存有化学键力,是化学键力将材料黏结为一个整体。

对不同的胶黏剂和被黏材料,黏结力的主要来源也不同,当机械黏结力、物理吸附力、化学键力和扩散共同作用时,可获得很高的黏结强度。

14.1.2 胶黏剂的基本要求

为将材料牢固地黏结在一起,无论哪一种类的胶黏剂都必须具备以下基本要求:

①室温下或加热、加溶剂、加水后易产生流动;

②具有良好的浸润性,可很好地浸润被黏材料的表面;

③在一定的温度、压力、时间等条件下,可通过物理和化学作用而固化,从而将被黏材料牢固地黏结为一个整体;

④具有足够的黏结强度和较好的其他物理力学性质。

14.1.3 胶黏剂的组成与分类

(1)胶黏剂的组成

尽管胶黏剂品种很多,但其组成一般主要有黏结料、固化剂、增韧剂、稀释剂、填料和改性剂等几种。对于某一种胶黏剂来说,不一定都含有这些成分,同样也不限于这几种成分,而主要是由它的性能和用途来决定。

1)黏结料

黏结料简称黏料,它是胶黏料中最基本的组分,它的性质决定了胶黏剂的性能、用途和使用工艺。一般胶黏剂是用黏料的名称来命名的。

2)固化剂

有的胶黏剂(如环氧树脂)不加固化剂本身不能变成坚硬的固体。固化剂也是胶黏剂的主要成分,其性质和用量对胶黏剂的性能起重要作用。

3)增韧剂

为了提高胶黏剂硬化后的韧性和抗冲击能力,常根据胶黏剂种类,加入适量的增韧剂。

4)填料

填料一般在胶黏剂中不发生化学反应,但加入填料可以改善胶黏剂的机械性能。同时,填料价格便宜,可显著降低胶黏剂的成本。

5)稀释剂

加稀释剂主要是为了降低胶黏剂的黏度,便于操作,提高胶黏剂的湿润性和流动性。

6)改性剂

为了改善胶黏剂某一性能,满足特殊要求,常加入一些改性剂。如为提高胶接强度,可加入偶联剂。另外还有防老化剂、稳定剂、防腐剂、阻燃剂等多种改性剂。

(2)胶黏剂的分类

胶黏剂品种繁多,用途不同,组成各异,如何进行合理分类,尚未统一,目前大都从黏料性质、胶黏剂用途及固化条件等来划分类别。

1)按黏料的性质分

胶黏剂按其所同黏料性质不同,可有如图 14.1 所示分类。

- 胶黏剂
  - 有机胶黏剂
    - 天然胶黏剂
      - 动物胶：鱼胶、骨胶、虫胶等
      - 植物胶：淀粉、松香、阿拉伯树胶等
    - 合成胶黏剂
      - 热固性树脂胶黏剂：环氧、酚醛、脲醛、有机硅、丙烯酸酯、聚酰亚胺等
      - 热塑性树脂胶黏剂：聚醋酸乙烯酯、乙烯-醋酸乙烯酯等
      - 混合型胶黏剂：酚醛-环氧、酚醛-丁晴、环氧-尼龙等
  - 无机胶黏剂
    - 磷酸盐型
    - 硅酸盐型
    - 硼酸盐型

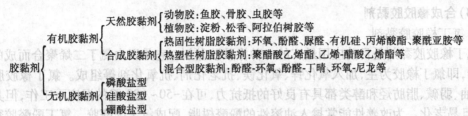

图 14.1　胶黏剂按所用黏料的性质分类

2）按胶黏剂用途分

①结构型胶黏剂。其黏结强度较高，至少与被黏物本身的材料强度相当。一般剪切强度大于 15 MPa，不均匀剥离强度大于 3 MPa。如环氧树脂胶黏剂。

②非结构型胶黏剂。有一定的黏结强度，但不能承受较大的力。如聚醋酸乙烯酯等。

③特种胶黏剂。能满足某种特殊性能和要求的胶黏剂。根据不同用途的需要，可具有导电、导磁、耐腐蚀、耐高温、耐超低温、厌氧、光敏、防腐等特性。

3）按固化条件分

按固化条件分为室温固化胶黏剂、低温固化胶黏剂、高温固化胶黏剂、光敏固化胶黏剂、电子束固化胶黏剂等。

14.1.4　常用胶黏剂

（1）热塑性树脂胶黏剂

1）聚乙烯醇缩醛胶黏剂

聚乙烯醇在酸性条件下与醛类缩聚而得，属于水溶性聚合物，这种胶的耐水性及耐老化性较差。最常用的是低聚醛度的聚乙烯醇缩甲醛（PVFM），其为市售 107 胶的主要成分。107 胶在水中的溶解度很大，且成本低，是目前在建筑装修工程广泛使用的胶黏剂，如用于粘接塑料壁纸，配制黏结力较高的砂浆等。

2）聚乙酸乙烯胶黏剂

聚乙酸乙烯胶黏剂即聚醋酸乙烯（PVAC）乳液，俗称白乳胶或乳白胶。它是一种使用方便、价格便宜，应用广泛的一种非结构胶。其对各种极性材料有较高的黏附力，但耐热性、对溶剂作用的稳定性及耐水性较差。只能作为室温下使用的非结构胶。如用于黏结玻璃、陶瓷、混凝土、纤维织物、木材、塑料层压板、聚苯乙烯板、聚氯乙烯塑料地板等。

（2）热固性树脂胶黏剂

1）不饱和聚酯树脂胶黏剂

不饱和聚酯树脂胶黏剂主要由不饱和聚酯树脂、引发剂、填料等组成，改变其组成可以获得不同性质和用途的胶黏剂。不饱和聚酯树脂胶黏剂的黏结强度高、抗老化性及耐热性好，可在室温和常压下固化，但固化时的收缩大，使用时须加入填料或玻璃纤维等。不饱和聚酯树脂胶黏剂可用于黏结陶瓷、玻璃、木材、混凝土、金属等结构构件。

2）环氧树脂胶黏剂

环氧树脂胶黏剂主要由环氧树脂、固化剂、填料、稀释剂、增韧剂等组成。改变胶黏剂的组成可以得到不同性质和用途的胶黏剂。环氧树脂胶黏剂的耐酸、耐碱侵蚀性好，可在常温、低温和高温等条件下固化，并对金属、陶瓷、木材、混凝土、硬塑料等均有很高的黏附力。在黏结混凝土方面，其性能远远超过其他胶黏剂，广泛用于混凝土结构裂缝修补和混凝土结构的补强与加固。

(3)合成橡胶胶黏剂

1)氯丁橡胶胶黏剂

氯丁橡胶胶黏剂是目前应用最广的一种橡胶胶黏剂。它是以由氯丁二烯聚合而成的聚氯丁二烯,即氯丁橡胶为主,加入氧化锌、氧化镁、抗老化剂、抗氧化剂等组成。氯丁橡胶胶黏剂对水、油、弱碱、脂肪烃和醇类都具有良好的抵抗力,可在-50~+80 ℃的温度下工作,但具有徐变性,且易老化。为改善性能常掺入油溶性的酚醛树脂,配成氯丁酚醛胶。氯丁酚醛胶黏剂可在室温下固化,常用于黏结各种金属和非金属材料,如钢、铝、玻璃、陶瓷、混凝土及塑料制品等。建筑上常用于水泥混凝土或水泥砂浆的表面上粘贴塑料或橡胶制品等。

2)丁腈橡胶胶黏剂

丁腈橡胶胶黏剂是丁二烯和丙烯腈的共聚物,即丁腈橡胶为主,加入填料和助剂等组成。丁腈橡胶胶黏剂的最大的优点是耐油性好、剥离强度高、对脂肪烃和非氧化性酸具有良好的抵抗力。根据配方的不同,它可以冷硫化,也可以在加热和加压过程中硫化。为获得很好的强度和弹性,可将丁腈橡胶与其他树脂混合使用。丁腈橡胶胶黏剂主要用于黏结橡胶制品,以及橡胶制品与金属、织物、木材等的黏结。

14.2 其他辅助材料

14.2.1 建筑装饰密封材料

建筑装饰密封材料又称建筑密封膏或防水接缝材料,主要用于建筑结构和装饰材料中各种缝隙(包括玻璃门窗的缝隙),以防止水分、空气、灰尘、热量和声波等通过建筑接缝。建筑密封材料在保证建筑装饰工程质量方面有着十分重要的作用。

在许多室外的花岗石贴面装饰工程中,由于雨水的作用,水泥砂浆内的氢氧化钙溶出并随雨水在接缝处或在板材表面上流过。时间一长就会在板面上析出氢氧化钙,并逐渐碳化成为碳酸钙,即会在板材表面上形成众多的白色污斑,严重影响装饰效果。因此在高档次的装饰工程中应对板间的缝隙进行密封处理。

通常是在水泥浆中掺入无机防水剂、有机硅憎水剂或掺入合成树脂乳液来封闭和堵塞水泥砂浆中的孔隙,起到阻止雨水渗入水泥砂浆而使氧化钙溶解的作用。此外,也可用采合成高分子密封材料,如聚氨酯密封膏、聚硫橡胶密封膏、硅酮密封膏(即有机硅密封膏)、丙烯酸酯密封膏对板缝进行处理。装饰与密封要求高的玻璃工程中,也应使用合成高分子密封材料。

常用的密封材料品种及其性能可参考有关建筑密封材料手册或书籍。

14.2.2 建筑装饰修补材料

花岗石、大理石、水磨石等装饰材料板材由于各种原因可能会造成缺损,因而需对其进行适当的修补,修补时可采用《建筑装饰工程施工及验收规范》中提供的材料配合比,见表14.1。

表14.1 修补石材装饰面板的胶黏剂及腻子的配合比(质量比)

品　种	6101 环氧树脂	乙二胺	邻苯二甲酸二丁酯	水泥	颜料(与石材颜色相同)
环氧树脂胶黏剂	100	6~8	20	0	适量
环氧树脂腻子	100	10	10	100~200	适量

14.2.3　建筑装饰工程用腻子

腻子又称批灰或填泥,是由大量体质颜料与胶黏剂等混合调制而成的糊状物。建筑腻子的主要功能是填平不平整的墙体表面。长期以来,在我国建筑工程中,建筑腻子主要是指内墙用腻子,外墙一般不用腻子。但是由于不用腻子的外墙墙体平整度往往达不到施工的要求,近年来使用外墙腻子的工程有所增加。

(1)内墙腻子

按照建筑装饰工程施工及验收规范的规定,内墙装修在施涂涂料前,均应使用腻子对墙体找平。与内墙用乳胶涂料配套的腻子有石膏腻子、耐水腻子、乳胶腻子、水泥腻子、弹性腻子等。腻子品种有单组分、双组分、膏状、粉状等不同类型。其中常用的有耐水腻子及石膏腻子。前者黏结强度高、耐水性优异、白度好。在厨房、卫生间及浴室适用的腻子为耐水腻子、水泥腻子或聚合物乳液水泥腻子。使用耐水腻子既可以节省涂料,又可进一步显示与之配套涂料的特性。所有这些腻子均应满足《建筑室内用腻子》(JG/T 298—2010)中的有关技术要求。

(2)外墙腻子

在我国,使用建筑涂料来装饰建筑物的外墙体已经越来越广泛。但不少建筑物的涂料饰面经过一段时间的使用后,就出现了起皮、脱落等现象,整个墙面变得斑斑驳驳,很不雅观。建筑物墙体饰面涂层的脱落已不是个别现象,它已成为影响建筑装修工程好坏的关键因素,在建筑涂料的施工过程中,腻子质量的好坏起着决定性的作用。上述的涂料饰面脱落等问题,都与墙体基层处理所用腻子的性能有密切关系。为此,外墙腻子应具有如下特点:

①建筑腻子必须具有优异的黏结强度,良好的双向亲和性,优异的抗裂性能——弹性(柔韧性)。

②建筑腻子应该具有很好的耐水性及优异的抗渗性,即要求建筑用腻子具有低吸水率及高的疏水性。

③建筑腻子必须有良好的透气性和干燥特性。

④建筑腻子应该有一定的耐碱性。

⑤建筑腻子应该具有良好的抗流挂性能,并且使涂料着色容易,色泽分布均匀。

⑥建筑腻子必须有良好的施工性能和存贮稳定性。

⑦建筑腻子还应该对环境友好、无毒、无异味,符合环境保护的要求。

(3)建筑装饰工程常用腻子

①混凝土表面、抹灰表面用腻子的配合比见表 14.2。

表 14.2　混凝土表面、抹灰表面用腻子的配合比(质量比)

适用部位	聚乙酸乙烯乳液	滑石粉或大白粉	2%羟甲基纤维素溶液	水泥	水
室内	1	5	3.5	0	0
外墙、厨房 厕所、浴室	1	0	0	5	1

注:表面清洗后使用的腻子,同表 14.3 中木材表面的石膏腻子。

②木材表面用腻子的配合比见表 14.3。

表 14.3　木材表面用腻子的配合比(质量比)

品种与用途	石膏粉	熟桐油	水	大白粉	骨胶	土黄或其他颜色	松香水
木材表面的石膏腻子	20	7	50	0	0	0	0
木材表面清漆的润水粉	0	0	18	14	1	1	0
木材表面清漆的润油粉	0	2	0	24	0	0	16

③金属表面用腻子见表 14.4。

表 14.4　金属表面用腻子(质量比)

石膏粉	熟桐油	油性腻子或醇酸腻子	底漆	水
20	5	10	7	45

④刷浆工程常用腻子的配合比见表 14.5。

表 14.5　刷浆工程常用腻子的配合比(质量比)

用　途	聚乙酸乙烯乳液	水泥	水
室外刷浆工程的乳胶腻子	1	5	1
室内刷浆工程的腻子	同表 14.2 的室内用腻子		

⑤普通玻璃工程常用油灰的配合比见表 14.6。

表 14.6　玻璃工程常用油灰的配合比(质量比)

碳酸钙	混合油	备　注
100	13-14	混合油的配合比为三级脱蜡油：熟桐油：硬脂油：松香=63：30：2.1：4.9

高档玻璃工程应采用合成高分子密封腻子。

14.3　建筑功能材料简介

建筑材料按其性能和用途分为：建筑结构材料和建筑功能材料，前者是以力学性能为特征，主要用作建筑结构的承重材料，后者则是以力学性能以外的功能为特征，它赋予建筑物装饰、防水、防火、保温、隔热、采光等功能。前面重点介绍了装饰材料及采光材料(玻璃)，由于其他的功能材料与装饰材料有一定联系。因此，下面简单作以介绍。

14.3.1　建筑保温、隔热材料

(1)保温、隔热材料概况

保温隔热材料主要用于墙体和屋顶保温、隔热；热工设备、热力管道的保温；有时也用于冬季施工的保温；同时，在冷藏室和冷藏设备上也大量使用。

使用建筑保温、隔热材料一方面可改善居住舒适程度，另一方面对节能具有重要意义。常用导热系数 λ 描述材料的保温、隔热性能，导热系数越小，保温、隔热性能越好，绝大多数建筑材料的导热系数介于 0.023~3.44 w/(m·k)之间，通常把 λ 值不大于 0.23 w/(m·k)的材料称为保温隔热材料。

热的传递是通过对流、传导、辐射三种途径来实现的，"传导"是指物体各部分直接接触的物质质点(分子、原子、自由电子)作热运动而引起的热能传递过程。"对流"是指较热的液体或气体因热膨胀使密度减小而上升，冷的液体或气体就补充过来，形成分子的循环流动。这样，热量就从高温的地方通过分子的相对位移传向低温的地方。"热辐射"是一种靠电磁波来传递能量的过程。

保温、隔热材料的结构基本上可分为纤维状结构、多孔结构、粒状结构或层状结构。具有多孔结构的材料中的孔一般为近似球形的封闭孔，而纤维结构、粒状结构和层状结构的材料内部的孔通常是相互连通的，这些多孔结构使得热量在固相中传递时，传热路线大大增加，传递速度减缓。通过气孔内气体传热时，由于空气的导热系数仅为 0.029 w/(m·k)，远远小于固体的导热系数，故热量通过气孔传递的阻力较大，从而传热速度大大减缓，而常温下对流和辐射传热在总的传热中所占的比例很小。因此，含有大量气孔的材料能起保温隔热的作用。

(2)常见保温隔热材料

一般建筑保温隔热材料按材质可分为两大类：第一类是无机保温、隔热材料，一般是用矿物质原料制成，呈散粒状、纤维状或多孔状构造，可制成板、片、卷材或套管等形式的制品，包括石棉、岩棉、矿渣棉、玻璃棉、膨胀珍珠岩、膨胀蛭石、多孔混凝土等；第二类是有机保温隔热材料，是由有机原料制成的保温、隔热材料，包括软木、纤维板、刨花板、聚苯乙烯泡沫塑料、聚氨酯泡沫塑料、聚氯乙烯泡沫塑料等。无机保温隔热材料不腐烂、不燃烧，若干无机保温隔热材料还有抵抗高温的能力，但质量较大，成本较高；有机保温隔热材料有些吸湿性大，受潮时易腐烂，有些高温下易分解变质或燃烧，一般温度高于 120 ℃时就不宜使用，但堆积密度小，原料来源较广泛，成本较低。

(3)建筑保温隔热材料选用原则

为了正确选择保温隔热材料，除了要考虑材料的热物理性能外，还应了解材料的强度、耐久性及耐侵蚀性等是否满足使用要求。总的来讲，应根据建筑物的使用性质，建筑物围护结构的构造形式、施工方法及来源等情况加以考虑。具体地讲，就是所选的保温隔热材料的导热系数要小[不宜大于 0.23 w/(m·k)]，堆积密度应小于 1 000 kg/m^3，最好控制在低于 600 kg/m^3，块状材料的抗压强度则应大于 0.4 MPa，保温隔热材料的温度稳定性应高于实际使用温度。由于保温隔热材料强度一般都较低，因此除了能单独承受外力的少数材料外，在围护结构中，常把保温隔热材料层与承重结构材料层复合使用。另外，由于大多数保温隔热材料都有一定的吸水、吸湿能力，故在实际应用时，需要在其表层加防水层。

1)屋面保温隔热材料

工程上为了防止室内热量通过屋面散到室外和室外热量通过屋面传入室内，同时为了防止屋顶的混凝土层由于内外温差过大，在热应力作用下产生龟裂，通常在屋顶设置保温层。膨胀珍珠岩、膨胀蛭石的表观密度和导热系数较小，是较理想的屋面保温隔热材料，具体应用有：

①膨胀珍珠岩粉刷灰浆

膨胀珍珠岩粉刷灰浆以膨胀珍珠岩为骨料，水泥或石灰膏为黏结剂，制成灰浆，再用抹灰或喷涂的方式用于建筑物屋面。

②膨胀蛭石灰浆

膨胀蛭石灰浆以膨胀蛭石为主体材料,以水泥、石灰、石膏等为胶结料,加水按一定配合比调制而成,可采用人工粉刷或机械喷涂进行施工。

③现浇水泥珍珠岩保温隔热层

现浇水泥珍珠岩保温隔热层系以膨胀珍珠岩为骨料,水泥为黏结剂,按一定的比例混合、搅拌、平铺于屋面上,然后找平、压实,做水泥砂浆层,再进行养护,最后做防水层。

④现浇水泥蛭石保温隔热层

现浇水泥蛭石保温隔热层是以蛭石为主体材料,水泥为黏结剂,按一定比例与水搅拌成浆料,再由现场施工而成。

2)墙体保温隔热材料

加强墙体保温有如下措施:

①如外墙是空心墙或混凝土空心制品,则可将保温隔热材料填在墙体的空腔内,此时宜采用散粒材料,如粒状矿渣棉、膨胀珍珠岩、膨胀蛭石等。

②可以对外墙不做一般的抹灰,而以珍珠岩水泥保温砂浆抹面。

③在外墙内侧也不做一般抹灰,用石膏板取代并与砌体形成 40 μm 厚的空气层。

④外墙板采用岩棉、混凝土复合构造形式。

14.3.2 建筑防水材料

建筑物中使用防水材料主要是为了防潮和防漏,避免水和盐分对建筑材料的侵蚀破坏,保护建筑构件。防潮一般是指防止地下水或地基中的盐分等腐蚀性物质渗透到建筑构件的内部;防漏一般是指防止流泻水或融化雪从屋顶、墙面或混凝土构件等接缝之间渗漏到建筑构件内部或住宅中。

目前,防水材料已由传统的沥青基防水材料逐渐向高聚物改性防水材料和合成高分子防水材料方向发展,使防水材料的温度适应性、耐老化性、抗拉强度、延伸率、使用寿命等得到提高。

依据防水材料的外观形态,防水材料一般分为:防水卷材、防水涂料、密封材料和防水剂 4 大类。

(1)**防水卷材**

常用的防水卷材按照材料的组成不同一般可分为沥青防水卷材、高聚物改性沥青防水卷材和合成高分子防水卷材等 3 大类。沥青基防水卷材是指以各种石油沥青或煤焦油、煤沥青为防水基材,以厚纸、织物、纤维毡等为胎基,用不同矿物粉料、黏料或高分子薄膜、金属膜作为隔离材料所制成的可卷曲的片状防水材料,普通沥青防水卷材具有原材料来源广、价格低、施工技术成熟等特点,可以满足建筑物的一般防水要求。高聚物改性沥青防水卷材是在沥青中添加适当的高聚物改性剂,可以改善传统沥青防水卷材温度稳定性差,延伸率低的不足,高聚物改性沥青防水卷材具有高温不流淌、低温不脆裂、拉伸强度高和延伸率较大等优点,主要高聚物改性沥青防水卷材有 SBS 改性沥青油毡、APP 改性沥青油毡、丁苯橡胶改性沥青油毡、再生胶改性沥青油毡。合成高分子防水卷材是以合成橡胶、合成树脂或两者的共混体为基础,加入适量的助剂和填充料等经过特定工序所制成的防水卷材。该类防水卷材具有拉伸强度高、延伸率大、弹性强、高低温特性好的特点，防水性能优异，是值得大力推广的新型高档防水卷材。目前多用于高级宾馆、大厦、游泳池、厂房等要求有良好防水性能的屋面、地下等防水工程。常用的合成高分子防水卷材为三元乙丙烯橡胶防水卷材、聚氯乙烯防水卷材、氯化聚乙烯防水卷材、氯磺化聚乙烯防水卷材、氯化聚乙烯-橡胶共混防水卷材等。

(2)防水涂料

防水涂料是将在常温下呈黏稠状态的物质，涂布在基体表面，经溶剂或水分挥发或各组分间的化学反应形成具有一定弹性的连续薄膜，使基层表面与水隔绝起到防水和防潮作用。广泛应用于工业与民用建筑的屋面防水工程、地下混凝土工程的防潮防渗等。

石油沥青防水涂料中的溶剂型沥青涂料是将石油沥青直接溶解于汽油等有机溶剂后制成的溶液。沥青溶液施工后形成的涂膜很薄，一般不单独作防水涂料使用，只用作沥青类油毡施工时的基层处理剂。乳液型沥青防水涂料是将石油沥青分散于水中所形成的水分散体，常用沥青乳液防水涂料有石灰乳化沥青、水性石棉沥青防水涂料、膨润土沥青乳液。高聚物改性沥青防水涂料有氯丁橡胶沥青防水涂料、水乳型再生橡胶改性沥青防水涂料、SBS 改性沥青防水涂料等。合成高分子防水涂料是以合成橡胶、合成树脂为主要成膜物质，加入其他辅料而配制成的单组分或多组分防水涂料，常见品种有：聚氨酯涂膜防水涂料、水性丙烯酸酯防水涂料、硅橡胶防水涂料、聚氯乙烯防水涂料等。

(3)建筑密封材料

建筑密封材料是指填充在建筑物构件的接点部位及其他缝隙内，具有气密性、水密性。能隔断室内外能量和物质交换的通道，同时对墙板、门窗框架、玻璃等构件具有黏结、固定作用的材料。

用于建筑物的密封材料首先要具有防水功能，能有效地阻挡雨水、地下水等沿着缝隙向建筑物内部渗漏；其次密封材料还应具有保温隔热、节省建筑能耗，增加外观线条美感等性能，并且在长期使用过程中具有耐久性。

建筑密封材料按形态的不同一般可分为不定型密封材料和定型密封材料两大类。不定型密封材料常温下呈膏体状态，常用的密封材料多为不定型材料；定型密封材料是将密封材料按密封工程特殊部位的不同要求制成带、条、方、圆、垫片等形状，定型密封材料按密封机理的不同可分为遇水非膨胀型定型密封材料和遇水膨胀型定型密封材料两类。常用品种有橡胶沥青油膏、聚氯乙烯胶泥、有机硅建筑密封膏、聚硫橡胶密封材料、聚氨酯弹性密封膏、水乳型丙烯酸密封膏、止水带等。

(4)防水剂

在基层上铺贴防水卷材或涂刷防水涂料是柔性防水技术，也称为内防水技术，与此相对应的刚性防水技术，即外防水技术是指在混凝土中使用各类起防水功能的外加剂。刚性防水耐久性好、造价低，但刚性防水变形能力差，施工要求严格、不宜承受冲击荷载。理想的办法是采用刚柔并用的复合防水技术，常用防水剂有：氯化铁防水剂、三乙醇胺早强防水剂、有机硅防水剂、补偿收缩型防水剂、减水剂刚性防水材料、引气剂刚性防水材料。

(5)建筑防水材料选用原则

1)屋面防水材料的选用

由于屋面防水工程是大面积施工，使用温度范围差异大，防水材料常常暴露于大气之中，受大气侵蚀的影响最大，因此屋面防水设计的安全度应比较大，宜选用性能较好的高、中档防水卷材,不宜选用防水涂料,但一般工业与民用建筑工程,若受造价限制也可选用低档防水卷材和冷作业防水涂料或热熔油膏涂料加衬玻璃丝布。

2)墙体防水

墙体由于砂浆或混凝土的收缩、徐变,不可避免出现裂缝,特别是浴室卫生间的墙面易出现渗漏。但由于其施工面积一般比较窄小,最好选用防水涂料,宜采用涂膜防水,不宜使用防水卷材。防水设计的安全度要求较高时,可选用防水抹面,人工抹压的防水砂浆主要是依靠特定的某种外加剂,如防水剂、膨胀剂、聚合物等,以提高水泥砂浆的密实性或改善砂浆的抗裂性,从而达到防水抗渗的目的。涂膜防水时低挡防水涂料防水层要求厚为 3 mm,中档防水涂料防水层要求 2 mm,高挡防水涂料防水层要求厚为 1.2 mm。

3)地下室防水

地下室防水工程工序交叉多,施工期长。因地下室会有压力,极易产生渗漏现象,修补也较困难,所以地下室防水设计的安全度应最大,而且要精心的施工,认真对待,宜用防水混凝土刚性防水,再加设附加防水层,可使用中、高档防水材料(卷材、涂料、密封膏)。应采用"防排结合、刚柔并用、多道设防、因地制宜、综合治理"的原则,以取得良好的防水效果。

14.3.3 建筑防火材料

(1)概论

火灾是当今世界上常发性灾害中发生频率较高的一种灾害,摧毁过无数的生命和财富,建筑火灾占火灾总数的79%,死伤占82%。建筑材料是建筑的物质基础,选用建筑防火材料对建筑物防灾减灾具有重要意义。

建筑材料的火灾特性包括建筑材料的燃烧性能、耐火极限、燃烧时的毒性和发烟性。建筑材料的燃烧性能,是指材料燃烧或着火时所发生的一切物理、化学变化。其中着火的难易程度、火焰传播快慢以及燃烧时的发热量,均对火灾的发生和发展具有较大的影响。

耐火极限是指在标准耐火试验条件下,建筑构件、配件或结构从受到火的作用时起,到失去稳定性、完整性或隔热性时止的这段时间。建筑构件的耐火极限决定了建筑物在火灾中的稳定程度及火灾发展快慢。

材料燃烧时的毒性,包括建筑材料在火灾中受热发生热分解释放出的热分解产物和燃烧产物对人体的毒害作用。统计资料表明,火灾中死亡人员,主要是中毒所致,或先中毒昏迷而后烧死,直接烧死的只占少数。

燃烧时的发烟性是指建筑材料在燃烧或热解作用中,所产生的悬浮在大气中可见的固体和液体微粒。固体微粒就是碳粒子,液体微粒主要指一些焦油状的液滴。材料燃烧时的发烟性大小,直接影响能见度,从而使人从火场中逃生发生困难,也影响消防人员的扑救工作。

建筑材料按燃烧性能分为四级:A 级,不燃材料;B_1级,难燃材料;B_2级,可燃材料;B_3级,易燃材料。

不燃性建筑材料,在空气中受到火烧或高温作用时不起火、不燃烧、不碳化。如花岗石、大理石、水磨石、水泥制品、混凝土制品、石膏板、石灰制品、黏土砖、玻璃、陶瓷、马赛克、钢材、铝合金制品等。但是玻璃、钢材等受火焰作用会发生明显的变形而失去使用功能,所以它们虽然是不燃材料,却是不耐火的。

难燃型建筑材料,在空气中受到火烧或高温作用时难起火、难微燃、难碳化。当火源移走后，燃烧或微燃立即停止，如纸面石膏板、水泥刨花板、难燃胶合板、难燃中密度纤维板、难燃木材、硬制 PVC 塑料板、酚醛塑料等。

可燃性建筑材料，在空气中受到火烧或高温作用时，立即起火或微燃，而且火源移走以后仍继续燃烧或微燃。如天然木材、木制人造板、竹材、木地板、聚乙烯塑料制品等。

易燃性建筑材料，在空气中受火烧或高温作用时，立即起火，且火焰传播速度很快，如有机玻璃、赛璐珞、泡沫塑料等。

本节主要介绍常用的各种建筑防火涂料及建筑防火板材。

(2)建筑防火涂料

防火涂料是指本身为不燃材料，使用于可燃性基材表面，用以降低材料表面燃烧特性、阻滞火灾迅速蔓延，或使用于建筑构件上，用以提高构件的耐火极限的特种涂料。

防火涂料一般由黏结剂、防火剂、防火隔热填充料及其他添加剂组成。按照防火原理，防火涂料大体可分为非膨胀型和膨胀性两类。非膨胀型防火涂料主要是通过以下途径发挥防火作用的。其一是涂层自身的难燃性或不燃性；其二是在火焰或高温作用下分解释放出不燃性气体(如水蒸气、氨气、氯化氢、二氧化碳等)，冲淡氧和可燃性气体，抑制燃烧的产生；其三是在火焰或高温条件下形成不燃性的无机“釉膜层”，该釉膜层结构致密，能有效地隔绝氧气，并在一定时间内有一定的隔热作用。膨胀性防火涂料成膜后，常温下与普通漆膜无异。但在火焰或高温作用下，涂层剧烈发泡炭化，形成一个比原膜厚几十倍甚至几百倍的难燃的海绵状炭质层。它可以隔断外界火源对底材的直接加热，从而起到阻燃作用。膨胀型防火涂料是一种比较有效的防火涂料，它遇小火不燃，离火自熄。在较大火势下能阻止火焰的蔓延，减缓火苗的传播速度。

(3)建筑防火板材

由于建筑板材有利于大规模工业化生产，现场施工简便、迅速，具有较好的综合性能，而被广泛用于建筑物的顶棚、墙面、地面等多种部位。近年来，为满足防火、吸音、隔声、保温以及装饰等功能的要求，新的产品不断涌现。常用品种有：耐火纸面石膏板、纤维增强硅酸钙板、钢丝网架水泥夹芯板、纤维增强水泥平板、滞燃性胶合板、难燃铝塑建筑装饰板、阻燃型钙塑泡沫装饰吸声板、矿棉防火装饰吸音板。

14.3.4 建筑声学材料

(1)建筑声学材料基础知识

材料或结构对声音的作用可以分为吸声的、隔声(反射)的和透声的。所有材料都同时具有 3 种作用，只是作用程度不同。人们将吸声作用较强的材料或结构称为吸声材料(结构)；把隔声作用较强的材料称为隔声材料。一般吸声性能好的材料其隔声性能就差，而隔声效率高的材料其吸声效率则很低。

根据能量守恒定律，单位时间内入射到建筑物上的总声能 E_0 与透过构筑物的声能 E_τ、反射声能 E_γ、吸声声能 E_α 等参量之间存在如下关系：

$$E_0 = E_\gamma + E_\alpha + E_\tau$$

透射声能与入射声能之比为透射系数，记为 τ；反射声能与入射声能之比为反射系数，记为 γ；吸声声能与入射声能之比为吸声系数，记为 α；

即
$$\tau = \frac{E_\tau}{E_0}, \gamma = \frac{E_\gamma}{E_0}, \alpha = \frac{E_\alpha}{E_0}$$

吸声系数是评定材料吸声性能好坏的主要指标。材料的吸声性能除与声波的方向有关外,还与声波的频率有关。同一种材料,对于高、中、低不同频率的吸声系数不同,通常取125 Hz,250 Hz,500 Hz,1 000 Hz,2 000 Hz,4 000 Hz 等6个频率的吸声系数来表示材料的吸声频率特性。凡6个频率的平均吸声系数大于0.2的材料均为吸声材料。

τ 值小的材料称为隔声材料。

(2)吸声材料及其构造

1)多孔吸声材料

声波进入材料内部互相贯通的孔隙,空气分子受大摩擦和黏滞阻力,使空气产生振动,从而使声能转化为机械能,最后因摩擦而转变为热能被吸收。这类多孔材料的吸声系数,一般从低频到高频逐渐增大,故对中频和高频的声音吸收效果较高。材料中开放的、互相连通的、细微的孔越多,其吸声性能越好。

2)柔性吸声材料

具有密闭气孔和一定弹性的材料,如泡沫塑料,声波引起的空气振动不一定传至其内部,只能相应地产生振动,在振动过程中由于克服内部的摩擦而消耗了声能,引起声波衰减。这种材料的吸声特性是在一定的频率范围内出现一个或多个吸收频率。

3)帘幕吸声体

帘幕吸声体是用具有通气性能的纺织品,安装在离墙面或窗洞一定距离处,背后设置空气层。这种吸声体对中、高频都有一定的吸声效果。

4)悬挂空间吸声体

悬挂于空间的吸声体,增加了有效的吸声面积,加上声波的衍生作用,大大提高了实际的吸声效果。

空间吸声体可设计成多种形式悬挂在顶棚下面。

5)薄板振动吸声结构

将胶合板、薄木板、纤维板、石膏板等的周边定在墙或顶棚的龙骨上,并在背后留有空气层,即成薄板吸声结构。该吸声结构主要吸收低频率的声波。

6)穿孔板组合共振吸声结构

穿孔的各种材质薄板周边固定在龙骨上,并在背后设置空气层即成穿孔板组合共振吸声结构。这种吸声结构具有适合中频的吸声特性,使用普遍。

常用吸声材料有无机材料的吸声砖、石膏板、水泥蛭石板、石膏砂浆、水泥膨胀珍珠岩板等;木质材料中的软木板、木丝板、三夹板、穿孔五夹板、木质纤维板等;泡沫材料中的泡沫玻璃、泡沫塑料、泡沫水泥、吸声蜂窝板等;纤维材料中的矿面板、玻璃棉板、酚醛玻璃纤维板、工业毛毡等。

(3)隔声材料

人们要隔绝的声音按其传播途径可分为空气声(由于空气的振动)和固体声(由于固体撞击或振动)两种。对空气声,根据声学中的“质量定律”,墙或板传声的大小,主要取决于其单位面积的质量,质量越大、越不易振动,则隔声效果越好。因此,应选用密实、沉重的材料(如黏土砖、钢板、钢筋混凝土等)作为隔声材料。如果采用轻质材料或薄壁材料,需辅以多孔吸声材料或采用夹层结构，如夹层玻璃就是一种很好的隔声材料。对固体声，最有效的措施是采用不连续的结构，即在墙壁和承重梁之间，房屋的框架和墙板之间加弹性衬垫，如毛毡、软木、橡皮等材料或在楼板加弹性地毯。

复习思考题

14.1　简述胶黏剂的胶结原理。

14.2　简述胶黏剂的组成及所起作用。

14.3　常用建筑密封材料、修补材料和腻子有哪些？

14.4　保温隔热材料的结构有何特点？

14.5　新型防水材料有何特点？

14.6　按燃烧性能对常用建筑材料进行分类。

14.7　简述吸声材料及构造。

参考文献

[1] 符芳,钱士英,王永奎.建筑装饰材料[M].南京:东南大学出版社,1994.

[2] 严捍东,钱晓倩.新型建筑材料教程[M].北京:中国建材工业出版社,2005.

[3] 任福民,李仙粉.新型建筑材料[M].北京:海洋出版社,1998.

[4] 韩静云.建筑装饰材料及其应用[M].北京:中国建筑工业出版社,2000.

[5] 彭小芹,马铭杉.土木工程材料[M].重庆:重庆大学出版社,2002.

[6] 马保国,刘军.建筑功能材料[M].武汉:武汉理工大学出版社,2004.

[7] 向才旺.建筑装饰材料[M].北京:中国建筑工业出版社,2003.

[8] 张雄.建筑功能材料[M].北京:中国建筑工业出版社,2000.

[9] 钱晓倩,詹树林,金南国.土木工程材料[M].杭州:浙江大学出版社,2003.

[10] 杨天佑,梦建芝,高梅.建筑装饰工程实用技术[M].广州:广东科技出版社,2000.

[11] 郝书魁.建筑装饰材料基础[M].上海:同济大学出版社,1996.

[12] 中国建筑工程总公司.清水混凝土施工工艺标准[M].北京:中国建筑工业出版社,2005.

[13] 葛勇.建筑装饰材料[M].北京:中国建材工业出版社,1998.

[14] 余德池,翟振东.建筑装饰材料与装饰工艺[M].海南:海南出版社,1993.

[15] 安素琴.建筑装饰材料[M].北京:中国建筑工业出版社,2000.

[16] 吕平.新型装饰工程材料[M].上海:同济大学出版社,1999.